"十三五"国家重点出版物出版规划项目

智能机器人技术丛书

微装配机器人

Microassembly Robot

黄心汉　编著

国防工业出版社

·北京·

图书在版编目(CIP)数据

微装配机器人 / 黄心汉编著. —北京：国防工业出版社，2020.8

(智能机器人技术丛书)

ISBN 978 - 7 - 118 - 11859 - 9

Ⅰ. ①微…　Ⅱ. ①黄…　Ⅲ. ①装配机器人　Ⅳ. ①TP242.2

中国版本图书馆 CIP 数据核字(2019)第 101855 号

※

国防工業出版社 出版发行

(北京市海淀区紫竹院南路 23 号　邮政编码 100048)

北京龙世杰印刷有限公司印刷

新华书店经售

*

开本 710 × 1000　1/16　**印张** 19¾　**字数** 330 千字

2020 年 8 月第 1 版第 1 次印刷　**印数** 1—2000 册　　**定价** 89.00 元

国防书店：(010)88540777　　书店传真：(010)88540776

发行业务：(010)88540717　　发行传真：(010)88540762

致　读　者

本书由中央军委装备发展部国防科技图书出版基金资助出版。

为了促进国防科技和武器装备发展，加强社会主义物质文明和精神文明建设，培养优秀科技人才，确保国防科技优秀图书的出版，原国防科工委于1988年初决定每年拨出专款，设立国防科技图书出版基金，成立评审委员会，扶持、审定出版国防科技优秀图书。这是一项具有深远意义的创举。

国防科技图书出版基金资助的对象是：

1. 在国防科学技术领域中，学术水平高，内容有创见，在学科上居领先地位的基础科学理论图书；在工程技术理论方面有突破的应用科学专著。

2. 学术思想新颖，内容具体、实用，对国防科技和武器装备发展具有较大推动作用的专著；密切结合国防现代化和武器装备现代化需要的高新技术内容的专著。

3. 有重要发展前景和有重大开拓使用价值，密切结合国防现代化和武器装备现代化需要的新工艺、新材料内容的专著。

4. 填补目前我国科技领域空白并具有军事应用前景的薄弱学科和边缘学科的科技图书。

国防科技图书出版基金评审委员会在中央军委装备发展部的领导下开展工作，负责掌握出版基金的使用方向，评审受理的图书选题，决定资助的图书选题和资助金额，以及决定中断或取消资助等。经评审给予资助的图书，由中央军委装备发展部国防工业出版社出版发行。

国防科技和武器装备发展已经取得了举世瞩目的成就，国防科技图书承担着记载和弘扬这些成就，积累和传播科技知识的使命。开展好评审工作，使有限的基金发挥出巨大的效能，需要不断摸索、认真总结和及时改进，更需要国防科技和武器装备建设战线广大科技工作者、专家、教授，以及社会各界朋友的热情支持。

让我们携起手来，为祖国昌盛、科技腾飞、出版繁荣而共同奋斗！

国防科技图书出版基金

评审委员会

丛书编委会

丛 书 序

人类走过了农耕社会、工业社会、信息社会，已经进入智能社会，进入在动力工具基础上发展智能工具的新阶段。在农耕社会和工业社会，人类的生产主要基于物质和能量的动力工具，并得到了极大的发展。今天，劳动工具转向了基于数据、信息、知识、价值和智能的智力工具，人口红利、劳动力红利不那么灵了，智能的红利来了！

智能机器人作为人工智能技术的综合载体，是智力工具的典型代表，是人工智能技术得以施展其强大威力的最佳用武之地。智能机器人有三个基本要素：感知、认知和行动。这三个要素正是目前的机器人向智能机器人进化的关键所在。

智能机器人涉及到大量的人工智能技术：传感技术、模式识别、自然语言理解、机器学习、数据挖掘与知识发现、交互认知、记忆认知、知识工程、人工心理与人工情感……可以预见，这些技术的应用，将提升机器人的感知能力、自主决策能力，以及通过学习获取知识的能力，尤其是通过自学习提升智能的能力。智能机器人将不再是冷冰冰的钢铁侠，它们将善解人意、情感丰富、个性鲜明、行为举止得体。我们期待，随同“智能机器人技术丛书”的出版，更多的人将投入到智能机器人的研发、制造、运用、普及和发展中来！

在我们这个星球上，智能机器人给人类带来的影响将远远超过计算机和互联网在过去几十年间给世界带来的改变。人类的发展史，就是人类学会运用工具、制造工具和发明机器的历史，机器使人类变得更强大。科技从不停步，人类永不满足。今天，人类正在发明越来越多的机器人，智能手机可以成为你的忠实助手，轮式机器人也会比一般人开车开得更好，曾经的很多工作岗位将会被智能机器人替代，但同时又自然会涌现出更新的工作，人类将更加优雅、智慧地生活！

人类智能始终善于更好地调教和帮助机器人和人工智能，善于利用机器人和人工智能的优势并弥补机器人和人工智能的不足，或者用新的机器人淘汰旧的机器人；反过来，机器人也一定会让人类自身更智能。

现在，各式各样人机协同的机器人，为我们迎来了人与机器人共舞的新时代，伴随优雅的舞曲，毋庸置疑人类始终是领舞者！

李德毅　　2019.4

李德毅，中国工程院院士，中国人工智能学会理事长。

前　言

微装配机器人是机器人领域的前沿研究方向，在制造业、机器人产业、微机电工程、生物医学工程、核工业等领域有着广泛的应用前景和实用价值。从20世纪80年代末开始，美国、日本以及欧洲等发达国家和地区投入大量资金和人力开展微装配机器人理论与技术研究，如美国Sandia国家实验室研制的LIGA微齿轮装配机器人，日本东京大学研制的用于超大规模集成电路的铝配线切割微操作系统，美国明尼苏达州立大学高级机器人实验室研制的面向硅片装配的三维微装配系统，瑞士联邦技术学院机器人研究所研制的用于宝石分拣作业微操作机器人系统，德国卡尔斯鲁厄大学研制的基于微移动机器人MINIMAN的桌面型微装配平台，以及美国劳伦斯·利弗莫尔国家实验室2010年研制的低温靶装配机器人系统等都是这一时期的重要研究成果。

微装配机器人研究在我国起步较晚，21世纪初，我们开始了微装配机器人研究工作，在近10年的研究工作中，克服了重重困难，深入开展微装配机器人相关理论、技术和方法研究，在国家“863”计划416主题和804主题项目以及国家自然科学基金项目支持下，在中国工程物理研究院激光聚变研究中心领导和工程技术人员的大力支持和帮助下，在华中科技大学领导、科研职能部门和自动化学院（原控制科学与工程系）的大力支持下，2005年研制成功基于显微视觉伺服和多机械手协调控制的微装配机器人实验系统，2008年研制成功我国首台ICF靶装配机器人应用系统，填补了国内空白，并获得军队科技进步二等奖，标志着我国在该领域已进入世界先进行列。

微装配机器人是指末端执行器能够在一个较小的工作空间实现系统精度达微米、亚微米甚至纳米级精密操作的机器人系统。微装配（微操作）并非宏观装配在操作尺度上的简单缩小，由于微器件在装配过程中所表现出来的尺度效应、表面效应、隧道效应等已超出了宏观装配操作所涉及的物理范畴，一些宏观世界的机器人系统结构、操作工具、装配工艺和控制策略不再适用，因此有必要根据微操作的自身特点与规律，研究合适的微装配机器人系统结构、装配工艺、控制方法和特殊器件（如微夹持器等），来保证微装配作业的可靠性与有效性，提高微装配的自动化水平。

本书全面系统介绍了微装配机器人的基本原理和基本方法，给出了相关系统装置设计和应用的实例或实验结果，是一本理论与实际相结合的科学论著。该书的主要内容是作者和他的科研团队在多年从事微装配机器人研究工作的基础上总结和提炼的成果，是一本在微装配机器人原理、方法和应用方面具有系统性、原创性的科学专著。本书的主要内容包括微装配机器人的工作原理、系统结构，显微视觉与视觉伺服，显微图像预处理，显微图像特征提取，多目标识别与检测，微夹持器原理与设计，深度运动显微视觉伺服，微装配机器人运动控制，运动检测与视觉跟踪，运动预测模糊自适应卡尔曼滤波，显微图像雅可比矩阵自适应辨识，无标定显微视觉伺服，以及相关内容的实验结果和应用实例等。本书注重理论与实际相结合，书中的实例和实验结果都是作者及其科研团队的研究成果，真实可信，对从事机器人以及微机电系统研究和学习的读者有重要参考价值和指导意义。

参加项目研究工作的科研团队成员有黄心汉、王敏、彭刚、李炜，博士研究生陈国良、吕遐东、曾祥进、梁新武、刘畅、毛尚勤，硕士研究生刘敏、雷志刚、蔡建华、李薇、叶凯、沈斐、张铁锋、陈少南、王健、黄翔、左磊、苏进、杨坤、肖俊、苏豪等。团队成员发表的学术论文、博士和硕士研究生的学位论文是本书撰写的素材，本书是整个团队研究工作和研究成果的结晶。

在微装配机器人研究工作中，我们得到南开大学卢桂章教授和刘景泰教授科研团队的大力支持和无私帮助，得到中国工程物理研究院激光聚变研究中心领导和工程技术人员的关心、支持和协助。在此谨向他们表示诚挚的感谢。

本书的撰写和出版计划得到中国人工智能学会“智能机器人技术丛书”编委会和国防工业出版社的大力支持，在申报国防科技图书出版基金和本书的出版过程中得到国防工业出版社电子信息编辑室陈洁编审、中南大学蔡自兴教授、中国科学院合肥智能机械研究所葛运建研究员的支持和帮助。在此谨向他们表示衷心的感谢。

囿于作者学识水平，书中错漏在所难免，诚挚欢迎读者批评指正。

黄心汉

2019 年 8 月 12 日于武汉

目　录

第1章　绪　　论

第2章　微装配机器人系统结构

第3章　显微视觉系统

第 4 章　显微图像预处理

第 5 章　显微图像特征提取

第 6 章　支持向量机多目标识别与检测

第7章　基于深度学习的多目标识别与检测

第8章　微夹持器

第 11 章 运动检测与视觉跟踪

第 12 章 运动预测模糊自适应卡尔曼滤波

第13章 显微图像雅可比矩阵自适应辨识

第14章 无标定显微视觉伺服

COTENTS

Chapter 1 Introduction

Chapter 2 System Structure of Microassembly Robot

Chapter 3 Microscopic Vision System

Chapter 4 Microscopic Image Preprocessing

Chapter 5 Microscopic Image Feature Extraction

Chapter 6 Support Vector Machine Multi Target Recognition and Detection

Chapter 7 Multi Target Recognition and Detection Based on Deep Learning

Chapter 10 Motion Control of Microassembly Robot

Chapter 11 Motion Detection and Visual Tracking

Chapter 12 Motion Prediction Fuzzy Adaptive Kalman Filter

Chapter 13 Adaptive Identification of Jacobian Matrix in Microscopic Images

Chapter 14 Uncalibrated Microscopic Visual Servo

第1章　绪　　论

1.1　引言

机器人是20世纪人类最伟大的发明之一。从20世纪60年代初由美国Unimation公司生产的世界第一台真正意义上的通用型工业机器人Unimate至今，机器人技术经历了50多年的发展，取得了长足的进步[1]。从早期的可编程与示教再现机器人到目前能感知环境信息并做出决策的智能机器人，从单纯从事工业生产的工业机器人到仿生机器人、类人机器人、服务机器人、水下机器人、空间机器人、医疗机器人、军用机器人、娱乐机器人以及多种用途的特种机器人，机器人的性能不断增强，类型日趋繁多，应用领域不断扩大。机器人在许多人类不能承受的极限环境下代替人进行未知世界的探索。从遥远的火星探测到神秘的海底打捞，从恶劣的地震灾害搜救到隐蔽的军事战场侦察，这些都留下了机器人的足迹。正如比尔・盖茨预言①：机器人即将重复个人计算机崛起的道路，极有可能深入人类社会生活的方方面面，影响之深远丝毫不逊于过去30年间个人计算机给我们带来的改变，机器人将成为我们日常生活的一部分，必将与个人计算机一样，彻底改变这个时代的生活方式。比尔・盖茨的预言正在不断成为现实。未来家家都有机器人，机器人将无所不能、无处不在、无人不用。

1959年12月，Richard P. Feynman首次提出了微型制造技术②，标志着微操作概念的诞生。20世纪中后期以来，微操作系统的研究一直作为机器人技术的一个热门研究分支，具有广阔的应用前景和深远的研究价值，许多国家的高等院校和科研机构都投入了大量的资源和人力，对微操作的相关领域进行积极研究，并取得了丰硕的科研成果。

近几十年来，物理学、材料学以及光学等现代科学技术取得的进展，使得机器人帮助人类探究微观世界的奥秘成为可能。作为机器人技术和微纳米技术结合的产物，微型机器人（Micro Robot）和微操作机器人（Micromanipulation Robot）

---

① 比尔・盖茨在《环球科学》2007年第2期的封面文章《家家都有机器人》，详见文献[2]。

② 1959年12月26日，Richard P. Feynman在美国召开的物理学年会首次提出微型制造技术，详见文献[3]。

是近年来国内外机器人研究的两个崭新亮点。

20 世纪 80 年代末期,微机械电子学的突破性进展使得科学家和工程技术人员可以利用微加工和微封装技术将微驱动器、微传感器、微执行器以及信号处理、控制、通信、电源等集成于一体,成为一个完备的机电一体化的微机电系统(Micro Electro Mechanical System,MEMS),整个系统的物理尺寸也缩小到毫米级甚至微米级。借助 MEMS 技术,机械从一个最初的宏观概念进入微观范畴,这也使得机器人微型化和微操作成为可能。

微型机器人指的是微小机构尺寸的机器人系统,如能进入人体脏器管道检查与治疗的微型医疗机器人、用于细小工业管道检测的微型机器人以及可以进行战场侦察的微型飞行器、微型潜艇和机器昆虫等。经过近 20 年的发展,世界各国有为数不少的微型机器人研制成功。图 1.1(a)为日本精工爱普生公司研制的微型飞行机器人,图 1.1(b)为美国国家航天航空局(NASA)研制的六腿机器蜘蛛。

(a)

(b)

图 1.1 微型机器人
(a) 微型飞行机器人; (b) 六腿机器蜘蛛。

微操作机器人与微型机器人相比,它拥有较大的机构尺寸,但能在一个较小的工作空间(如厘米尺度)实现系统精度达微米、亚微米甚至纳米级的精密操作和装配作业。在微机电工程、光学与光电子工程、精密工程、核工程实验以及生物医学工程等领域,微操作机器人与微装配机器人有着广泛的应用前景。

在现代生物医学工程中,直径为 10 ~ 150μm 的显微细胞操作是一项关键技术,如图 1.2 所示。典型的显微细胞作业形式包括细胞的捕获、切割、分离、融合,细胞内器官(核、染色体、基因)的转移、重组、拉伸、固定,转基因注射,细胞壁穿刺,细胞群体操纵等,其操作尺度均在微米级甚至纳米级。以往这些操作都是由实验人员在显微镜下借助特殊的微操作器完成,其作业难度大,人员需要经过专门培训才能熟练掌握,而且操作成功与否易受人为因素影响,效率低,操作精度无法得到保证。利用微操作机器人代替人工操作是显微细胞作业的发展趋势,它将机器人控制、微驱动技术、计算机视觉与生物医学工程中的微操作需求相结合,是光、机、电、计算机一体化的综合系统。微操作机器人的发展大大提高了显微细胞作业的自动化水平,保证了操作精度和稳定性,并使得显微操作简单化从而在生物医学研究中得到广泛应用。

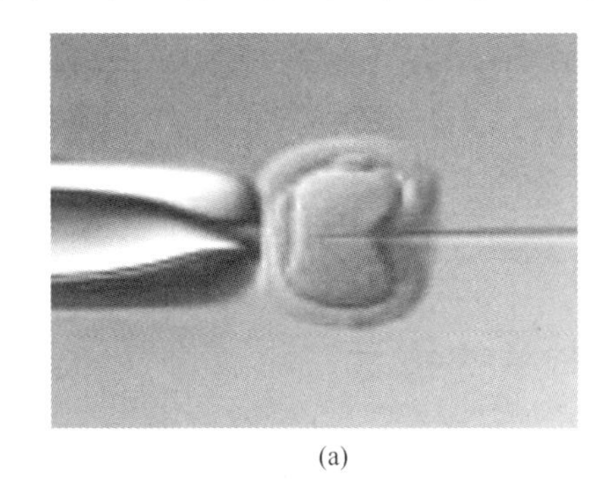

(a)

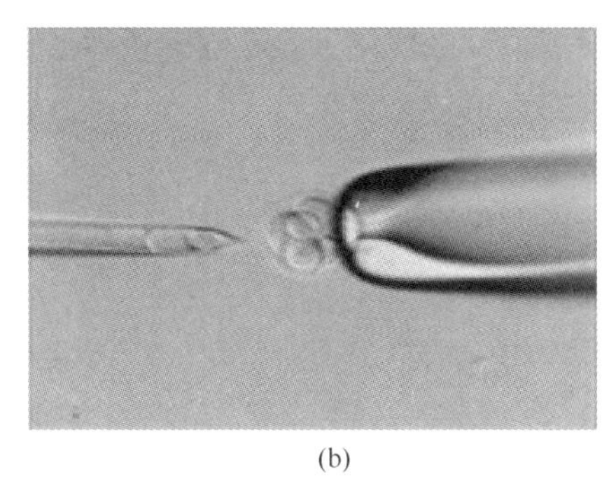

(b)

图 1.2 显微细胞操作
(a) 细胞注射; (b) 细胞捕获。

微机电系统(MEMS)具有传统机电系统无法比拟的优点,如体积小、重量轻、功耗低、可靠性高、功能强大、易于批量生产等,因此被世界各国广泛认定为影响未来科技发展的战略高新技术。已经商用的 MEMS 产品包括大家熟知的三维打印、喷墨打印头和汽车安全气囊加速度计等。随着 MEMS 研究的持续深入,利用单片集成工艺加工的 MEMS 器件难以满足功能多样化的需求,即便能够实现也是结构复杂,成本昂贵。通过微装配技术可以将不同材料、不同工艺加工的 MEMS 器件组合成能够完成特定功能的微型系统(如微小型药物泵、微传感器、光传输器件等),因此微装配技术已成为当今 MEMS 研究的核心基础技术,而微装配机器人正是代替人工实施精密微器件装配的有效工具。图 1.3(a)所示为美国明尼苏达州立大学高级机器人实验室研制的微装配机器人,在深度反应离子刻蚀(Deep Reactive Ion Etching,DRIE)硅片上进行的金属薄片插孔作业[4],图 1.3(b)为美国 Sandia 国家实验室研制的微夹持器进行光刻电铸塑成型技术(Lithographie, Galvanoformung and Abformung,LIGA)进行微齿轮(ϕ100μm)装配[5]。微装配机器人技术使得在微纳米尺度上进行批量化的 MEMS 器件自动装配成为可能,大大促进了微纳米科学的发展与应用。微装配机器人还被广泛应用于诸如宝石分拣、光纤对接以及生物医学工程中的转基因操作等领域。

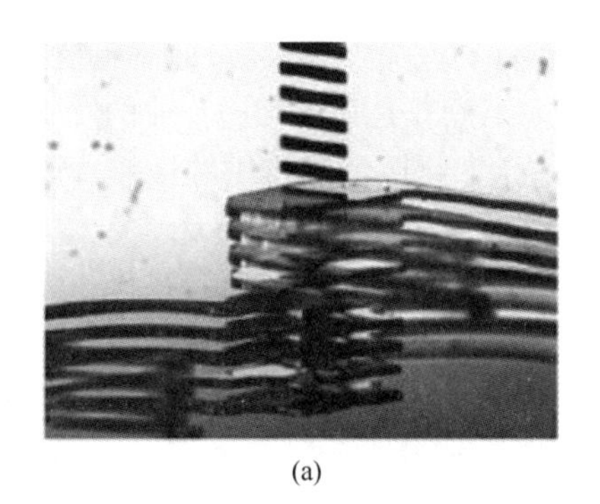
(a)

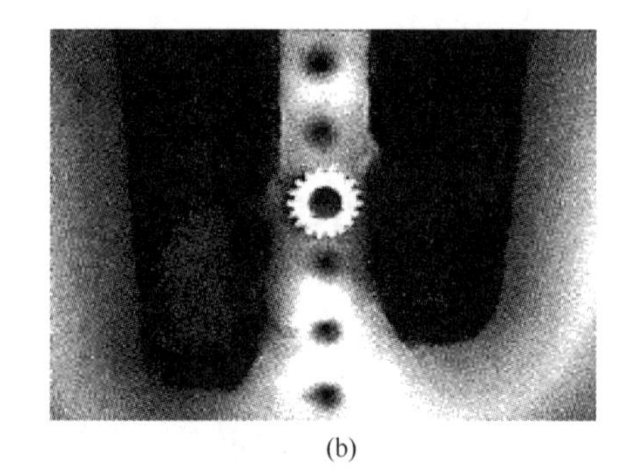
(b)

图 1.3　微器件装配

（a）硅片插孔作业；（b）LIGA 微齿轮装配。

1.2　微装配机器人的基本原理与关键技术

微装配并非宏观装配在操作尺度上的简单缩小，由于微器件在装配过程中所表现出来的尺度效应、表面效应、隧道效应等已超出了宏观装配中所涉及的物理规律范畴，一些宏观世界的机器人控制策略不再适用，因此有必要根据微操作的自身特点与规律，研究合适的微装配机器人系统结构和控制方法，来保证微装配作业的可靠性与有效性、提高微装配的自动化水平。

1.2.1　尺度效应

对于传统的机器人宏观装配，在操作手抓取－移动－释放操作对象的过程中，物体的重力起主导作用。但当物体尺寸小于 1mm 或物体质量小于 10^{-6}kg 时，随着物体半径的减小和重量的减轻，与物体表面积相关的黏附力（如范德华力、静电力和表面张力）的影响会大于重力、惯性力等体积力，此时微器件的表面效应将取代体积效应占支配地位（图 1.4），这就是所谓的微操作的“尺度效应”（Scale Effect，SE）。尺度效应使得在装配过程中微器件抓取相对容易而释放却比较困难，同时还给微器件操作增加了众多不确定性因素。目前我们对微观世界的内部物理机制还不完全了解，而诸如温度、湿度等环境因素对于微器件装配的客观影响也无法给出定量化的描述。此外，微物体的结构刚度、截面积和质量分别按其特征尺寸的一次、二次和三次方递减，随着几何尺寸的减小，微物体将变得轻、脆且富有弹性，微操作力的控制不当将可能导致器件变形或毁损。因此针对尺度效应所表现出的未知性和不确定性，如何设计可靠的微操作工具（末端执行器）、合理的系统结构和有效的控制策略是微装配机器人研究面临的主要问题。

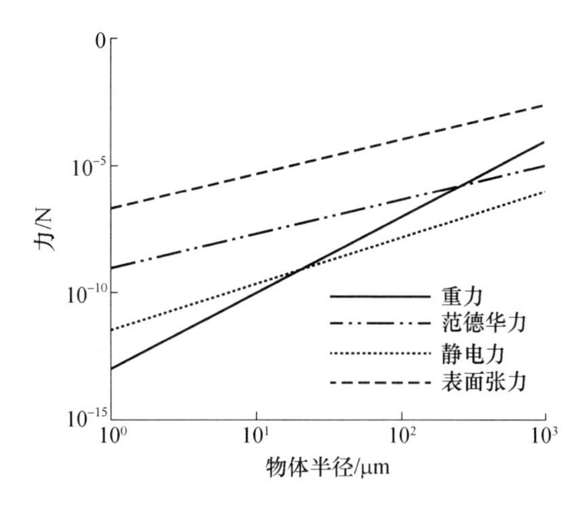

图 1.4 微操作尺度效应

1.2.2 多尺度交叉

随着微装配技术的发展,其操作对象不断增加,作业内容也日趋复杂。其中一个突出特点表现为微装配任务的多尺度交叉[6],即装配任务会同时涉及宏尺度(Macroscale)、中间尺度(Mesoscale)和微尺度(Microscale)。通常,我们把 1 ~ 100μm 称为微尺度,100μm ~ 1mm 称为中间尺度,而大于 1mm 称为宏尺度。微装配的尺度特征包含器件外形尺寸和操作目标(操作精度)两个要素[7]。如果装配对象具有微尺度或中间尺度的外形尺寸,则意味着操作目标尺度只可能会更小,我们把这类操作称为微 - 微装配;如果装配对象具有宏尺度外形尺寸,但是要求微尺度或中间尺度的操作精度,我们把这类操作称为宏 - 微装配。目前大多数微装配致力于微 - 微装配,如前面介绍的 LIGA 工艺微齿轮装配、微轴与微孔的装配、光纤对接、混合 MEMS 传感器等。但是随着微纳米科学技术的发展,针对宏 - 微操作对象的微装配技术研究愈发显示出它的必要性。如惯性约束聚变(Inertia Constraint Fusion,ICF)实验中的微靶装配就是一类典型的宏 - 微装配问题(图 1.5),ICF 微靶装配同时涉及三种外形尺度的靶零件,而装配精度却要求达到微米级,这给微装配机器人的结构设计与系统控制提出了很大的挑战。

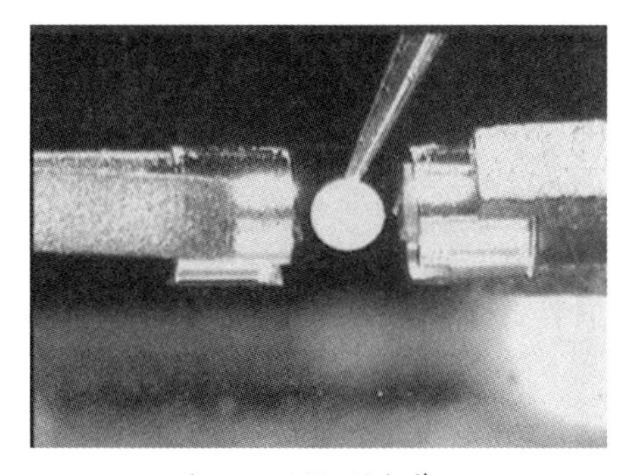

图 1.5 ICF 微靶装配

1.2.3 微夹持器技术

微装配的核心技术之一在于针对微尺度效应研究合适的微驱动和微夹取技术来克服黏着力等各种微观因素,实现对微器件的精密定位和有效夹取与释放。微夹持器是微装配机器人系统重要组成部分,作为微装配机器人的末端执行器,其主要功能是实现对微小对象(零件)进行拾取、运送和释放操作,并可完成一定的装配动作。由于操作对象的材质、形状和几何尺寸的不同,需要研制不同类型的微夹持器来满足对不同类型操作对象的可靠操作。微夹持器技术是微操作机械手实现微零件夹取和姿态调整的重要保证和关键技术。微夹持器应具有重量轻和体积小等特点,同时还需有合适的夹持力和夹取范围。根据采用的驱动方式不同微夹持器可以分为真空吸附式微夹持器、静电式微夹持器、压电式微夹持器、电磁式微夹持器、形状记忆合金微夹持器等。有关微夹持器技术和微夹持器设计将在第 8 章详细介绍。

1.2.4 显微视觉与显微视觉伺服

宏 - 微操作不仅要克服微尺度效应,更重要的是要解决好宏 - 微尺度之间的矛盾。宏 - 微装配机器人系统不仅需要小范围、高分辨力的精确定位,同时需要大行程、中等精度的粗定位;机械手末端执行器不仅要兼容宏观尺寸的微器件,还要考虑微尺度因素对操作精度的影响。此外,微装配姿态的调整,即如何实现宏尺寸器件的大范围旋转同时又保证尽可能小的偏转位移,这是一个典型的宏 - 微矛盾问题。这些客观存在的宏 - 微矛盾,是我们在设计微装配机器人控制策略时所要必须考虑的因素。

基于微信息的闭环反馈是微装配控制的必然选择。由于目前我们对微观操作机理和微信息感知方法的了解十分有限,一些宏观世界的机器人传感方法如力觉、触觉、接近觉等很难直接应用于微装配机器人系统,而由光学(电子)显微镜、高分辨力电荷耦合器件(Charge Coupled Device,CCD)摄像头和专业图像采集卡构成的显微视觉是迄今为止在微装配系统中应用最为有效的感知方法,显微视觉伺服则被广泛用于实现机器人化的微装配作业控制[8]。显微光学成像不同于宏观光学,它具有浅景深、小视野、高放大倍数等特点,因此宏观视觉伺服方法难以满足显微视觉控制要求。在显微视觉环境下,如何兼顾大范围的信息获取和高分辨力的精度提取要求,针对微装配过程中微观因素所表现出的未知性和不确定性,如何建立自适应机制对其进行估计和补偿,面对微装配的宏 - 微矛盾,是否要采用多分辨力多尺度的控制策略等。这些都是显微视觉伺服研究中所要考虑和解决的重要问题。

显微视觉伺服是实现机器人化微装配、提高装配效率、保证装配精度和可靠性的基础和核心技术。本书将在后续章节中分别介绍机器人轨迹跟踪、显微图像雅可比矩阵自适应辨识、显微视觉深度信息获取以及无标定三维显微视觉伺服等关键技术，并给出相关应用实例。

1.3 微装配机器人研究现状

微装配机器人是指末端执行器能够在一个较小的工作空间（如厘米尺度）实现系统精度达微米、亚微米甚至纳米级精密操作的机器人系统。它一般由以下几个部分组成：

（1）高倍数、高分辨力的显微视觉系统；

（2）两个自由度以上的高精度、大范围运动的作业平台及辅助设备；

（3）能够改变操作对象位姿的多自由度微操作机械手；

（4）适于微小物体操作的不同类型微夹持器，如进行微型零件装配用的微夹持器，进行细胞操作和微细外科手术用的注射器、手术刀等。

在一些文献中将上述系统称为微操作机器人。如果要细分，微操作（Micromanipulation）和微装配（Microassembly）的区别如下[6]：

（1）微操作通常是指在微尺度公差范围内，对微尺度或者中间尺度特征的单一目标实施位置与姿态控制的操作，如细胞穿刺和切割、外科手术等；

（2）微装配则是在微尺度公差范围内，对微尺度或者中间尺度特征的多目标实施装配作业，是对目标空间和物理关系的控制，通常需要多机械手协同操作才能完成装配作业，如微器件和微靶装配等。

显然，微装配不仅要具备微操作的功能，同时要完成更为复杂的装配作业，是微操作系统中最为复杂的工作模式。

1.3.1 微装配机器人系统

从20世纪80年代末90年代初开始，美国、日本以及欧洲等发达国家和地区就投入大量的资金和人力进行微装配机器人理论与技术的研究。

日本东京大学于1990年研制出一套纳米级微操作系统，用于超大规模集成电路的铝配线切割实验。纳米操作机械手如图1.6所示，其中右操作机械手为作业手，为压电陶瓷驱动的三自由度结构，运动范围15μm×15μm×15μm，定位精度10nm；左操作机械手由尺蠖电机驱动，为粗－精两级定位平台，运动范围20mm×20mm×20mm，定位精度10nm。操作机械手末端执行器为电解研磨的镍针或金刚石针。整个系统在扫描电子显微镜（Scannig Electron Microscope，SEM）下工作，通过微针根部的一维微力传感器实现操作力的感知,操作人员利用力反馈摇杆进行操作。在此基础上科研人员给左、右操作机械手添加了两个音圈电机驱动的旋转自由度,运动精度0.1°;融合电子显微镜和光学显微镜形成对装配空间的集中观测,并研制了适用于微粒操作的真空微夹,其系统结构如图1.7所示[11-12]。

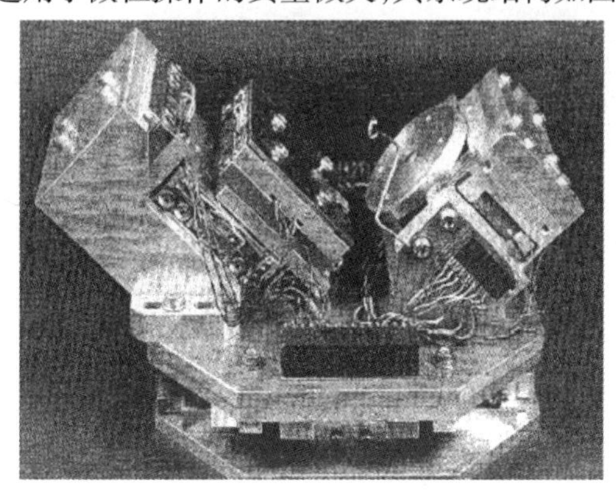

图1.6 日本东京大学纳米微操作机械手

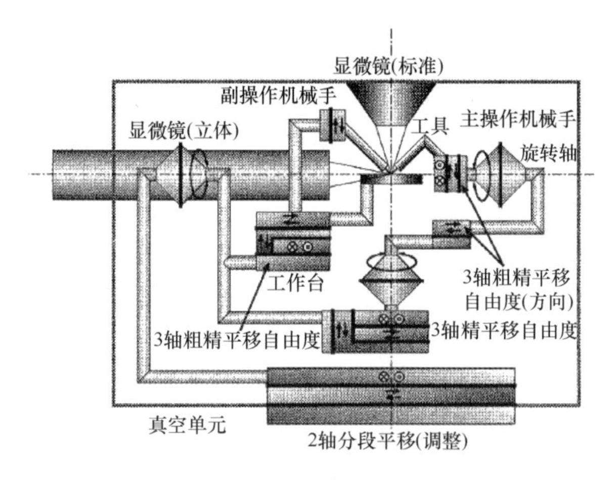

图1.7 日本东京大学微操作系统结构

美国得克萨斯大学的自动化与机器人研究所研制了一种多尺度装配和封装系统(图1.8),用于复杂的微纳米设备的工业化制造[13]。该系统采用完全可重构的设计模式,设计的结构模块包括线性、旋转和倾斜的工作台以及可拆卸和组装的多功能机械手,并使用了多个摄像机进行多角度视觉伺服,能够完成多种复杂的微小设备的封装。芬兰阿尔托大学的自动化与系统工程学院将微装配系统用于无线射频微芯片和人工天线模型的组装任务(图1.9)[14]。该系统分为机械粗操作和基于液体微粒表面张力的自动对齐操作两个环节,实现了无线射频识别芯片与底座外边缘的自动对齐任务,使得边缘偏移非常接近,达到了可靠的精度要求。

图1.8 美国得克萨斯大学的微操作机器人系统

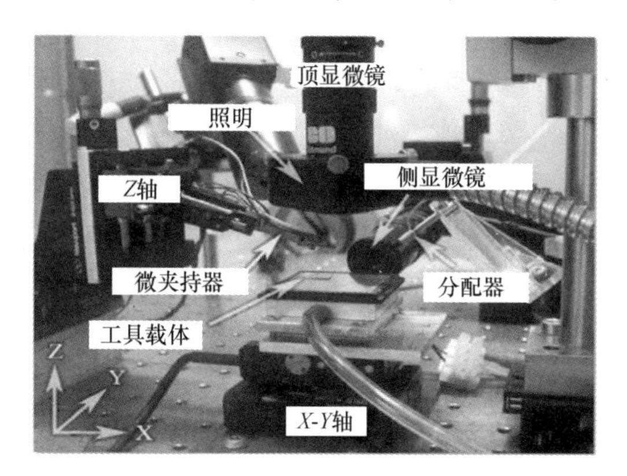

图1.9 芬兰阿尔托大学的自动装配系统

日本名古屋大学研制的用于生物工程细胞操作的六自由度微操作机械手如图1.10所示[15]。微操作机械手由粗动机构和微调机构组成,粗动部分为步进电机驱动的笛卡儿坐标机构,微调部分为压电陶瓷驱动的六自由度串联柔性铰链机构。该系统可以在含水样本下保持高精度观测,末端执行器采用聚焦离子束刻蚀的微纳米操作系统,在细胞纳米手术实验中,不同类型的纳米工具可以在单细胞尺度上实现诊断、切割、植入、提取和注射等高难度动作。瑞典 Uppsala 大学研制的微操作机器人由四自由度机械手和三自由度作业平台(载物台)组成[16],系统在电子显微镜下工作,可以完成200μm 硅片的切割、熔接以及单晶硅微型针的制作等。

位于苏黎世的瑞士联邦技术学院(ETHZ)机器人研究所是欧洲较早开展微装配机器人研究的机构之一,其研制的微操作机器人能够在1cm^3 的空间内实现精度达10nm 的宝石分拣作业(图1.11)[17-18]。系统为三手协调结构:第一只手

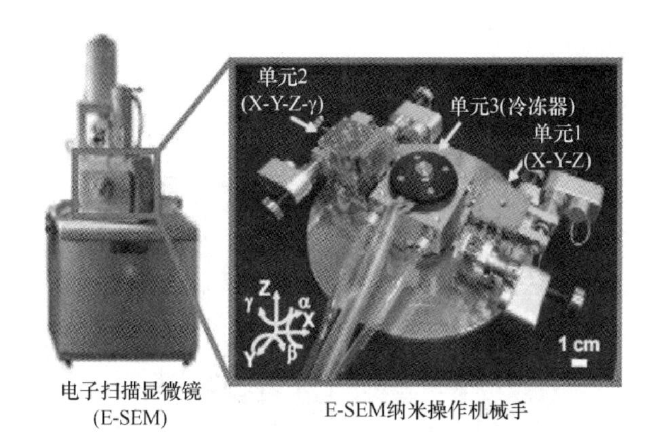

图 1.10 日本名古屋大学细胞微纳米操作系统

是称为 Abalone 的压电驱动微型机器人,具有三个自由度(x, y, ψ_z),平移运动范围 5μm,旋转范围 0.6mrad,Abalone 实现微目标在装配空间的定位,其 Z 方向位置由重复定位精度达 1μm 的运动平台控制;第二只手具有四个自由度(x, y, z, ψ_y),三个平移自由度由直流伺服电机驱动,重复定位精度 1μm,旋转自由度由压电陶瓷驱动,分辨力为 0.1μrad,第二只手配备有微夹持器,实现对微目标的夹取和释放操作;第三只手具有两个平移自由度(y, z),直流伺服电机驱动,重复定位精度 1μm,其末端真空微夹实现对宝石的吸取,利用平行双光路显微视觉完成对微操作过程的监测与显微视觉伺服控制。

美国 Sandia 国家实验室研制的 LIGA 微齿轮装配机器人,如图 1.12 所示[5]。系统由四自由度(x, y, z, ψ_z)机械手、四自由度(x, y, z, ψ_z)精密定位平台、LIGA 微夹持器和长工作距离显微镜组成。机械手 X、Y 方向重复定位精度 0.4μm,Z 方向重复定位精度 8μm,绕 Z 轴旋转速度为 23.56rad/s;精密定位平台 X、Y、Z 向重复定位精度均为 1μm,绕 Z 轴旋转速度为 1.8rad/s。光学显微镜由伺服电机驱动,可实现微装配图像的自动对焦。

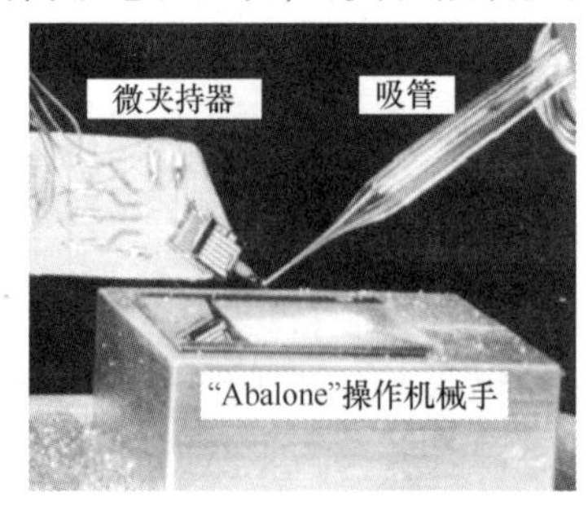

图 1.11 ETHZ 微操作机器人

图 1.12 LIGA 微装配机器人

德国卡尔斯鲁厄大学研制了一种基于微移动机器人 MINIMAN 的桌面型微装配平台[19-21]，MINIMAN 由压电陶瓷驱动，运动分辨力 10nm，最大运动速度 3cm/s。在微机器人上集成了不同种类微操作工具，可以实现对微器件的空间定位与操作。为了形成有效的微信息反馈，系统集成了多种微感知手段，包括基于 CCD 摄像头的全局视觉、基于光学显微镜的局部视觉和激光测量等。图 1.13 所示为 MINIMAN－Ⅲ代和 MINIMAN－Ⅳ代微操作移动机器人。

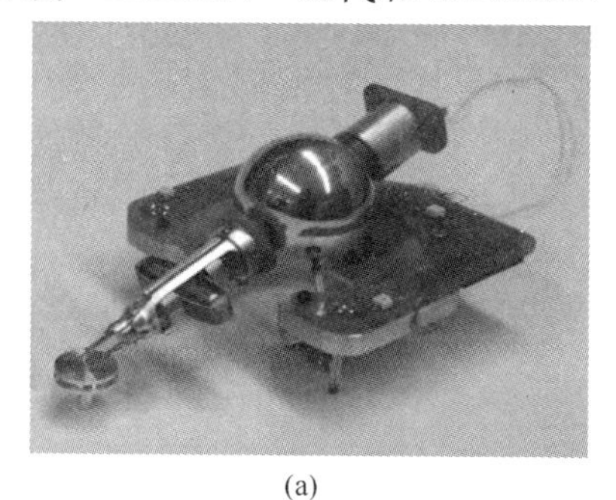

(a)

(b)

图 1.13　MINIMAN 微操作移动机器人
(a) MINIMAN－Ⅲ；(b) MINIMAN－Ⅳ。

美国明尼苏达州立大学高级机器人实验室在微装配机器人方面做了大量出色的工作[4,22]。他们研制的面向硅片装配的三维微装配系统如图 1.14(a) 所示。系统由四自由度高精度微操作机械手、四自由度粗定位平台、多视角显微视觉系统以及微夹持器等部分组成。微操作机械手平移 X、Y、Z 三轴运动行程为 2.58cm，运动分辨力 0.04μm，旋转轴由微型步进电机驱动，旋转分辨力 0.0028°；粗定位平台 X、Y 方向运动行程 32cm，重复定位精度 1μm，Z 方向运动行程 20cm，重复定位精度 5μm，旋转分辨力 0.0028°。为了更好地观测微装配过程，该实验室研制了有四个视角的混合式显微视觉系统，如图 1.14(b) 所示，分别为一个全局视觉、一个垂直显微视觉和两个侧向显微视觉。系统还具有真空微夹和由微执行器驱动的微镊两种类型的微夹持器，并配备了微力和微力矩传感器，检测精度分别为 1mN 和 4mN · mm，集成力传感的微操作机械手如图 1.14(c) 所示。实验室还在微力传感[23]、显微视觉[24]和基于视觉引导的自动微装配[25]等方面做了广泛深入的研究。

美国劳伦斯 · 利弗莫尔国家实验室(Lawrence Livermore National Laboratory，LLNL) 研制的低温靶装配机器人系统如图 1.15 所示[26]。该系统由 6 台微操作机械手、多视角显微视觉和光标测量机(Optical Coordinate Measuring Machine，OCMM) 构成的在线检测系统以及 4 种不同类型的微夹持器组成。

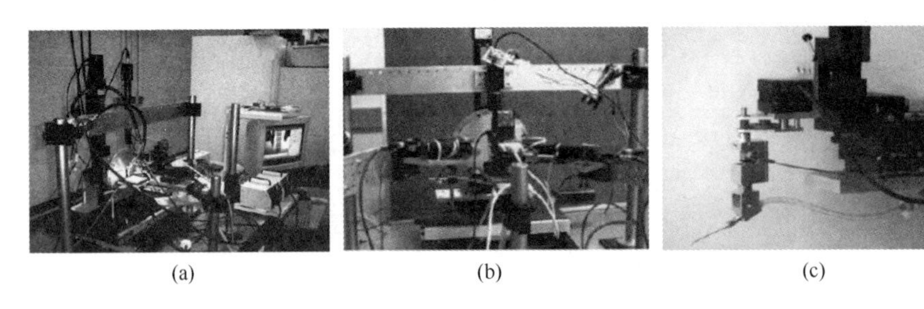

(a)　　(b)　　(c)

图 1.14　美国明尼苏达州立大学三维微装配系统

(a) 系统全貌；(b) 多视角立体显微视觉；(c) 集成力传感微操作机械手。

图 1.15　美国 LLNL 低温靶装配机器人系统

微操作机械手主要技术指标为:毫米级运动范围,1cm^3 操作空间,100nm 精度。多机械手操作平台集成后的操作空间为几十厘米,操作精度为微米量级。显微视觉系统的主要技术指标为:毫米级视场范围;100nm 分辨力。光标测量机主要技术指标为:测量范围($X/Y/Z$)610mm × 610mm × 200mm,测量系统的尺寸(长/宽/高)140cm × 123cm × 155cm,XYZ 轴光栅尺分辨力 0.5μm。由真空吸附式靶丸夹持器、夹镊式充气微管夹持器、真空吸附式诊断环夹持器和真空吸盘式夹持器等 4 种不同类型的微夹持器构成靶装配的夹持系统。LLNL 系统可实现对 13 种类型,总共 21 个零件的低温靶装配(图 1.16)。

国内对微装配机器人的研究起步较晚。从 1993 年起,国家自然科学基金和国家“863”计划分别资助南开大学、北京航空航天大学、哈尔滨工业大学、广东工业大学等高校开展微操作机器人技术的研究[27]。1997 年 1 月,“863”高技术机器人领域专家组在厦门召开了专题讨论会,讨论了未来几年我国在微操作机器人领域研究的发展方向和具体举措。会上决定今后的研究重点由单元技术转向系统集成,并把面向生物医学工程的微操作机器人作为研究的突破口。同年 4 月,专家组委托南开大学、北京航空航天大学、中国科学院自动化所等单位开

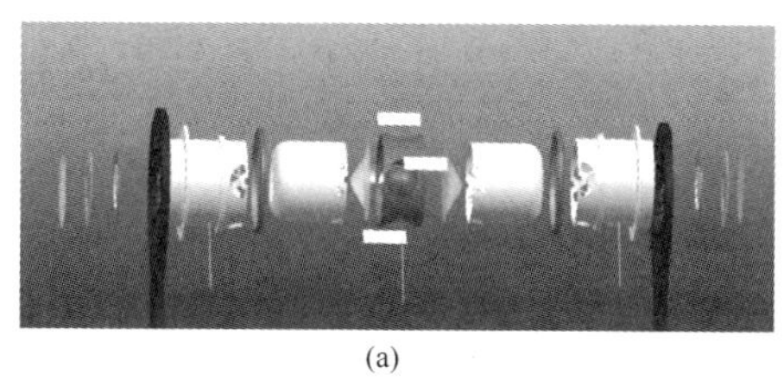

(a)

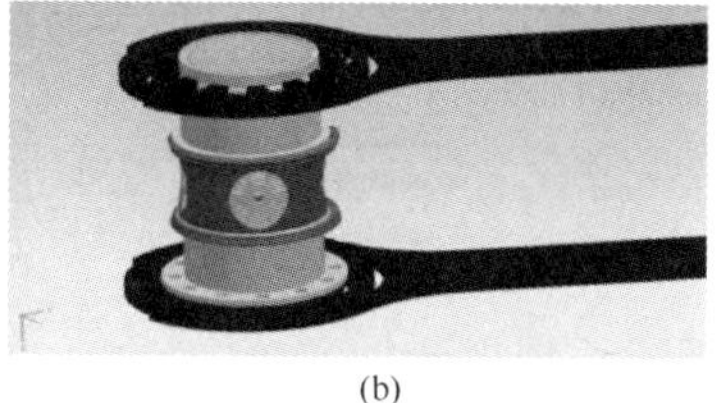

(b)

图1.16 低温靶装配示意图

(a)低温靶零件与结构；(b)装配完成后的低温靶。

展了“面向生物工程的微操作机器人系统”的全国调研。同年7月，“863”计划分别资助南开大学、北京航空航天大学、中国科技大学等单位开始研制开发面向细胞或基因操作的微操作机器人。

南开大学自1994年开始微操作机器人的研究，已开发出“面向生物医学工程的微操作机器人系统”[28]，如图1.17所示。系统由显微视觉系统、左右操作机械手、微操作器、二自由度辅助微动平台和自动调焦系统组成。左、右操作机械手均为三自由度步进电机驱动的直角坐标式滚珠丝杆平台，空间运动范围25mm×25mm×25mm，运动精度1μm。在该系统中，实验人员通过显微视觉观察被操作的生物体(如细胞、染色体等)，寻找实验点。系统可以自动搜寻操作器的空间位置，自动或半自动地完成预先规划的操作。该系统已成功实现了植物染色体的切割与分离、牛肺细胞的脱氧核糖核酸(Defense Nuclear Agency，DNA)转基因注射实验。

中国科技大学于2000年研制成功的“细胞激光微操作系统”[29]，如图1.18所示。系统由显微镜、激光发射器、运动平台、图像监视系统和主控计算机等组成。该系统采用激光光镊(光刀)对细胞进行微操作。激光经过光路聚焦在显微镜焦平面上形成“势阱”，俘获细胞；然后控制平台运动，将细胞移动到期望位置，破坏“势阱”，释放细胞，从而完成细胞操作。该系统在脱毒马铃薯和毛白杨雄株试管苗进行植物转基因操作获得成功。

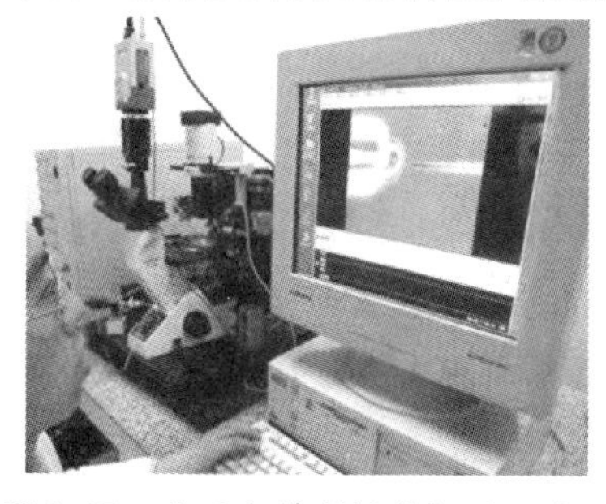

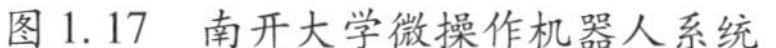

图1.17 南开大学微操作机器人系统

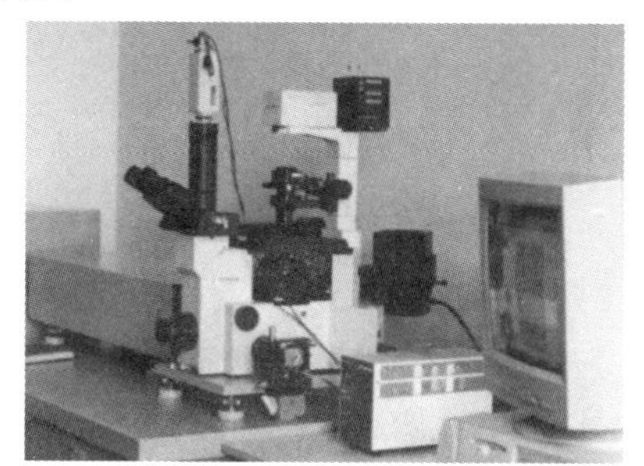

图1.18 中国科技大学“全光学生物微操作系统”

北京航空航天大学开展的微动机构研究，设计出一套“串并联微动机器人”[30-31]。机器人系统中右操作机械手采用压电陶瓷驱动和柔性铰链机构，由上3RPS机构和下3RRR机构并联串接而成，外形尺寸100mm×100mm×100mm，工作空间40μm×40μm×40μm，运动分辨力0.2μm；左操作机械手采用直流伺服和精密丝杠驱动，三自由度直角坐标机构。两手操作能在显微视觉下完成全局视觉闭环反馈。该系统已成功进行了小白鼠受精卵基因注射实验。

哈尔滨工业大学研制的“六自由度纳米级宏/微操作并联机器人”[32-34]，左、右机械手的宏动部分采用步进电机驱动直线驱动器和旋转驱动器，三维微动部分由压电陶瓷管驱动，X、Y轴的最大输出位移13μm，位移分辨力20nm，Z轴最大输出位移6μm，位移分辨力4nm，而且在陶瓷管表面粘贴应变片进行微位移检测，实现了机构、驱动、检测一体化。

中国科学院沈阳自动化所研制的“基于原子力显微镜（Atomic Force Microscope, AFM）的纳米级微操作系统”[35-36]，系统根据AFM原理实现了微操作力感知，并具备三维微纳米位置反馈、实时视觉监控、作业环境图形生成等功能，初步实现了基于AFM模式的CNT纳米器件机器人化微装配。

华中科技大学2005年研制成功的面向惯性约束聚变（ICF）靶装配的机器人系统如图1.19所示[37]。该系统由左、中、右三台微操作机械手、正交立体显微视觉和真空吸附与压电陶瓷双晶片两种不同类型微夹持器构成，采用显微视觉伺服控制技术，实现对亚毫米级ICF靶零件进行自动、半自动和手动三种模式的装配作业，装配精度达到1μm。

图1.19　华中科技大学研制的ICF靶装配机器人系统

1.3.2　微驱动和微夹持器技术

微驱动技术是微操作机械手在微尺度空间实现位置与姿态调整的基础。微驱动器既要具备质量轻、体积小等特点，又要满足大驱动力（转矩）、大行程等方面的要求。按照驱动原理划分，目前的微驱动器主要有微电机驱动器、静电式驱动器、压电式驱动器、形状记忆合金驱动器、电磁驱动器、声波式微驱动器等多种类型。

（1）直流电机、步进电机、音圈电机[38-39]：这些不同类型的电机是微装配机器人常见的一类驱动器，尤其是在粗定位平台中被广泛采用。其优点在于方法成熟、控制分辨力高、体积较小等，但是由于传统的运动传递装置（如轴承、导轨、丝杆等）正反向回差大、重复定位精度较低，因此限制了它在亚微米和纳米级场合的应用。

（2）静电式驱动器[40-42]：静电式驱动器的原理是利用电荷间的吸引力和排斥力驱动电极产生平移或旋转运动。静电力属于表面力，单位质量的静电力与表面尺寸成反比，即尺寸越小静电力越大，采用电压驱动易于集成和控制，因此使用静电力作为微驱动力是有利的。但是静电式微驱动器驱动力矩小，为克服摩擦需要较高的驱动电压，使用寿命较短，限制了它的实用化。

（3）压电式驱动器[43-44]：该驱动器在微操作领域比较受欢迎的一种微驱动方式，它利用压电陶瓷的逆压电效应将电能转换为机械能，具有结构紧凑、运动分辨力高、无摩擦和磨损、功耗低、响应快、输出力大等优点。但是压电陶瓷产生的位移较小，而且本身存在的迟滞、蠕变等一些非线性特性，为其控制增加了难度。

（4）形状记忆合金（Shape Memory Alloy，SMA）[45-46]：形状记忆合金具有形状记忆效应，它在变温相变过程中有回复力输出，可以对外做功。利用 SMA 丝绕制成的螺旋弹簧可以输出较大的位移，适合小负载、高精度的微操作领域。但是 SMA 热相变受环境温度的影响较大，响应速度较慢。

（5）声波式微驱动器[47]：这是一种较新颖的微操作方案，它主要针对一些诸如水之类的液体微操作环境，在水中放置超声波发射头，由水介质传递能量，实现目标在水中的微运动。采用四个金字塔排列的超声波探头就可以实现对目标的三维微操作，改变任意超声波发射相位，就可以使微目标运动的位置和方向做出相应改变。

上述几种微驱动器各有优缺点，在微操作领域有着不同的适用对象和应用范围，其中压电式微驱动器应用最为广泛。

在微驱动机械手机构方面，并联机构一直是微装配机器人研究中的一个热点，国内的北京航空航天大学和哈尔滨工业大学在这方面都做了大量的研究[48]。由于并联机构具有以下一些特点[49]：①结构紧凑；②结构对称，设计加工简单，对温度灵敏度不高；③驱动器可置于机架上，即驱动器不在工作空间内；

④误差积累和放大小;⑤固有频率高,避免了由振动引入的不可控重复误差。因此并联机构很好地满足了微装配机器人运动分辨力高、响应快、体积小、精度高等要求。在并联微操作机械手中,普遍采用柔性铰链作为运动副,其优点体现在:①无间隙、无磨损、无须润滑;②运动平滑连续;③位移分辨力高;④结构紧凑;⑤具有保护功能。目前,并联微操作机械手大多采用 Stewart 和 Delta 两种类型的并联结构[50]。图 1.20 所示为日本大阪大学研制的压电陶瓷驱动并联微操作机械手,其操作机械手末端按照筷子的原理设计,可以实现对直径为 2μm 的玻璃微球的夹取与定位操作,定位精度小于 0.1μm。

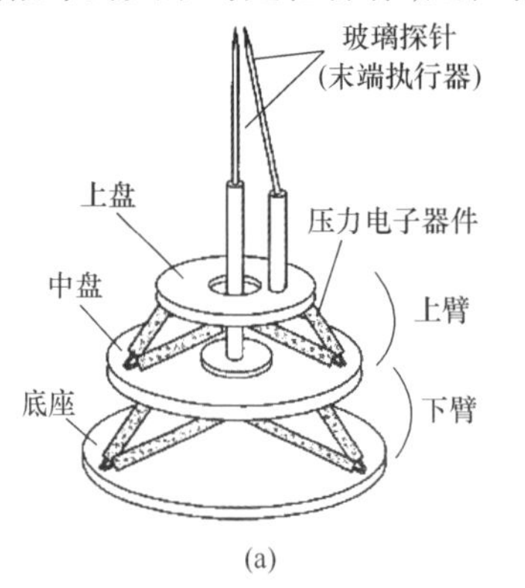

(a)

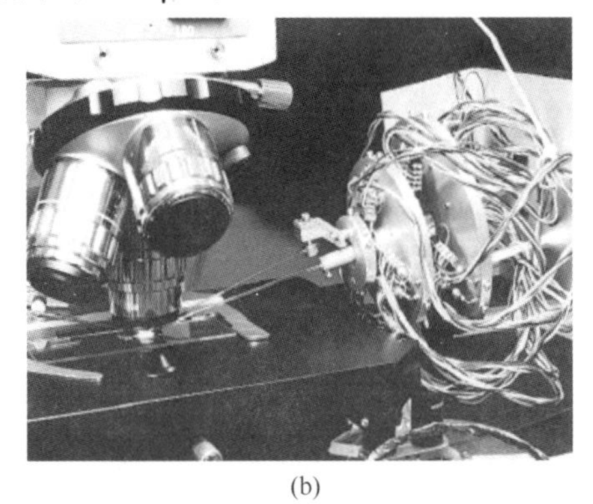

(b)

图 1.20 压电陶瓷驱动并联微操作机械手

(a)并联微操作机械手结构;(b)并联微操作机械手实物。

作为微操作手的末端执行器,微夹持器完成对微小物体的夹取、运送与放置操作,它是微驱动原理在微装配机器人系统中另一种典型应用。由于微器件通常具有轻、小、薄、软等特点,这就要求微夹持器不仅能够实现对器件有效安全的夹取和放置,避免微夹持器与操作对象产生黏着效应,同时还要控制合适的夹持力避免器件变形或损坏。因此,微夹持器的设计好坏是决定微装配成功与否的关键因素。按照能量供给和驱动方式的不同,目前主要有以下几种类型的微夹持器。

(1) 静电式微夹持器[51]。这种微夹持器主要通过梳齿状或叉指状平行板电容器产生的侧向静电吸引力作为夹持力。当微夹持器通直流电时,平行板电容器产生侧向吸引力使钳口夹紧物体;当电容器放电时,吸引力消失,夹钳靠侧壁弹性回复到原来位置,钳口松开释放物体。静电式微夹持器输出力和位移较小,断电后由于电荷效应产生的黏着力不能迅速释放物体。

(2) 电磁式微夹持器[52]。这种微夹持器是利用电磁力驱动末端手指完成夹持动作,可以获得较大的钳口开合位移,动作响应快、无磨损、承载能力大。但是电磁线圈体积较大,难以实现微型化。

(3) 形状记忆合金微夹持器[53]。形状记忆合金(Shape Memory Alloy, SMA)功能材料具有两种不同的金属相,在不同温度范围内可以稳定存在。根据SMA的形状记忆特性,通过对其进行加热、冷却产生形变,完成夹钳的开合动作,实现对物体的夹持与放置。SMA微夹持器的优点在于变形率大,但是它冷却时反应较慢,造成释放不及时,而且疲劳寿命较短。

(4) 压电式微夹持器[54]。压电陶瓷是一种应用较为普遍的微夹持器驱动元件,压电式微夹持器大致可分为直线型(伸缩型)和弯曲型两类。直线型微夹持器利用压电陶瓷驱动力大、输出位移小的特点,通过机械放大机构产生输出位移,实现夹钳末端的开合动作。弯曲型微夹持器采用压电陶瓷双晶片构成双悬臂梁结构,在驱动电压的作用下悬臂梁自由端产生形变位移,构成开合动作实现夹取与放置操作。两种方式都可在压电元件上贴附应变片检测微夹持力。图1.21所示为日本名古屋大学研制的集成微力感知的直线型压电陶瓷微夹持器[55],图1.22所示为华中科技大学智能与控制工程研究所研制的弯曲型压电陶瓷双晶片微夹持器[56]。

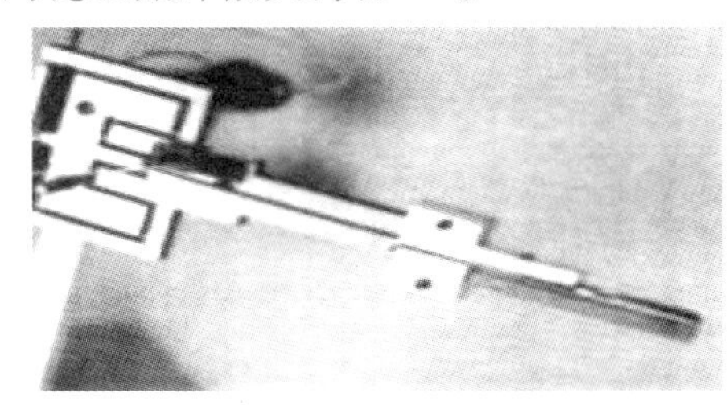
图1.21 直线型压电陶瓷微夹持器

图1.22 弯曲型压电陶瓷双晶片微夹持器

(5) 吸附式微夹持器[57]。上述几种微夹持器在夹持方式上都属于夹镊式。除此之外,还有另一种夹持方式的微夹持器,即吸附式微夹持器,包括真空吸附和静电吸附两种。真空吸附式微夹持器被认为是最理想的微操作工具,它利用真空吸附原理产生正、负气压实现对微物体的吸取与放置操作。日本东京大学[11]、瑞士联邦技术学院[57]、美国明尼苏达州立大学[4]、南开大学[28]、华中科技大学[58]等相继研制了各自的真空吸附式微操作工具。真空吸附式微夹持器对于被操作物体的形状、材质和大小等都有着严格的要求,主要适用于一些易碎、表面光滑、重量较轻的物体。静电吸附式微夹持器是利用电荷产生的吸引力或排斥力,实现对微粒物体的吸附和释放作用设计的一种微夹持器。作为表面力的一种,由于对材料的性质、表面积的大小和环境温度与湿度的要求很高,静电吸附式微夹持器应用相对较少。

1.4 显微视觉伺服研究概况

1.4.1 视觉伺服

视觉作为人类获取信息的主要感官,也被认为是机器人最重要的感知能力。利用视觉传感器得到的图像作为反馈信息,构造机器人的闭环控制,即为视觉伺服(Visual Servoing,VS)[59-62]。视觉伺服于1979年由Hill和Park提出[63],1984年Weiss在其博士论文中给予了详尽的论述[64]。它涉及机器人运动学、动力学和控制,数字图像处理以及实时计算等多个领域,由于视觉信息获取和处理的复杂性,以及机器人是一个非线性、强耦合的复杂系统,因此要实现机器人实时视觉伺服控制的难度很大,它已经成为机器人学中一个非常具有挑战性的课题,吸引了众多学者的研究兴趣。经过20多年的发展,视觉伺服已有了许多成功应用,如装配、焊接、搬运、邮件分拣、轨迹跟踪等。

根据不同的分类标准,可以对机器人视觉伺服系统进行如下划分[59-60]:

(1) 按照视觉反馈信号的表示形式是三维坐标系的位姿坐标或者二维图像平面的图像特征抑或是两者的混合,分别称为基于位置的视觉伺服(Position Based Visual Servoing,PBVS)、基于图像的视觉伺服(Image Based Visual Servoing,IBVS)和介于二维和三维之间的混合视觉伺服。

(2) 依照图像处理和机器人控制的动作时间是串行还是并行实现,分为静态视觉伺服和动态视觉伺服。

(3) 根据摄像机的安装位置分为手-眼(Eye-in-Hand)视觉伺服和摄像机固定安装的环境视觉伺服。前者摄像机安装在机械手末端与机械手一起运动,后者摄像机固定在机器人工作空间的某个位置。

(4) 按照摄像机观测到的内容分为末端点开环(Endpoint Open-Loop,EOL)和末端点闭环(Endpoint Close-Loop,ECL)视觉伺服。EOL系统中摄像机只能观察到装配目标的运动,而ECL系统可以同时观察到目标和机械手末端的运动。

(5) 依据机械手关节接收的控制指令分为动态观察-运动(Dynamic Look-and-Move,DLM)全闭环视觉伺服和直接视觉伺服(Direct Visual Servoing,DVS)。前者由外环视觉控制器计算机械手在世界坐标系的运动量,再输入到内环关节控制器控制机械手运动;后者由视觉控制器通过Visual-Motor函数建立机械手视觉特征与关节运动之间的映射关系,直接在关节空间进行控制。

现有的机器人视觉伺服系统大多采用DLM结构,直接视觉伺服目前还停留在理论阶段[65]。这是因为:①视觉系统较低的采样频率使得直接视觉伺服成为复杂的非线性动态控制问题，并且需要考虑运动学变换矩阵奇异引起的控制器饱和问题，而 DLM 系统将视觉系统与机器人系统分开考虑，避免了上述问题；②现有机器人大多具有位置环和速度环的控制指令接口，因此 DLM 的控制结构更加简单。但是直接视觉伺服系统的固有缺点一旦得到解决，由于它有可以直接控制机器人关节输入的内在优势，将会得到更加广泛的应用。目前不同视觉伺服系统的差别主要体现在基于位置的视觉伺服和基于图像的视觉伺服还是混合视觉伺服。

1. 基于位置的视觉伺服

如图 1.23 所示，PBVS 系统的控制误差定义在笛卡儿世界坐标系 $\{T\}$[66-68]。依据视觉图像信息、物体的几何模型以及摄像机模型，对机械手末端位姿进行估计，然后利用估计位姿 ${}^{T}\hat{X}$ 与期望位姿之间 ${}^{T}\hat{X}_d$ 的偏差进行反馈控制。这种控制方式将视觉处理与机械手控制两者分开，可以直观地在笛卡儿坐标空间中描述期望的机械手轨迹。PBVS 的控制精度在很大程度上依赖于从图像特征到机器人位姿的估计误差。要保证这一估计过程的准确性是相当困难的，因为它严重依赖于对摄像机模型和机械手运动学模型的精确标定，而这些均位于控制闭环之外，无法在视觉控制律中对标定误差给予有效补偿；此外，图像位姿估计的计算量大，计算结果对图像噪声敏感，而且由于不是直接针对图像特征进行控制，目标运动可能脱离视场导致伺服失败。目前，对于在笛卡儿坐标空间定义的跟踪目标运动的机器人系统，多数采用这种控制方式。由于从世界坐标系到关节坐标系的机械手控制算法已经比较成熟，因此 PBVS 更像是一个机器视觉问题，即取决于如何准确地完成机械手和目标从图像空间到笛卡儿坐标空间的坐标变换。

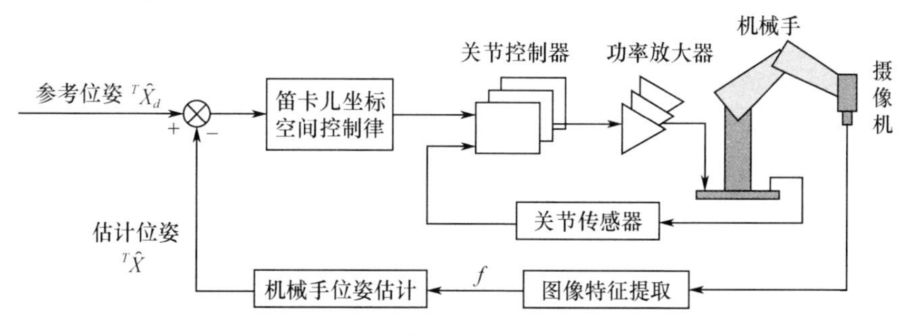

图 1.23 基于位置的视觉伺服

2. 基于图像的视觉伺服

如图 1.24 所示，IBVS 定义实际提取的图像平面特征 f 与期望特征 f_d 之间的偏差 $e(f)=f_d-f$ 为反馈信息，不需要进行机械手位姿估计，因此它对摄像机模型与机器人运动学模型的标定误差相对不敏感[69-71]。在这种方式下,需要实时估计位姿变化量与图像平面特征变化量之间的图像雅可比矩阵(Image Jacobian Matrix,IJM),也称为特征灵敏度矩阵(Feature Sensitivity Matrix,FSM)或者交互矩阵(Interaction Matrix,IM)。设机械手末端执行器在笛卡儿坐标空间$\{T\}$中的位姿向量为$\boldsymbol{r}=[r_1,r_2,\cdots,r_m]^{\mathrm{T}}$,相应的机械手在图像特征空间$\{F\}$的特征向量为$\boldsymbol{f}=[f_1,f_2,\cdots,f_n]^{\mathrm{T}}$。$\dot{\boldsymbol{r}}=[V\quad \Omega]^{\mathrm{T}}$是机械手在任务空间的速度向量,$\dot{f}$表示图像特征的变化量。两者之间的映射关系可以用图像雅可比矩阵$\boldsymbol{J}_v$近似线性表示:$\dot{\boldsymbol{f}}=\boldsymbol{J}_v(r)\cdot\dot{\boldsymbol{r}}$。计算雅可比矩阵的方法有经验法、在线估计法和学习法等。经验法通过先验模型静态标定得到;在线估计法事先不进行标定,但存在矩阵初值的选择问题;学习法主要有离线示教和神经网络方法等。利用雅可比矩阵计算 IBVS 控制输出$u=K\cdot\boldsymbol{J}_v^{+}(r)\cdot e(f)$,$K$为控制比例系数,$\boldsymbol{J}_v^{+}(r)$表示雅可比矩阵的广义逆。

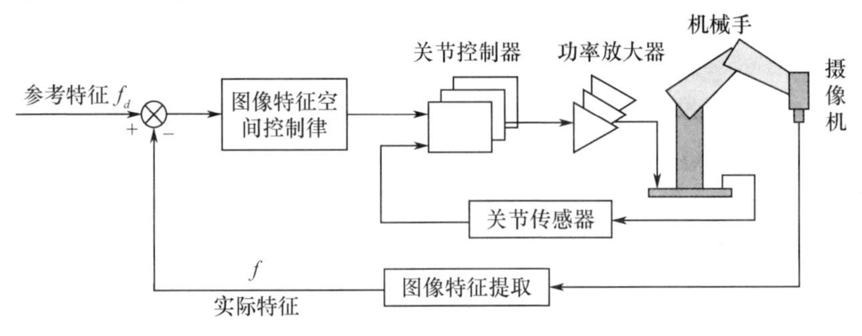

图 1.24 基于图像的视觉伺服

IBVS 绕过了三维重构,直接用图像特征控制机器人运动。与 PBVS 相比,前者受传感器模型和机器人运动学模型标定误差的影响较小,静态定位精度较高。但是动态估计雅可比矩阵需要不断进行更新和求逆,而雅可比矩阵奇异点的存在,会引起系统不稳定;而且考虑到机器人系统的非线性、强耦合性,雅可比矩阵只能保证在估计点附近的邻域范围内有效,不能保证在整个任务空间内收敛。此外,计算图像雅可比矩阵需要实时估计目标深度,而深度估计一直是计算机视觉中的难点问题。

3. 混合视觉伺服

鉴于 PBVS 和 IBVS 的各自优缺点,文献[72-73]提出了 $2-1/2-D$ 的混合视觉伺服方式,该方法将机器人平移和旋转控制进行解耦,反馈信号一部分用图像平面特征,另一部分用笛卡儿坐标空间的估计姿态信息表示(图 1.25)。定义伺服误差$e=[f-f_d\quad \theta u^{\mathrm{T}}]^{\mathrm{T}}$,其中$f=[x/z\quad y/z\quad \log z]^{\mathrm{T}}$,$\theta$和$u$分别代表实际特征$f$和期望特征$f_d$之间旋转变换的旋转角和旋转轴。由误差定义可知,系统平动部分为图像特征点坐标函数,旋转部分为笛卡儿坐标空间姿态角估计值函数,采用这种混合视觉伺服结构,既避免了IBVS中雅可比矩阵的奇异性问题,同时又减少了对于机器人运动学模型精确标定的依赖,避免了PBVS中图像信息位于控制环之外无法进行反馈补偿的缺点,增加了视觉伺服的鲁棒性并具有较大的收敛区间。

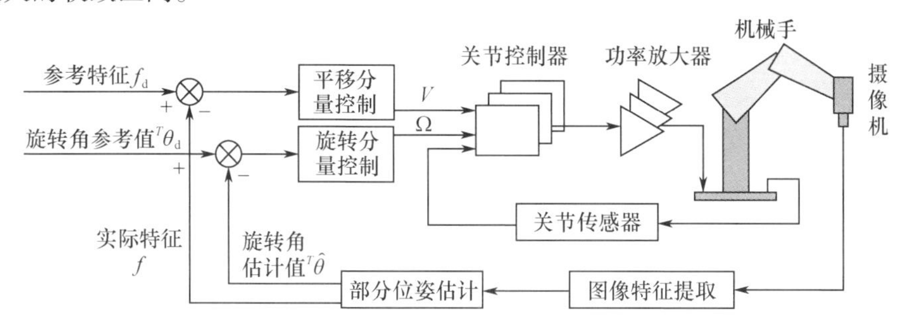

图1.25　混合视觉伺服

1.4.2　显微视觉伺服

显微视觉伺服(Microscopic Visual Servo,MVS)是目前微装配机器人的主要控制方法。除了一般视觉伺服系统所要面临的问题之外,由于显微光学成像不同于普通宏观视觉,其景深较浅、视野范围有限,这给显微图像特征提取和视觉伺服控制律的设计增加了新的难点。近年来国内外很多研究机构对微装配机器人显微视觉伺服控制开展了广泛而深入的研究。

文献[74]论述了利用显微视觉伺服控制微操作的必要性,并在扫描电子显微镜(SEM)下成功完成基于视觉伺服的微刻蚀实验(刻蚀线宽3μm,长15μm)。之后为了弥补单一显微视觉观测范围和观测精度的不足,文献[12]提出了集中视野(Concentrated Visual Field,CVF)结构,它融合了扫描电子显微镜和光学显微镜两路视觉信息,其中SEM放大倍数范围为15～200000倍,最大分辨力4.5nm,光学显微镜的放大倍数为400倍。

瑞士联邦技术学院的研究人员在他们研制的纳米级微操作机器人上进行了显微视觉伺服研究[75-77]。系统由光学显微镜反馈操作信息,根据模板匹配结果提取显微图像特征并使用卡尔曼滤波器对提取结果进行预测,采用DLM的PBVS视觉伺服结构控制五自由度微机器人进行操作定位。遗憾的是其文献中并没有给出对应的视觉伺服控制结果。

文献[78-79]融合多路视觉信息进行显微视觉伺服,其中由两个全局宏观视觉引导微操作机械手进行大范围运动,依据显微视觉信息控制机械手进行精密微作业。上述控制同样采用 DLM 的 PBVS 伺服结构,但是其控制效果依赖于事先标定的离线结果,而且无法在线完成实时图像信息处理,视觉伺服实时性较差。

文献[80]利用显微视觉伺服实现了基于 MINIMAN 微移动机器人的微装配工作站自动控制。它同样采用了多路视觉信息,由全局视觉引导机器人宏观尺度运动;在微尺度下采用光学显微镜进行观测,采用 IBVS 伺服结构,由模糊逻辑神经网络完成图像特征空间到机器人运动空间的非线型映射;采用激光测距器提取微操作深度信息,避免了 IBVS 中图像深度计算的问题。

美国 Lawrence Berkeley 国家实验室利用显微视觉伺服技术实现了光学显微镜下 DNA 生物细胞的解剖操作和高电压电子显微镜下晶体结构信息的动态获取[81]。系统采用基于网络的并行分布式计算环境,控制流程包括目标识别、特征跟踪、伺服控制和自动聚焦等 4 个子线程,利用卡尔曼滤波技术对微目标运动进行预测。其特征跟踪速度仅为 4Hz,不利于实现实时高速显微视觉伺服。

文献[82]对微装配图像的显微光学成像模型进行了分析,利用傅里叶算子对散焦模糊图像的性质进行描述,并由此生成计算机辅助设计(Computer Aided Design,CAD)模拟图像,当机械手深度运动偏离聚焦平面时,可以根据模拟图像提取视觉伺服特征。通过散焦圆斑半径估计微操作深度信息,并利用梯度算子进行聚焦评价。采用动态 IBVS 结构控制四自由度微操作机械手实现了 LIGA 微齿轮的装配,装配精度可达 1μm。文献[83]利用显微视觉伺服实现了 Pick and Place 微操作中的力/位移控制,并融合虚拟现实技术进行混合控制,提高了微装配的可靠性与有效性。

美国明尼苏达州立大学的高级机器人实验室在显微视觉伺服方面做了很多出色的研究工作。文献[84]介绍了基于光学显微镜和主动视觉技术的微装配视觉控制,推导了图像雅可比矩阵模型,利用平方差和(Sum of Squares Differences,SSD)光流法提取显微图像特征,并设计了视觉伺服最优控制器。文献[85-86]利用 T-Sai 两步法对光学显微视觉成像模型进行精确标定,并融合 IBVS 显微视觉伺服和微力检测反馈,实现了 9nN 的压力控制和 2nN 的接触力控制。文献[87]采用粗-精两级视觉伺服策略进行 MEMS 器件的微定位控制,由手眼宏观视觉实现粗定位,显微视觉完成微定位。利用(Depth from Defocus,DFD)技术提取微操作深度信息,实验证明系统 X、Y 方向重复定位精度达 2μm,Z 方向重复定位精度 10μm。文献[88]讨论了微装配显微视觉伺服中图像特征的选取原则,其设计的新特征对于微操作散焦深度变化具有一定的鲁棒性,有利于实现微器件 Pick and Place 操作的视觉控制。文献[89]提出面向微器件装配的显微视觉系统设计原则,对显微光学成像性质进行了详细的分析,之后又提出了一种基于小波变换的自动聚焦深度算法[90],融合聚焦深度估计和微力检测实现了微操作机械手对微器件的自动定位[91]。文献[92]采用多路显微视觉信息,实现了基于CAD模型的微器件六自由度跟踪与位姿估计。文献[93-94]针对悬臂梁结构的压电微夹持器运用显微视觉信息实现了微夹持力的测量与控制,其检测精度可达±3.1mN。

此外,国内的一些高校如南开大学[28]、北京航空航天大学[95]、华中科技大学[96-97]、哈尔滨工业大学[98]、南京航空航天大学[99]等也开展了显微视觉伺服技术的研究,在控制结构与算法、融合力/视觉的微装配柔顺控制方面取得了一定的研究成果。

综合近年来国内外的研究进展,现阶段大多数显微视觉伺服系统采用的是DLM的IBVS伺服结构(图1.26),其研究重点和难点主要集中在以下几个方面:

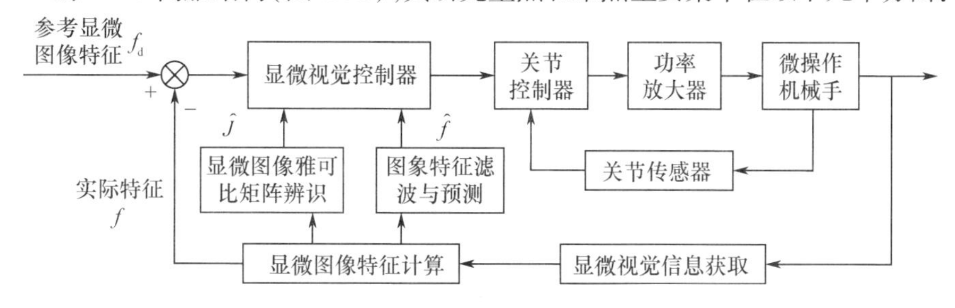

图1.26 IBVS显微视觉伺服结构

(1)如何计算目标深度是IBVS的一个关键问题。由于显微视觉的景深较小,机械手成像清晰的深度范围十分有限,这进一步增加了IBVS显微视觉伺服中提取深度信息的难度。微操作深度信息涉及显微视觉系统的物理光学和几何光学特性,可以根据实际的微装配环境有针对性地采取聚焦深度估计(Depth From Focus,DFF)或者散焦深度估计(Depth From Defocus,DFD)方法进行计算。此外,融合多源视觉信息或者其他类型的传感方法(如激光等),也是微操作深度提取的一条有效途径。

(2)显微图像雅可比矩阵是实现微装配IBVS控制的基础。由于目前我们对微操作机理还不完全掌握,针对装配过程中出现的一些未知性和不确定性因素,利用几何光学关系推导的静态雅可比模型进行伺服控制难以满足动态微装配任务的精度要求,因此有必要研究面向微装配的无标定显微视觉伺服技术,通过建立自适应估计机制对雅可比模型进行在线辨识,提高显微视觉伺服在未知动态环境下的鲁棒性。

(3)针对显微视觉景深浅、视野小的特点,集成多光路视觉信息可以实现对微装配过程多角度、多尺度、多分辨率的混合检测与控制。不仅如此，视觉信息与力觉信息的融合也大大了改善微操作机械手的夹持能力。因此，多源微信息（包括同质和异质）的融合被证明是提高微装配系统视觉伺服性能的有效手段，同时也是解决宏－微装配矛盾的可行方法。

(4) 实时性仍然是显微视觉伺服系统所要考虑的重要问题。视觉计算时延通常来自于两个方面：图像特征提取与雅可比矩阵辨识。有针对性地研究机械手运动图像的检测方法，在保障跟踪性能的同时要减少特征计算时间；对机械手运动建立轨迹预测机制，利用预测量对视觉伺服时延进行补偿。

本书将在后续章节对上述这些关键问题进行深入分析与探讨，并寻找相应的解决方法，为实现视觉引导的全自动微装配奠定基础。

1.5 微装配机器人的应用范围及发展前景

随着微加工自动化技术的日益成熟和发展，对微装配机器人的需求会越来越强烈，应用范围也越来越广。例如，医疗器械和外科手术、微零件的精密加工和装配、精密微型仪器仪表和传感器的装配作业、核试验工程中的微靶装配、钻石分拣和安装、钟表制造和装配，以及生物医学工程的转基因操作和基因重组等场所有着广泛的应用前景，越来越受到人们重视，已经成为机器人研究与应用领域的一个重要方向和研究热点。工业机器人技术日臻成熟，它们在制造业中的重要作用已不用怀疑，但在上述应用场所却很难发挥作用，这不仅由于它们庞大笨重的体积，而且在定位精度和灵活性上很难满足微小运动及准确抓取和存放微小零件的要求。随着微型驱动器件、微操作技术和材料的日益完善和出现，使微装配机器人的研制与应用成为可能。

微装配机器人目前尚无明确的分类，通常根据具体的装配对象和任务进行系统设计，根据装配工艺的复杂程度，可采用全自动、半自动和人工参与操作等方式进行系统设计。全自动系统通常要采用显微视觉和视觉伺服技术，系统设计相对复杂，对视觉传感器（摄像头）的精度要求较高，为了保证系统能自动操作，还需要相应的操作环境的识别与定位技术和操作空间的自动转换与标定技术，以及采用系统辨识获取系统标定所需的转换矩阵（雅可比矩阵）参数等。这些内容将在本书的后续章节中详细介绍。

1.6 主要内容与章节安排

本书系统介绍微装配机器人的基本原理、设计方法和控制技术。主要内容包括微装配机器人的工作原理、系统结构、显微视觉与视觉伺服、微夹持器原理与设计、运动控制与视觉跟踪、图像雅可比矩阵的自适应辨识、模糊自适应卡尔曼滤波算法、无标定视觉伺服以及实验和应用实例等。本书除介绍微装配机器人的基本理论和基本方法外,还给出了相关系统装置设计和应用的实例和实验结果。全书共分 14 章,各章内容简介如下:

第 1 章 绪论:微装配机器人的基本原理、关键技术和研究现状。

第 2 章 微装配机器人系统结构:包括机械系统、驱动系统、视觉系统、控制系统,以及一种面向 ICF 靶的微装配机器人系统结构。

第 3 章 显微视觉系统:显微视觉系统构成、成像特性、系统设计、静态标定,显微视觉与显微视觉伺服,以及一种适用于微装配的正交双光路立体显微视觉系统。

第 4 章 显微图像预处理:显微图像预处理方法,包括图像灰度化、图像滤波、边缘检测、形态学处理、轮廓检测和图像分割等。

第 5 章 显微图像特征提取:特征提取和目标识别与检测的原理与方法,包括显微图像的组合特征提取、目标中心定位和姿态检测,以及基于特征点匹配的有遮挡目标识别算法等。

第 6 章 支持向量机多目标识别与检测:支持向量机原理、基于支持向量机的多分类方法和多目标识别与检测方法。

第 7 章 基于深度学习的多目标识别与检测:基于深度学习的多目标识别与检测方法,包括卷积神经网络及其对图像分类和目标检测的原理,以及改进后的卷积神经网络对有部分遮挡的目标图像的姿态检测。

第 8 章 微夹持器:微夹持器的工作原理、驱动方式和设计方法,详细介绍真空吸附微夹持器和压电陶瓷双晶片微夹持器的工作原理、系统结构与实现方法,以及研制与应用实例。

第 9 章 深度运动显微视觉伺服:微装配机器人系统深度运动描述,深度运动散焦图像特征提取,深度运动显微视觉伺服的原理、方法和控制策略。

第 10 章 微装配机器人运动控制:微装配机器人运动控制系统的一般结构,被控对象数学模型,参数自整定比例、积分和微分(Proprotional Integral Derivative,PID)控制,基于反向传播算法(Back-Propagation Algorithm,BP)神经网络的 PID 控制,模糊自适应 PID 控制,以及智能集成运动控制的原理、方法、系统结构和仿真实验结果与分析。

第 11 章 运动检测与视觉跟踪:机械手运动轨迹的动态 Snake 模型和主动轮廓模型,平方轨迹最小二乘预测器,实时视觉跟踪算法,以及微操作机械手运动轨迹跟踪实验。

第 12 章 运动预测模糊自适应卡尔曼滤波(Fuzzy Adaptive Kalman Filter, FAKF):运动物体的当前统计模型,改进的模糊自适应卡尔曼滤波算法,以及对运动物体运动状态改变的检测。

第 13 章 显微图像雅可比矩阵自适应辨识:显微图像雅可比矩阵模型,图像雅可比矩阵的卡尔曼估计,基于模糊卡尔曼滤波(Fuzzy Kalman Filter,FKF)的显微图像雅可比矩阵自适应辨识,以及显微图像雅可比矩阵辨识实验结果与分析。

第 14 章 无标定显微视觉伺服:视觉伺服系统的定义与分类,显微视觉伺服运动路径分析,三维无标定显微视觉伺服结构,基于图像雅可比矩阵的无标定平面显微视觉伺服,基于卡尔曼滤波的变结构视觉伺服控制,以及实验结果与分析。

第 2 章　微装配机器人系统结构

2.1　引言

机器人化装配是机器人技术的一个典型应用,微装配机器人是将微操作技术与机器人装配理论相结合的产物。与宏观世界的装配问题相比,在微观世界通过机器人实现自动化装配有着其自身的特点和难点。微观世界的性质与宏观世界相比存在很大的差异,由于被操作对象的几何尺寸微小,物体的尺度效应以及环境温度与湿度等这些在宏观系统中往往被忽略的因素在微装配过程却起着主导作用。因此设计合理的微装配机器人系统结构、有效的控制策略和操作方便的微夹持工具是微装配机器人系统构建中的关键技术。

功能齐备的微装配机器人一般由机械系统、驱动系统、检测系统以及控制系统四个部分组成。机械系统是机器人的本体也是机器人动作的执行机构,采用何种结构的机械系统以及采用何种实现方式决定了机器人的大小、重量以及复杂程度。驱动系统是指让机器人执行机构动起来的能量系统,驱动系统采用何种能量方式与机械系统密切相关,它们在设计上通常是作为一个整体来考虑的。检测系统用于感知机器人作业空间目标的显微图像、位姿、速度、加速度、以及作用力与力矩等物理量;其中,微操作空间的图像监视对于面向精密作业的微装配机器人尤其重要。控制系统是微装配机器人的核心,是完成复杂的装配任务,使机器人具有自动化、智能化的特性的关键。微装配机器人的控制系统往往是多结构形式和多控制技术综合的复杂系统。

2.2　机械系统

微装配机器人的机械系统应具有以下特点:①具有较高位移分辨率和一定工作行程;②采用无摩擦和间隙的传动方式,具有较高重复定位精度的微运动;③具有三个或三个以上的自由度,便于改变微操作工具的位置和姿态;④具有较高的固有频率和动态性能,以保证系统的响应速度和稳定性;⑤能在显微视觉视场范围内和在狭小空间内进行微细作业;⑥体积小,质量轻,结构紧凑。

机械系统的核心是实现运动的机构。机构是用来变换运动和传递动力的装置,通过机构把原动机的旋转或直线运动变换为机器人所需的运动。从运动空间区分,机构可以分为平面与空间两种;从运动构件的数目区分,机构可以分为单机械手与多机械手两种;从运动链的联接方式来分,机构可以分为串联、并联和串－并联三种。机械系统通常是不同形式的多机构的组合。

机械系统要求结构紧凑,运动误差小。并联机构具有结构紧凑、刚度高、惯性小、误差积累与放大小等特别适合微操作机器人的优点。因此,并联机构在微操作机器人中得到了广泛应用。但并联机构装置的结构比较复杂,体积较大,在作业要求较高、空间有限的微装配机器人系统中应用受到限制。比较而言,结构简单、动作灵活、控制方便的串联机构更适合微装配机器人的应用。为满足不同微操作的需要,以串联机构与并联机构相结合组合成的串－并联机构在微操作机器人中也常常采用。

为满足大运动范围、高精度以及运动重复性的要求,机械系统一般采用宏－微组合方式。所谓宏－微组合是用粗－精相结合的两套独立的机构来实现机器人定位。其中,粗动机构完成高速大行程运动,高精度小行程运动由微动机构来实现,通过微动机构对粗动平台运动带来的误差进行精度补偿,以达到预定的精度。

微装配机器人不同于普通的微操作机器人,由于微装配机器人面对的操作对象(零件)数量较多,装配工艺复杂,需在三维空间才能完成复杂的装配任务,单机械手结构很难满足复杂装配任务要求。因此微装配机器人的机械系统大多采用双手(或多手)结构。双手(或多手)结构将微操作机械手的平动和转动以及复杂的装配工艺流程(任务)分配到双手或多手,从而降低了单手机构的复杂性,增加了系统的刚性和速度。同时,通过双手或多手的协调完成微装配任务,减轻了机器人控制的难度,增加了操作的灵活性。如由华中科技大学研究的基于显微视觉伺服和三机械手协同操作的微装配机器人系统如图 2.1 所示[37,100]。该系统由 3 台微操作机械手(左手、中手和右手)、正交双光路立体显微视觉(水平视觉和垂直视觉)和 2 种不同类型的微夹持器(真空吸附微夹持器与压电陶瓷双晶片微夹持器)构成。由美国劳伦斯·利弗莫尔国家实验室(Lawrence Livermore National Laboratory,LLNL)研究的低温靶装配机器人系统如图 2.2 所示[26],该系统由 6 台微操作机械手、移动式多视角显微视觉和光标测量机(Optical Coordinate Measuring Machine,OCMM)组成的在线检测系统以及几种不同类型的微夹持器三大部分组成。

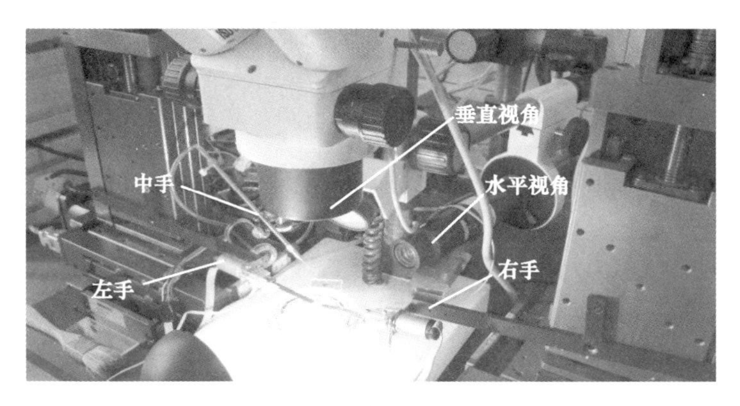

图2.1 华中科技大学研究的微装配机器人系统

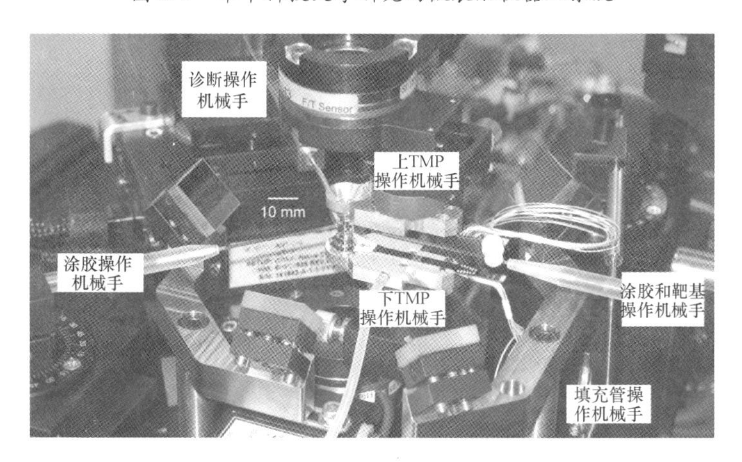

图2.2 LLNL研究的低温靶装配机器人系统

2.2.1 并联机构

并联机构,是指运动平台与机架之间由多条运动支链联接。1965年,英国高级工程师Stewart研究了一种六个自由度平台机构[101],该机构具有输出精度高、结构刚性好、承载能力强、便于控制、部件简单等优点,这就是著名的Stewart机构。Stewart机构是最典型的并联机构。并联机构作为机器人机构是由澳大利亚著名机构学教授Hunt于1983年提出的[102]。他在相关文献中从机器人的角度论述了并联机构,指出这种机构更接近于人体的结构。

并联机构的末端执行器通过至少2个独立的运动链与机架相联接,具有以下要素:①末端执行器必须具有运动自由度;②末端执行器通过几个相互关联的运动链与机架相联接;③每个运动链由惟一运动副驱动。并联机构存在着多样性。从运动形式来看,并联机构可分为平面机构和空间机构。进一步可细分为平面移动机构、平面移动转动机构、空间纯移动机构、空间纯转动机构和空间混合运动机构等。按原动件的驱动方式可将并联机构划分为旋转驱动型(Rotary Actuation Type,RA)、腿长可变型(Variable Leg's Length,VL)以及固定线性驱动型(Fixed Linear actuation type,FL)三类。图2.3分别是这三种并联机构的三自由度典型应用结构示意图。

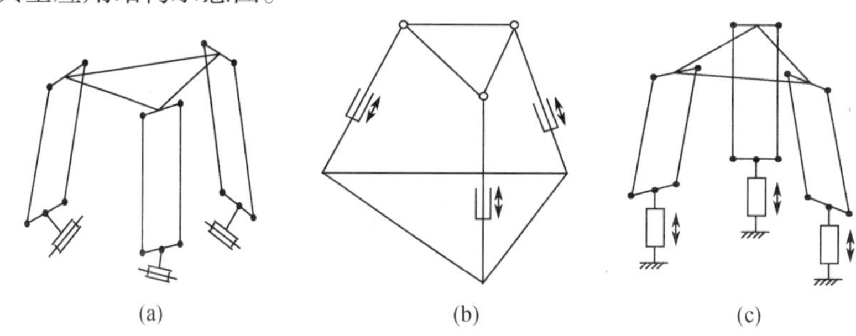

图2.3 三种不同类型的三自由度并联机构
(a)RA型;(b)VL型;(c)FL型。

在微结构中,摩擦是一个非常严重的问题。在微尺寸效应下,摩擦力正比于表面积并且超过惯性力成为占主导地位的力。传统旋转关节大表面结构显然不适合于微系统的要求。因此,在微操作机械系统中,通常采用柔性铰链作为运动副。柔性铰链采用超弹性材料制成,它依靠自身的受力弹性变形来传递微小的运动,从而实现末端执行器所需运动。柔性铰链具有以下优点:①无间隙,无磨损,无需润滑;②运动平滑且连续;③位移分辨率高;④结构紧凑;⑤具备保护功能(如有超载现象发生,柔性铰链可能断裂,从而起到对设备的保护)。但柔性铰链也存在着诸多的不足。从工作空间的角度,机器人的可达工作域受到柔性铰链弹性极限的限制;从系统建模和控制的角度,柔性铰链结构是位移和力耦合的多自由度弹性体,误差来源多,柔性铰链还存在着迴滞性,这些都使得机器人建模与控制变得复杂;从快速响应的角度,柔性铰链以弹性形变方式响应输入,输出响应较慢,迴滞和蠕变特性也影响系统的快速响应能力。

从机构形式上,目前微操作机器人大多采用Stewart和Delta两种较为传统的并联机构[103]。这两种并联机构工作空间小、操作灵活性差;在建模与控制方面,机构的运动学模型较复杂,机构标定困难。

2.2.2 宏-微组合结构

宏-微组合结构是在对冗余机器人的研究中提出的。相关研究表明:在机器人的末端附上一个小的机械手,机器人的性能将得到明显的改善。O. Khatib在他的研究报告中对宏－微组合结构给出了具体含义[104],他指出,宏－微机器人是指一个小机械手附在一个大机械手的末端,大机械手以地面作为参考,称为宏机械手(Macro Manipulator),小机械手以大机械手为参考,拥有完全的自由度,称为微机械手(Micro Manipulator)。所谓的宏机械手和微机械手的定义,并不是从系统自身结构尺度上划分的,从目前宏－微机器人的应用来看,在有些系统中,宏机械手和微机械手并没有尺度上的绝对差别。

虽然宏－微机器人最初是为了使机器人满足诸如快速、高精度、小自重、低功耗、大工作范围和大负载能力等综合性能而提出的一种系统结构上的解决策略。但是,随着宏－微机器人研究的进展,其大工作空间、高精度和操作灵活的优势赋予了它更多的适应于微操作领域的特点。从某种意义上讲,面向生物、医学工程和微细加工与装配的微操作机器人的作业本身就是一个宏－微过程。作业包括宏操作和微操作两个过程,首先机器人要进行大范围搜寻以发现和捕获微对象,并将之转移到作业平台(或微视场),这一转移的位移较微对象以及作业精度而言是宏观大行程的;接着机器人转入微操作过程,完成精密操作(注射、加工或装配)。显然,具有宏－微组合结构的机器人更能满足微操作的宏－微作业过程要求。微操作中采用宏－微集成结构,既可以扩大机器人的运动范围,提高运动速度,同时还可以实现精度的补偿。

需要指出的是,宏－微组合结构与串－并联机构有一定的相似性,但它们并不是同一概念。前者是为实现宏－微运动的不同机构的组合,机构可以全部是并联的也可以全部是串联的,也可以串并联机构混合的;后者指的是串、并联机构之间的运动链方式。

2.2.3 机构选择与设计的一般原则

机械系统的核心是微操作机构。要设计或者选择一套结构紧凑、可达域大、运动分辨率高、累积误差小的机构,但整体化结构的完美型机构在理论和技术上都是难以实现的。在微操作机构的选择中,以必要的运动学设计原则和冗余原则为遵循基础,综合微对象的微观特性和机械系统的一般特点,在各项技术指标之间做出折中,从而在结构、自由度及工作空间等方面做出合理选择。具体而言要考虑以下内容:

(1) 最短传动链原则,传动链越短,传动层次越少,机构就越简单紧凑,性能越稳定可靠,精度越容易保证。为了增强抗振能力,减小装配误差,提高结构刚度,系统应尽量减少运动环节。这也有利于机构的运动学和动力学建模,便于机器人的标定与控制。

（2）以任务需求为原则，合理决定机构的自由度数目。在满足任务要求的前提下，自由度数越少越好。微操作空间中，大范围转角不易实现，执行器的位置远比姿态重要。综合考虑，在工作空间得到满足的前提下首选简单的三自由度平动并联机构。

（3）以足够工作空间为前提，实现工作空间与精度及分辨率之间矛盾的平衡。一般而言，机构的平动工作空间尺度要大于微对象尺度一个数量级以上，而精度和分辨率则往往要达到或优于微米级。为实现两者的平衡，需要以最大工作空间为目标对机构的参数进行优化。

2.3 驱动系统

驱动系统是将电、光、热等形式的能量转换为机器人运动所需的机械能。它有多种不同的工作原理和结构形式。从能量转换形式分类，有静电驱动、电磁驱动、压电驱动、形状记忆合金驱动、光驱动、气动、电液驱动、热驱动及超导驱动等。

2.3.1 微驱动器

合理选择微驱动器是设计微操作机器人的基础，它既要满足本体质量轻和体积小的目标，又要能提供足够的满足机构运动所需的力（力矩）。目前微操作领域常见的驱动器有静电式、电磁式、压电式以及形状记忆合金等。

1. 静电式驱动器

静电式驱动器是利用电荷间的吸引力和排斥力的相互作用顺序驱动电极产生平移或旋转的运动。静电作用属于表面力，单位质量的静电力与电动机的尺寸成反比，即尺寸越小其静电的作用力越大，因此，采用静电力作为驱动力对微驱动器是有利的。静电式微驱动器运行原理有介电驰豫原理和电容可变原理两种，其中电容可变型原理应用较为普遍广泛。基于电容可变型原理的微驱动器按其运动形式可以分为直线型和旋转型两大类。

直线型驱动器结构简单，制作容易，可以得到一定的驱动力；其缺点是位移量受到电机间的间隙长度限制，在变位连续控制的场合，其控制范围只能是间隙长度的1/3。相关文献提出了非等高结构、变形曲臂梁结构、位移放大驱动器和垂直 Z 向位移静电梳齿驱动器 4 种大尺度、低电压驱动的线性静电梳齿驱动器。驱动器的驱动电压为20V 直流偏置，最大位移可达 $130\mu m$。

旋转型驱动器可细分为顶驱动型、侧驱动型以及摆动型三种。顶驱型驱动器的定转子之间的电容转换较大，因而可以输出较大的转矩，但运转过程中会产生与转子电极垂直的静电力,该力将转子箝住并推向定子电极,带来了转子运行稳定性的问题;侧驱动型驱动器通过轴承来确保转子在被激励的定子电极之间,从而在结构上补偿了转子运行的不稳定,但定、转子电极重叠形成的电容小,使得驱动器输出转矩过小;摆动型驱动器通过做长驱动器来获得较大的输出转矩,但其转子在定子电极内滚动,会导致负载摆动较大。

静电式微驱动器采用电压驱动、易于集成和控制,其结构简单,可批量制造,成本较低。但是,驱动器驱动力矩较小(数量级为 10^{-9}N·m),为克服摩擦力矩往往需要较高的驱动电压,同时,摩擦也制约了驱动器的寿命与性能,目前静电驱动器的寿命一般是以小时为单位来计算,实用化困难。

2. 电磁式驱动器

电磁式驱动器的原理是基于电、磁间互相作用产生的驱动力。该类型的驱动器结构呈多样性,目前尚无较好的分类方法。电磁力驱动器应用最多的是利用法向电磁力工作原理开发的电磁型微电机。采用磁阻可变型原理研制的电磁微电机的定子磁极和转子组成磁性回路,使系统磁阻趋向于最小,其输出的转动力矩可达到1.2μN·m;但该电机定转子之间电磁相互作用的面积较小,电磁能转换的体积效应无法充分利用。而采用无刷电机结构,通过特殊的制造工艺制备的电磁型微马达具有转换效率高、转动力矩大的优点。电磁型微电机通过旋转轴传送能量,方便与宏观系统联接,装配容易,驱动力大;但该电机结构比较复杂,电磁线圈需要进行三维加工,因此制备上具有一定难度,另外,小尺寸条件下,磁场密度的大小受到导体表面电阻和线圈发热的限制。

电磁冲击式致动原理也是电磁力微驱动器研制中经常采用的。Davydov 等人基于该原理研制了一种移动范围为4mm,最小步长为28nm 的电磁移动装置,并将其应用于低温扫描隧道显微镜探针与样品间的垂直运动中。理论上,冲击式电磁致动器有较好的线性、较大的驱动力和纳米级分辨率。但在实际应用中,电感效应、磁滞等现象使得电磁冲击力作用时间缩短;另外步距分辨率与电磁冲击力、阻力、负载变化等诸多因素有关,控制难度较大。

3. 压电式驱动器

压电式驱动器利用压电材料的逆压电效应将电能转换为机械能。以压电元件的应变形式而言,压电式驱动器可分为伸缩型(直线型)和弯曲型两类,进而还可以分为刚性和谐振性两种;从驱动电压的施加形式来分,有随动、开关和交变三种;以其结构形式可分为简单型和复合型两大类,包括片状、管状、多层结构和夹心式双晶片、杠杆式等;以其实现驱动的方式来分,可以分为直动式、步进式、蠕动式以及惯性冲击式等四类。

直动式驱动器的典型结构是由压电元件驱动,利用平行四边形等柔性铰链机构放大或缩小位移。日本日立精密技术研究所开发的六自由度压电式微驱动器,其移动和转动均采用二轴对称并进方式。可分别实现 *XYZ* 三向移动和绕三轴转动,其移动分辨率小于 0.02μm,转动分辨率小于 0.5μrad。直动式驱动器具有结构紧凑、可连续进给以及输出力大的特点;不足之处是行程小,为减小和消除压电元件的迟滞、蠕变以及非线性,对驱动电路有较高要求。

步进式、蠕动式驱动器是通过双箝位结构和压电伸缩体在时序信号的控制下配合动作,形成前后均松位—后箝位—压电体伸长—前箝位—后松位—压电体缩短—前后均松位的六步循环机制,并通过该机制实现驱动器的前、后步进动作。美国康涅狄格大学研制的单自由度步进式直线电动机,采用整体柔铰形式,使得驱动器的刚度和输出推力增大,刚度为 90N/μm,输出推力 200N,定位精度 5nm,进给速度 100μm/s。步进微动机制有效地缓解了大行程和高分辨率的矛盾,能够在保持高分辨率的情况下增大微驱动器的行程,适于力较大、高分辨率以及大行程的应用。但这类驱动器结构复杂,刚度较低;由于存在多路信号,对控制系统的要求比较高;驱动频率较低(几十到几百赫兹),速度较低。

惯性冲击(Inertia Drive Mechanism,IDM)式驱动器由压电叠堆或单、双压电片致动。按作用机理的不同,此类驱动器可以细分为纯惯性冲击式(IDM)和惯性－摩擦式驱动器(SIDM)。图 2.4 为日本 Yamagata 等人(文献[105])研制的纯惯性驱动器原理图。该驱动器的性能为:速度 5mm/s,定位精度 0.1μm,输出力 13N。日本 Takeshi Morita 等人(文献[106])研制的基于惯性－摩擦原理的旋转电动机(SIDM)可同时实现大行程进给和精密定位,最大旋转速度为 27rad/min,最大输出扭矩为 0.549N·cm。惯性式驱动器结构简单,可高频工作(1kHz 以上),是近年来微驱动器的一个研究热点,适于高分辨率、大行程、小输出力以及快进给的应用。但其轴向刚度和输出推力较小,另外,要实现对驱动器的闭环控制以及多自由度精密位移驱动也有相当的难度。

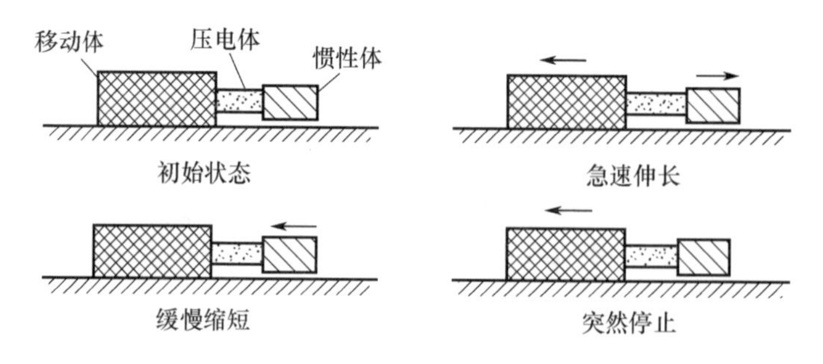

图 2.4　纯惯性驱动器原理图

针对压电陶瓷存在的迟滞、蠕变和非线性等缺点，相关文献提出采用新型驱动器结构来替代传统压电驱动器结构。这种驱动器以压电陶瓷作为驱动元件，通过采用螺旋结构消除迟滞、蠕变等非线性缺陷，同时具有容易控制的特点。

4. 形状记忆合金驱动器

形状记忆合金（Shape Memory Alloy，SMA）在发生塑性变形后，加热到某一温度之上，能够回复到变形前形状，该现象称为形状记忆效应（Shape Memory Effect，SME）。SMA在变温相变过程中有回复力输出，这一回复力可以对外做功。

已有的形状记忆合金驱动器多数采用SMA丝制成。为保证必要的使用寿命，SMA丝的可恢复应变往往只有5%左右，因而很小的输出位移就需要很长SMA丝驱动。通常采用由SMA丝绕制成的螺旋弹簧取代SMA丝作为驱动元件。SMA螺旋弹簧拥有比SMA丝大得多的可恢复应变，所以很短的一段即可输出较大的位移；但获得同样的输出位移，SMA螺旋弹簧的驱动速度要比SMA丝慢几倍。一种使SMA丝在整个可用空间中呈三维状态分布的微驱动器克服了SMA丝直线驱动器和SMA螺旋弹簧驱动器的弱点，可在满足输出位移要求的同时，保证有较大的输出力和动作速度。

SMA微驱动器具有高的功率重量比，适于微型化，无需减速机构，结构简单，低压驱动（小于5V）以及易于检测和控制的特点。SMA驱动器的上述优点，使它适合于小负载、高精度的微操作领域。但SMA元件热相变受环境温度的影响较大，且响应速度较慢（通常小于100Hz）。

以上四种驱动器各有优缺点，有不同的适用范围。目前，这些驱动器在微操作机器人中都有应用。压电式驱动器具有结构紧凑、运动分辨率高、位移输出稳定、响应快、输出力大、控制方法多等的特点，因此在微操作机器人中的应用尤为广泛。

2.3.2　压电驱动器在微操作机器人中的应用

完整的压电驱动系统包括压电微驱动器、驱动电源以及传动机构三个主要部分。压电微驱动器是其中的核心器件。为实现机器人的大行程运动，大多数驱动系统还包括有位移放大机构，通常位移放大机构与传动机构被一体化设计。

压电驱动技术在微操作和微加工领域主要研究成果有美国国家标准局开发的用于航天技术中的压电驱动微工作台，该平台行程为50μm，分辨率为1nm。图2.5(a)是瑞士联邦工学院研制的六自由度微操作机械手，它采用三个Stick and Slip微驱动器，每个微驱动器有两个自由度，整个运动平台具有六个自由度，微操作机械手的手臂由压电陶瓷驱动，总体积小于4cm^3，工作空间约140mm^3，最大有效载荷100mN。该微操作手具有大行程（厘米级）、高分辨率

(小于5nm)、高速度(达到5mm/s)等特点。另一种用于抓取微小物体的微驱动器采用叠层压电结构,通过单级或两级杠杆机构将运动加以放大,该驱动器的抓取范围为0.1257mm。图2.5(b)是哈尔滨工业大学研制的一种压电陶瓷管驱动的集成式三自由度微操作机械手,该机械手采用四分压电陶瓷管实现三自由度驱动,在X、Y轴方向上的运动范围为±8.5μm,重复定位精度为28nm,分辨率为10nm;Z轴方向上运动范围为6.2μm,重复定位精度为17nm,分辨率为4nm。

(a)

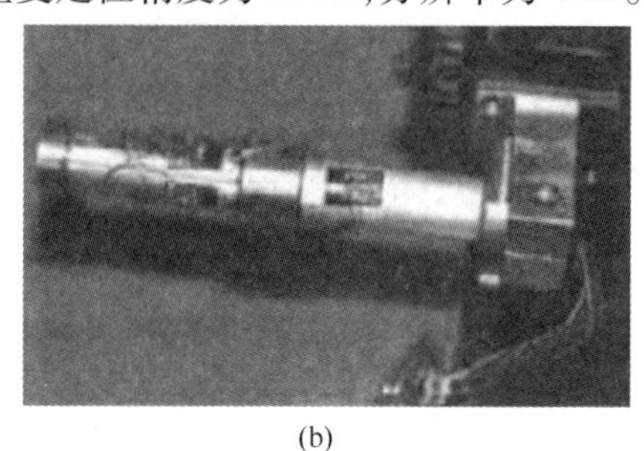

(b)

图2.5 压电陶瓷管驱动的微操作机械手

(a)六自由度微操作机械手;(b)集成式三自由度微操作机械手。

压电式驱动器的缺点是输出位移范围小,利用位移放大机构实现压电驱动器的位移放大是通常采用的方法。常见的放大机构有杠杆机构、三角放大和椭圆放大等。具有柔性铰链的位移放大机构可以实现几百微米的驱动位移,扩大了驱动器的应用领域,同时可以消除普通铰链存在的间隙和摩擦,保证了机构的精密性。而差动式微位移放大机构利用差动式杠杆机构对微小位移进行相加放大,在相对较小的结构条件下,获得了较大的位移输出比。位移放大机构虽然放大了压电驱动器的位移,但降低了驱动器的运动分辨率和输出力。

2.3.3 宏-微双重驱动系统

目前在见诸文献的微操作机器人系统中,仍大量地采用了传统电机驱动。随着新的运动传递装置以及高精度机械加工与装配技术的改善,基于传统传动原理的高精度运动传递装置不断出现,大大弥补了传统运动传递装置正反向回差大、重复精度不好的缺陷,从而扩展了传统电机在微操作领域的应用。相关文献将交流伺服电机用于微操作机械手的驱动,采用滚珠丝杠传递机构,其重复定位精度可以达到2μm。

为适应微装配大行程、高精度的特点,微装配机器人往往采用宏-微集成结构,与之相对应的宏-微双重驱动结构也应之产生。在宏-微结合的机器人中,其宏动部分通常采用直线伺服电机,微动部分由压电陶瓷驱动,分辨率可达到

5nm。韩国汉城国立大学研制的宏 - 微双重驱动系统，其宏动部分采用滚柱丝杠完成大行程运动，微动部分采用压电陶瓷驱动，采用激光干涉仪作为工作台的闭环位置控制反馈，分辨率达到10nm，行程可达200mm。哈尔滨工业大学设计了一种基于双重驱动的柔性机器人手臂实验系统，该系统以伺服电机作为宏动驱动器完成大范围的运动和宏力输出控制，由压电陶瓷驱动器完成振动抑止、精密定位和微力调整。

试图依靠单一微驱动器或者传统电机实现微装配机器人快速、大范围运动以及微小范围内高精度操作是不太可能的。依托宏 - 微组合结构，采用宏 - 微双重驱动系统是一个较好的面向任务的解决方案。

2.4　视觉系统

微装配机器人需要有相应的检测系统来反馈装配空间的信息。检测系统有全局的，也有局部的。根据机器人应用的场合不同，测量原理、测量元件以及被测量各不相同。在微操作领域，被检测量大多是诸如位置、速度、加速度、角速度、角加速度等运动学参数。现有微操作机器人中大多采用光电元件构成的检测系统，如大范围位置测量用激光干涉仪、位置敏感元件、光栅尺、编码器等。而小位移测量通常用线性可变差动变压器（Linear Variable Differential Transformer，LVDT）和光标测量机（Optical Coordinate Measuring Machine，OCMM）等。

显微图像能提供机器人作业空间和微目标的直观信息，使人参与和监控微操作的能力得到增强。同时，随着机器人视觉、图像处理以及计算机技术的发展，人们能从图像中获取对象、对象间相互位置以及全局工作空间的信息，从而实现视觉伺服控制。因此，基于图像的检测系统在机器人领域得到了广泛的关注，成为研究与应用的热点。在机器人领域，图像检测系统称为视觉系统。当微目标的尺度在0.5mm以下时，人的肉眼已经很难看清其形状和位姿，这时必须借助显微镜的放大功能，采用显微镜的视觉系统称为显微视觉系统。目前，大多数的微操作机器人的检测系统都采用了显微视觉系统。

2.4.1　显微视觉系统的基本原理与组成

显微视觉系统的原理如下，显微物镜将微目标形成放大的实像，目镜再将其形成供给人眼观测的放大虚像。如需拍摄显微图像，则换上摄影目镜（投影透镜）将物镜实像再次放大成实像，投射到感光片上。如果将物镜形成的实像通过适当的光学图像适配器以一定缩放倍率成像、投射到光电探测器的光敏元件上，将光学显微图像的不同光强分布图形转换成电荷和电流不同分布的“电像”,并通过图像采集卡,将这种“电像”模拟信号进行数字化转换和适当处理以后,就可输入计算机获得可视的视频图像。

完整的显微视觉系统一般包括显微镜、光学图像适配器、光电探测器、图像采集卡和计算机。显微镜是显微视觉系统不可缺少的工具,显微镜种类很多,显微镜的选择直接影响到操作精度和操作方式。在微操作系统中,常用的显微镜有光学显微镜、电子显微镜、隧道扫描显微镜等。其中,光学显微镜可用于检测从亚微米到1mm精度的微操作;电子显微镜适用于1nm~1μm精度的操作;隧道扫描显微镜用于原子级的超微操作。在显微视觉系统设计中,不只是简单地选择具有高分辨精度的显微镜,还必须对显微镜的视场范围、景深以及成本等多方面进行综合考虑。

光学图像适配器实际上是一个投影透镜,其任务是将显微物镜的像以适当的缩放倍率投射到确定的位置,形成一定尺度大小的清晰实像。根据显微镜和光电探测器的不同类型,可以设计适用的光学图像匹配器,也可以通过光学图像匹配器调整投射倍率以适应不同光敏区尺寸的光电探测器,或改变计算机屏幕上的图像大小。在实际应用中,可以利用显微镜上原有的投影目镜,根据显微镜、投影目镜、光电探测器的实际结构和尺寸,设计专用的投影目镜筒,将其一端固定在显微镜筒上、另一端用于固定光电探测器,投影目镜固定在镜筒内。

光学显微图像是二维图像,因此必须选用面阵光电探测器。CCD是一种微型图像传感器,既有光电转换功能,又具有信号电荷的存储、转移和读出功能。它能把一幅空间域分布的图像,变换为一系列按时间域离散分布的电信号。CCD具有灵敏度高、光谱响应宽、动态范围大、像元尺寸小、几何精度高及成本低的特点。因此,基于CCD器件的摄像头成为显微视觉系统优选的光电探测器。

图像采集卡是将来自CCD器件的已变换成模拟视频信号的显微图像信号转化为数字信号并输入计算机。图像采集卡性能的好坏,直接影响到数字图像的质量,也会影响到后续的图像分析和数据计算的准确性和可靠性。图像采集卡一般采用视频信号处理芯片+CPLD/FPGA/EPLD+DSP的多分立器件结构。其中,视频信号处理芯片进行信号的A/D转换,CPLD、FPGA或EPLD用于视频采样控制,DSP用于对图像采集的数据进行处理。需要指出的是,一个性能优越的图像采集卡应该具有图像处理加速单元以及高波特率、误码率低的与PC机通信接口。

2.4.2 显微视觉与显微视觉伺服

微装配机器人的精度除了与微操作机械手本身的机械精度和控制精度有关

以外,机械手和微目标的测量与定位精度至关重要。由于微观世界的性质迥异于宏观系统和装配空间的限制,传统的传感测量方法,如触觉、接近觉、超声波等很难在微装配机器人系统中发挥作用,所以由CCD摄像头、光学或电子显微镜、图像采集卡和上位监控机组成的显微视觉系统就成为微装配过程信息获取的主要手段,而显微视觉技术也成为微操作机器人系统中的关键技术之一。国外在微操作机器人系统中运用显微视觉技术已有报道,如瑞典的Pappas等通过双目显微视觉系统监控微操作空间的三维运动[107];Ralis等人提出的三级显微视觉伺服系统已经成功运用于微机电加工系统(MEMS)[87];在生物医学工程中,也有运用显微视觉系统成功检测细胞并引导机械手跟踪细胞运动的报道。国内南开大学、北京航空航天大学、华中科技大学、中国科技大学等在显微视觉系统结构和系统标定方面进行了有益和深入的研究。

1. 显微视觉

显微视觉(Microscopic Vision,MV)是微装配机器人获取装配信息的主要手段,实现对微装配空间的立体监控,获取操作对象和末端执行器的空间位置和姿态的信息,是基于显微视觉伺服的机器人系统控制和决策的依据。显微视觉的构成通常有如下2种方式:

(1)移动式单摄像头结构。该结构采用一台显微镜与摄像头构成,显微镜与摄像头安放在移动平台上,根据需要移动(手动或自动)摄像头的位置以获取不同方位的图像信息,如图2.6所示的美国劳伦斯·利弗莫尔国家实验室(LLNL)的低温靶装配机器人系统采用的就是这种移动式单摄像头结构[26]。

图2.6 LLNL研究的移动式单摄像头结构低温靶装配机器人系统

(2)固定位置多摄像头结构。该结构由多台显微镜与摄像头构成,直接获取固定方向的图像信息，如图 1.11(b) 所示的美国明尼苏达州立大学微装配系统的多视角立体显微视觉（由一个全局视觉、一个垂直显微视觉和两个侧向显微视觉构成）。图 2.1 所示的华中科技大学研制的微装配机器人系统中的双光路立体显微视觉（由垂直和水平两台光路正交的显微镜、两台高分辨率 CCD 摄像头构成）都属于这种固定位置的多摄像头结构。

2. 显微视觉伺服

显微视觉伺服(Microscopic Visual Servo, MVS)是目前全自动微装配机器人的主要控制方法。除了一般视觉伺服系统面临的问题之外，由于显微光学成像不同于普通宏观视觉，其景深较浅、视野范围有限，这给显微图像特征提取和视觉伺服控制律的设计增加了新的难点。

视觉伺服涉及到图像处理、运动控制以及实时计算等关键技术。因此，由视觉图像采集、计算和控制带来的时延问题是机器人视觉伺服过程中必须考虑的一个重要问题。特别是在机械手动态目标跟踪中，较大的视觉时延会严重影响系统的控制性能，甚至导致系统的不稳定。目前补偿视觉伺服时延的技术途径主要有两种：基于 Smith 预估器的补偿方法和基于滤波器预测目标运动的补偿方法。Smith 预估器是一种针对大迟延系统的有效控制算法，其基本思想是预先估计被控对象在基本扰动下的动态响应，然后由预估器进行补偿，试图使被延迟的控制量超前反馈到控制器的输入端，使控制器提前动作从而改善控制系统的品质。

基于图像特征的显微视觉伺服是目前实现机器人化微装配的主要控制方式。由于显微视觉的景深较小，使得微操作机械手沿视觉光轴方向（即深度方向）大范围运动的位置图像特征难以得到有效检测。受操作空间和检测精度的限制，一些常规的深度信息检测方法，如双目视觉、激光、红外、超声波等，很难运用于微装配机器人系统。而散焦深度估计(Depth From Defocus, DFD)方法从散焦图像的模糊程度中提取出对应的深度信息，受到广泛的关注。传统的 DFD 方法需要建立精确的光学点扩展函数模型，而且运算开销大，计算结果易受操作环境和机械手成像变化的影响，难以满足实时微装配视觉伺服的要求。通过聚焦评价算子计算模糊图像的散焦特征，其运算简单，理论上具备全局单峰特性（其峰值对应成像焦平面深度位置），为显微图像空间的深度视觉伺服提供了良好的控制依据。有关显微视觉和显微视觉伺服的详细内容将在后续相关章节中介绍。

2.4.3 显微视觉在微操作系统中的应用

在微操作系统中增加光学显微镜，通过 CCD 摄像机获得末端执行器和微目标的位置信息，并将信息传给计算机控制系统实现对目标的自动化操作，是显微视觉系统在微操作或微装配机器人中的典型应用。如 Sano T 等研制的纳米机器人手眼系统是由实时视觉跟踪处理器、实时图像处理器、扫描电子显微镜、光学显微镜和主从操作机械手构成，可以实现直径为 10μm 的微粒子摆放操作和 3μm 宽直线刻线工作[108]。瑞士洛桑大学采用激光扫描显微镜作为监视装置，利用激光直接测量高度信息，根据图像获得平面信息，并在视觉信息基础上开展了微操作的虚拟现实技术的研究[109]。华中科技大学智能与控制工程研究所研制的微装配机器人系统中的显微视觉系统采用 0.7 ~ 4.5 倍连续可调体视光学显微镜，松下 WV – CP450 型 CCD 摄像头、天敏 SDK – 2000 图像采集卡和用于图像显示和处理的 PC 机构成。CCD 摄像头安装在显微镜上，实时获取工作域的图像，并将图像信息传送到计算机中，通过显示屏实时显示，该系统的分辨率为 2μm[110]。

从功能上来看，显微视觉系统既是监视系统又是检测系统。在实际应用中，视觉系统的监视作用主要是输出可供观察的图像，构建良好的人机界面。检测作用则要从显微图像中获取目标的相关位姿数据，并将这些数据从图像空间转换到操作空间，以便对微操作机械手进行视觉伺服控制。相关内容将在后续章节中详细介绍。

2.4.4　显微视觉系统有关问题的讨论

显微视觉系统的发展一直受到国内外相关研究机构的重视，但到目前为止，显微视觉在理论和应用方面都还存在很多问题。下面从硬件实现方面讨论一些有待深入研究的问题。

1. 立体显微视觉的实现

微装配机器人是在三维空间进行装配作业的复杂系统，需要获取包括深度信息在内的装配空间的三维图像信息，因此构建合适的立体显微视觉是微装配机器人系统不可或缺的组成部分。立体视觉是根据同一物体的多视角图像的视差得到物体的形状和空间的三维信息。2.4.2 小节已介绍立体显微视觉的构成通常有移动式单摄像头结构和固定位置多摄像头结构 2 种方式。

两种结构各有特点，移动式单摄像头结构具有视角可变、使用灵活的优点，但由于需要移动摄像头才能获取不同视角的图像信息，响应速度较慢，同时由于获取图像的视角变化会给视觉伺服时的标定带来困难。固定位置多摄像头结构的系统硬件构成相对复杂，还会受到装配空间的限制，但由于可同时获取不同视角的图像信息，系统响应速度快，系统标定相对容易和准确。在实际应用中应根据装配工艺和视觉伺服控制的要求选择合适的显微视觉结构。

2. 视场与景深调节

显微镜视场范围小、景深浅的缺点给显微视觉系统带来了困难。一方面,由于视场范围小,机器人一个微小的移动,就可能使机械手的末端执行器(工具)和微目标偏离视野,使得操作者无法监视到对象,或者使基于图像的自动操作无法进行。另一方面,显微镜景深浅,清晰成像的深度距离很短,使得系统在大多情况下得到的图像都是模糊不清的。模糊图像对操作者的主观判断提出了更高的要求,加大了人为误差;也给后续的图像处理与分析带来了困难,增加了图像特征提取的难度,加大了特征提取误差。这些误差对于高精度要求的微操作来说是不能接受的。

问题解决的根本方案是开发大视野,长景深的显微镜。遗憾的是,目前尚无此类显微镜问世。视野与放大倍数是一对相互矛盾的参数,视野的变大往往是以牺牲放大倍数为代价的,这不能满足微操作所需的放大倍率要求。

视觉随动系统是一个解决方法,视觉随动系统可以解决显微镜视场小的缺陷。与传统机器人的手眼视觉系统不同,视觉随动系统是为了使微目标和末端执行器始终在视觉系统的视场中。但视觉随动系统实现非常困难。首先,视觉系统必须有独立于机器人机构的驱动系统,存在机构、驱动以及随动耦合控制等多方面的问题;其次,增加了机器人的复杂程度,微操作工作空间狭窄,视觉随动系统难以避免与机器人其他部件发生几何与运动干涉。

借鉴手眼系统与固定摄像机系统的双视觉协同办法,在固定的显微视觉系统之上,增加面向机器人全局空间的宏观视觉系统,该系统在观测层次上位于显微视觉系统之上,由它引导已移出显微视觉系统视场的观测对象重新回到的视场中。双视觉系统可以缩短显微视觉系统的目标搜索过程,提高机器人的自动化程度和微操作的效率。

解决显微镜景深小,获取清晰图像的方法是采用自动调焦技术。就其硬件结构而言,自动调焦系统实质是光机电与计算机结合的一体化系统。调焦系统的驱动一般是采用小体积步进电机,传动系统则通常采用磨擦轮耦合、蜗轮—蜗杆机构和丝杠减速定位传动机构等方式。

3. 视觉系统实时性

实现微操作的视觉监视与视觉伺服控制的主要障碍在于图像数据的采集和处理延时上。在微操作中,显微镜的光学性能、载体的透光品质、外界震动及环境因素的影响等都使得图像数据处理的延时更大(目前,显微视觉系统每秒钟处理八帧图像已属不易)。因此,提高显微视觉系统的处理速度和伺服系统的控制速度问题极为重要。从现有情况来看,单单依靠开发速度较快的软件算法难以达到要求，使用高速的数字处理器（Digital Signal Processing，DSP）开发图像的硬件处理器以及采用高速数据存储和交换器件将是一条必经之路。

2.5 控制系统

控制系统是微操作和微装配机器人的核心。为满足复杂任务和高精度操作的要求，微操作机器人的控制系统往往是由多控制器组成的多结构、多层次以及多功能的复杂系统，它在机器人作业中应具备如下功能：制定机器人任务的执行序列、微目标的识别与定位、机器人路径与轨迹规划、多机械手协同、非线性补偿、反馈控制以及故障诊断等。

控制结构是控制系统设计中最基础的问题，是为有效完成预定控制功能而把多个控制任务子系统联系到一起的有机体系。控制结构决定了系统成员之间的相互关系、系统具有的功能以及系统中的信息流向。控制结构的主要问题是设计正确而合理的局部控制方案和全局控制策略，使机器人高效率地完成给定的任务。

以人参与控制的程度以及在人在系统结构中所处的位置，可以将微操作机器人控制系统分为手动式、遥控式以及自主式三种。

2.5.1 手动式控制系统

手动式控制机器人系统不具备自主控制功能，除必要的检测器件，机器人为纯机械系统。

手动式微操作机器人的基本工作方式是，人通过检测器件（显微镜）观察和感知微目标及机械手的位姿以及微操作中的力等信息，通过手柄机构控制机械手，将人手的动作按照一定的缩放比例传递到机械手的末端执行器，使之完成操作。分析其操作过程可知，微操作机器人采用的控制结构是由人的大脑、手、遥控手柄、机械手、显微镜及人眼等构成一个大的闭环控制。图2.7为手动式机器人控制系统结构图。

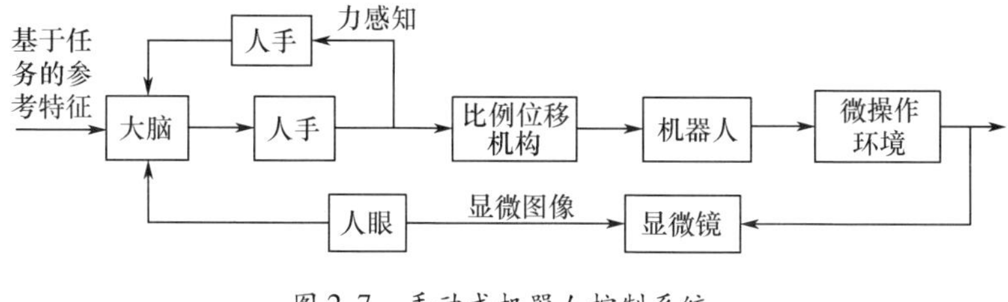

图2.7　手动式机器人控制系统

从控制系统组成部分所承担的任务来看，人脑是控制系统的决策者，控制器包括两个部分,一部分是视觉伺服控制器(由人脑充当),它负责对显微图像进行观察和分析,手动控制机器人的运动;另一部分是位移控制器,它负责处理由人手感知的力信息,做出位移控制决策,它是处于图像环之内的闭环。由于人类对其自身的认识还很不完备,以人脑为控制器的行为特征、规律模型还有待研究。人手和比例位移机构为驱动器,负责驱动机器人。显微镜、人眼以及人手为传感器,负责检测微操作环境的图像信息和位移机构的力信息。

手动式控制系统结构简单,除了比例位移机构和信息处理单元外,系统所有的控制功能由人承担。人作为系统唯一控制器,将自身丰富灵活的判断能力应用到微操作中,增加了操作的柔性;不足之处是,人的参与降低了微操作的速度和精度(据测算,一般人的手可控抖动量在 50μm 左右,力感知能力约为 50mN)。手动式控制系统操作精度及成功率取决于操作者的个人经验和精神状态,可重复性差。

目前,手动式微操作机器人在生物工程、医学工程、微机械装配以及光纤对接领域得到广泛应用。

2.5.2 自主式控制系统

具有自主式控制系统的微操作机器人可在无人干预的条件下,自主地完成信息感知、信息传递与缩放、信息的再造与评价、控制与决策,实现微操作的自动化作业。

根据微操作任务、精度指标、检测方法以及控制策略的不同,微操作机器人自主式控制系统有多种实现形式,但它们都具有相同或相似的结构特征。从系统结构来看,控制系统具有一个具备信息分类与归纳、任务规划与分配以及控制与决策功能的主控制器以及多个面向机器人关节运动的底层控制器,这些控制器与对应的信息反馈设备构成多闭环回路结构。另外,控制系统还包括用于检测等设备调节的附属控制器,这些控制器不在面向机器人作业的控制闭环之内。图 2.8 为含有显微视觉伺服控制的自主式机器人控制系统的结构示意图。

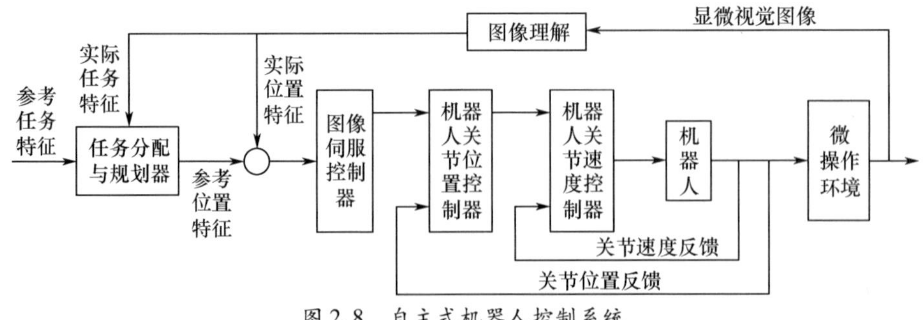

图 2.8 自主式机器人控制系统

以控制系统闭环回路的结构分层，可将处于最外层闭环(大闭环)定义为任务层，控制系统的智能特征由任务层体现和实现。任务层的输入为微操作的参考任务特征和机器人传感器提供的实际任务特征，输出为机器人任务。可以看出，任务层的闭环调节是基于微操作任务的，而非机器人运动的简单调节。一般而言，微操作和微装配机器人作业有固定的工艺流程，因此主控制器通常是以专家知识库的形式出现，并具有自学习能力。被大闭环包围的多个小闭环所处层次为执行层，包括图像环、位置环、速度环等。执行层执行机器人关节运动过程的反馈调节任务。控制器可以是通用控制器，也可以是自行开发的专用控制器。

自主式控制系统在功能和结构上不应该是封闭的。功能与结构开放性更适合于微操作的特性，它使人可以适时参与机器人任务分配、修改和更新。在结构上，开放性系统向上具备人机交互的接口，人机接口可以是机器人示教盒，任务编辑器以及基于显微图像的虚拟现实等。

自主式控制系统的特点是速度快、精度高、效率高、重复性好。由于微位移，微力传感器技术还不成熟，目前可以完全自主实现微操作任务的机器人控制系统比较困难。但开发具有开放性功能和结构的控制系统，使机器人具有智能和自主能力，将是微操作机器人研究的重要方向。

2.5.3　遥控式控制系统

遥控式是手控式和自主式之间的一种折中方案，它突出了微操作机器人系统中人的经验作用。控制系统通过遥操作技术将人的智能、判断力和应变能力与自动控制技术相结合，用于微操作机器人的控制中。遥控式控制系统具有如下的特点：机器人采用开环控制，但具有某些局部信息获取、处理以及反馈控制的能力，即机器人具有一定自主控制能力(主要是执行层的控制能力)；人作为遥操作环节加入控制系统，与机器人形成了一个面向作业任务的控制闭环结构，人在系统中充当智能控制器，起着任务规划和监控的作用。

图2.9所示为遥控式控制系统的多级控制结构。第一级是非线性补偿环节，处在控制系统的最低层。第二级是机器人关节的位置反馈控制。第一级和第二级负责机器人各关节的位姿局部反馈调节。第三级是监控层，监控层的主体是人，人参与系统的视场监测、力感知、运动规划、控制等，是系统的决策者和操纵者。

需要指出的是，人在遥控式控制系统与开放性的自主式控制系统中所起的作用是不同的。前者，人处于控制闭环之中，是控制系统的组成部分；而后者，人是作为命令者处于控制闭环之外，属于激励。

遥控式控制系统可充分发挥人的经验和判断，柔性大，具有临场感；通过遥

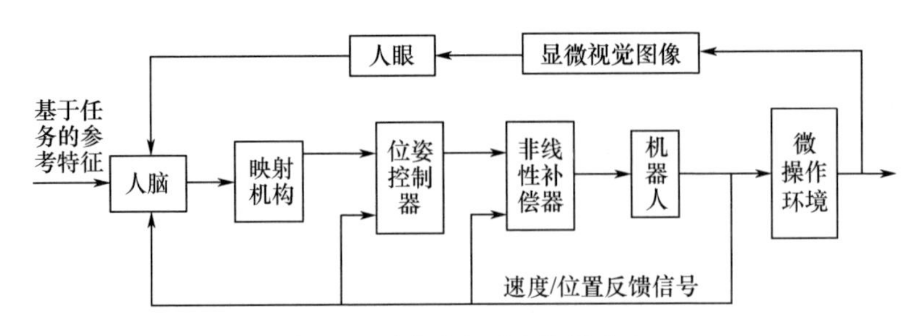

图 2.9　遥控式机器人控制系统

控式系统人可以实现对微操作的远程控制，这对于可能对人体产生危害的作业任务尤其重要。在系统设计与实现方面，遥控方式降低了检测系统与控制器设计的难度，简化了控制系统，也回避了微操作控制系统的许多目前尚未完全解决的计算机视觉、数字图像处理、控制理论等领域的技术难题。目前，国内外许多研究机构致力于遥控式控制系统的微操作机器人的研究，并开发出多种样机系统。

2.6　一种面向惯性约束聚变靶的微装配机器人系统结构

惯性约束聚变（ICF）靶装配是核工程实验的一个重要环节，其靶零件为亚毫米级尺度的靶球和靶腔，装配精度要求达到 1μm。以往的 ICF 靶是人工利用动物毛发的静电吸附作用在显微镜下进行装配，不仅操作难度大，装配成功率和精度难以满足要求。华中科技大学智能与控制工程研究所根据 ICF 靶装配的工艺要求，提出了一种基于显微视觉伺服和 3 机械手协调控制的 ICF 靶装配机器人的系统结构并成功研制了微装配机器人系统[111]。该机器人系统结构如图 2.10所示。

由图 2.10 可知，微装配机器人系统由左、中、右 3 台微操作机械手、正交双光路立体显微视觉和 2 种不同类型的微夹持器（微夹钳）三大部分构成。

2.6.1　微操作机械手

微操作机械手是系统的运动部件，包括笛卡儿坐标运动和关节坐标运动，主要对操作对象的空间位置、姿态以及运动速度和加速度的控制。考虑到装配任务的复杂性和装配工艺要求，该系统采用三手协调结构。左、右手均由 $X-Y-Z$ 大范围高精度移动平台和 $P-Y-R$ 三自由度旋转平台等两个独立的串联机构组合而成，双手配置成对称结构。中手为 $X-Y-Z$ 移动平台。安装在三手末端的微夹持器（微夹钳）根据装配任务和操作对象的不同，可以灵活拆换。

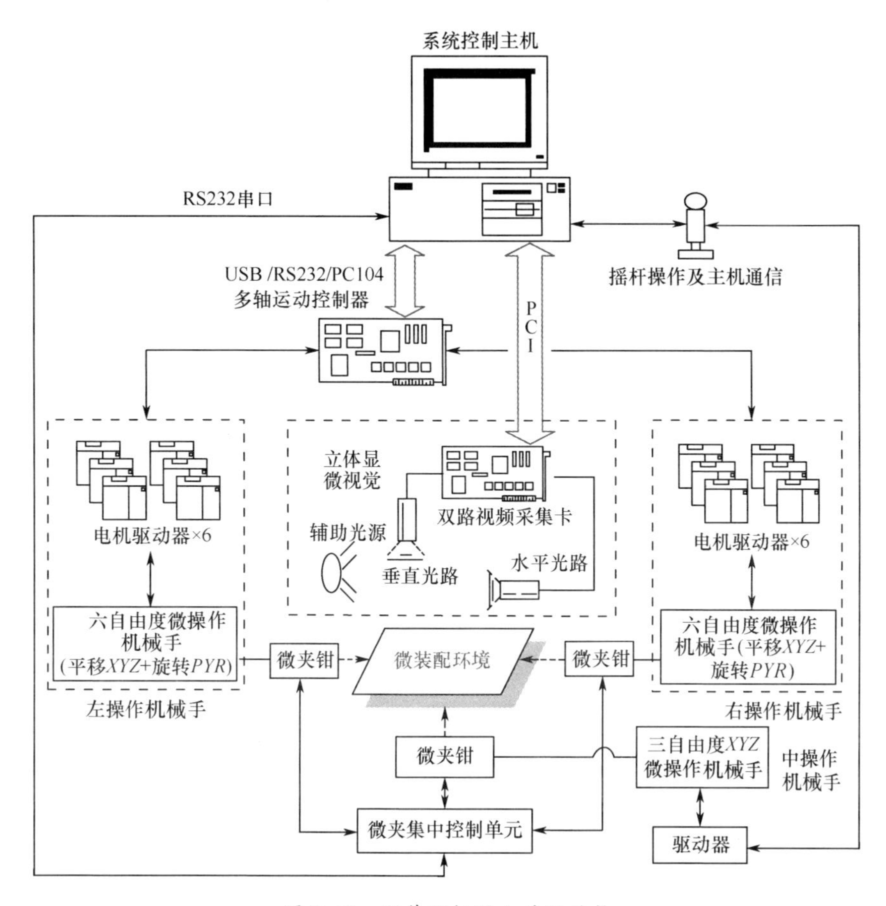

图2.10　微装配机器人系统结构

微操作机械手采用交流伺服电机或步进电机驱动、采用高精度滚柱丝杠传动将电机的转动转换为机械手大关节的平移运动,腕部小关节的旋转运动采用直接驱动方式以保证系统精度。机械手采用多轴运动控制器实现各关节(自由度)的底层控制,光电码盘和光栅对机械手的位移和旋转的位置、速度和加速度进行检测并构成各关节的闭环控制。多轴运动控制器通过USB或RS232接口与系统控制主机连接实现控制信号和指令的传输。整个系统为二级计算机控制结构。

2.6.2　显微视觉

显微视觉是获取装配空间的目标(零件)和机械手末端执行器的空间位置和姿态的动态图像信息的工具,也是实现视觉伺服控制反馈信息的来源。考虑到单目视觉无法直接得到目标的三维信息,需通过特别的技术才能获得深度信息,不适用于深度信息要求较高的靶装配系统;移动式单摄像头结构具有视角可变、使用灵活的优点,可提供更为丰富的场景信息,但由于需要移动摄像头才能获取不同视角的图像信息,响应速度较慢,同时由于获取图像的视角变化会给视觉伺服时的标定带来困难,其视觉控制器的设计相当复杂,系统的稳定性难以保证。

该系统设计了一种正交双光路立体显微视觉,其结构如图 2.11 所示。该视觉系统由垂直视觉和水平视觉组成。考虑到机器人作业过程中,操作人员监视的视觉适应性,立体视觉系统由双光路实现,二条光路成正交方式,以便简化视觉伺服系统的标定。垂直视觉和水平视觉分别固定安装在作业空间的水平和垂直方向的显微光路上。水平视觉可获取装配空间水平方向的图像信息(二维图像信息),垂直视觉可获取垂直方向的图像信息(深度信息)。该视觉系统不仅可以获得深度信息,又能最大限度地降低系统的复杂性。双光路显微图像信息由多通道实时视频采集卡采集,采集卡直接插入上位机(控制主机)的 PCI 插口,所获取装配空间垂直和水平方向的图像在主机屏幕上动态显示,同时控制主机对图像信息进行存储、处理和识别,为视觉伺服控制提供依据。

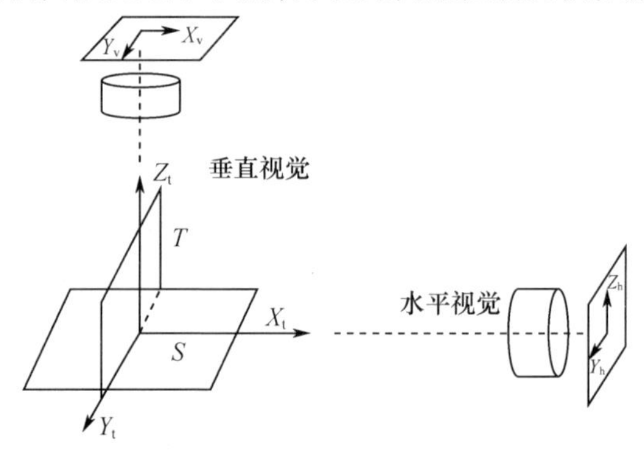

图 2.11　正交双光路立体显微视觉结构

2.6.3　微夹持器

微夹持器又称微夹钳是微装配机器人的末端执行器,其主要功能是实现对微小对象(零件)进行拾取、运送和释放操作,并可完成一定的装配动作。

微夹持技术是微操作机械手实现微零件夹取和姿态调整的重要保证。由于操作空间狭小,操作精度要求高,微夹持器应具有重量轻、体积小和高精度等特点,同时还要有合适的夹持力和夹取范围。微夹持器是非标部件,通常无现成的产品可用,需要研究者根据操作对象的材质、形状和大小研制合适有效的操作工具。根据采用的驱动方式不同,微夹持器可分为真空吸附微夹持器、静电微夹持器、压电微夹持器、电磁微夹持器、形状记忆合金微夹持器等。图2.12是华中科技大学研制的真空吸附和压电陶瓷双晶片二种不同类型的微夹持器实物图[56,58]。

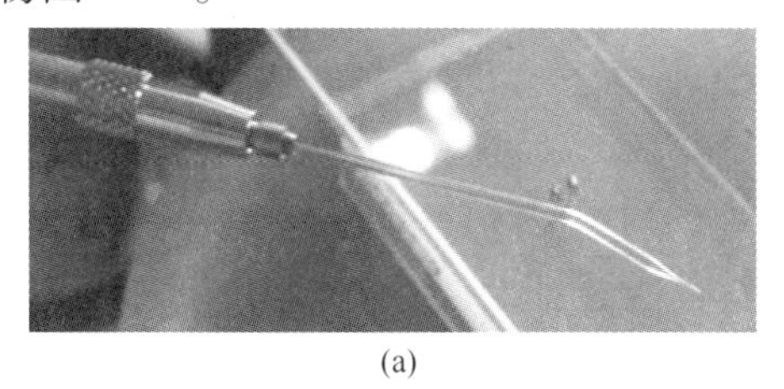

(a)

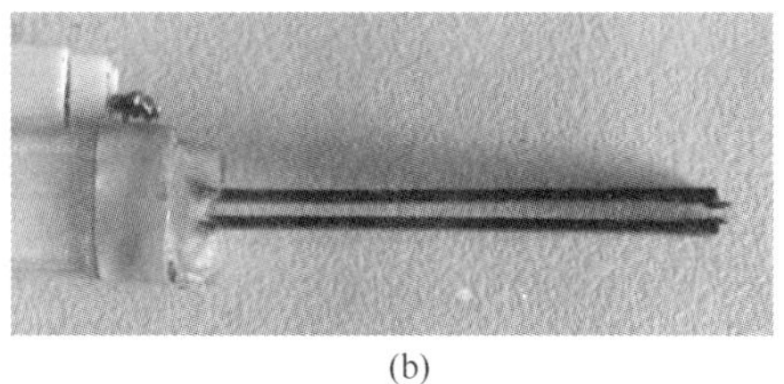

(b)

图2.12　2种不同类型微夹持器
(a)真空吸附微夹持器；(b)压电陶瓷双晶片微夹持器。

真空吸附微夹持器是利用真空吸附原理在吸管的末端产生正、负气压，从而实现对微零件的吸取与释放操作。真空吸附微夹持器结构紧凑，干净清洁，吸附力大，容易控制，被认为是比较理想的微夹持器，主要适用于表面光滑、易碎、球状和重量较轻的物体的操作。

压电陶瓷双晶片微夹持器是根据压电陶瓷的逆压电效应，将电能转换为机械能，使双晶片产生相向或反向弯曲，在其末端的开口处形成夹摄运动，从而产生夹取和释放动作的微夹持器，具有结构紧凑、夹取精确度高、夹取动作响应快和易于控制等优点。

有关微夹持器的原理与设计方法将在第8章详细介绍。

2.6.4　软件结构

该系统的软件设计采用分层式结构[112]。分层式结构的软件编程可缩短软件系统编程周期，便于软件升级和测试。图2.13是本系统设计的四层架构的软件结构，自上而下分别为应用层、机器人层、接口层和硬件层。

(1) 应用层：这一层包含程序控制界面、显微图像显示窗口、状态监视界面等人机交互接口，还包括程序中使用的算法，如图像识别算法和运动控制算法。这些算法都是建立在机器人层所建空间坐标系之上。由于采用分层的设计思想，使得本层算法可以随意调换进行试验验证，不用改变底层的程序设计，这样使得不同算法间的对比变得简便。

(2) 机器人层：这一层主要指定机器人的空间参数，构建任务空间坐标系。在程序中说明各个机械手的自由度，各轴的运动方式，运动范围，连接次序等，以此建立起机器人系统的空间坐标系。

(3) 接口层：在这一层对SDK进行封装，产生了一个与硬件无关的接口类。

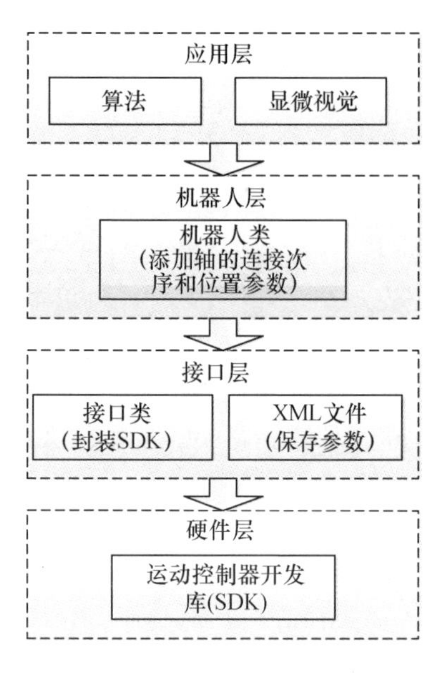

图 2.13 四层架构的软件结构

在这个接口类中,提供与硬件层相对应的功能函数,包括单轴运动、多轴联动、紧急停止、回零、解除锁定、运行状态查询等功能。同时,为了使上层应用和硬件进行解耦,程序实现了一个命令缓冲队列和一个状态查询队列。命令缓冲队列使得上层应用可以发送多条命令,不用等待底层硬件执行完上一条命令之后再发送下一条。在接口层中还设计了参数保存机制,用 XML 文件记录当前硬件的设定参数,同时,程序实现了自动保存、修改和读取参数的功能,不用每次运行系统便重新设置,简化了操作。

(4) 硬件层:系统的硬件层主要是运动控制器厂商提供的 SDK(Software Development Kit,SDK)软件开发包。其中包括最基本的基层的运动控制函数,状态检测函数,运动参数设置,标志位设置和安全检查等基础功能。这些函数使用时需要设置各种参数,涉及位运算和底层的硬件信息,直接使用十分不便。

分层软件结构是按照 C ++ 面向对象和逐层封装的思想进行设计的,当前层的程序只为上层程序提供接口,而上层程序完全不用知道下层程序的具体实现,只需调用相应的接口即可。如对于三台机械手协同控制的微装配机器人系统只用编写一个 C ++ 接口类,只要在应用层生成三个对象,按照机器人层的坐标系改变对象的参数之后,便可对整个系统进行控制。分层思想的应用缩短了开发周期,而且软件维护简便,便于扩展,是一个良好的软件平台。

2.6.5　系统界面

系统界面是人机交互的主要途径，应根据人机交互的内容和微装配机器人系统的实际要求进行设计。通常，系统界面应包括系统控制区、显微图像显示区、机械手操作区、状态显示区和微夹持器控制区等。

图2.14是华中科技大学开发的微装配机器人的系统界面[113]。在系统软件使用过程中，首先点击“连接”按钮，将控制主机与机械手控制器、微夹持器控制器、可编程直流电源进行软件通信链接，建立畅通的信息链路。通过摄像头控制部分可以打开或关闭水平和垂直光路的视觉图像，监控运动状态。机械手控制部分可以在机械手运动时进行急停，之后控制器进入锁定状态，对运动指令不响应，点击“解锁”按键可解除锁定。运动控制部分通过三个选项分别对左手、中手和右手的运动进行控制。状态监视部分显示三台机械手实时运动状态，包括空间位姿和运动速度等。夹持器控制部分对三个夹持器的动作分别进行控制，可设置夹取（左、右手的两台压电陶瓷双晶片微夹持器）和吸取（中手的真空吸附微夹持器）或释放等动作。同时，可通过“设置”按钮对摄像机和运动控制器的参数进行设定，包括连接方式、端口等。系统软件可对显微视觉图像进行保存，记录运行结果，以便以后查询。

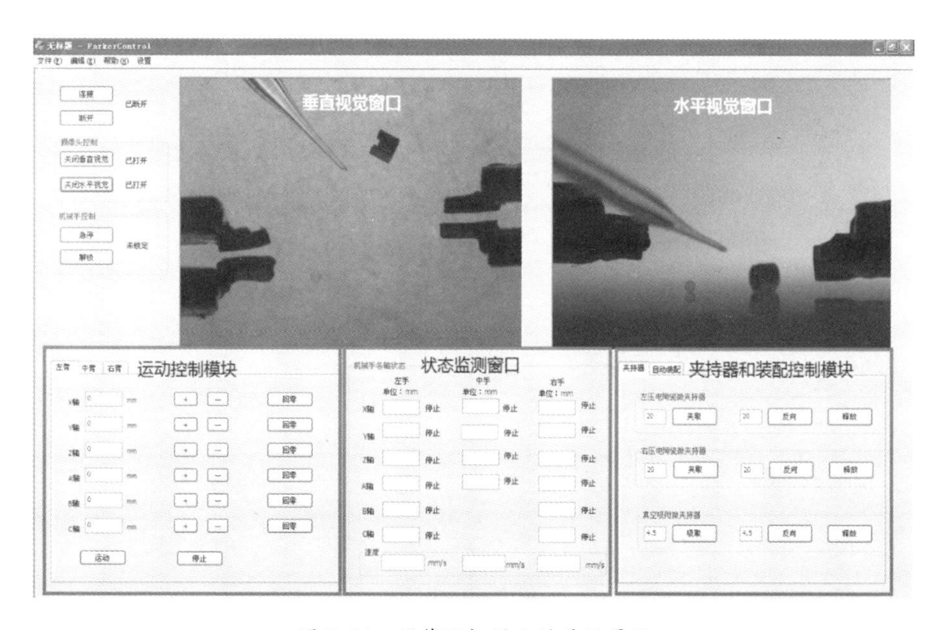

图2.14　微装配机器人的系统界面

2.7 本章小结

本章介绍了微装配机器人的系统结构,从系统功能上,将微装配机器人分为机械系统、驱动系统、检测系统以及控制系统等4个部分。全面分析了4个部分在微装配机器人系统中的作用以及存在的问题,给出了解决的思路和方法。最后介绍了一种面向ICF靶的微装配机器人系统结构。

第3章　显微视觉系统

3.1　引言

显微视觉是目前微装配机器人获取信息的主要技术手段。显微视觉信息处理是实现显微视觉伺服控制的基础。本章分别介绍了显微视觉系统组成、显微视觉的光学成像特性、微装配机器人视觉系统设计以及显微视觉标定技术，最后介绍了一种双光路立体显微视觉系统。

3.2　显微视觉系统构成

由于微装配机器人系统的操作空间很小，一些宏观世界普遍使用的机器人传感方法（如位移传感器、力与力矩传感器等）很难直接应用于微装配机器人系统。而微操作系统（如生物基因注射、MEMS 零件加工与装配等）对物理作业环境和操作精度的苛刻要求，一些非接触型传感方法（如激光、红外、超声波等）也难以在微作业环境中得到广泛应用。考虑到微装配机器人的操作对象和作业精度均在微米甚至纳米尺度，采用显微镜（如光学显微镜、扫描电子显微镜、原子力显微镜等）和 CCD 摄像机对微操作过程进行非接触式观测是目前最为有效且应用最广泛的微信息感知方法。

显微视觉系统由显微镜对微场景进行放大成像，通过 CCD 摄像机和图像采集卡进行光电信号转换并输出数字化的显微图像信息，在上位机内对其进行图像处理与分析，并利用提取的微作业信息构成机器人的闭环反馈控制。作为一种典型的光－机－电一体化系统，显微视觉系统集成了视觉信息的采集、处理与反馈控制等多项功能，它不仅实现了对微操作过程的观测，更重要的是可以形成显微视觉伺服闭环控制，有助于解决微操作模型的一些不确定性问题，提高机器人系统的控制性能。

图 3.1 是一个典型的显微视觉系统结构图，由图 3.1 可知，显微视觉系统的组成部分包括显微镜、高分辨率 CCD 摄像机、视频采集卡、显微镜辅助调焦装置、可控环境光源、人机图形交互界面以及显微视觉信息处理模块和视觉伺服模

块等。显微镜、CCD 摄像机、视频采集卡是构成显微视觉系统的硬件基础,可控光源和显微调焦装置是保证显微镜成像质量的辅助性装置。由于目前绝大部分显微视觉采用的是光学显微镜,其放大倍数、图像分辨率等均能够满足大多数微装配任务的要求,因此本章主要介绍由光学显微镜和 CCD 摄像机构成的显微视觉系统。视觉信息处理模块完成微器件和微操作机械手在微尺度空间的检测、测量、识别与跟踪,其提取的目标位置与姿态信息供显微视觉伺服模块完成微操作机械手的闭环反馈控制。人机图形界面实现实时图像的在线显示、存储、传输与人-机器人交互控制等功能。考虑到微装配任务和微对象的多样性与复杂性,要设计一个适用于各种微作业类型的通用型显微视觉系统是不大可能的,目前绝大多数显微视觉系统都是根据具体的应用环境设计定制的。本章将在第 3.3 节介绍显微视觉系统的成像特性,而视觉系统结构及其各组件的设计方法将在第 3.4 节给予详细介绍。

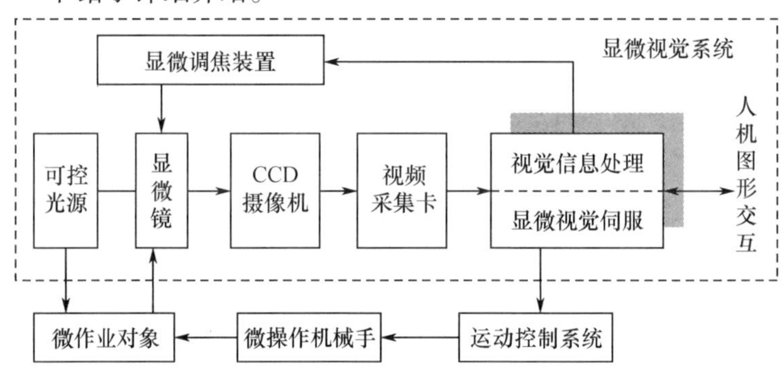

图 3.1　显微视觉系统结构

3.3　显微视觉成像特性

普通的机器人系统一般操作的是具有宏观尺寸的物体,在这种情况下机器人视觉通常由加载光学镜头的 CCD 摄像机直接完成场景图像的采集与转换,它具备成像范围广、图像分辨率较低等特点。由于宏观视觉的景深范围大,使得目标在较大的深度运动范围内都能够保证清晰的光学成像,而清晰成像正是诸如图像分割匹配、目标深度计算等众多计算机视觉计算方法的前提。相对于宏观操作,微操作的对象和精度要求均在微尺度范围内,此时显微视觉必须借助显微镜等光学放大装置才能实现对微作业高精度、高分辨率的观测,而显微光学所特有的一些物理成像性质和参数是我们在设计微装配机器人显微视觉系统时必须加以考虑的。

(1) 数值孔径(Numerical Aperture,NA):显微物镜的数值孔径反映了物镜能够接纳的光通量大小,物镜对物体各点的反射光或折射光收集越多,则成像质量越好。数值孔径通常用NA表示,由下式计算。

$$NA = n \cdot \sin \frac{\alpha}{2} \tag{3.1}$$

式中:n为介质折射率;α为物镜孔径角(镜口角)。孔径角是物镜光轴上物体点与物镜前透镜的有效直径所成的角度,孔径角越大,物镜光通量也越大,它与物镜前透镜的有效直径成正比,与焦点距离成反比。

由式(3.1)可知,当物镜框口不变、物镜与被观测物体之间的距离(即工作距离)不变的情况下,物镜的光通量取决于介质的折射率大小。对于干系物镜,物镜与物体之间的介质为空气,$n \approx 1$,此时物镜NA最大可达0.9;水浸系物镜,介质为水,$n = 1.33$,NA最大可达1.25;油浸系物镜,介质为香柏油,$n = 1.515$,NA一般在0.85~1.4不等。因此在进行显微观察时,为了提高光通量改善成像质量,可采用水浸系物镜或者油浸系物镜。

NA是显微镜的重要参数,它的取值大小直接影响了显微视觉系统的其他参数:数值孔径与显微镜的分辨率和放大倍数成正比,与景深成反比。NA值的平方与图像亮度成正比,使用NA值较大的物镜,其可见视野宽度和工作距离都将相应缩小。

(2) 分辨率(Resolution):在良好的照明条件下,人眼在一定距离内(250mm)的最大分辨能力为0.073mm(73μm)。显微镜的分辨率比人眼大得多,但它的最大分辨率仍然有限。在显微镜下观察的图像,无论结构如何,都可认为是由无数个物体点成像组成。由于光的衍射特性和光学系统残留的像差、玻璃质量以及杂散光等诸多因素的影响,每个物点经物镜成像后,在理论上都不可能是一个清晰的点像,而是具有一定大小衍射斑的圆斑像,这种衍射效应制约了显微镜分辨率的提高。

显微镜的分辨率δ由下式计算:

$$\delta = \lambda / NA \tag{3.2}$$

式中:λ为光线波长。由式(3.2)可知,要提高分辨率可以在光源处加上蓝色或蓝紫色滤光片,使光源波长缩短至380~400nm。如果使用紫外光作光源,可将光源波长变成275nm的单色光。一般光学显微镜的分辨率极限约为0.2μm。如果使用高能电子束作为光源,则分辨率可以提高到$1 \times 10^{-4} \sim 2 \times 10^{-4}$μm。此外,尽量使用折射率较高的油浸系物镜,提高NA值,也可有效地提高显微镜的分辨率。

(3) 放大率(Magnification):显微镜放大率通常是指成像物体经物镜和目镜两级放大后,人眼所看到的最终图像大小和原物体大小的比值,它为物镜和目镜放大倍数的乘积。在微装配显微视觉系统中,微目标一般仅通过物镜一级放大后直接在 CCD 摄像机阵列上成像,此时总放大率 M 即为物镜的放大倍数。

$$M = M_{ob} = \Delta / F_{ob} \tag{3.3}$$

式中:F_{ob}为物镜焦距;Δ 为标准镜筒长度,即从物镜后端到镜筒顶部(CCD 阵列)的距离,国际标准规定为 160mm。

(4) 景深(Depth of Field,DoF):景深是显微视觉研究中所要考虑的重要问题。在显微光学中,物体在显微光轴方向焦平面(Focal Plane,FP)附近很小的范围内可以清晰成像,超出这个范围物体成像模糊。我们将这段距离定义为景深,也称为焦深。显微镜的景深可由下式计算:

$$d = d_{wave} + d_{geom} = \frac{n\lambda}{NA^2} + \frac{ne}{M \cdot NA} \tag{3.4}$$

式中:NA 为显微数值孔径;n 为介质折射率;λ 为光线波长;e 为图像传感器所能分辨的最小距离;M 为显微镜的总放大率。由式(3.4)可知,显微镜景深 d 包括物理光学景深 d_{wave}和几何光学景深 d_{geom}两部分,当 NA 较大时,d 主要由物理光学景深决定;当 NA 较小时,d 主要取决于几何光学景深。

景深与物镜的数值孔径和显微放大倍数成反比。物镜放大倍数越高,其数值孔径越大,景深越小。反之,放大倍数越低,物镜数值孔径越小,景深越大。显微镜景深较小,使得微目标仅在很小的深度范围内才能保证清晰成像,这给微装配作业中操作机械手深度信息提取和显微视觉伺服控制增加了较大的难度。

(5) 视场范围(Field of View,FV):视场范围 Φ 代表的是目镜中所能观察到的物像视场直径大小。该视场直径与目镜视场数 FN 成正比,与物镜放大倍数 M_{ob}成反比,计算公式如下。

$$\Phi = FN / M_{ob} \tag{3.5}$$

式中:FN 为目镜的视场数(Field Number,FN),该参数由显微镜制造厂商给出,不同类型的目镜其视场数不同,目镜倍率越高视场数越小。例如北京泰克仪器公司生产的 XTS 系列体视显微镜,其物镜变倍范围 0.7 ~ 4.5 倍,配合 10 倍的目镜其 FN 值为 23mm,则显微镜的视场范围 Φ 为 5.1 ~ 33mm。

(6) 镜像亮度(Mirror - image Brightness,MIB):镜像亮度 ε 是显微镜图像亮度的简称,指在显微镜下观察景物的明暗程度。它不同于视场亮度,视场亮度指的是整个视场的明暗程度。镜像亮度与物镜数值孔径成正比,与显微镜的总放大率成反比。

$$\varepsilon \propto \left[\frac{\mathrm{NA}}{M}\right]^2 \tag{3.6}$$

由式(3.6)可知，当显微放大倍数增高，其图像亮度相应降低，此时要得到较好成像质量的显微图像，必须依赖于强制的外部照明光源。

(7) 工作距离(Working Distance，WD)：工作距离即物距，是指从物镜前透镜表面到被观测物体上表面之间的距离。在物镜数值孔径一定的条件下，工作距离短则孔径角大。数值孔径大的高倍物镜，其工作距离通常很小。倒置生物显微镜的工作距离为14mm，而体视显微镜的工作距离可高达200mm。

3.4　显微视觉系统设计

由于微装配任务和微对象的多样性与复杂性，要设计一种适用于各种微作业类型的通用型显微视觉系统是不大可能的。显微视觉系统的设计要综合考虑多方面的因素，包括操作对象尺度范围、操作精度要求、操作空间的分配、任务内容、作业环境以及和微装配机器人系统其他组件的集成等。下面我们将详细讨论微装配显微视觉系统设计与各视觉组件选取中所涉及的一些主要问题。

3.4.1　显微光路结构

根据微装配任务内容和操作需要选择合适的显微光路结构是设计显微视觉系统的基础。现阶段面向生物基因工程的微作业内容主要涉及二维平面内细胞的定位、捕获、注射等操作，在这种情况下大部分微操作机器人系统采用的是由一个倒置生物显微镜构成的单光路显微视觉系统，这类系统结构简单，但是缺乏对微操作深度信息的直观描述，无法形成多角度多分辨率的复合观测，因此获得的微操作信息有限。图3.2所示为瑞士联邦技术学院机器人所研制的微操作机器人，它采用的就是此类单光路显微视觉系统。

针对诸如微零件装配等复杂类型的微作业，它需要提供精确的微操作机械手和微零件的三维位姿信息，此时必须根据任务要求设计融合多光路的复合式显微视觉结构来实现对微装配的立体观测。如日本东京工业大学提出的集中视场(Concentrated Visual Field，CVF)系统结构如图3.3(a)所示[12]，它由垂直方向的SEM显微光路和水平方向的光学显微光路正交构成，完成对微操作过程的双光路监视。美国明尼苏达州立大学高级机器人实验室研制的具有四个视角的混合式显微视觉系统如图3.3(b)[84]所示，该视觉系统由一个全局视觉、一个垂直显微视觉和两个侧向显微视觉构成。

显微光路结构的设计应该在不影响微操作机械手的运动范围和机器人系统

图 3.2　单光路显微视觉系统

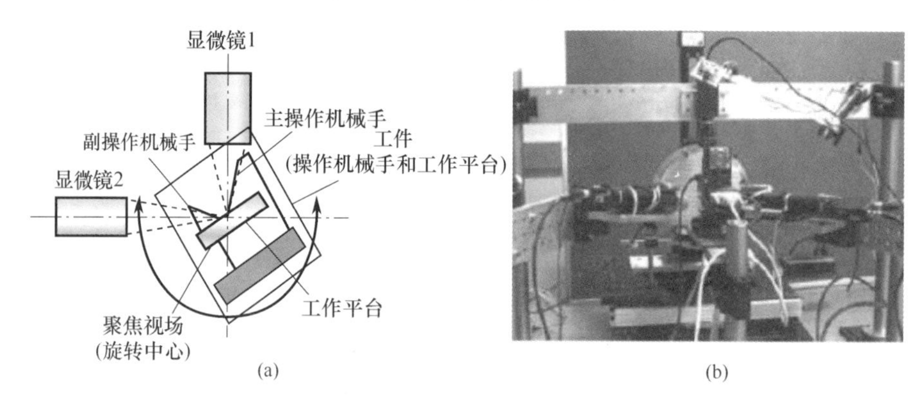

图 3.3　多光路显微视觉系统
(a) 集中视场系统结构；(b) 混合式显微视觉系统。

其他部件装配稳定性的前提下，配置尽可能多的显微采集光路，实现对微作业多角度多分辨率的观测。

3.4.2　显微镜

显微镜是显微视觉系统的核心装置。目前微操作系统采用的显微镜主要有光学显微镜(Optical Microscope，OM)、扫描电子显微镜(Scanning Electron Microscope，SEM)、扫描隧道显微镜(Scanning Tunneling Microscope，STM)和原子力显微镜(Atomic Force Microscope，AFM)等几种类型。通常光学显微镜可以观察毫米－微米级精度的操作，扫描电子显微镜适用于精度在微米－纳米级精度操作，扫描隧道显微镜和原子力显微镜适用于原子级的超微细操作。现阶段以适用于毫米－微米级操作的光学显微镜在微装配机器人系统中应用最为广泛。

微操作系统中常见的光学显微镜主要有倒置式生物显微镜、体视显微镜和单筒式显微镜。如图 3.4 所示,倒置式生物显微镜的物镜放大倍数在 10 ~ 400 倍之间,主要面向于微米级的生物细胞操作;体视显微镜和单筒显微镜的物镜放大倍数为 0.7 ~ 10 倍,主要适用于 MEMS、微电子封装等领域的微小零件装配。三种显微镜均通过摄像机接口连接 CCD 摄像机组成计算机显微视觉系统,此外倒置式和体视显微镜还配有观测目镜,可供操作者进行人眼监视。由于倒置式生物显微镜和体视显微镜的结构复杂,因此一般利用它们构成单光路显微视觉;单筒式显微镜体积小巧,结构简单,更利于形成多光路多视角的立体显微视觉观测,便于提取微装配过程中微操作机械手和微器件的三维位姿信息。

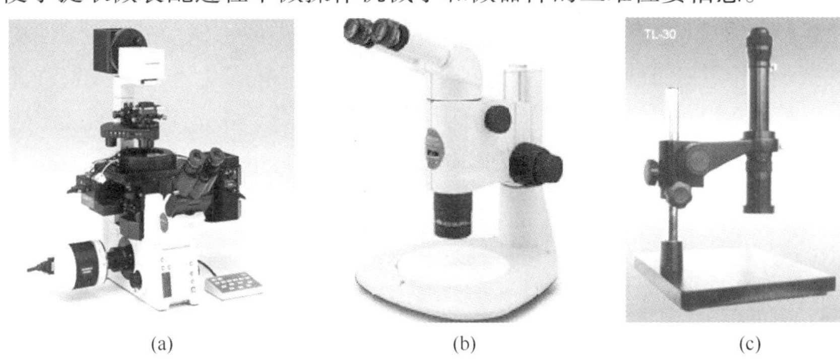

(a)　(b)　(c)

图 3.4　几种不同类型的光学显微镜
(a) 倒置式生物显微镜;(b) 体视显微镜;(c) 单筒显微镜。

大多数微装配系统的零件外形尺寸一般为亚毫米级,从光学放大倍数的角度考虑采用体视显微镜和单筒显微镜可满足要求。体视显微镜采用双光路成像在目镜视场内形成目标的三维景象,两个显微光路的光轴夹角一般在 15°以内。由于 CCD 摄像头只采集体视显微镜中的一路成像,因此计算机捕获到的微操作图像与实际操作平面之间会存在一定的旋转畸变,当零件在成像深度方向具有较大外形尺寸时,这种现象会变得尤为明显,从而影响了三维图像位姿信息的正确计算。而单筒显微镜则不存在上述问题,通过调节支架可以保证显微光轴与微装配平面严格垂直,而且其结构简单,便于实现对微装配过程的多视角立体观测。因此单筒显微镜是构造微装配显微视觉系统比较理想的选择。

3.4.3　CCD 摄像机

CCD 摄像机是显微视觉系统中完成光电信号转换的关键部件。CCD 即电荷耦合器件(Charge Coupled Device,CCD),是在金属氧化物半导体(Metal Oxide Semiconductor,MOS)集成电路技术基础上发展起来的一种大规模集成电路光电器件,它具有光电转换、信息存储、延时、传输、处理等功能。光学镜头通过 CCD

摄像机的机械光学接口,将目标成像在 CCD 的光敏面上;在驱动电路提供的驱动脉冲作用下,CCD 完成光电荷的转换、存储、转移和读取过程,从而将二维的光学信息转换成一维的电信号,并进行采样保持、相关双采样、自动增益控制、A/D 转换等预处理,而后进行视频信号的合成,即将 CCD 输出的电信号转换为所需要的视频格式输出。

1. CCD 摄像机的分类

按照输出信号格式可分为模拟摄像机和数字摄像机。按成像色彩划分,可分为黑白相机和彩色相机两种,彩色相机又分为单片相机和 3 - CCD 相机,3 - CCD 相机采用棱镜分光技术,使红、绿、蓝三色(Red Green Blue,RGB)成像在三个不同的 CCD 器件上,成像质量好、分辨率较高。依据灵敏度划分,CCD 相机可分为:普通型(正常工作照度 1 ~ 3Lux),月光型(正常工作照度 0.1Lux 左右),星光型(正常工作照度 0.01Lux 以下)和红外型(零照度,采用红外灯照明)。依据分辨率划分,像素数在 38 万以下的为普通型,像素在 38 万以上的为高分辨率型。依据 CCD 靶面大小划分,有 1/4 英寸、1/3 英寸、1/2 英寸、2/3 英寸、1 英寸等多种类型。按扫描制式划分,可分为行扫描和面扫描两种方式,其中面扫描 CCD 又分为隔行扫描和逐行扫描两种方式。按照同步方式划分,可分为内同步和外同步相机。

2. CCD 摄像机的相关特性参数

(1) 最低照度:它表示使 CCD 相机输出的视频信号电平低于某一规定值所对应的环境照度值,当环境照度低于最低照度时,CCD 相机输出的视频图像质量难以保证。

(2) 分辨率:它主要用于衡量相机对物像中明暗细节的分辨能力,通常用电视线(Television Line,TVL)来表示。工业监视级摄像机分辨率通常在 380 ~ 460 TVL 之间,广播级摄像机可达 700 TVL 左右。

(3) 扫描方式:主要有标准 2:1 隔行扫描、逐行扫描和异步触发与部分扫描。

(4) 机械光学接口:实现 CCD 与光学镜头的耦合,一般有 F 型、C 型、CS 型等形式。

(5) 输出模式:模拟相机主要有复合视频输出、Y/C(即 S - VIDEO)输出、RGB 分量输出和 YUV 分量输出;数字相机有 Camera Link、LVDS(EIA - 644)、USB 以及 IEEE 1394 等。目前主流的 CCD 摄像机品牌包括欧美的 UNIQ、BALSER、PULNIX、DALSA 以及日本的 SONY、JVC、PANASONIC、东芝 TELI 等。

3. CCD 摄像机的选择

如果微装配的最小空间分辨率要求小于 5μm,根据采样定理,CCD 摄像机的空间分辨率应在2.5μm以内。针对最大放大倍数为4.5倍的单筒式光学显微镜，CCD靶面的像素物理尺寸应小于11.25μm。但是CCD像元尺寸过小将会加剧像元之间的电气干扰从而增加图像噪声。因此在满足上述像素物理尺寸约束的前提下，为了确保成像质量应尽可能选择大靶面、高分辨率的CCD摄像机，例如UNIQ公司的UP－900型1/2’逐行扫描相机，其有效像素点为1392×1040，单位像素尺寸为4.65μm×4.65μm。

3.4.4　图像采集卡

与用于多媒体领域的图像采集卡不同，适用于机器视觉系统的图像采集卡需实时完成高速、大数据量的图像数据采集并通过PC总线传输至存储器，还可以实现对视觉系统中其他模块（如光源等）的功能控制。一个典型的图像采集系统包括视频输入模块、A/D转换模块、时序及采集控制模块、图像处理模块、PCI总线接口及控制模块、相机控制模块和数字输入/输出模块等。

选择图像采集卡时需要综合考虑如下一些因素：可支持的相机类型、个数和数据格式；采样频率和最高时钟、带宽；板载内存容量，有无图像处理能力；串口和I/O点数；有无相机控制信号和外触发信号；驱动程序的兼容性等。目前，基于PCI总线的图像采集卡已成为机器视觉市场的主流产品，比较著名的图像采集卡生产厂商有加拿大的Matrox、Coreco、美国的Foresight Imaging和国内的微视、大恒、天敏等。例如Matrox的Genesis－LC型采集卡，可采集标准/非标准、彩色/黑白、模拟/数字、面阵/线阵等多种视频输入信号，6MB板载缓存，模拟信号采集频率最高可达140MHz。

3.4.5　照明光源

良好的光源照明是显微视觉系统成像质量的有效保障。常见的显微光源有白炽灯、高压汞灯、高压氙灯、卤钨灯、超高压弧光灯等。显微照明依据照明光束的形式，可分为透射式照明和落射式照明两大类。透射式照明适用于透明或半透明的被检物体，可分为中心照明和斜射照明两种形式，中心照明是最常用的照明方法，其特点是照明光束的中轴与显微镜光轴同处在一条直线上，绝大多数生物显微镜属于此类照明法；落射式照明适用于非透明的被检物体，因光源来自于物体上方，故称为落射式照明或垂直式照明。体视显微镜通常兼具底部透射式中心照明和落射式照明两种照明方式。

在多视角立体显微视觉系统中，考虑到零件的物理特性和实验环境要求，比较理想的显微光源是落射式光导纤维冷光源，它具有高亮度、不发热等特点，可避免零件遭受热辐射。

图 3.5 所示为光导纤维冷光源,其中图 3.5(a)为双分支冷光源,图 3.5(b)为环形冷光源;前者可以任意调节照明角度和位置,适用于微装配视场中的特定点照明,后者安装在显微镜上,可以给微装配视场提供均匀照明,无阴影干扰。

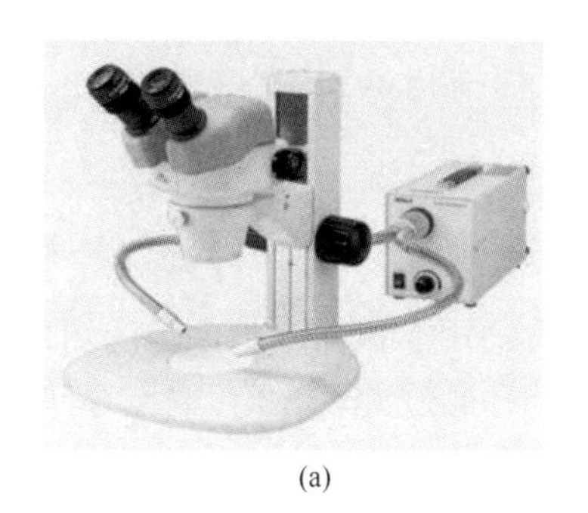

(a)

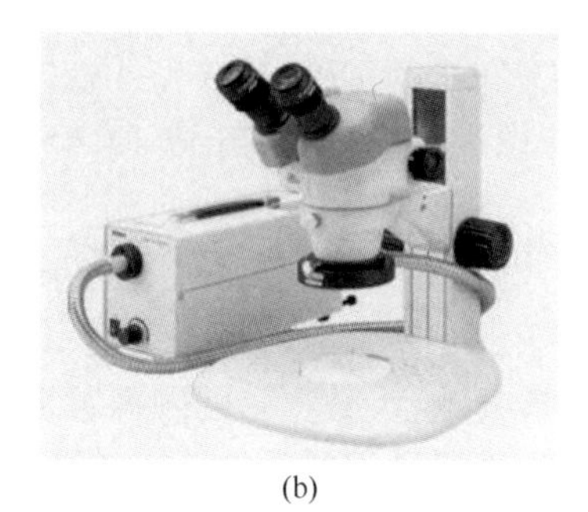

(b)

图 3.5 光导纤维冷光源

(a) 双分支冷光源;(b) 环形冷光源。

3.4.6 辅助调焦装置

由于显微视觉景深较小,微对象只能在显微光轴方向焦平面附近很小的范围内清晰成像。当显微放大倍数发生改变时,需要调整物镜的深度位置进行重新对焦。辅助调焦装置通过给显微镜加装电机驱动装置,通过上位计算机控制显微镜运动实现自动对焦。

辅助调焦装置需要对显微镜的机械结构和系统控制电路进行特殊改造,在一定程度上增加了微装配系统的复杂程度。因此它作为显微视觉系统中的可选部件,要根据微装配任务的实际需要进行取舍。

3.4.7 视觉处理软件

显微视觉软件要完成实时显微图像的采集、显示、保存、目标分割、图像特征计算等多项功能。利用图像采集卡自带的二次开发包可以实现实时图像数组的采集、显示、存储等低层次应用,如果要实现图像处理与理解等高层次应用,目前主要有两种技术途径:一种是基于 VC++等开发平台独立编制视觉处理软件,其优点在于完全免费、可以根据用户需求定制、软件发布自由等,缺点是编写周期较长、软件质量得不到保证;另一种是在目前成熟的图像处理商业软件包的基础上进行二次开发,如 Matrox Imaging Library(MIL)、HALCON、Intel OpenCV、Coreco WiT 等,这类软件包功能强大,但通常价格昂贵、软件发布受限。在开发成本允许的前提下,推荐使用后一种开发方式。

3.5　显微视觉静态标定

在机器人视觉伺服中，为了便于描述机械手与目标之间的位置关系，分别定义了世界坐标系、摄像机坐标系和图像坐标系等。视觉标定即通过实验的方法确定这些坐标系之间的映射关系，进而得到参数化的摄像机成像系统模型，为实现机器人视觉伺服控制奠定基础。摄像机参数标定包括外部参数标定和内部参数标定，外部参数标定确定摄像机在世界坐标系的位置和方向，内部参数标定确定摄像机内部几何参数，包括摄像机常数、主点位置、比例放大因子以及透镜的畸变系数等。

针对由光学显微镜、CCD 摄像机等组成的显微视觉系统，目标通过显微物镜直接投射在 CCD 靶面上成实像，显微目镜不参与成像，因此可以将整个系统等效为一个放大实像的透镜系统，定义世界坐标系$\{T\}$、摄像机坐标系$\{C\}$和图像坐标系$\{F\}$，其光学关系如图 3.6 所示。

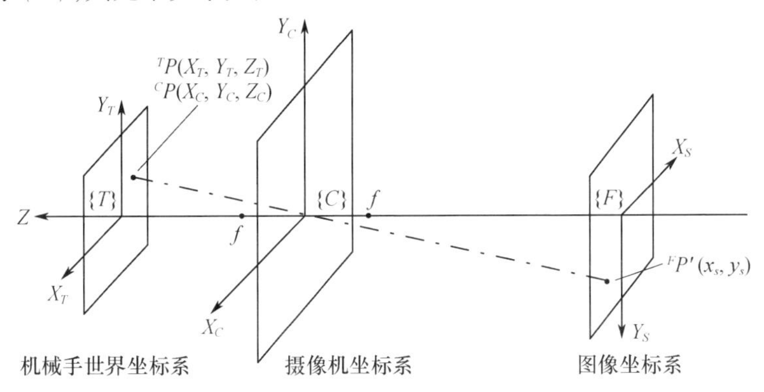

图 3.6　显微视觉系统光学成像关系

图 3.6 中，微装配世界坐标系中的一点$^TP(X_T,\ Y_T,\ Z_T)$通过显微透镜在二维图像平面成实像点$^FP'(x_s,\ y_s)$，根据成像几何两者之间存在下述关系。

$$x_s = \frac{m \cdot X_C}{s_x} = X_C/\mu_x, \qquad y_s = \frac{m \cdot Y_C}{s_y} = Y_C/\mu_y \tag{3.7}$$

式中：m 为显微光学放大倍数；s_x 和 s_y 分别为 CCD 像元在 X 和 Y 方向的物理尺寸；系数 $\mu_i(i=x,y)$ 对应显微视觉系统在 X、Y 方向成像分辨率（μm/像素）。

按照图 3.6 严格定义的显微视觉系统，坐标系$\{T\}$、$\{C\}$、$\{F\}$之间的变换关系固定不变，而且由于光学显微镜的成像畸变很小（物镜畸变系数在 $10^{-5} \sim 10^{-6}$ 数量级），因此显微视觉系统的静态标定通常只需考虑标定成像系数 μ_x 和 μ_y。

针对微装配显微视觉系统，使用物镜测微尺（Objective Micrometer，DM）对其进行视觉标定实验。测微尺为十字型标尺，X、Y 方向长度为 10mm，均匀划分为 100 等分，每相邻两刻度线之间的单位距离为 100μm。图 3.7（a）为 2 倍显微物镜下观测到的测微尺图像，图像大小为 440 × 330 像素。由于刻度线图像具有一定的宽度，为了便于后续计算，标定前首先对其进行二值化图像分割与细化处理，处理结果如图 3.7（b）所示。

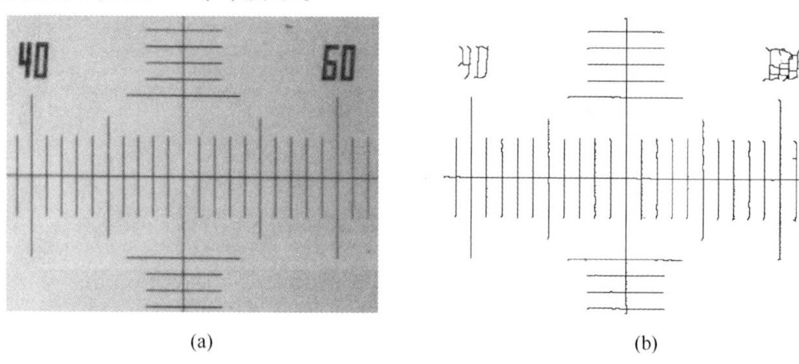

图 3.7　显微视觉标定实验

（a）测微尺；（b）测微尺细化图像。

调节测微尺角度，使其纵横轴与图像 X、Y 轴严格对准，分别测量 X、Y 方向上两相邻刻度线之间的像素间距 $\delta_i(i = x, y)$，进而求得纵横轴的图像分辨率系数 $\mu_i = 100/\delta_i(i = x, y)$。选取起始刻度线的图像坐标位置分别为 $x_0 = 82$ 像素，$y_0 = 103$ 像素，标定实验测量十组数据求平均值，实验结果见表 3.1。

表 3.1　显微视觉标定实验数据

序号	X 轴刻度线坐标	X 轴刻度间距 δ_x/像素	X 轴图像分辨率 μ_x/(μm/像素)	Y 轴刻度线坐标	Y 轴刻度间距 δ_y/像素	Y 轴图像分辨率 μ_y/(μm/像素)
1	99	17	5.882	121	18	5.556
2	117	18	5.556	139	18	5.556
3	134	17	5.882	157	18	5.556
4	151	17	5.882	174	17	5.882
5	168	17	5.882	192	18	5.556
6	186	18	5.556	210	18	5.556
7	203	17	5.882	228	18	5.556
8	220	17	5.882	245	17	5.882
9	238	18	5.556	263	18	5.556
10	255	17	5.882	281	18	5.556
	平均图像分辨率 $\bar{\mu}_x$		5.784	平均图像分辨率 $\bar{\mu}_y$		5.621

由表 3.1 可知,2 倍物镜下显微视觉标定结果 $\bar{\mu}_x$ 和 $\bar{\mu}_y$ 分别为 5.784μm/像素和 5.621μm/像素,同理可求得在 1 倍、3 倍、4 倍放大物镜下的标定参数。值得注意的是,上述显微视觉标定只是考虑理想成像条件下而得到的静态标定结果,而且这种方法需要事先借助测微尺进行离线测量计算,因此它难以满足未知动态的成像环境下微操作机械手视觉伺服控制的需要。结合显微成像的物理模型,采用自适应辨识技术对显微视觉进行动态标定是一种比较理想的方法,本书第 13 章将介绍显微视觉自适应辨识技术。

3.6　显微视觉与显微视觉伺服

显微视觉(Microscopic Vision,MV)是针对由显微镜、CCD 摄像头、图像采集卡等光电装置采集的二维显微图像时间序列进行的数据处理与分析,进而实现三维微目标在图像场景中特征信息提取和空间位姿信息计算。显微视觉伺服(Microscopic Visual Servo,MVS)是以控制微操作手机械装配作业为目的而进行的显微图像计算,利用提取出的视觉特征构成反馈信息,完成微操作机械手的闭环反馈控制。显微视觉处理是构成显微视觉伺服的基础和必要环节,显微视觉伺服是显微视觉信息结合机器人运动学、动力学及其控制的高级应用,两者既有联系,又有区别。

无论是显微视觉还是显微视觉伺服,两者都是针对显微光学信息进行的图像计算,都必须考虑微操作过程的物理特性和几何光学成像性质。例如装配尺度的宏 - 微矛盾问题,微操作机理的未知性与不确定性,以及显微光学的景深和成像范围受限等特性,这些反映在微装配显微图像上,并不等同于宏观机械手操作图像的简单放大。显微视觉特征提取和视觉伺服控制律的设计都必须遵从这种差异,但是它们针对问题的出发点和解决方式却有所不同。

首先,显微视觉是一个机器视觉问题,进而可以说是一个信息获取和知识理解问题,它的核心问题是如何从二维时间序列显微图像中恢复出三维目标在微空间的形状、位置等特征信息,从而实现对成像场景的辨识与理解。显微视觉不仅涉及到数字图像在二维图像域的分割、聚类、特征抽取和辨识,而且还应考虑显微光学成像几何约束、物体本身的形状约束以及它在时间轴上的运动学约束。显微视觉计算可以是离线也可以是在线的,判断一个视觉算法性能优劣的标准在于它能否真实准确的还原出目标特征信息。而显微视觉伺服本质上则是一个机器人在线控制问题,区别于其他类型的机器人控制方法,它是基于反馈图像信息构成的视觉闭环控制。微装配机器人的视觉控制依赖于显微视觉信息的正确提取,更重要的是还应考虑机械手本身的运动学和动力学约束、机械手与操作目标之间的物理和空间约束。显微视觉伺服是以机械手运动和操作为最终控制目标的,视觉特征仅仅作为反馈信息,而显微视觉建模的不准确性、微操作机理的不确定性以及图像特征计算误差等都可以纳入机器人视觉控制环给予补偿。

显微视觉和显微视觉伺服的最终目的不同,造成它们处理同一类视觉问题采取的方式也不一样。例如,由于光学显微镜的景深很小,这使得微操作机械手沿显微光轴方向大范围运动的深度位置信息难以得到有效检测。针对这类问题,显微视觉通常利用机器视觉中的聚焦深度估计(Depth From Focus,DFF)或者散焦深度估计(Depth From Defocus,DFD)的处理机制,建立参数化的显微成像模型,寻找显微图像特征与机械手深度位置之间的函数对应关系,从而实现视觉深度信息的标定。但是这种函数关系不具备普遍性,函数形式和参数的选取与成像物理环境有关,适合作离线计算,不符合动态作业下微操作机械手控制的要求。显微视觉伺服同样借鉴了 DFF 或者 DFD 方法,由于它是以引导机械手运动到装配焦平面为最终目的,因此利用视觉特征与机械手深度之间的对应关系,由显微图像特征在线建立反馈控制律,避免了深度标定函数的建模,对于成像环境的变化也具备一定的鲁棒性。本书第 5 章将对这部分内容给予详细介绍。

3.7 一种适用于微装配的正交双光路立体显微视觉系统

由于光学显微镜结构上的限制,传统意义上由平行双光路构成的立体视觉方案难以实现。针对典型微装配工艺要求的实际需要,华中科技大学提出了一种正交双光路立体显微视觉结构,由垂直和水平两个显微光路构成,每条光路由光学显微镜、高分辨率 CCD 摄像头以及辅助光源等组成[100]。垂直光路显微镜采用北京泰克 XTS - 20 体视光学显微镜(0.7 ~ 4.5 倍),水平光路显微镜采用北京泰克 XSZ 单筒体视光学显微镜(0.7 ~ 4.5 倍),两个显微镜的工作距离约为 110 mm;两条显微光路的图像信息由两个 Panasonic WV - CP450 CCD 摄像头采集,该摄像头水平分辨率为 480 TVL,CCD 靶面规格为 1/3′,最大采集图像大小为 752(H) ×582(V) 像素,像元物理尺寸为 6.5μm ×6.5μm;图像采集卡采用天敏 SDK - 2000PLUS 双通道 PCI 视频采集卡,可支持 2 路视频图像同时采集、回显与存储;显微照明光源包括固定在 XTS - 20 体视显微镜上的底部透射光源、落射光源和外部的北京泰克分支式光导纤维冷光源。正交双光路立体显微视觉系统的硬件结构如图 3.8 所示。

图 3.9 所示为双光路立体显微视觉监控软件界面,其左半部分是视觉系统

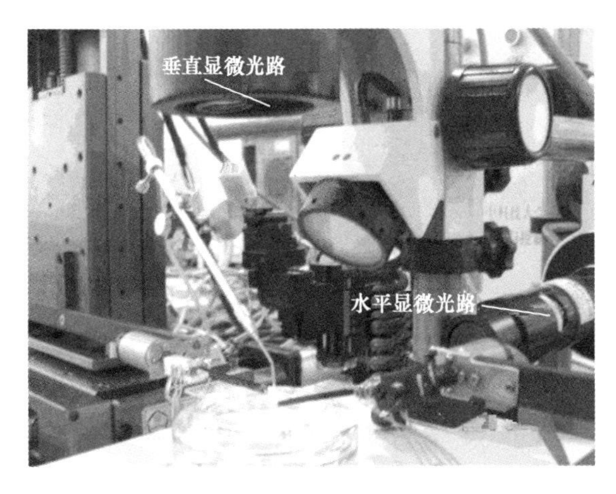

图3.8　正交双光路立体显微视觉系统

采集的装配空间的动态图像,上面是垂直光路的图像,下面是水平光路的图像。该界面是基于VC6.0开发平台编写的显微视觉监控与处理软件,单路显微图像采集大小为400×300像素,运行环境为Windows 2000,计算机配置为P4 2.8G CPU,512 DDR,80G硬盘。视觉软件可以完成双光路显微图像信息的采集、显示、单帧捕获、视频录像、视频参数设置、视觉标尺测量和立体视觉信息处理等功能。其中视觉信息处理包括机械手运动轨迹的跟踪、微零件的在线检测与识别、微操作手深度信息提取、显微视觉伺服控制等内容。图3.10所示为视觉监控软件采集到的装配过程的双光路显微图像信息。

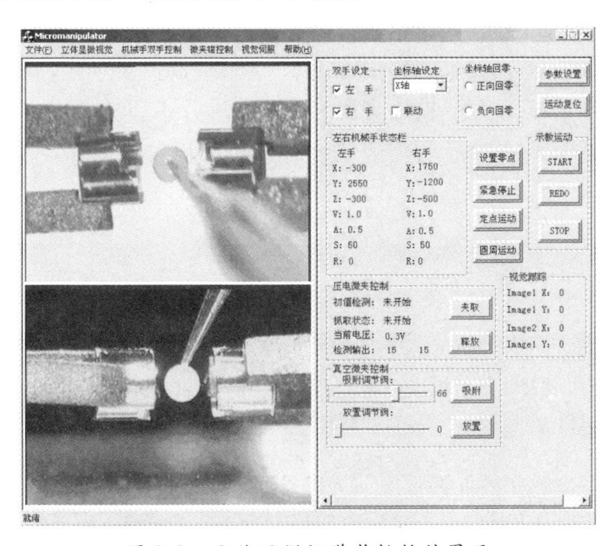

图3.9　立体显微视觉监控软件界面

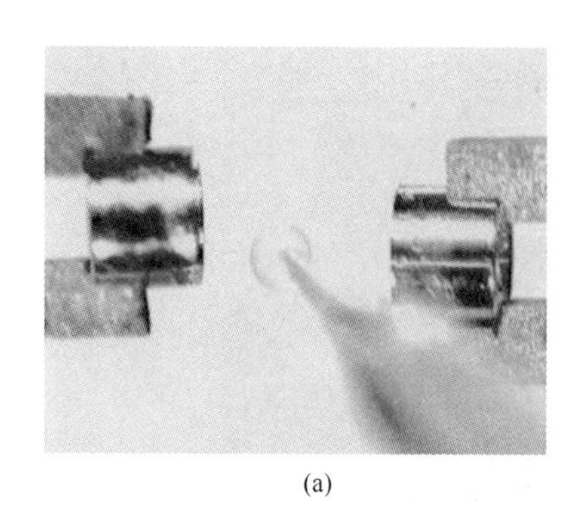

(a)

(b)

图 3.10　微装配双光路显微图像
（a）垂直光路；（b）水平光路。

3.8　本章小结

显微视觉是目前获取微装配信息、实现微操作机械手自动装配作业的主要技术手段。显微视觉系统的设计要综合考虑多方面的因素，包括操作对象尺度范围、操作精度要求、操作空间的分配、任务内容、作业环境以及微装配机器人系统集成等。本章首先介绍了微装配显微视觉系统的组成和显微光学成像所特有的物理性质，从光路结构和光－电成像器件的角度讨论了显微视觉系统的设计原则与系统参数；介绍了显微视觉静态成像模型和标定技术；分析了显微视觉和显微视觉伺服之间的关系，以及两者在任务内容、目标、方法等方面的根本区别；明确了显微视觉伺服本质上是一个面向任务的控制问题，但它面临着显微光学成像和微细作业给机器人控制带来的种种挑战，并不是宏观机器视觉和宏观视觉伺服问题的简单缩小。最后介绍了一种适用于微装配的正交双光路立体显微视觉系统。

第4章 显微图像预处理

4.1 引言

在微装配机器人自动装配过程中,显微视觉获取的图像显示了工作空间的基本信息,与一般的图像不同,显微图像是在高分辨率显微镜下成像的,这种采集方式使图像带有一些固有的特点,因此对图像的前期处理方法也会有所不相同。显微图像有以下特点:

(1) 显微图像的成像质量受外界环境因素的影响大。由于显微图像采集空间小,物体分布密集,不同强度和照射角度的光线会使图像的采集效果变化明显。如果操作对象(目标)是金属材质,且表面经过光滑处理,会具有极强的反光能力;如果操作对象是玻璃或塑料制成,具有透明或半透明性质,它们的成像效果对光线变化极为敏感。其次,微装配操作对象的尺寸都非常微小,通常只有微米或亚毫米级别,环境中细小的杂质和灰尘很容易沾染或是散落在目标附近,在显微图像中它们被一起放大,会形成伪边缘或伪目标,在很大程度上对目标的模型建立和特征提取增加了难度,以致影响到识别和分类的结果。同时,硬件设备在图像采集过程中也会因为信号干扰而不可避免地引入一些噪声。

(2) 预处理算法的实时性要求。普通的图像处理多数是为了增强图片的信息对比度、凸显特征等,使得图像更加便于观察,处理算法很少对实时性有较高的要求。对于微装配系统而言,显微图像的处理算法不仅需要对图像的有用信息加以增强,还需要将处理结果作为视觉伺服控制的输入信号,如果算法运行的时间过长,就会阻塞系统的正常工作,无法满足微装配系统实时性要求。

根据显微图像以上特点,通常无法直接用 CCD 摄像机对采集到的原始图像进行预处理,需要用合适的图像预处理算法来消除冗余和虚假信息,使显微图像更加清晰和精确地显示目标信息,同时算法要简单,时间消耗要小,以保证系统实时性要求。目前,图像预处理算法和处理技术已比较成熟,本章介绍的显微图像的预处理算法是根据微装配的具体特点和要求,在处理效果和计算耗时之间取得平衡,其主要步骤和流程如图 4.1 所示。

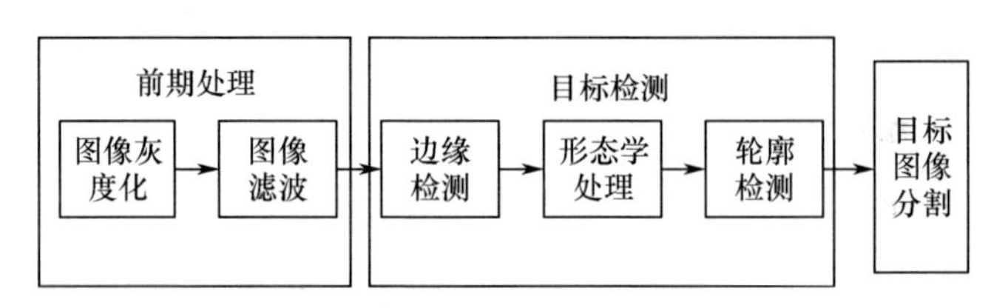

图 4.1　显微图像预处理流程

4.2　显微图像灰度化

微装配机器人系统显微视觉采集的图像是彩色三通道图像,包含了 RGB (Red Green Blue)三种颜色分量的亮度信息,图像的数据含量大,处理过程复杂。同时,由于目标对象对光照变化敏感,同一物体的不同部位在光照下也呈现出强烈的颜色差异,在处理过程中很难以颜色向量作为识别的重要特征。相比于彩色图像在实际应用中的多种困难,单通道灰度图中只包含图像的亮度信息,是图像最简约的表现形式,数据含量少,能够有效地减少程序内存消耗和提高算法的实时性,因此一般在有实时性要求的系统中,在前期图像的低层处理中都会进行灰度化处理。

现有的图像采集系统采集到的原始图像通常是彩色图像,国际上经常使用的彩色模型有 RGB、CMY 和 HSV(或者 HSI)等,这些彩色空间可以相互转换。以 RGB 彩色空间为例,图像的像素点颜色是由 R、G、B 三种基色分量合成,每个分量都以 8 位的数值表示该基色的亮度,这样图像的深度就高达 24 位,总共可以表达出 224 种不同颜色。灰度图像的像素点上存储的只有一个亮度值,灰度级可以细分为 256 级,即 0 ~ 255,比彩色图像要简单得多。但由于人眼对灰度变化不敏感,因此对灰度图像通常要采用图像增强或分级处理。

简单的图像灰度化算法是将彩色图像 RGB 通道的亮度值映射到输出图像的灰度值中,基本灰度化算法有 4 种,见表 4.1。其中最后一种加权方法是根据人眼对 RGB 三原色的敏感程度不同(对绿色信息敏感度高,对蓝色信息敏感度较低)而提出的一种适应人类感官心理学的处理算法。采用 OpenCV(计算机视觉开源库)开发库的图像灰度转化算法就是基于加权平均法实现的。图 4.2 是用该算法得到的一幅显微视觉图像的灰度图,其中图 4.2(a)是显微视觉系统采集的 ICF 靶装配的彩色原始图像,图中包括有 1 个真空吸附微夹持器、2 个压电陶瓷双晶片微夹持器(左夹持器和右夹持器)、2 个靶腔(左靶腔和右靶腔)和 1 个靶球。图 4.2(b)是原始图像的灰度图。

表 4.1　基本灰度化算法

分量法	Gray = B; Gray = G; Gray = R
最大值法	Gray = max(B, G, R)
平均法	Gray = (B + G + R)/3
加权平均法	Gray = 0.30R + 0.59G + 0.11B

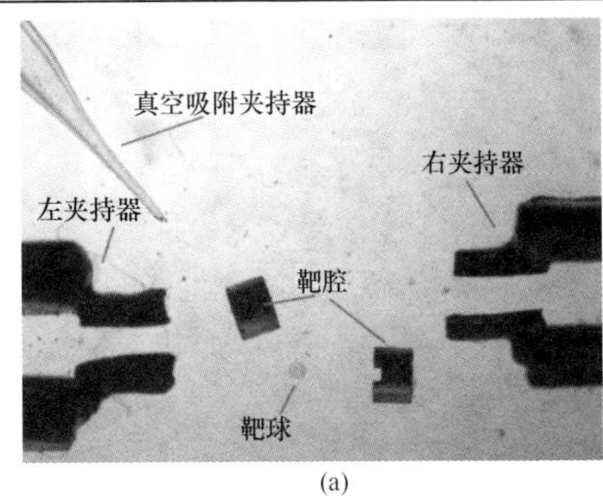

(a)

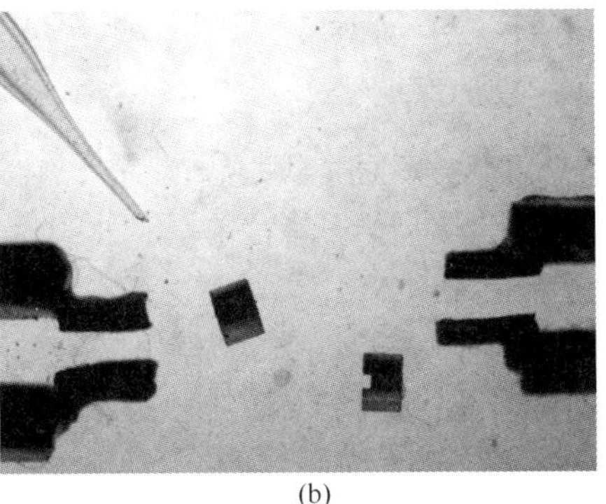

(b)

图 4.2　显微视觉灰度图
(a)彩色原始图像；(b)灰度图。

4.3　显微图像滤波

在微装配机器人显微视觉系统中，在用 CCD 摄像机采集图像时，如果目标发生模糊或变形，或者是微小而粗糙的粉尘和杂质依附在目标区域附近或相机镜头上时，采集到的图像质量就会下降。另一方面，图像信号通过图像采集卡传送到控制主机，也会在信号的传播过程中随机的引入一些干扰噪声。一般情况下，这些噪声都具有位置随机和形状大小不规则等特点，为了抑制和去除这些无关的干扰信息，增加图像的有用信息，突出识别和分类所需要的重要特征，需要一种合适的滤波器对显微图像做平滑处理。

目前，图像滤波根据不同处理域可分为空间域滤波和频域滤波两类方法[114]，空间域滤波是在图像空间中用窗口或卷积核对像素的领域信息进行加权计算来改变本身的数值，频域滤波的操作则要先对图像做傅里叶或其他频域转换，再对频域滤波。空间域滤波算法在实际应用中比较普遍，理论发展也比较成熟，其中常用的有均值滤波、中值滤波、自适应滤波、高斯滤波和双边滤波等[115]。

(1) 均值滤波：这种滤波根据均值的计算方式有很多不同的实现类型，包括算术均值滤波、谐波均值滤波和几何均值滤波等，其中最简单的是算术均值滤波。它的工作原理是假设 $m \times n$ 尺寸的矩形子窗口,中心点在(x, y),内部像素点坐标组集合为 S_{xy},则原始图像 f 上任一点(x, y)经过滤波后的像素值为 $g(x, y)$,算法如式(4.1)所示。

$$g(x,y) = \frac{1}{mn}\sum_{(s,t)\in S_{xy}} f(s,t) \tag{4.1}$$

(2) 中值滤波:最著名的统计排序滤波是中值滤波,它是一种非线性滤波,它的响应是根据滤波窗口或卷积核包含的图像区域中像素点的灰度值排列顺序,即该像素在滤波后的取值替换成其邻域像素的灰度中值,如式(4.2)所示,其中符号定义同上。

$$g(x,y) = \underset{(s,t)\in S_{xy}}{\text{median}}\{f(s,t)\} \tag{4.2}$$

(3) 自适应滤波:这种滤波依据矩形窗口 S_{xy} 内图像信息的统计特性,是一种性能优良的滤波方法,但是其复杂度较高,自适应滤波表达式如式(4.3)所示。

$$g(x,y) = f(x,y) - \frac{\sigma_\eta^2}{\sigma_L^2}[f(x,y) - m_L] \tag{4.3}$$

式中:$f(x, y)$为原图像在点(x, y)的值;σ_η^2为干扰 $g(x, y)$成为 $f(x, y)$的噪声方差;σ_L^2为 S_{xy}上像素点的局部方差;m_L 为 S_{xy}上像素点的局部均值。

(4) 高斯滤波:高斯滤波是一种线性平滑的滤波方法,主要用于滤除高斯白噪声,并得到了广泛的运用。高斯滤波的函数如式(4.4)所示。

$$h(x,y) = \frac{1}{2\pi\sigma^2}e^{\frac{x2+y2}{2\sigma2}} \tag{4.4}$$

该函数曲线为草帽状的对称图形,图形的覆盖面积为 1。具备各向同性,将式(4.4)离散化,以离散点上的高斯函数为权值,对图像中的每个像素点做一定范围内的邻域做加权平均,即可有效消除高斯白噪声。

(5) 双边滤波:双边滤波器输出像素的值不仅依赖于邻域像素值的加权组合,还考虑这些点与中心点的距离以及灰度差异,更加符合人眼的视觉习惯,算法如式(4.5)所示[116]。

$$g(x,y) = \frac{\sum_{(s,t)\in S_{xy}} f(s,t)w(x,y,s,t)}{\sum_{(s,t)\in S_{xy}} w(x,y,s,t)} \tag{4.5}$$

式中,权重系数 $w(x, y, s, t)$取决于两部分因子 $d(x, y, s, t)$和 $r(x, y, s, t)$的乘积,如式(4.6)所示,其中 $d(x, y, s, t)$是空间邻近度因子,为像素间的空间距离差值,也可称为空间域滤波核函数,如式(4.7)所示。$r(x, y, s, t)$是灰度相似度因子,表示像素间的灰度值差异性,即值域核函数,如式(4.8)所示。δ_d和δ_r分别是基于高斯函数的距离标准差和灰度标准差,其他符号定义同上。

$$w(x,y,s,t)=d(x,y,s,t)r(x,y,s,t) \tag{4.6}$$

$$d(x,y,s,t)=\exp\left(-\frac{(x-s)^2+(y-t)^2}{2\delta_d^2}\right) \tag{4.7}$$

$$r(x,y,s,t)=\exp\left(-\frac{[f(x,y)-f(s,t)]^2}{2\delta_r^2}\right) \tag{4.8}$$

用上述滤波算法对显微视觉图像进行处理,结果表明均值滤波和高斯算法能够很好地去除高斯白噪声,但由于图像中的球形靶和真空吸附微夹持器的颜色与背景非常接近,会使目标的边界变得比较模糊。中值滤波、自适应滤波和双边滤波可以有效地滤除椒盐噪声,并且对图像的边缘信息有较好的保留效果。采用中值滤波处理前后的对比图像如图4.3所示,可以看出中值滤波后的图像能滤除掉大部分背景中的微小尘埃颗粒和丝状杂质,达到很好的效果,而且算法也较为简单。

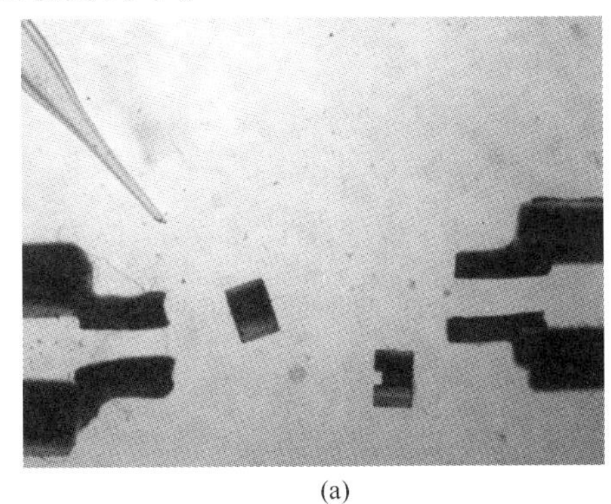
(a)

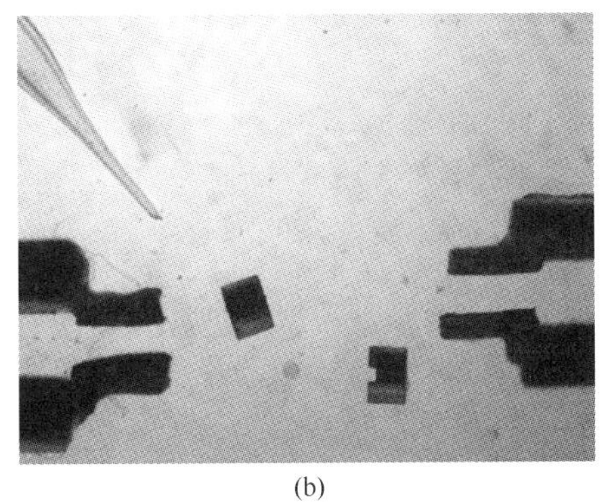
(b)

图4.3　中值滤波处理前后的对比图像
(a)灰度图;(b)中值滤波图。

4.4　边缘检测

边缘是图像亮度剧烈变化的像素点集合,主要表现图像局部特征的不连续性,是描述图像最有效的特征之一。目标的边缘包含了它的位置、尺寸以及形状等重要信息,通过对图像边缘的分析和特征提取,可以清楚地了解物体的基本信息。在显微图像中,由于操作环境的复杂性,在外界光照和补偿灯光的相互作用下,工作空间的光照通常分布不均匀,纹理和颜色等特征不能很好地作为目标识别的主要特征。但图像边缘信息在光照变化时不会发生明显改变,具有良好的稳定性,是识别目标的重要手段。

边缘检测的方法很多,主要有经典算子法、曲面拟合法、多尺度方法、松弛迭代法、形态学方法和神经网络法等。经典算子法的原理简单、计算方便而且算法实现比较容易,所以经常被使用在边缘检测要求不高的场合。根据图像边缘的方向和幅值特性,即沿着边缘方向像素灰度值变化比较缓和,而垂直边缘方向像素灰度变化剧烈,边缘像素会在它的某个领域内发生灰度阶跃变化,导致灰度值的一阶导数很大,边缘上的二阶导数值为零。基于这种特性产生了许多基于梯度的传统边缘检测方法,如 Roberts 算子、Prewitt 算子、Sobel 算子、Kirsch 算子、Laplacian 算子、Canny 算子和 LoG 算子等[117]。

Canny 边缘检测算子是基于最优化算法提出的[118-120],具有很好的检测精度和较低的信噪比。在运算过程中,首先,用一定标准差高斯滤波器平滑图像,从而可以减少噪声;其次,计算图像上每一点的局部梯度和边缘方向,将梯度方向上强度最大的点定义成边缘点;然后,通过非最大值抑制算法细化上一步中边缘点在图像中呈现的屋脊带,只保留幅值局部变化最大的点;最后,利用双阈值检测边缘点,将低阈值检测到的边缘点作为高阈值边缘点在图像边缘不连续的补充,从而得到比较完整的边缘。Canny 算法的具体步骤如下:

(1) 用高斯滤波抑制噪声。

(2) 计算图像梯度的幅值和方向。图像的梯度可用一阶有限差分来进行近似,Canny 算法所用的计算梯度的算子为

$$S_x = \begin{bmatrix} -1 & 1 \\ -1 & 1 \end{bmatrix} \qquad S_y = \begin{bmatrix} 1 & 1 \\ -1 & -1 \end{bmatrix} \tag{4.9}$$

由梯度算子计算后的 x 方向和 y 方向一阶偏导数矩阵如式(4.10)和式(4.11)所示:

$$P[i,j] = \frac{f[i,j+1]-f[i,j]+f[i+1,j+1]-f[i+1,j]}{2} \tag{4.10}$$

$$Q[i,j] = \frac{f[i,j]-f[i+1,j]+f[i,j+1]-f[i+1,j+1]}{2} \tag{4.11}$$

幅值和方向由以下两式确定:

$$M[i,j] = \sqrt{P[i,j]^2 + Q[i,j]^2} \tag{4.12}$$

$$\theta[i,j] = \arctan(Q[i,j]/P[i,j]) \tag{4.13}$$

（3）对幅值进行非极大值抑制。图像梯度幅值矩阵中的元素大小决定了图像中对应点的梯度大小，但梯度大的点不一定是边缘，只有找到幅值局部变化最大的点，才是图像边缘上的点。

（4）用双阈值法检测和连接边缘。两个阈值中，值较高的一个用来产生边缘图像，从而减少图像中的伪边缘。但是如果阈值太高，产生的边缘图像可能不连贯，产生较多间断点和间断线段。因此，在将高阈值产生的图像中边缘连接起来时，在断点的8个邻域中寻找满足低阈值的点，将该点加入轮廓，直到图像边缘闭合和连续。由此可见，在用双阈值法检测边缘时，若阈值过高，则间断线会变多，不足以使边缘闭合；阈值太低又会产生较多伪边缘。因此阈值大小的选取是获得良好边缘的重要因素。

在ICF靶装配的显微视觉图像中，真空吸附微夹持器的吸管和靶球都是玻璃制成，目标与背景灰度差异很小，边缘检测也比较困难。图4.4为显微图像经过前期处理后采用Canny算子检测的边缘二值图像，实验结果表明各目标的边缘都能清楚地检测出来，比较完整地反映了物体的信息。但是阈值的设定不能过高，否则很容易在检测时漏掉真空吸管和靶球的边缘，从而造成在目标区域内出现边缘间断的情况。

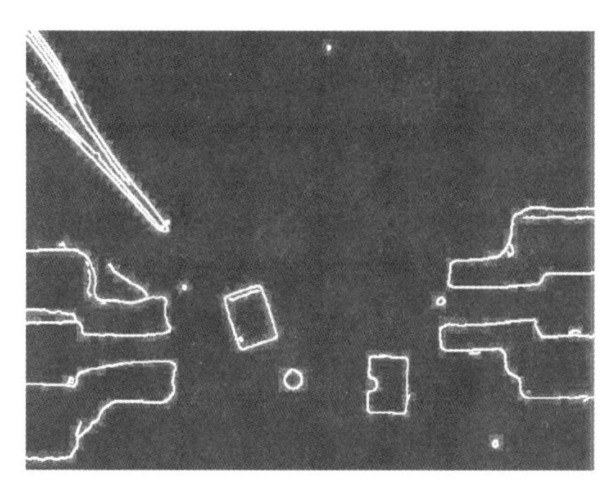

图4.4　用Canny算子检测的边缘二值图像

4.5　形态学处理

图像形态学是数学形态学在图像处理上的应用，它着重研究图像的几何结构模式，能从图像中提取与目标区域形状相关的图像分量，如凸壳、联通分量和区域骨架等[121]。显微图像在边缘检测时，有可能会因为阈值设置不当或者是杂质干扰而出现对图像分析不利的因素,形态学处理可以高效地去除这些缺陷,保留图像中原有的信息,突出图像的几何特征以便进一步分析图像内容。

图像形态学最初主要研究二值图像,后来将其推广到灰度图像处理,基本的运算算子主要有腐蚀、膨胀、开运算和闭运算,其中开运算和闭运算是前两者的复合实现。

这些基本操作都是通过掩膜结构与源图像进行集合运算为基础。腐蚀使图像缩小而膨胀使图像扩大,开运算操作使图像的轮廓线更加光滑,断开窄小的连接以及平滑细小的突出物,闭运算操作同样可以光滑轮廓,但是它主要是消弭狭窄间隔,连接轮廓断点和填充小的孔洞。根据显微图像的特点,采用闭运算对边缘二值图像做处理,消除了图像的边缘的尖锐突刺和粉尘噪点,填补了轮廓线的中断点,突出了目标的边界信息,结果如图 4.5 所示。

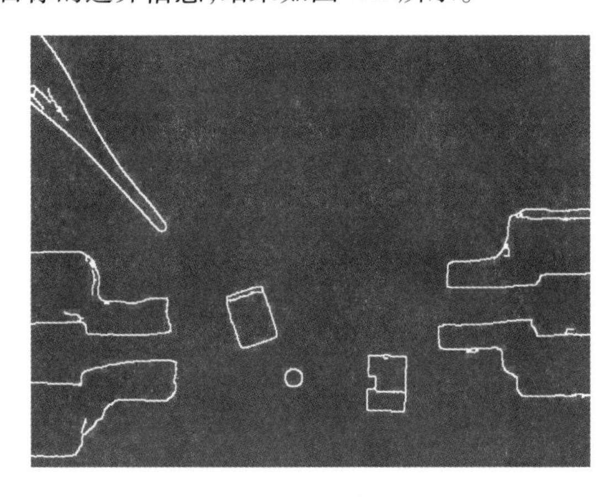

图 4.5　形态学闭运算处理的图像

4.6　轮廓检测

轮廓是物体边缘点的集合[122],是表征物体区域形状的重要信息,能够直观地反映目标整体外观特征,比较符合人类视觉认知习惯,在图像处理和计算机视觉领域中发挥着重要作用。微装配机器人系统中,需要识别和定位的目标都具有规则的形状,并且轮廓差异非常明显,有利于选择基于轮廓的特征来描述不同的物体。图像中的两种不同类型微夹持器边界与图像边界重合,在轮廓提取时,会对目标的特征选择造成严重干扰,主要表现在两个方面:一方面,由于目标轮廓不是闭合曲线,不能正确反映出形状特征;另一方面,由于光照影响,目标灰度分布不均匀,可能会产生内部轮廓,结果是多种轮廓对应一个目标,造成特征的多样性,使系统识别能力变差。

在图像处理中,解决上述问题的方法一般是采用图像边界扩展法,即在原始图像的基础上分别对各个边界增加一列或一行,其中像素点灰度值的取值方法包括定值法(一个固定的缺省常数)、相邻像素值法、背景像素值法(用灰度直方图获取背景灰度)等。由于这种方法得到的图像会比原图像大一圈,并且像素值的选取效果在实验图像中并不实用,针对目标轮廓与图像边界相交的情况,合适的处理方法是搜索轮廓在边界上的点,并将这些在同一轮廓上的点再连接起来,形成封闭轮廓,有效地解决了这一难题。改进的目标轮廓提取算法流程如图4.6所示。图4.7显示了两种不同算法的图像处理结果,图4.7(a)为普通轮廓检测图,不能有效的解决轮廓的嵌套问题,图4.7(b)为改进的轮廓检测图,可以看出改进算法具有更好的轮廓提取效果。

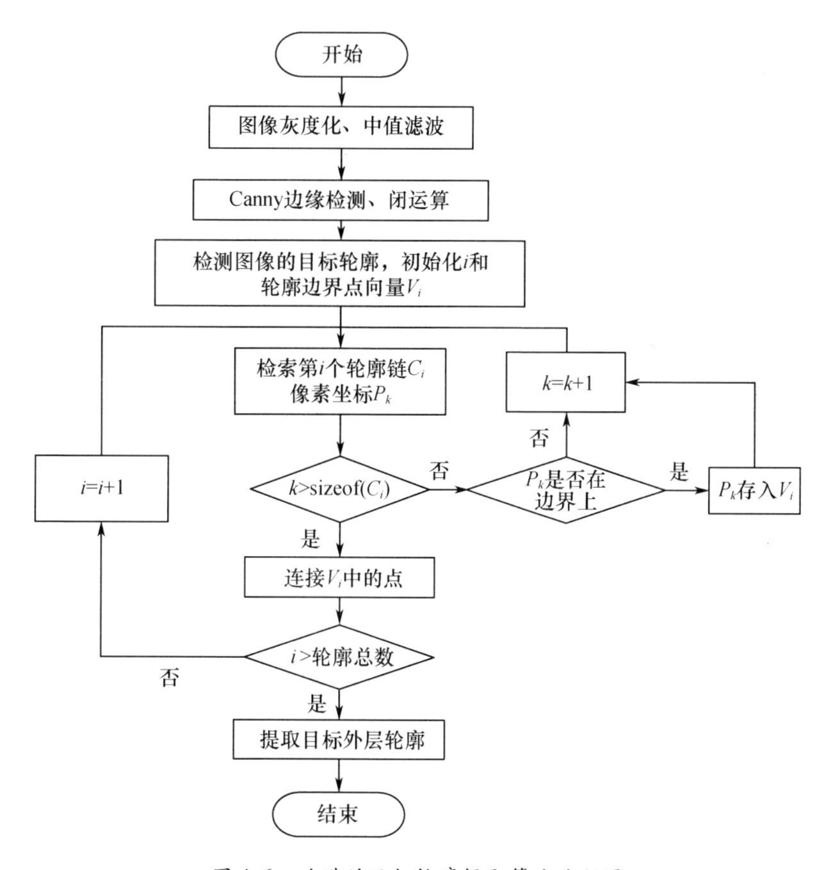

图4.6 改进的目标轮廓提取算法流程图

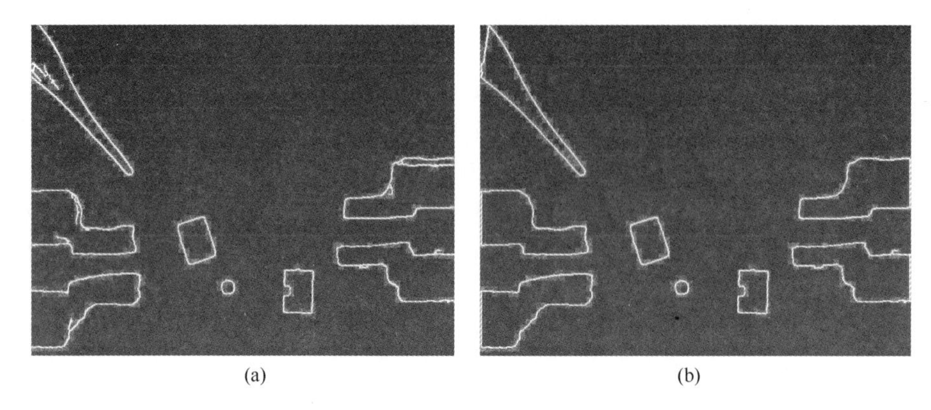

图 4.7　轮廓检测方法的对比图
(a)普通轮廓检测图;(b)改进的轮廓检测图。

4.7　图像分割

图像通常是一种包含了大量背景环境和特定目标的全局信息,是一种冗余的信息采集方式,我们只对其中的特定目标感兴趣。图像分割就是把图像划分成几个有意义的独立区域,使前景或目标(感兴趣图像区域或指定的目标)与背景(余下的图像部分)分离,是低层计算机视觉、图像处理等领域的一种重要技术和方法。近年来,图像分割和索引作为一门独立研究的分支和方向,吸引了许多关注者的目光,不断被应用到新的技术领域中,推动了图像分割技术的发展。分割算法也根据不同的问题和解决思路呈现出多样性,常用方法主要有基于阈值的分割方法、基于区域的图像分割方法、基于轮廓的分割方法、基于图论的分割、基于聚类的分割方法和基于分水岭的分割方法等。

4.7.1　基于阈值的分割方法

阈值分割方法是图像分割中最常用的方法,这种操作具有直观性,实现比较简单。该方法主要利用感兴趣目标和图像背景在灰度上的不同,通过设置一个合理的阈值,把图像中灰度值符合一定条件的像素点标记为同一类,其余部分标记为另一类,从而实现前景和背景分割,可用式(4.14)表示,式中 T 为阈值,$f(x, y)$、$g(x, y)$分别是图像点(x, y)处的灰度值和二值标记。

$$g(x,y)=\begin{cases}1, & f(x,y)\geqslant T\\0, & f(x,y)<T\end{cases}\tag{4.14}$$

根据选取最优阈值方法的不同可以把阈值分割分为全局阈值法和自适应阈

值法[123]。全局阈值根据整幅图像确定,利用最大类间方差法或灰度直方图峰谷法求取,并用这个值在整幅图像上做分割操作,对灰度直方图有明显双峰的图像分割效果较好。自适应阈值根据图像的局部子区域选取或者动态地根据邻域像素点共同的灰度特征来确定,在前景和背景差异不明显的图像中具有很好的分割效果。

4.7.2　基于区域的分割方法

区域分割技术以直接寻找相似区域特征为基础,依赖于灰度、纹理和梯度等空间局部特征,主要分为区域生长法和分裂合并法。区域生长法的特点是把图像中相似性质的点聚集起来,生成区域结构。这种方法的种子像素是每个需要分割出来的区域的生长起点,在初始化时,种子可以是单个像素或者多个像素的集合,必须能代表对应区域的基本特性。然后通过指定的生长准则把种子邻域中相似的像素点合并到种子所在的区域,更新种子和区域并递归扫描周围像素点,直到没有相同或相似的像素点可以合并,生长过程结束。区域生长法对均匀的连通小目标具有很好的分割效果,当目标过大时,算法耗时会明显增加,种子和生长规则选取不当时,可能会导致过分割,而且对噪声敏感。

区域分裂合并技术利用数据结构中的四叉树概念,在开始时将图像分成一系列不相交的子区域,然后把它们再进行聚合或拆分,具体的操作步骤如下:

(1) 选择合适的度量准则 P,对于任何区域 R_i,如果 $P(R_i)=\text{false}$,把该区域拆分为 4 个相连的象限区域;

(2) 如果任意两个相邻的区域 R_j 和 R_k 满足 $P(R_j \cup R_k)=\text{true}$,合并这两个区域;

(3)执行步骤(1)和(2),直到不能聚合或拆分时退出。

这种算法的关键是分裂合并准则的设计,优点是不需要模型的先验知识,可以很好地分割复杂图像,对噪声干扰具有一定的抗性,但是算法复杂,很容易破坏分割区域的边界。

4.7.3　基于聚类的分割方法

聚类分割是一种数据驱动型的无监督动态算法,具有一定的自适应性,通过把图像像素映射到特征空间,在特征空间中将相似性质的点聚合在一起来实现图像分割。常用的分割方法中,K - means(K 均值聚类)分割方法属于硬分割,模糊 C 均值聚类(Fuzzy Mean Clustering)是一种模糊分割方法[124-125]。K - means 聚类是根据性质的相似性把数据集分割成 k 个集合,用每个类的中心代表分类结果,这种方法的聚类中心初始值和数据划分准则都直接影响分割结果,而且需要知道分割的种类数目。模糊 C 均值算法是在硬 C 均值算法上改进而来的,在聚类过程中,用隶属度来表示每个数据属于多个类的程度。

4.7.4 基于目标边界轮廓链的分割方法

基于目标边缘的图像分割方法主要根据图像中感兴趣目标的灰度值或颜色和背景之间的差异性,利用边缘检测算子计算边界区域的突变,然后通过一定的连接方法将间断线段组合成连续的目标边界。由于这种方法受到虚假边缘和内部边缘的影响,分割效果很差。采用目标边界轮廓链的分割方法,用提取的唯一外部轮廓来分割待识别目标,克服了基于目标边缘方法的不足,能够得到完整的封闭目标区域。

显微图像中通常包含了多个待分割的目标,并且有些目标的灰度和背景极为相近,用阈值和区域分割时很难将各个目标完整的分离出来,实际效果不好。聚类的方法对目标的位置比较敏感,很难将目标边缘聚合到同一类。用目标边界轮廓链的分割方法对靶腔、靶球、双晶片微夹持器(左夹持器和右夹持器)和真空吸管的分割结果如图 4.8 所示。从图 4.8 的 5 个子图可看出,基于目标边界轮廓链的分割方法可将目标完整地分割出来,目标分割效果非常好。

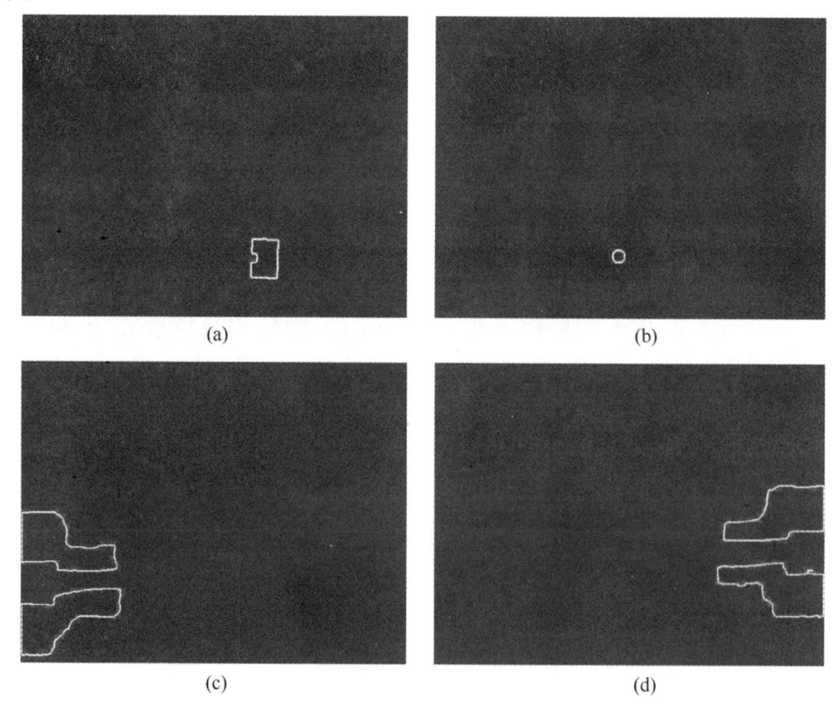

(a) (b)

(c) (d)

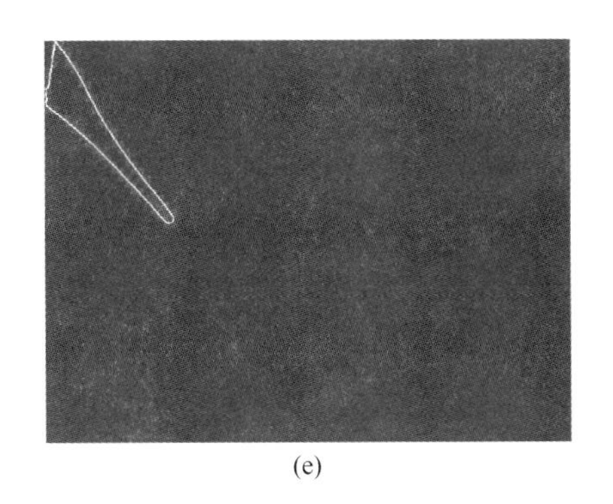

(e)

图 4.8　基于目标边界轮廓链方法分割的结果

(a)靶腔的分割图像;(b)靶球的分割图像;(c)左夹持器分割图像;
(d)右夹持器分割图像;(e)真空吸管的分割图像。

4.8　本章小结

本章针对显微图像的特殊成像特点详细介绍了图像的预处理方法,包括图像灰度化、图像滤波、边缘检测、形态学处理、轮廓检测和图像分割等。其中,采用图像转化和滤波降噪的方法可以减少运算量、滤除环境噪声的干扰。根据图像中目标和背景的差异性以及所在的特殊位置,在轮廓检测算法上加以改进,有效地提取了目标的外轮廓,消除了边界的不连续性和嵌套轮廓的不利影响。而用基于目标边界轮廓链的方法可将目标完整地分割出来,达到了很好的分割效果。本章介绍的图像预处理方法为后续图像特征提取奠定了良好基础。

第 5 章 显微图像特征提取

5.1 引言

特征是对目标的简单抽象描述,可以有效地表示和比较不同种类的物体,是各类识别技术的重要手段。通过从图像中提取各种特征,并用特征的相似度来比较物体之间的相似性,可以将无限信息量的图像映射为有限维度空间的特征向量,压缩了描述物体的数据维数,这种降维的处理方法是图像识别的关键,不仅影响系统的识别速率和效果,同时也会影响后续设计分类器的实现。在图像识别系统中,区分目标时经常采用的有效特征通常分为以下几类:代数特征、视觉特征、统计特征和变换系数特征等。根据微装配系统中待识别目标的形状特点,在第 4 章介绍显微图像预处理的基础上,本章介绍采用图像形状和轮廓的特征提取方法。由于微装配作业中的装配件是散乱分布在工作空间中的,装配过程又是一个空间位置和姿态动态变化的过程,不可避免会发生零件和末端执行器的相互遮挡,因此还要解决装配过程中目标被部分遮挡时的识别问题。本章介绍根据轮廓定位中心点的方法和基于特征点检测的识别算法,准确地检测各零件的中心位置和姿态信息,这是保证装配成功的重要条件。

5.2 特征提取方法

视觉特征是指目标图像的图案纹理和边缘形状等特征,其中纹理特征比较常用。纹理特征表示目标表面纹路排列和材质组织结构的特点,反映图像中局部区域的像素集关系,具有旋转不变性,是一种不依赖于亮度和颜色的局部特征。纹理特征通常通过灰度共生矩为基础计算得到,代表着图像灰度在方向、相邻区域范围和变化剧烈程度的综合信息,是图像精细度、平整性和相似性的度量。用来表示纹理的典型特征量主要有能量、相关度、熵和同质性等。同时,纹理特征的缺点也很明显,它与物体的形状和纹理分布的复杂度有紧密关联,当光照和图像分辨率变化时,基于纹理的特征量也会发生很大变化。

统计特征包括图像颜色特征、灰度统计特征和各种统计矩特征等。颜色特征是一种与图像尺度和视角无关的全局特征，具有较好的鲁棒性，采用颜色特征可以使目标的区分简化，在图像检索和分割上使用广泛。一些研究者总结了很多颜色特征的提取方法，包括颜色直方图、颜色矩、颜色聚合向量和颜色相关图等。但是，这种特征提取方法在颜色区域比较相近的情况下很容易受到影响，并且极少用于实时性较高场合。灰度直方图是提取颜色特征的一种特例，是把彩色图转化为灰度图的提取方法，统计矩特征主要有 Hu 矩，Zernike 不变矩、仿射不变矩和小波矩等，这些矩特征都具有平移、旋转和尺度不变性。

变换系数特征主要有自回归模型系数和小波变换描绘算子等，既可以计算图像全局特征，也可以用来计算局部特征量，是基于图像区域计算的特征描述。代数特征是基于图像矩阵奇异值分解的方法，主要有主要成分分析法（Principal Component Analysis，PCA）和 KL 变换法等，图像中所用的像素点都参与计算，需要有良好的图像分割作为基础。

上述这些特征值在表示不同属性的物体时具有很大的差异性，在描述同类物体时，特征描述子具有相似性。同时，特征具有独立性，任意两个特征相互独立，而且数量比较少，减轻了计算量和复杂度。在图像分析和处理过程中，一般根据其特点选取区分度比较好的一组或多组特征值作为目标的属性值。

5.3　显微图像的组合特征提取

5.3.1　目标几何特征提取

物体的几何外观是人们认识和区别不同物体的最直接依据，通过清晰的边缘轮廓线可以得到任何目标的形状特点，这种特点不会因为物体的大小和位置以及在图像中的角度而发生改变，对环境的光照强度也具有很大的抗性。形状的特征向量描述主要有区域面积、轮廓周长、圆方差、实心度、偏心率、体态比和欧拉数等。在微装配系统中目标种类单一，并且各种目标具有明显区别于其他类的形状特征，如在 ICF 靶装配系统中，经垂直方向的视觉系统采集后，靶球是标准的圆形，靶腔是标准的矩形，双晶片微夹持器是近似矩形，吸管是狭长的梯形结构。采用离散度（Dispersedness）和体态比两种几何特征来提取目标的属性，具有平移、旋转和缩放（Translation，Rotation and Scaling，TST）的不变性，实验结果表明这种方法能够很好地表示各类物体的区分度。

假设图像 $Img(x,y)$ 上目标的区域像素点集合为 R_s，目标边界像素点是$R_l = \{L_i\}\ (i=1,2,\cdots,N)$，可以计算出如下几何参数：

(1) 物体区域面积 S:

$$S = \sum_{(x,y) \in R_s} \text{Img} \tag{5.1}$$

(2) 轮廓周长 P:

$$P = \sum_{(x,y) \in R_l} \text{Img} \tag{5.2}$$

(3) 圆方差 σ_{Circle} 表示物体形状与圆的相似性:

$$\sigma_{\text{Circle}} = \frac{1}{N\mu_{rc}} \sum_{i=1}^{N} (L_i - \mu - \mu_r)^2 \tag{5.3}$$

式中:$\mu = \frac{1}{N}\sum_{i=1}^{N} L_i$ 表示物体质心;$\mu_r = \frac{1}{N}\sum_{i=1}^{N} |L_i - \mu|$ 为平均半径。协方差矩阵 $\boldsymbol{C}$ 计算公式如下:

$$\boldsymbol{C} = \frac{1}{N}\sum_{i=1}^{N} (L_i - \mu)(L_i - \mu)^{\mathrm{T}}, \mu_{rc} = \frac{1}{N}\sum_{i=1}^{N} \sqrt{(L_i - \mu)^{\mathrm{T}} \boldsymbol{C}^{-1} (L_i - \mu)} \tag{5.4}$$

(4)离散度 D:

$$D = \frac{4\pi S}{P^2} \tag{5.5}$$

(5)体态比 Asp:

$$\text{Asp} = \frac{H}{W} \tag{5.6}$$

式中:H 和 W 分别为目标轮廓链拟合的最小外接矩形的高和宽,如图 5.1 所示。

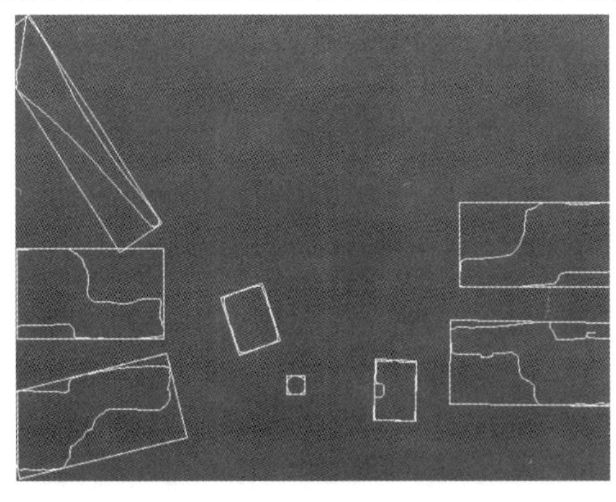

图 5.1 轮廓拟合的最小外接矩形图

5.3.2 仿射不变矩特征提取

对于简单形状的物体,几何特征可以很好地对不同类型的目标进行分类,如果形状比较复杂，这些特征的分类效果就会明显变差，达不到理想的标准。矩特征是在形状分类不理想的情况下提出的，填补了基于形状的图像识别的缺陷。Hu 在 1962 年就提出了代数不变矩原理[126]，并给出了 7 个特征不变量，称为 Hu 不变矩，经过之后的研究者证明和总结，这些矩特征在图像平移、旋转和缩放时都不会变化。由于 Hu 不变矩的几个矩特征之间存在冗余性，Flusser 经过研究不变矩集合的完备性和独立性，推导出了一部分仿射不变矩[127]，这种矩不仅具有不变矩的所有特性，而且对采集时的距离、光照和摄像机角度等因素造成的图像变形（仿射）也具有良好的不变性。

几何矩是计算各种不变矩的基础，其中最经常使用的是低于 3 阶的中心矩和归一化中心矩，它用像素坐标的幂作为核函数，在二维图像中，假设 $f(x, y)$ 为关于像素坐标的连续函数，则 $(p+q)$ 阶矩定义为

$$M_{pq} = \int_{-\infty}^{+\infty}\int_{-\infty}^{+\infty} x^p y^q f(x,y)\,\mathrm{d}x\mathrm{d}y, \quad p,q = 0,1,\cdots \tag{5.7}$$

将式(5.7)推广到数字图像中，对于离散化的图像 $f(x, y)$，其 $(p+q)$ 阶矩可以用求和公式定义：

$$M_{pq} = \sum_x \sum_y x^p y^q f(x,y), \qquad p,q = 0,1,\cdots \tag{5.8}$$

目标区域重心为

$$(\bar{x},\bar{y}) = \left(\frac{M_{10}}{M_{00}},\frac{M_{01}}{M_{00}}\right) \tag{5.9}$$

$(p+q)$ 阶图像区域中心矩定义为

$$\mu_{pq} = \sum_x \sum_y (x-\bar{x})^p (y-\bar{y})^q f(x,y), \qquad p,q = 0,1,\cdots \tag{5.10}$$

仿射不变矩用中心矩构成，推导过程以代数不变性为理论基础，在图像作仿射变换基本操作时都具有稳定的抗改变性，以下为 6 个特征量的表达式：

$$F_1 = (\mu_{20}\mu_{02} - \mu_{11}^2)/\mu_{00}^4 \tag{5.11}$$

$$F_2 = (-\mu_{30}^2\mu_{03}^2 + 6\mu_{03}\mu_{21}\mu_{12}\mu_{30} - 4\mu_{30}\mu_{12}^3 - 4\mu_{03}\mu_{21}^3 + 3\mu_{12}^2\mu_{12}^2)/\mu_{00}^{10} \tag{5.12}$$

$$F_3 = [\mu_{20}(\mu_{21}\mu_{03} - \mu_{12}^3) - \mu_{11}(\mu_{30}\mu_{03} - \mu_{21}\mu_{12}) + \mu_{02}(\mu_{30}\mu_{12} - \mu_{21}^2)]/\mu_{00}^7 \tag{5.13}$$

$$\begin{aligned} F_4 = [&\mu_{20}^3\mu_{03}^2 - 6\mu_{20}^2\mu_{11}\mu_{12}\mu_{03} - 6\mu_{20}^2\mu_{02}\mu_{21}\mu_{03} + 9\mu_{20}^2\mu_{12}^2 + \\ &12\mu_{20}\mu_{11}^2\mu_{21}\mu_{03} + 6\mu_{02}\mu_{20}\mu_{11}\mu_{30}\mu_{03} - 18\mu_{20}\mu_{11}\mu_{02}\mu_{21}\mu_{12} - \\ &8\mu_{11}^2\mu_{30}\mu_{03} - 6\mu_{11}\mu_{02}^2\mu_{30}\mu_{12} + \mu_{20}^3\mu_{03}^2]/\mu_{00}^{11} \end{aligned} \tag{5.14}$$

$$F_5 = (\mu_{40}\mu_{04} - 4\mu_{13}\mu_{31} + 3\mu_{22}^2)/\mu_{00}^6 \tag{5.15}$$

$$F_6 = (\mu_{40}\mu_{22}\mu_{04} + 2\mu_{13}\mu_{22}\mu_{31} - \mu_{04}\mu_{21}^2 - \mu_{04}\mu_{13}^2 - \mu_{22}^3)/\mu_{00}^9 \tag{5.16}$$

由于仿射不变矩的变化范围非常大，一般需要对特征量进行修正，才可以保证数据在分类时的有效性，用 F_1、F_2、F_3 三个不变矩作为目标的特征属性值和根据实验数据分析，提出了以下的修正方案：

$$F_1' = F_1 \times 10^5, F_k' = \mathrm{sng}(F_k) \times \lg|F_k|, k = 2,3 \tag{5.17}$$

经过特征量修正以后，这三个仿射矩不变量可以表示不同类目标的大部分基本信息，并且具有 RST 不变性。根据图 5.2 所示的靶腔轮廓链图像的不同状态，提取的特征修正值见表 5.1。

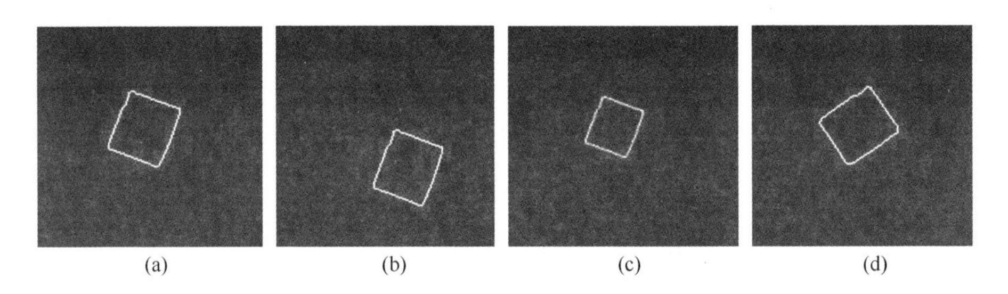

(a) (b) (c) (d)

图 5.2 靶腔轮廓图像的各种状态

(a)原图；(b)位置平移；(c)缩放 0.8；(d)旋转 45°。

表 5.1 靶腔图像的仿射不变矩修正值

不变量＼图像	原图	位置平移	图像缩放	图像旋转
F_1'	1.18681	1.18734	1.23081	1.08534
F_2'	−20.4227	−20.4225	−21.0073	−19.8197
F_3'	−12.9001	−12.9012	−12.5504	−12.8976

通过对表 5.1 的数据分析可知，改进后的仿射不变矩特征克服了其特征值变化范围过大的缺点，同时在图像处于不同状态时数值变化十分微小，可以保证其特征提取值的一致性和不变性，验证了仿射矩的实用性。选取形状和仿射矩为组合特征来表示微装配过程中需要识别的各类目标，表 5.2 显示了不同目标的特征值，表中特征量为 $\boldsymbol{I}_1 \sim \boldsymbol{I}_5$ 分别为体态比(Asp)、离散度和 3 个修正不变量。

表 5.2　显微图像中提取的目标轮廓特征量

特征值 / 目标类别	I_1	I_2	I_3	I_4	I_5
微夹钳	0.550632	0.476705	2.10967	12.1325	7.84642
真空吸管	0.200773	0.225833	0.864572	12.5604	8.21102
柱形靶腔	0.740458	0.752997	1.18681	-20.4227	-12.9001
靶球	0.95	0.880693	0.108033	-21.227	13.8793

5.4　目标中心定位和姿态检测

在 ICF 靶装配系统中,3 个末端执行器(2 个双晶片微夹持器和 1 个真空吸附微夹持器)是分别安装在 3 台高精度机械臂的末端,通过对机械臂的运动量和关节角度等参数检测,可以很容易计算出它们的位置和姿态信息。但是靶装配零件(柱形靶腔和球形靶球)的位置参数是与操作平台无关的,由于其摆放的随机性,它们可能会出现在工作空间的任意位置和姿态。实现视觉伺服和自动装配任务的关键就是要先确定每个物体在显微图像中的位置坐标,进而通过图像雅可比矩阵变换到机器人坐标中,并根据目标距离和姿态来设置一系列的操作步骤。

根据图像中靶球和靶腔的特点,垂直光路图像中靶球为圆形的区域,靶腔是标准的矩形区域,中心定位可以采用重心法,这种方法在灰度图和二值图中比较常用,式(5.9)给出了重心的计算方法。另一种方法是计算轮廓的最小外接矩形的中心,把这个中心作为目标中心。如图 5.3 所示,假设外接矩形的顶点为 $\{a,b,c,d\}$,中心为 O,计算公式为式(5.18)。这两种方法计算简单,对于形状规范的目标中心定位差别很小,图像是经处理后的灰度轮廓图像,很适合采用这两种算法。另一方面末端执行器的运动范围比较大,它们都能满足系统的要求,可以任选一种算法计算零件的中心位置。

$$(x_o,y_o)=\left(\frac{x_a+x_b+x_c+x_d}{4},\frac{y_a+y_b+y_c+y_d}{4}\right)\tag{5.18}$$

除了定位中心以外,检测靶腔的位姿状态对装配任务也很重要。ICF 微靶的靶腔是一端封闭一端开放的圆柱形腔体,其开口端有一对微型缺口,用于观察靶球是否装配成功和检验装配精度是否符合要求。由于其尺寸微小,制作工艺要求较高,使用的金属材料质地比较软(纯金),不合理的夹持角度和力度会造成腔体的严重变形。实验中对柱腔的随意夹取很容易损坏靶腔,导致微装配失败和资源的浪费。同时,在组装时要求夹持靶腔的底部,将两个开口端进行对接,并装入靶球。作为装配任务的重要前提条件,除了要检测靶腔的位置外还要检测它的姿态。图 5.3 是靶腔零件及其最小外接矩形的示意图,实际物体的直径大于柱体的高度,在示意图中表现为矩形的长度大于宽度,定位中心选择外接矩形 $abcd$ 的中心 O,边 ab 的中心为 m,边 cd 的中心为 n。由于开口端有一对缺口,所以提取的轮廓链在缺口上某一点 S 距离中心点 O 最近。

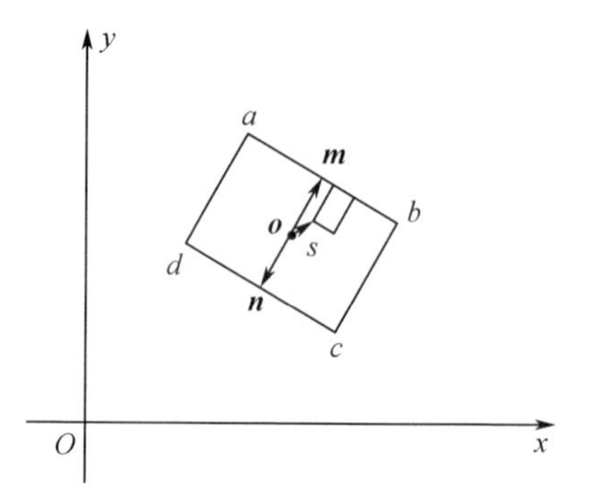

图 5.3 靶腔外接矩形示意图

以上的这些点组成向量$\boldsymbol{os}$,$\boldsymbol{om}$和$\boldsymbol{on}$,假设靶腔的位姿方向向量为$\boldsymbol{e}=(e_x,e_y)$,姿态方向角为 θ,则有

$$\boldsymbol{e}=\begin{cases}\boldsymbol{om},\angle \mathrm{mos}\in(10°,90°),或\ \|\boldsymbol{os}\| \mid \|\boldsymbol{om}\| <0.9\\ \boldsymbol{on},其他\end{cases} \tag{5.19}$$

$$\theta=\begin{cases}\arctan\dfrac{e_y}{e_x},e_x>0\\ 90°,e_x=0,e_y>0\\ -90°,e_x=0,e_y<0\\ \arctan\dfrac{e_y}{e_x}-180°,e_x<0,e_y<0\\ \arctan\dfrac{e_y}{e_x}+180°,e_x<0,e_y>0\end{cases} \tag{5.20}$$

中心点定位和姿态检测的算法可以准确的计算出靶零件的中心位置和角度,根据这些参数,在实验中可以自动调整微夹持器的运动方向和运动量,为目标的成功拾取以及提高装配速度和准确性奠定了基础。表 5.3 为图 5.4 中目标定位和姿态角的检测结果,两种中心定位方法的中心相差不超过 1 个像素,其中靶球为球形结构具有中心对称性,不需要检测姿态,算法流程图如图 5.5 所示。

表 5.3 目标中心定位和姿态角检测结果

方法 / 目标	定位中心/(像素)		姿态角/(°)
	重心法	外接矩心法	
靶球	(512.979, 708.078)	(512.904, 707.981)	—
靶腔	(671.011, 394.167)	(670.146, 393.22)	-152.56°

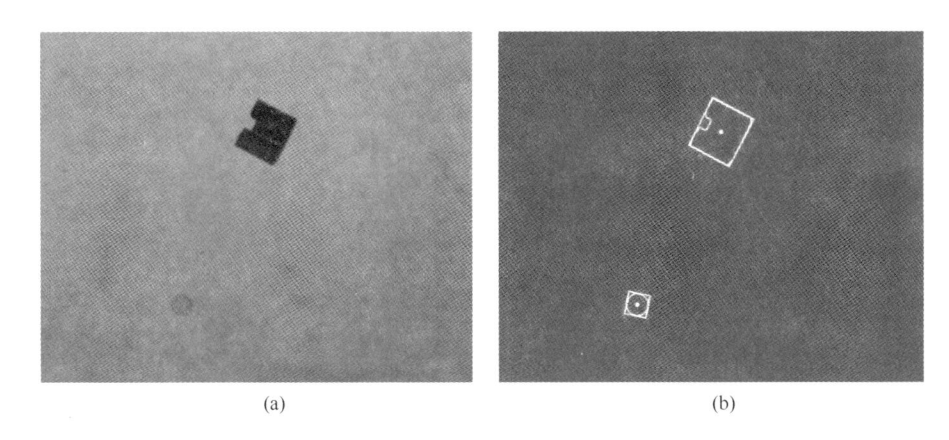

(a)　　　　　　　　　　(b)

图5.4　微装配零件中心定位和姿态检测图
(a)原图；(b)检测图。

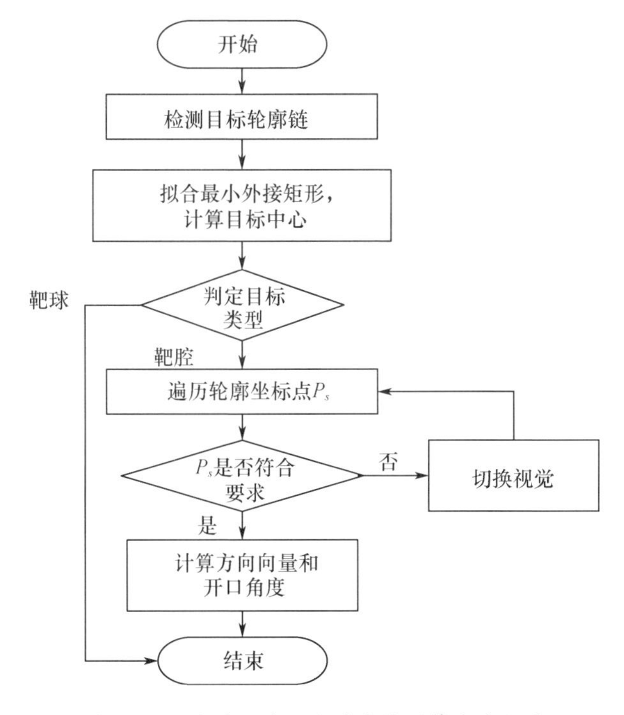

图5.5　目标中心定位和姿态检测算法流程图

5.5　基于特征点匹配的有遮挡目标识别算法

视觉伺服控制需要准确地识别和定位操作工具(末端执行器)与待装配的

零件，由于装配过程中有时会发生操作工具与待装配的零件相互遮挡的情况，如在零件拾取和装配对接时会出现微夹持器部分遮挡靶腔的状况，此时基于形状和轮廓特征的识别方法在分类效果上会明显下降。为解决这一问题，Rublee等[128]提出了基于定向 FAST 和旋转 BRIEF(Driented Fast and Rotated BRIEF, ORB)目标识别的位姿检测方法，该方法先对未遮挡的目标部分提取出最能表示整个目标的特征点信息，再通过相似性匹配来识别有遮挡的物体，实验结果证明这种方法具有较好的识别效果。

5.5.1 局部特征点检测与匹配

特征点的检测和匹配是计算机视觉应用中的一个重要内容，在图像合成与拼接、目标检测与识别、运动跟踪和三维重建等技术领域被广泛研究和应用。与原始的图像数据相比，局部特征是一种稀疏特征，能够反映图像的局部显著特点，同时存储量比较小，不会消耗大量的运算时间。特征点按属性层面的性质有狭义和广义之分，狭义特征点根据特征点的位置确定，按常规定义特征点的方法，常见的有边缘点、交汇点、拐点和角点等。广义特征点是特征点在图像区域上的推广，它本身并不代表某一个具体的点，而是具有一定条件的特征区域，这种区域一般只满足特定的数学描述，并不具有表达物理意义上特征的作用。特征点通常选择图像中最容易辨识的特殊点，它们的颜色或灰度值在图像中变化最为强烈，属于图像的局部特征，由于狭义特征点的直观性和可靠性，现在绝大多数机器视觉算法都是以它作为理论基础。

特征检测、特征描述和特征匹配是基于特征点图像识别算法的三个重要步骤。检测和描述是要从一幅图像中选择与其他图像较易匹配的关键点位置，并将这些点周围的每一个区域转化成一个更加稳定和紧凑的描述子。匹配过程则是通过特征点集的相似关系在其他图像中高效地搜索可能的匹配候选。近年来，许多提取时间短、关键点定位准确和对图像变化具有鲁棒性的特征点检测算法不断出现，它们不仅能够提取出数量众多的特征点，而且在这些点的重复度和准确性上做出了大量性能改进，其中比较典型的有 FAST 角点检测算法、SIFT 特征点检测算法、SURF 特征点算法和 ORB 特征点相似性匹配识别有遮挡物体的检测算法等。

尺度不变性特征变换(Scale Invariant Feature Transform, SIFT)特征点算法是由哥伦比亚大学的 D. G. Lowe 在 2004 年改进的[129]，改进算法采用高斯函数建立图像的差分高斯尺度空间，构成图像金字塔，这种多尺度空间使特征具有尺度不变性。同时通过关键点邻域像素的梯度直方图选择主方向和构造描述子，使特征具有旋转不变性和抗变形能力。SIFT 特征点的描述子采用标准归一化的

128维向量表示,对光照变化有一定的抗性。SURF(快速鲁棒特征)特征点算法是在2008年由Herbert Bay提出[130],为了克服SIFT算法检测速度过慢的缺点,该算法用Hessian矩阵和积分图法来简化计算过程,描述子只用64维向量,所以在计算速度上是SIFT算法的数倍,同时采用Harr小波特征增加算法的鲁棒性,该算法同样具有尺度和旋转不变性。ORB特征点匹配算法是最新提出的方法,它拥有更快的计算速度,可用它对图像进行特征点提取,通过目标的局部特征点匹配将部分遮挡的目标识别出来。

5.5.2 ORB特征算子

Ethan Rublee在2011年提出的ORB特征点匹配算法[128]是目前基于图像局部不变特征最为高效的图像匹配方法,它是在加速分段测试特征(Features from Accelerated Segment Test,FAST)算法和二元鲁棒独立基本特征(Binary Robust Independent Elementary Features,BRIEF)描述子的基础上发展而来的,继承了这两种方法的快速性,同时在不利的方面做了特殊处理,使得算法性能表现更加突出。

1. 特征点检测

ORB采用改进的O-FAST角点检测方法继承了FAST算法,其基本原理如图5.6所示,在灰度图像Img中,构造以检测点p为圆心、半径为3的离散圆,比较p点和离散圆周上的16个像素点的灰度值,如果存在圆周上连续的N个或N个以上的像素点的灰度差值大于设定的阈值ε_d,则把p点记为关键点,如式(5.21)所示,在ORB算法中,N一般取9或12。

$$N = \sum_{x \in \mathrm{circle}(p)} \left| \mathrm{Img}(x) - \mathrm{img}(p) \right| > \varepsilon_d \tag{5.21}$$

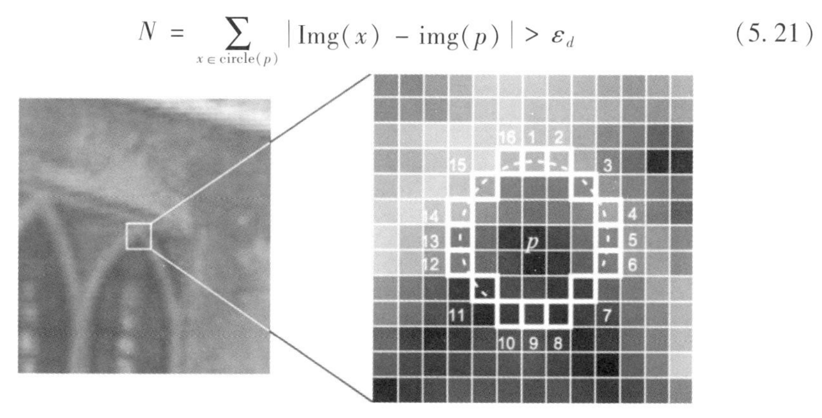

图5.6 关键点检测原理图

传统的FAST算法局限性很大,它缺少表示角点特征的函数和方向描述,对图像的尺度变化敏感,而且有很强的边缘响应。针对这些缺点,ORB用Harris角点检测法对上述方法得到的角点进行排序,只取较好的前N个作为关键点,然后用图像金字塔建立多尺度图像空间，提取每一层的 FAST 特征，保证了算法的尺度不变性。ORB 在计算特征主方向上的改进是通过灰度质心法使关键点具有方向性，摒弃了繁琐的邻域直方图统计方法，使得计算更加简单有效，图像矩、质心和关键点主方向计算公式分别如下：

$$M_{pq} = \sum_{x} \sum_{y} x^p y^q \mathrm{img}(x,y) \tag{5.22}$$

$$(\bar{x},\bar{y}) = \left(\frac{M_{10}}{M_{00}},\frac{M_{01}}{M_{00}}\right) \tag{5.23}$$

$$\theta_{ori} = \arctan\left(\frac{\bar{y}}{\bar{x}}\right) \tag{5.24}$$

2. 特征描述

ORB 算子用式(5.24)获得的特征点主方向，改进了 BRIEF 算子的测试点集，使其具有方向性，克服了图像旋转对算法的影响。BRIEF 采用二进制方式来建立描述子，并且选取具体的一对像素点通过灰度比较来确定描述子的一个比特位，很容易受到图像中噪声的干扰。为了增加对噪声的鲁棒性，ORB 算子的测试点用 31×31 邻域像素中随机选取的 5×5 大小的子块，比较像素块灰度积分值的和来构建特征描述子，如式(5.25)、式(5.26)所示，最后用贪婪搜索的方法抽取相关性较低的特征组成 256 位的描述子。

$$\tau(p;x,y) = \begin{cases} 1, p(x) < p(y) \\ 0, p(x) \geqslant p(y) \end{cases} \tag{5.25}$$

$$f_n(p) = \sum_{i=1}^{n} 2^{i-1} \tau(p;x,y) \tag{5.26}$$

其中：τ 为图像邻域的测试准则；$p(x)$ 为图像子块 x 的灰度值的和。

5.5.3 基于 ORB 的遮挡目标识别

用 ORB 算子检测目标模板和待识别图像中的特征点，以汉明距离作为相似性判定标准比较关键点的描述子向量，图 5.7 和图 5.8 分别表示了无遮挡和部分遮挡靶腔的识别结果，表 5.4 对比显示了不同的遮挡情况下算法的特征点匹配数据和运行时间。

表 5.4 ORB 特征点匹配

识别结果 / 目标特性	算法耗时/ms	匹配特征点对数
无遮挡	32.206	25
部分遮挡	17.102	17

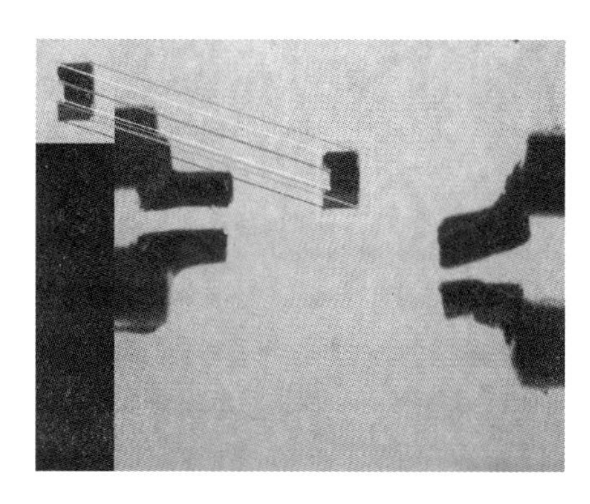

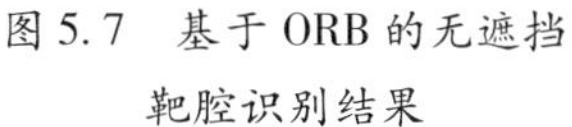

图 5.7　基于 ORB 的无遮挡靶腔识别结果

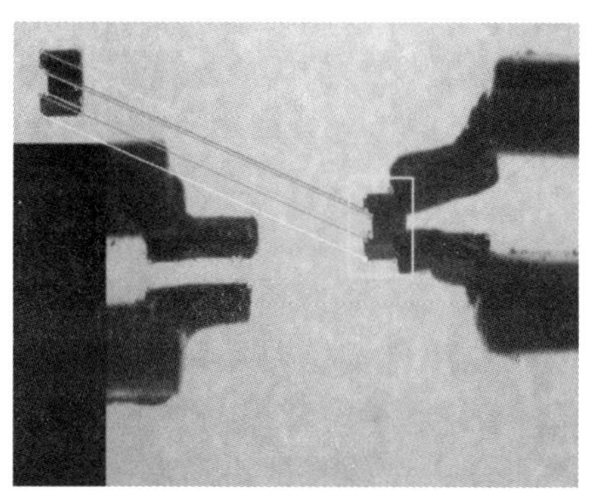

图 5.8　基于 ORB 的部分遮挡靶腔识别结果

实验结果表明,基于 ORB 特征点匹配的算法可以很好地解决微装配试验中目标被部分遮挡时识别困难的问题,识别算法平均用时不超过 30ms,满足了装配过程视觉伺服的实时性要求。此外,匹配点的对数在有遮挡时会有所下降,但是特征点属于目标的局部特征,通过部分可靠的特征点仍然能清晰表达待识别的目标,不会影响到识别结果。

5.6　本章小结

本章介绍特征提取和目标识别与检测的原理与方法,包括当前常见的特征提取方法、显微图像的组合特征提取、目标中心定位和姿态检测以及基于特征点匹配的有遮挡目标识别算法等。根据微装配系统的显微图像特点,介绍了这些方法的实用性。在介绍 Hu 矩的冗余性和数据值的差异性的同时,重点介绍了采用仿射不变矩作为轮廓的描述,并对其做了改进。靶装配实验表明,改进的仿射不变矩组合特征克服了特征值变化范围过大的缺点,同时在图像处于不同状态时数值变化十分微小,可以保证其特征提取值的一致性和不变性,验证了仿射矩的实用性。本章还介绍了目标的中心定位和姿态检测方法,解决了在自动装配和伺服控制中的细节处理问题。针对微装配过程中出现的目标被部分遮挡的情况,介绍了 ORB 算法,该算法通过目标的局部特征点匹配将部分遮挡的目标识别出来,解决了被部分遮挡目标的识别问题。

第6章　支持向量机多目标识别与检测

6.1　引言

微装配机器人系统的任务是将各种不同尺寸、不同形状和不同材质的微小零部件组装成为功能完整的微型器件或装置，如微型仪器仪表、微型传感器、核工程实验中的微靶等。面对各种不同的操作对象，微装配机器人系统通过显微视觉获取装配空间内操作对象和末端执行器的图像信息，系统需要根据这些图像信息对目标的位置和姿态（方向）进行识别和检测，并将识别和检测的结果作为伺服系统的反馈信息，才能实现视觉伺服控制。因此多目标识别与检测是微装配机器人系统不可或缺的重要内容。

图像目标识别技术是指结合图像处理技术和模式识别方法，在待检测的视觉图像中确定感兴趣目标，并赋予其合理的分类或解释。自动目标识别技术自提出以来，一直是机器视觉领域的一个研究热点，其实际应用遍及诸多行业，在微装配系统中，目标识别技术的具体应用是通过提取处理后的图像特征训练分类器，最终识别和分类图像中的多个重要目标。目前，随着模式分类和机器学习方法的不断发展，学者们已经提出了许多目标识别的方法，比较常用的主要有基于模板匹配的识别方法、基于人工神经网络的识别方法、对于小样本识别能力较强的基于支持向量机的识别方法和基于深度学习的识别方法。

1. 基于模板匹配的识别方法

模板匹配法是最早提出的有监督目标识别算法，适合解决聚合同类目标的识别和分类问题。其中最为经典的是传统模板匹配法，它的原理是寻找训练典型的几个目标样本作为标准模板，在待识别图像中构造模板大小的子窗口，通过这种子窗口区域与模板区域的像素值差分，把差值累加起来和设定的阈值进行比较来确定目标是否存在。这种算法原理比较简单，但是计算效率低下，对于$M \times N$的图像，算法的复杂度是$O(M \times N)$，阈值的选取需要多次试验反复修正才能达到理想结果。此外，待识别目标的样本必须有一个完备的模板库，算法的拒识率受图像噪声和几何变换的影响比较大，推广性不强。鉴于原始像素点对点的比较缺陷很大，一些研究者开始对图像目标的深层特征进行研究，于是逐渐出现了用图像的特定结构特征代替目标图案作为图像模板的匹配方法。

2. 基于人工神经网络的识别

人工神经网络是通过对人脑神经元网络功能的研究,建立起来的简单网络模型,是对人脑的数学抽象。由于它在非线性分类方面的良好表现,很多目标识别算法都用它作为分类器,其中最为常用的模型有多层感知器、BP 神经网络、Hopfield 网络、Fuzzy 神经网络和自组织映射网络等。单层神经网络一般只能实现线性分类或二分类。多层神经网络包括输入层、隐含层和输出层,有时隐含层采用多层设计,而且每层之间节点会有反馈连接,这种网络的结构比较复杂,实现的功能也比较强大,还会具有自学习和联想记忆功能,在自适应和容错能力上也表现优秀。但是这种方法会耗费大量的训练时间,当样本空间很大时,需要数个小时乃至数天的时间来训练,算法的收敛速度慢,且很难收敛到全局最小值点,在设计网络时隐含层的神经元个数和学习算法的选择都会对识别结果影响巨大。因此该方法在实时性要求较高的系统(如微装配机器人系统)中难以应用。

3. 基于支持向量机的识别方法

支持向量机(Support Vector Machine, SVM)是 Corinna Cortes 和 Vladimir Vapnik 在 1995 年提出的一种有监督机器学习新方法[131],由于对神经网络在结构确定、过学习和欠学习、局部极小值点等问题上的研究取得了较好进展,使得 SVM 在理论基础上得到了完善和改进。SVM 是一种基于统计学习理论和结构风险最小化理论的模式分类方法,根据有限的样本计算最佳的分类平面,具有很强的泛化能力,它的求解过程可以归结为凸二次优化的解,因此可以得到全局最优解。在线性不可分的情况下,SVM 将低维空间映射到高维空间,在高维空间进行线性分类,很好地解决了维数灾难的问题。由于支持向量机在有限样本和非线性分类上具有很好识别能力,本章介绍支持向量机的多目标识别方法。

4. 基于深度学习的识别方法

深度学习(Deep Learning, DL)方法是 Geoffery Hinton 在 2006 年提出来的,通过模拟大脑皮层在信息处理时的分层机制来构造网络[132]。它是大量简单的神经元组成的网络,并且按照抽象能力划分为多个层,低层的神经元提取出简单的目标特征,并将这些特征传给上一层神经元,高层神经元将低层特征组合成更高的抽象模式,最终通过这种自下而上的层次学习机制来识别目标。目前,深度学习是人工智能领域最具竞争力的研究方向,常见的方法主要有自动编码机、受限玻耳兹曼机和神经自回归分布估计器等。这种方法也有一些缺陷,如训练数据的样本非常大,训练模型用时长,而且学习的层数可以随意设定,没有理论参考。基于深度学习的多目标识别方法将在第 7 章详细介绍。

6.2 SVM 的分类原理

6.2.1 支持向量机基础

当样本数据线性可分时,假设需要训练的简单二分类样本为

$$\{(x_i,y_i)\mid x_i\in R^n, y_i\in\{+1,-1\}, i=1,2,\cdots,l\} \tag{6.1}$$

它的数据点分布如图 6.1 所示,圆圈代表 +1 类点,方形代表 -1 类点,根据数据的分布特点可知,能够完全分离两类样本的平面有无数多个。假设 H_1 和 H_2 分别为平行于分类平面 H,且与两类样本距离最近的平面,那么这两个平面间的距离称为分类间隔,从直观角度很容易看出当分类间隔越大时,分类效果越好,SVM 算法的目的就是寻找最优分类平面使分类间隔最大化。

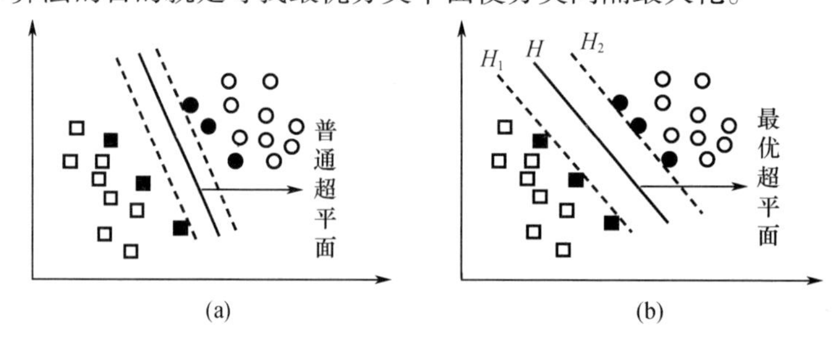

图 6.1 分类平面示意图
(a)普通分类平面;(b)最优分类平面。

假设 H 为需要求取的最优超平面,它的几何表达式为 $\omega\cdot x+b=0$,则判别函数 $g(x)=\omega^{\mathrm{T}}x+b$,平行平面 H_1 为 $\omega\cdot x+b=-1$,H_2 为 $\omega\cdot x+b=1$,在这两个平面上 $|g(x)|=1$,对于任意的样本数据点(x_i, y_i)满足不等式:

$$y_i(\omega^{\mathrm{T}}x+b)-1\geqslant 0, i=1,2,\cdots,l \tag{6.2}$$

H_1 和 H_2 之间的几何距离 $d=2/\|\omega\|$ 为样本的类间距离,使分类间隔最大化等同于求取$\frac{1}{2}\|\omega\|^2$的最小值,这是一个凸二次规划的问题,为了简化可以通过它的对偶问题求解,引入拉格朗日函数 L:

$$L(\omega,b,\alpha)=\frac{1}{2}\|\omega\|^2-\sum_{i=1}^{l}(y_i(\omega^{\mathrm{T}}x+b)-1) \tag{6.3}$$

其中 $\alpha=(\alpha_1,\alpha_2,\cdots,\alpha_l)\in R_+^l$ 是拉格朗日乘子,根据极值条件对 $L(\omega,b,a)$ 函数求偏导得到

$$\frac{\partial L}{\partial \omega} = 0 \Rightarrow \omega = \sum_{i=1}^{l} \alpha_i y_i x_i \tag{6.4}$$

$$\frac{\partial L}{\partial b} = 0 \Rightarrow \sum_{i=1}^{l} \alpha_i y_i = 0 \tag{6.5}$$

$$\frac{\partial L}{\partial \alpha_i} = 0 \Rightarrow \alpha_i [y_i (\omega^{\mathrm{T}} x + b) - 1] = 0 \tag{6.6}$$

将式(6.4)代入式(6.3)中,即可得到需要求解的对偶问题,这是一个最大化问题,将其转化为相同解集的最小化问题,得到一个凸二次规划:

$$\min_{\alpha} \frac{1}{2} \sum_{i=1}^{l} \sum_{j=1}^{l} y_i y_j (x_i \cdot x_j) \alpha_i \alpha_j - \sum_{i=1}^{l} \alpha_i \tag{6.7}$$

使得

$$\sum_{i=1}^{l} \alpha_i y_i = 0 \tag{6.8}$$

$$\alpha_i \geqslant 0 \tag{6.9}$$

通过求解式(6.7)~式(6.9)的唯一解 α^*,由式(6.4)和 α^* 的一个正分量 α_j^* 可以分别求出

$$\omega^* = \sum_{i=1}^{l} \alpha_i^* y_i x_i \tag{6.10}$$

$$b^* = y_i - \sum_{i=1}^{l} \alpha_i^* y_i (x_i \cdot x_j) \tag{6.11}$$

同时 α^* 的分量还与支持向量(SV)有对应关系,当且仅当 α_j^* 不为零时,输入 x_j 为支持向量,而且决策函数 $f(x)$ 只依赖支持向量,其他训练点都不起作用。

$$f(x) = \mathrm{sgn}((\omega^* \cdot x) + b^*) = \mathrm{sgn}\left(\sum_{i=1}^{l} \alpha_i^* y_i (x_i \cdot x_j) + b^* \right) \tag{6.12}$$

当训练样本线性不可分时,没有一个理想的超平面可以正确地把样本点分离开来,如果样本点在分类边界上数量较少,可以软化对分类平面的要求,通过添加一组松弛变量 $\xi_i > 0$ 来放宽约束条件:

$$y_i(\omega^{\mathrm{T}} x + b) \geqslant 1 - \xi_i, i = 1, 2, \cdots, l \tag{6.13}$$

在求解分类间隔最大化时,考虑松弛变量的影响,为了使它们的值不能过大,在目标函数中加入惩罚因子 C,将其改写为

$$\min_{\omega, b, \xi} \frac{1}{2} \| \omega \|^2 + C \sum_{i=1}^{l} \xi_i \tag{6.14}$$

可以看出,要最小化目标函数,也需要最小化松弛变量累加项,惩罚参数 C

的取值关系到目标函数最小值的大小，当 C 变大时，将会使分类间隔变小，训练模型极其容易出现过拟合现象。因此 C 值的大小体现了对容忍错误分类程度和最大化类间距离的平衡，实际应用中取值不会太大。同样，这个问题的求解思路和上面的过程一样，最后得到一个最优化问题：

$$\min_{\alpha} \frac{1}{2} \sum_{i=1}^{l} \sum_{j=1}^{l} y_i y_j (x_i \cdot x_j) \alpha_i \alpha_j - \sum_{i=1}^{l} \alpha_i \tag{6.15}$$

使得

$$\sum_{i=1}^{l} \alpha_i y_i = 0 \tag{6.16}$$

$$0 \leqslant \alpha_i \leqslant C, i = 1,2,\cdots,l \tag{6.17}$$

最后，将支持向量机从线性推广到非线性，当样本空间是非线性可分时，在低维空间中已经找不到一个合适的分类面，需要一种非线性映射 $\varphi(x)$ 把样本空间转化到一个线性可分的高维特征空间。这种变换思想的缺陷也很明显，一方面如果输入特征本身的维数很高，在空间转换时很容易受到维数灾难的困扰，另一方面在高维空间中，问题的求解过程计算起来十分复杂。支持向量机通过用核函数把高维空间的复杂计算转换为样本特征空间的内积运算，巧妙地解决了这个难题，核函数定义如下：

$$K(x_i, x_j) = (\varphi(x_i) \cdot \varphi(x_j)) \tag{6.18}$$

将式(6.15)中(x_i, x_j)的向量点积运算更换为核函数，得到优化函数为

$$Q(\alpha) = \frac{1}{2} \sum_{i=1}^{l} \sum_{j=1}^{l} y_i y_j K(x_i, x_j) \alpha_i \alpha_j - \sum_{i=1}^{l} \alpha_i \tag{6.19}$$

决策函数可以表示为

$$f(x) = \operatorname{sgn}\left(\sum_{i=1}^{l} \alpha_i^* y_i K(x_i \cdot x) + b^* \right) \tag{6.20}$$

其中各参数的求解过程同上。支持向量机的分类决策过程类似于神经网络，如图 6.2 所示。

图 6.2 中，输入样本的特征向量 $x = (x^1, x^2, \cdots, x^m)$，中间层节点对输入和支持向量作内积运算，将结果以不同的权值累加输出，从而得到决策结果，所以称为 SVM 网络。但 SVM 的设计过程不用启发式结构，也不需要人的经验知识参与。

支持向量机采用不同的核函数可以得到不同的分类平面，核函数的选取一般以能够很好地分类数据为依据，表 6.1 列举了一些常用的核函数。

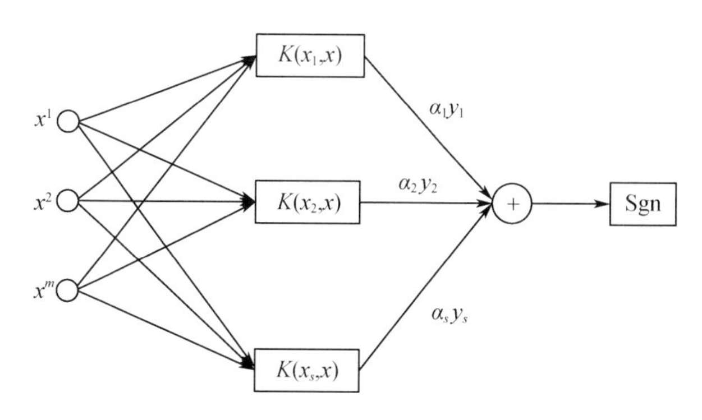

图 6.2　SVM 示意图

表 6.1　SVM 常用的核函数

线性核函数	$K(x_i,x)=(x_i \cdot x)$
多项式核函数	$K(x_i,x)=[(x_i \cdot x)+1]^d$
高斯径向基核函数	$K(x_i,x)=\exp(-\|x-x_i\|^2/\sigma^2)$
Sigmoid 核函数	$K(x_i,x)=\tanh[\beta(x_i \cdot x)+c]$

6.2.2　支持向量机多分类算法

支持向量机最初是在二分类问题的基础上设计的，具有优秀的分类性能，然而在实际问题中，经常需要对多个目标类别进行分类，这就需要把支持向量机推广到多类分类问题中去。目前，支持向量机的多分类算法的研究主要形成了两种思路：一种是希望在训练集上直接求取多分类的分类函数，把多个类别一次性分离开来，但是求解多类凸二次优化问题的计算过程复杂并且难以实现，所以很少出现在实际应用中；另一种是把多类分类问题分解为二分类或是多个二分类问题的组合，通过决策规则逐级向下拆分，间接得到分类结果，这种思想的实现方法比较多，以下介绍几种常用的方法。

（1）“一对一”方法：这种方法也称成对分类，为样本的每两个类训练一个分类器，这样对于 k 个类的分类问题，类别的两两组合有 $k(k-1)/2$ 种方式，意味着这种方法要训练 $k(k-1)/2$ 个分类函数。在分类过程中，每个分类器都要对输入的样本进行判别归类，通过投票方式统计各类的得票数，最多的为该样本的预测类别。

（2）“一对多”方法：该方法的思想是将样本依次分为单一类和余类，这样每一个特定类和其他所有类的分类平面都会有一个分类器与之对应。那么对于 k 类样本，需要训练 k 个分类器，每个分类器对应的特定类的标签记为“+1”，其余类别记为“-1”，在对输入进行预测时，一般会有一个类型的判定结果为正值,即分类结果,当决策函数有误差时,会出现多个正值,这时可以根据决策函数中结果最大的值来判定类别。

(3) 纠错输出编码法:该方法将"一对一"和"一对多"方法进行扩展,根据实际问题的属性特点构造两类分类的问题系列,样本一般被分成"多对多"的形式,然后根据这些两类问题的决策函数构造出多分类问题的决策函数。在实际应用中需要先构造编码矩阵,根据矩阵构造多个两分类问题并训练分类器。在判定输入的类别时,所有分类器输出组成的判别向量,通过和编码矩阵的行向量比较来确定输入的类型。如果判别函数误差产生输出错误时,这种方法具有一定的纠错能力,对于最小行间距离为 k 的编码矩阵,它可以纠正$\lfloor \frac{k-1}{2} \rfloor$(向下取整)个错误,这种优点是其他多分类方法不具备的。

(4) 决策导向有向图(Decision Directed Acyclic Graph,DDAG)方法:该方法在支持向量机训练阶段的分类思想和"一对一"方法一样,需要先得到 $k(k-1)/2$ 个分类函数,但它在判断决策过程中做了改进,采用有向图结构避免了所有分类器都对每个输入都进行预测的情况。在有向图中,内部节点由二分类 SVM 构成,输出节点是各个类别的预测结果,图 6.3 显示了四分类的决策流程。

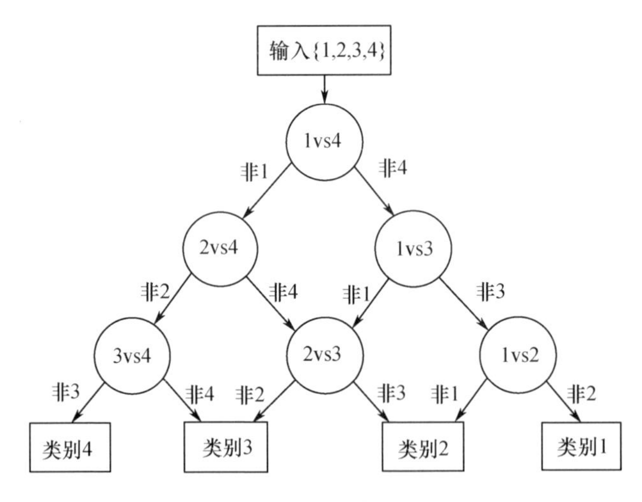

图 6.3 DDAG 决策示意图

在 ICF 微靶装配中,需要区分的种类只有四种,在上文介绍的多分类方法中,分类器训练数目最多只要 6 个。纠错输出编码法需要构造编码矩阵,增加了结构的复杂性,并且微装配系统的目标属性不适合用来构造这类矩阵。"一对多"的方法在训练过程中会存在不可分区域,另外,由于训练样本的分类方式,使其分布不均衡,对结果的精度会产生影响。DDAG 和"一对一"方法在训练时是一样的,不同点在于预测过程的实现方法上,考虑到支持向量机结构和实现相对简单,因此在分类数不算太多的情况下,采用“一对一”支持向量机多分类算法比较合适。

6.3　基于 SVM 的多目标识别系统设计

本章的基础实验平台为面向 ICF 微靶的微装配系统,该系统采用 Visual Studio 2010 作为集成编译环境,在 OpenCV(开源计算机视觉库)和 LibSVM 的库函数基础上开发实验程序,上位机用 Windows XP 系统,CPU 频率配置为 2.3GHz。设计的基于 SVM 的多目标识别系统结构如图 6.4 所示。

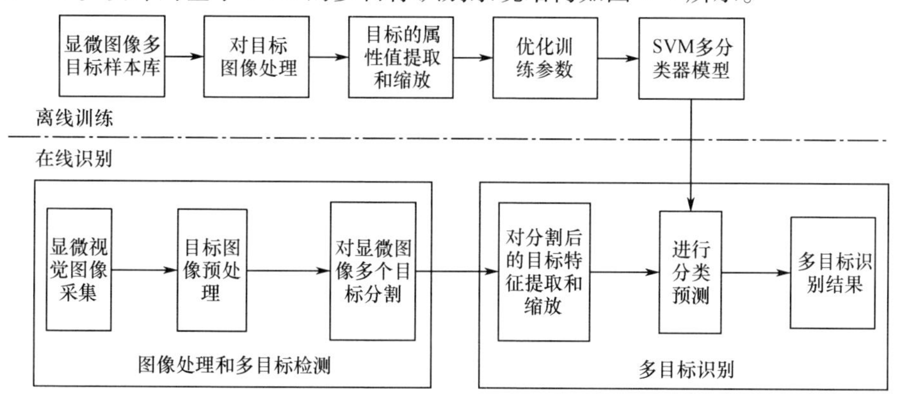

图 6.4　基于 SVM 的多目标识别系统结构

从图 6.4 可以看出,根据支持向量机训练过程计算复杂而预测识别速度很快的特点,采用功能模块分离式的设计方法,采用离线训练和在线识别的构造思路,减少了支持向量机在程序运行中的占用时间。离线训练过程是根据机器人系统的显微视觉采集到的目标图像库训练 SVM 分类模型,为后续识别过程提供分类器,目标图像库包含了实验过程中需要识别的左右 2 个双晶片微夹持器末端图像、真空吸管末端图像、柱形靶腔和球形靶的高精度图像,通过图像预处理将环境噪声和边缘突刺去除,增强图像中的目标,然后提取目标的组合特征,并对特征值进行修正和缩放,采用“一对一”多分类 SVM 训练分类模型。

在线识别过程在装配实验中可以分成多目标检测和识别两个部分,程序先加载离线训练好的 SVM 分类器模型,通过视觉系统采集工作空间的显微图像,使用同样的处理方法降低噪声和虚假边缘的影响,通过图像分割技术得到单独的目标,然后提取特征并作相应的处理,最后通过加载的 SVM 模型识别出目标的种类。当目标有一部分被其他物体遮挡时,这种识别方法会因为目标分割错误出现拒识和误判现象,在这种情况下,采用第5章介绍的基于局部特征点检测与匹配方法,可得到良好的识别效果。

6.4 特征缩放和参数优化

1. 特征缩放

在目标的特征提取时,由于不同的目标种类和不同的特征类型,各个特征属性值之间数值差距一般会很大,在训练过程中,过大的属性值会淹没过小属性值对分类的影响,导致这一部分特征在目标识别上的作用体现不出来;另外,还会使得核函数在数值计算比较繁琐,增加了时间消耗。支持向量机在输入数据上的处理有归一化到[0, 1]之间和缩放至[-1, 1]之间。

根据提取特征的数值特点,选择[-1, 1]的规范化标准,特征缩放公式为如下:

$$\hat{x}_i = \begin{cases} 2[x_i - \min(\boldsymbol{X})]/[\max(\boldsymbol{X}) - \min(\boldsymbol{X})] \\ +1, x_i = \max(\boldsymbol{X}) \\ -1, x_i = \min(\boldsymbol{X}) \end{cases} \tag{6.21}$$

其中:$\boldsymbol{X}$ 为特征属性值列向量;x_i 和 $\hat{x}_i$ 分别为向量元素和规范化向量元素。表6.2显示了各类目标经缩放后的组合特征值。

表 6.2 目标组合特征规范化值

目标类别 \ 特征值	$\hat{I}_1$	$\hat{I}_2$	$\hat{I}_3$	$\hat{I}_4$	$\hat{I}_5$
微夹钳	-0.0660801	-0.263959	0.992407	0.556723	0.558303
真空吸管	-1	-0.997084	-0.132872	0.580615	0.588158
柱形靶腔	0.440645	0.600236	0.19795	-0.926266	-0.930443
靶球	1	0.916618	-0.990082	-0.968428	1

根据表中数据可以看出,目标特征属性值都被规范化到同一数值区域,数据的量纲保持一致,避免了数据过大或过小的不利影响。图6.5和图6.6分别显示了特征值未缩放和经过缩放处理两种情况下,支持向量机在训练过程中分类精度的结果。通过对比两幅图片,可以看出数据经缩放处理后,支持向量机的训练精度和识别性能比直接使用特征值训练的模型有更进一步的提高。

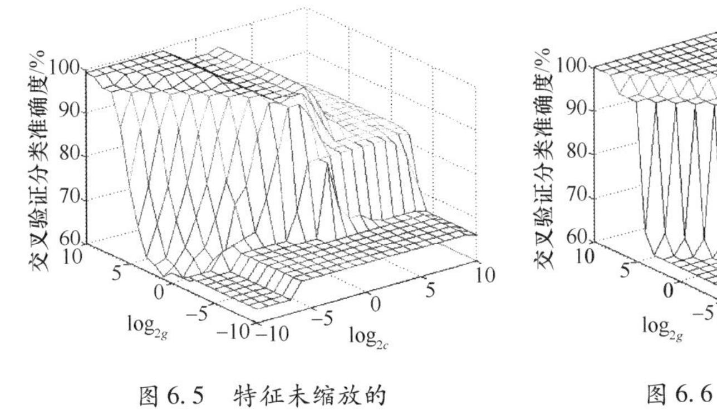

图 6.5　特征未缩放的 SVM 训练精度图

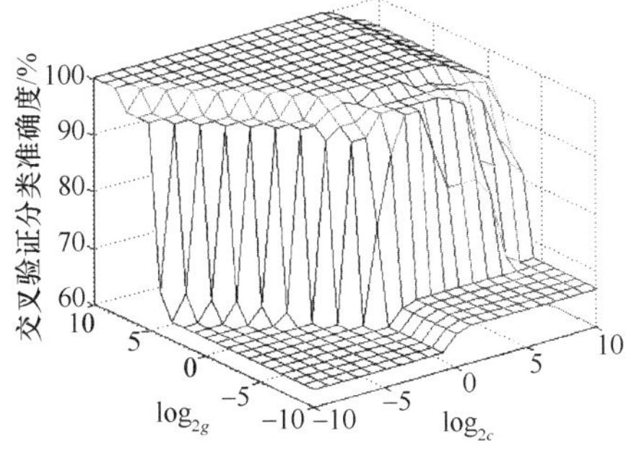

图 6.6　特征经缩放的 SVM 训练精度图

2. 参数优化

支持向量机在目标识别应用中的核心内容是如何通过选择合适的算法和参数使得分类和识别性能达到最优,并且具备一定的泛化能力。SVM 的训练参数包括惩罚因子 C 和核函数参数,在不同的样本子空间中至少存在一组合适的参数值,使分类器模型的推广能力最好。由于径向基核函数在非线性空间映射的良好表现,用其作为支持向量机的核函数,核参数 gamma 和 C 的取值直接关系到支持向量机训练和预测的准确度,参数的优化主要基于 k 折交叉验证和网格搜索方法。

k 折交叉验证法是评价算法泛化能力的常用方法,它首先将样本随机地分成 k 个互不相交且容量大致相等的子集,然后进行 k 次训练和预测,每次选择一个子集作为测试样本,其他子集作为训练样本,并将 k 次的平均测试准确度作为结果,一般 k 值取 5 或 10。在交叉验证的基础上,用网格搜索算法寻找最优参数值,通过比较每一对参数的训练精度,选择正确率最高的参数。从图 6.6 可看出,参数(C, gamma)有很多值在训练时能达到 100% 的分类精度,通常 C 值的选取不宜过大或过小,可选取 $C=8$,对应的 gamma $=0.0625$。

6.5　实验结果与分析

在 ICF 微靶装配实验中,首先要根据目标图像库对支持向量机的多分类器模型进行训练,选择第 5 章介绍的目标组合特征作为支持向量机的输入。目标图像库是由四种不同类型目标的显微图像组成,分别是两类微夹持器的末端图像、靶腔和靶球的图像。每类图像包含单个目标的 10 种不同的姿态和位置,分别有旋转 30°、60°、90°、180°的图片和平移若干像素以及缩放尺度为 0.8 的图片。这 40 幅图片组成系统的训练集,是一个容量为 40 的小样本,测试图片选择显微视觉获取的35幅图像，每幅图像中含有多个目标且位置和姿态随机，如图6.7所示，共组成样本大小为210的测试集。训练支持向量机多分类器模型时，选择最优参数 $C=8$，gamma $=0.0625$，此时交叉验证的分类精度为100%，错误率为0%。

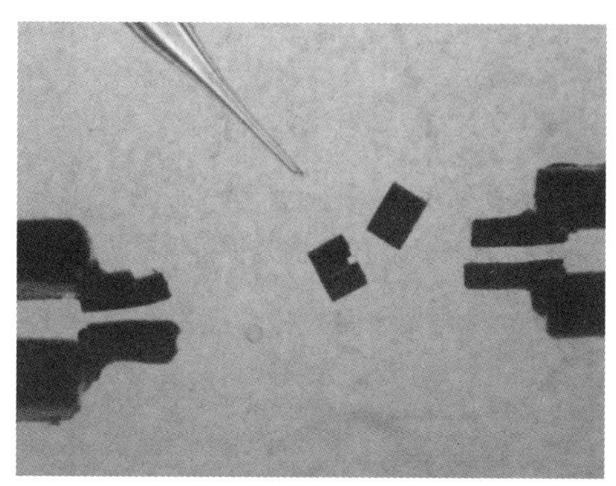

图6.7　测试集图片

从图6.7中可以看出，在实际系统中，操作空间中会有多个待识别目标，显微图像经处理增强以后需要对每个目标进行分割，对分割后的单目标计算特征属性值，然后经过缩放处理以后用识别系统进行多目标识别，表6.3显示了其中一张测试图片在识别过程中各目标的组合规范化特征值和预测结果。

表6.3　测试图像多目标规范化特征和预测结果

特征值	6个待识别目标					
$\hat{I}_1$	-0.0660801	-1	0.440645	0.0005050	1	0.438707
$\hat{I}_2$	-0.263959	-0.997084	0.600236	-0.256846	0.916618	0.461755
$\hat{I}_3$	0.992407	-0.132872	0.19795	0.436749	-0.990082	-0.0686041
$\hat{I}_4$	0.556723	0.580615	-0.926266	0.577028	-0.968428	-0.937483
$\hat{I}_5$	0.558303	0.588158	-0.930443	0.578209	1	-0.951536
预测类别	1	2	3	1	4	3
实际类别	1	2	3	1	4	3
目标种类	微夹持器	真空吸管	靶腔	微夹持器	靶球	靶腔

从表6.3中可以看出，训练出的支持向量机模型具有很好的多目标识别效果，对测试集所含的35幅图片共210个待识别目标进行测试，并比较不同方法的多目标的识别率，见表6.4。

表6.4　不同方法的多目标识别率

识别方法	Hu 矩 + 模板匹配	Hu 矩 + SVM	Hu 矩 + 神经网络	支持向量机方法
识别率/%	81.9	90.5	95	97.6

由表6.4可知,支持向量机方法识别率最高,达到了97.6%,普遍高于Hu矩识别方法,用形状和放射不变矩组合特征比单独用Hu矩特征更能体现出各目标的特点,不仅提高了识别率,同时将特征个数降低至5个,增加了对目标描述的准确性。采用比较易于实现和移植的支持向量机方法,把训练和预测分隔开来,用离线训练模式,减轻了系统的运行开销,为后续装配作业奠定了良好基础。

6.6　本章小结

本章对图像目标识别的常用方法做了简要概述,并分析了每种方法的适用环境和优缺点。对支持向量机的原理和多分类方法作了详细论述,比较了不同方法在训练和预测阶段的异同点和结构复杂性,选择"一对一"多分类SVM方法作为目标识别系统的分类核心,设计了基于SVM的多目标识别系统,详细介绍了系统的结构和运行流程,并用离线训练和在线识别的分离式设计方式,使训练过程独立于多目标识别过程,减少了系统的运行时间。同时还比较分析了数据处理对分类精度的影响,并给出了最优参数的选择方法。通过训练最优分类效果的SVM模型,对ICF靶装配系统的显微图像进行测试,结果证明支持向量机的多目标识别方法具有很高的辨识力。

第7章 基于深度学习的多目标识别与检测

7.1 引言

第6章介绍了基于支持向量机的多目标识别与检测方法,本章介绍基于深度学习的多目标识别与检测方法。目标定位和姿态检测精度直接影响后续装配操作,对于某些场景相对固定和任务相对简单的系统,可以采用图像分割的方法对目标进行定位。简单的图像分割方法,如大津法通过选定阈值把灰度图像转换为二值图像,再进行分割。K - means 聚类算法则是根据图像像素的颜色、亮度、纹理、位置等属性把彩色图像中的像素划分为若干类以实现图像分割。更复杂的方法还有区域生长法、模板匹配法等。近年出现的深度学习方法根据物体类别对具体的图像目标实现像素级别的分割,可应用在复杂的场景任务中。

获取有效的图像特征是对图像目标进行识别的前提,在视觉伺服控制中,需要用图像特征来反映目标的运动。常用的图像特征有点特征、线特征、图像矩特征等。近年发展起来的深度学习方法,特别是基于多层卷积神经网络方法可以自动从有标签或无标签的图像数据中学习到图像特征以应用到图像分类和特征点回归等任务中。

基于图像的自动目标检测,是获取有效视觉信息以实现视觉伺服控制的重要步骤,也是进行目标跟踪的前提。目前基于图像的自动目标检测方法,根据图像特征来源可以分为两种技术:

(1) 人工获取图像特征:图像特征可以是空间域的特征,如不变矩;也可以是变换域特征,如利用 Fourier 变换提取的轮廓特征,利用 Hough 变换提取直线和曲线特征等。这类算法需要对待识别物体有足够的先验知识,某些特征的获取还需要图像分割后的区域信息,这种方法对于相互重叠的目标识别效果依赖于图像分割算法的性能,对于复杂场景而言效率低下。

(2) 智能目标识别:采用人工智能技术和机器学习方法对目标进行识别,主要有人工神经网络(Artificial Neural Network,ANN)方法,以及在此基础上发展起来的深度学习(Deep Learning,DL)方法等。用基于支持向量机(Support Vec-

tor Machines,SVM)的算法、boost 系列算法和人工神经网络等方法对目标进行分类与基于像素级的聚类分割算法不同,这类算法对于识别复杂情况下的目标具有优异性能,即使对于受到部分遮挡重叠的物体也能很好地识别出来。

由于现有的目标检测方法对部分遮挡的目标识别效果较差,而在微装配过程中这种情况会经常发生,因此需要一种有效方法来解决相关问题。近年来,用深度学习算法训练的卷积神经网络模型在目标识别与检测领域获得了巨大的成功。本章介绍基于深度学习方法解决微装配机器人系统的多目标识别与检测的原理与技术,包括卷积神经网络目标检测原理、微装配系统中的目标识别和姿态检测方法等。给出的实验结果表明,采用深度学习方法可以有效地对部分遮挡的目标进行识别并检测其姿态,相比传统方法,基于深度学习的方法对环境适应性强且速度快、识别率和检测精度高具有实际应用价值。

7.2　卷积神经网络目标检测原理

卷积神经网络(Convolution Neural Network, CNN)是近年发展起来,并引起广泛重视的一种前馈神经网络,对于大型图像处理有出色的表现。应用具有多层 CNN 进行有监督或无监督的学习方法,是深度学习方法的一种。

20 世纪 60 年代,Hubel 和 Wiesel 在实验中发现猫和猴子的视觉皮层有一些神经元对视野的小部分区域具有独立的响应[133]。当眼球固定不动时,通过施加视觉刺激到视觉空间中某些区域能影响到某单个神经元,称该区域为该神经元的感受野。相邻的细胞具有相似和彼此重叠的感受野,在视觉皮层中感受野的尺寸和位置根据功能不同而变化,构成了整个视觉空间。他们在 1968 年发表的文章明确了大脑中两种基本的视觉细胞类型:

(1) 简单细胞,即 S 细胞,对其感受野内的线段边缘朝向敏感;

(2) 复合细胞,即 C 细胞,拥有更大的感受野,其输出对感受野内线段边缘的位置敏感。

受此启发,Fukushima 在 1988 年提出了神经认知机(Neocognitron)[134],即一种多层级联的人工神经网络。该网络主要由 S 细胞和 C 细胞构成,S 细胞负责提取局部特征,这些特征的变形则由 C 细胞负责兼容处理,在更高层中逐步整合并分类局部特征。

受到神经认知机的启发,Lecun 在 1998 年提出了首个实用的卷积神经网络 LeNet - 5,应用在银行的支票手写数字识别中[135]。LeNet - 5 首次采用了后来被广泛应用的反向传播算法(Back Propagation, BP)训练其七层网络,是当代卷积神经网络的雏形。然而受限于当时计算机的计算能力,卷积神经网络无法得到大力发展。

直到2005年,在机器学习中应用GPU进行并行计算的价值得到了肯定,一些报告描述了如何应用GPU对卷积神经网络进行更有效的计算。2012年,Ciresan用卷积神经网络在包括MNIST、NORB、HWD1.0(中文字体)、CIFAR10和ImageNet等多个图像数据库中达到了当时最好的识别性能[136]。同年,Krizhevsky训练卷积神经网络对LSVRC-2010和LSVRC-2012的120万张图像进行1000种以上的分类,获得当时最高的分类准确率[137]。

CNN在比图像分类更具挑战的目标检测任务中,近年来也获得了巨大的成功。2014年,Girshick等人提出了区域卷积神经网络(Region-CNN,R-CNN)[138],其方法是将每个图片通过选择性搜索得到2000个预选框,输入CNN训练,从预选框中通过CNN提取出固定长度的特征,最后通过支持向量机来分类。由于需要将每一个候选区域分别送入CNN进行检测,导致检测速度很慢,因此何凯明等提出SPPnet[139],与以往对一幅图片伸缩使其尺寸满足CNN输入要求不同,SPPnet采用ROI池化层使得可以采用任意尺寸图片作为CNN的输入。2015年,Girshick在SPPnet的基础上提出Fast R-CNN[140],采用选择性搜索方法在原始图像上提取出预选区域,并将每一个区域坐标映射到卷积图层上,然后ROI池化层将映射的坐标区域对应部分的卷积图像送入分类器,无需对每一个预选区域进行卷积运算,大大提高了检测速度。2015年,Ren、何凯明和Girshick又提出了Faster R-CNN[141],在Fast R-CNN的基础上,采用一个区域提取网络(Region Proposal Net,RPN)网络代替选择性搜索提取出预选区域,共享了特征图像,是对Fast R-CNN的进一步加速。2016年,Redmon等人提出的YOLO(You Only Look Once,YOLO)网络[142],采用一种与R-CNN系列完全不同的思路,目标检测速度达到了45fps,其快速版本达到了155fps。

7.2.1 卷积神经网络结构

一个典型的卷积神经网络由输入层、卷积层、池化层(Pooling Layer,PL)、全连接层(Fully Connected Layer,FCL)和输出层组成(图7.1),每层神经网络由多组神经元对输入图像的部分进行处理,神经元的感受野范围具有部分重叠,因此可以得到比原图像更高分辨率的表达。卷积层负责对特征进行提取,池化层则整合特征,全连接层则是对高层特征进行扁平化组合,以便更有效地输出特征。

卷积神经网络模型的容量可以通过改变网络的深度和广度进行调整,与每

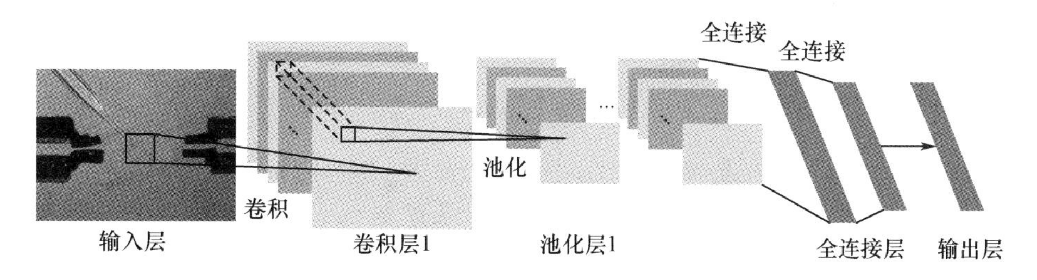

图7.1　卷积神经网络结构

层具有相当大小的全连接网络相比,卷积神经网络可以大幅降低网络模型的学习复杂度,具有更少的网络连接数和权值参数,从而更容易训练。

1. 卷积层

当处理如图像数据这种高维度输入时,在各层之间的神经元进行全连接是不现实的,因此卷积层与上一层采用局部连接方式进行连接,每一个在卷积层的神经元仅与输入层的一个区域进行连接,该区域称为该神经元的感受野,相邻的神经元的感受野相互重叠,整个卷积层的神经元通过局部连接覆盖了整个输入层。

卷积层的结构如图7.2所示,每一个卷积层都具有多个卷积核,假设输入层尺寸为$w_i \times h_i \times c$,卷积层中有n个卷积核,卷积核尺寸为$w_j \times h_j \times c$,相邻感受野跨度为s,在输入层边缘填充P个神经元以减弱边缘效应,则卷积层的尺寸为$w_o \times h_o \times n$,其中w_o(h_o计算同理)为

$$w_o = \frac{w_i - w_j + 2pad}{s} + 1 \tag{7.1}$$

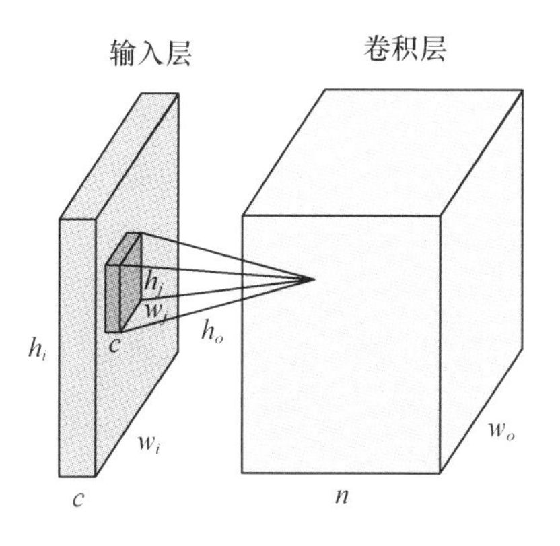

图7.2　卷积层结构

在每一个卷积核中,通过卷积核与神经元的感受野中的神经元进行卷积操作得到该卷积层神经元的值。设卷积层中某个神经元感受野中的相应神经元的

值为 x_k，卷积核为 ω_k，则该神经元的值为

$$y = f\left(\sum_k \omega_k x_k + b\right) \tag{7.2}$$

式中：f 为激活函数，用于模拟神经元的激活发放脉冲机制，实践中一般选用非线性函数，如 sigmoid $\sigma(x) = 1/(1 + e^{-x})$，双曲正切 $\tanh(x) = (e^x - e^{-x})/(e^x + e^{-x})$，ReLU $f(x) = \max(0, x)$ 等。

卷积神经网络的一个主要优点是通过卷积层的权值共享，极大减少了参数数目，减少了内存占用并提高了运算速度。

2. 池化层

池化层负责对输入的特征图进行压缩，简化网络计算复杂度，提取主要特征，起到了降采样的作用，也称为降采样层。常用的池化操作有最大池化(Max Pooling，MP)、平均池化(Average Pooling，AP)、L2 范数池化等，特殊的池化操作如何凯明等人提出的感兴趣区域池化(Region of Interest，ROI)，可以把任意尺寸的输入图片作为 CNN 输入，而无须对原始图片进行缩放。

图 7.3 是对二维卷积特征作 2×2 大小的 Max Pooling 操作示例。对三维卷积特征作池化时，分别在由长度和宽度构成的特征平面中进行池化操作而保持第三个维度尺寸不变，比如对尺寸为 $w \times h \times c$ 的三维特征作 2×2 大小的 Max Pooling 操作后，输出尺寸为$\frac{w}{2} \times \frac{h}{2} \times c$。

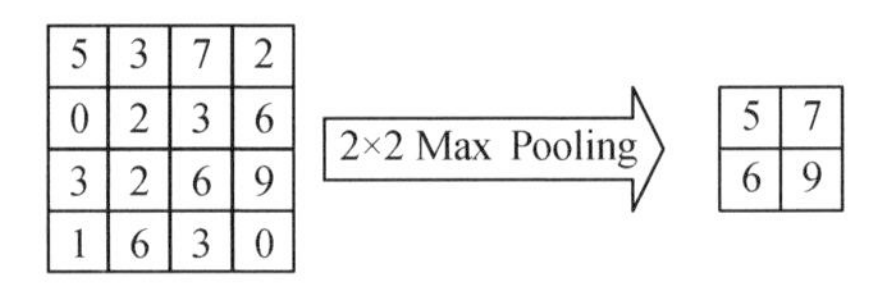

图 7.3 Max Pooling 操作示例

3. 全连接层

全连接层可以看作卷积层的一个特例，即尺寸为 1×1×1 的卷积核。全连接层的输入与输出神经元之间都进行了连接，该层的作用是通过把输入特征进行线性组合和非线性变换，达到拟合非线性函数的目的。理论上通过多层全连接层可以以任意精度拟合任意一个非线性函数。

4. 输出层

输出层一般是输出卷积神经网络的对输入图像的预测结果，在训练期间还包含了损失层(Loss Layer)。损失层用损失函数表示网络的预测结果与真实标签之间的误差，不同的任务可以用不同种类的损失函数，如用 Softmax 可以预测 K 种不同类别中的某一类，而 S 形交叉熵(Sigmoid Cross Entropy，SCE)则用于预

测范围为[0, 1]的 K 个独立概率值，欧拉距离可以用于回归范围为($-\infty$, $+\infty$)的实数标签。

在目标分类或检测问题中，输出层也可以是图像特征值而不是分类器，如 R－CNN网络的输出层就是最后一层全连接层，分类器则用支持向量机(Support Vector Machine,SVM)。然而由于 SVM 对多类别物体分类较为复杂，训练时需要较大的内存，最新的 CNN 网络一般采用 Softmax 作为分类器。Logistics 回归适用于二分类问题，Softmax 函数是对 Logistic 函数的扩展。

7.2.2　基于卷积神经网络的图像分类

图像分类是计算机视觉领域的一个研究热点，图像分类的关键技术主要包括图像预处理、特征提取和分类器三个方面。

图像预处理旨在消除图像的各种噪声，特征提取则是为图像分类器提供分类信息，特征的好坏直接影响了分类的性能。传统的图像分类任务中需要人工针对不同的任务仔细选取图像特征，如 HOG 特征[143]、LBP 特征[144]、Haar 特征[145]和 SIFT 特征[146]等，在计算性能低下的条件下用人工选取的特征也能完成简单的图像识别任务。但在更复杂的任务中，需要提取图像中的信息，包括将原始像素逐渐表达为更抽象的表示，如从边缘到角点特征，从形状的检测到抽象类别的子对象，如人脸、手等，然后描述图像各部分的关联，并把这些关联信息结合起来提取得到足以理解图像场景的信息，显然人工去设计这些图像特征的关联需要耗费很多时间和精力。

与人工选取图像特征并描述特征之间的关系不同，深度学习方法能够自动学习从最低级别的物理特征到最高层次的复杂抽象特征。深度学习方法只须人为少量干预，无须手动定义所有必要的抽象特征或不必提供一组相关的手工标记的大量样本。卷积神经网络是深度学习中一种广泛应用于与计算机视觉领域的方法，能从样本中自动学习得到各种层次的图像特征以用于图像分类。

在 2012 年 ImageNet 图像分类大赛中，Alex Krizhevsky 等人用名为 AlexNet 的卷积神经网络对 ImageNet 的一个子数据集进行了分类。比赛用了 ImageNet 中的 1000 种图像，每一种大约包含 1000 张图像。总共有 120 万张训练图像，5 万张验证图像和 15 万张测试图像。AlexNet 取得了大赛第一名，其分类错误率为 15.3%，而第二名的错误率是 26.2%。

图 7.4 所示为 AlexNet 的网络结构，该网络用了 7 个隐藏层，前 5 个是卷积层(有些用了 Max Pooling)，最后 2 个是全连接层。输入层接受尺寸为 224×224 的 RGB 图像，经过中间的卷积层提取特征后，输入到具有 1000 个单元的 Softmax 输出层，分别对应 1000 个图像类别。AlexNet 用通用处理器(General Processor Unit,GPU)进行计算,但由于单个 GPU(GTX 580,3GB 显存)的容量限制,需要用 2 个 GPU 才能完成训练,因此把卷积层和全连接层分为两半,对应由 2 个 GPU 进行处理。

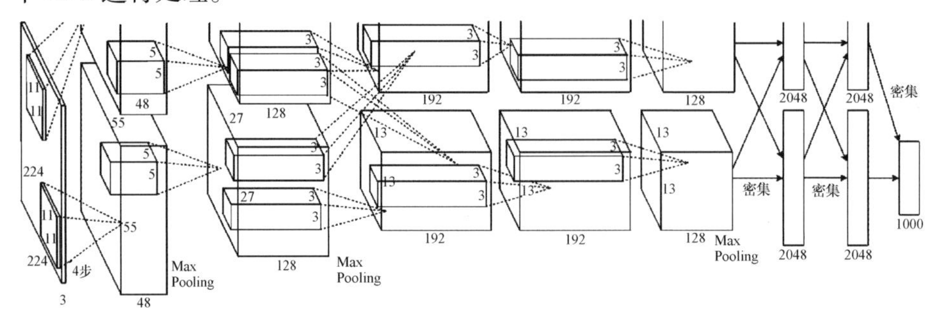

图 7.4　AlexNet 网络结构

在 AlexNet 中为了防止网络训练过拟合,采用了两个方法。一是对训练集进行数据扩充,即人工生成更多的训练图像。如将已有的训练图像进行平移或者水平翻转,根据主成分分析改变其 RGB 通道的值等,通过这种方法使训练数据扩大了 2048 倍。二是采用 Dropout 方法的正则化技术。在卷积神经网络中,由于网络参数非常多,很容易产生过拟合,而正则化是机器学习中有效减少泛化误差的技术。Dropout 方法在训练期间将两层全连接层中以 0.5 的概率随机选取神经元,将其输出设置为 0。通过该技术,即使网络每次遇到同一个输入,神经网络也会学习到不同的结构。这种方法可以迫使神经元学习更为复杂抽象的特征,进而使结果更稳定。测试时不再以 0.5 的概率使神经元输出设置为 0,而是使两层连接层的神经元输出均乘以 0.5,使其输出平均值与训练时一致。Dropout 技术使 AlexNet 避免了过拟合,不过也因此需要 2 倍的训练时间使网络收敛。Dropout 技术实现并不复杂,但其效果显著,自 AlexNet 之后,几乎所有大型卷积神经网络均用了这种正则化技术以避免过拟合。

7.2.3　Faster R – CNN 目标检测框架

在目标检测任务中,需要识别出图像中所有可能的目标及其位置,而每类目标在图像中的数目是不定的,难度远比图像分类大。近年来基于卷积神经网络进行目标检测有两种流行的框架,分别是 R – CNN 系列和 YOLO,R – CNN 系列的典型结构是 Faster R – CNN。

R – CNN 系列的思路为,根据图像生成一系列的预选框,然后对每个预选框进行图像识别,识别出预选框中原图的目标类别,并对每个预选框位置进行目标边界框位置预测,得到目标边界框的位置。由于预选框数量众多(一般在 500

个以上），处理时间也相对较长，但对目标的识别准确率很高。

Faster R－CNN 的工作原理如图7.5所示，在基础卷积神经网络的特征图层之后增加了一个预选区域提取网络（Region Proposal Network，RPN）。从RPN网络得到预选区域后，连接到基础卷积神经网络特征图层的ROI池化层，再采用Fast R－CNN方法训练分类器和目标边界框的回归。

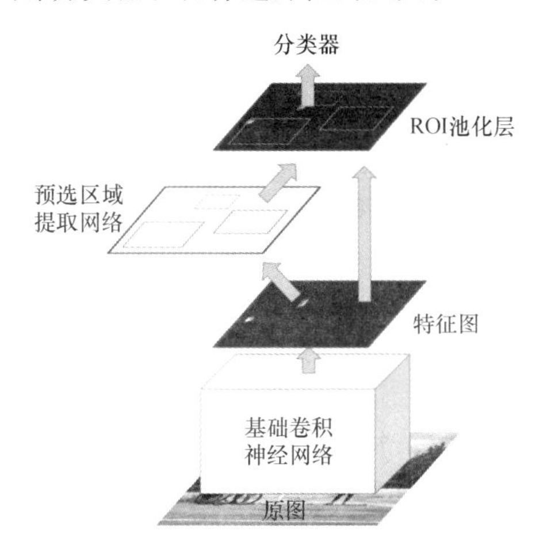

图7.5　Faster R－CNN 工作原理

训练RPN网络进行预选区域提取类似于人眼在识别图像时的注意力机制，RPN网络负责根据输入的图像提出预选区域，并对每个预选区域打分，以表示该区域存在目标的可能性。由于目标尺寸、长宽比不同，因此需要尽可能有效地提取出不同尺寸、长宽比的预选区域，一般的方法是用图像和特征图金字塔，或滤波器金字塔，而RPN网络则是用锚点来确定预选区域。

RPN网络结构如图7.6所示，卷积层的最后一层的输出表示了卷积神经网络学习得到的最抽象的局部特征，在该特征平面中有一个滑动窗口，每个窗口都有 k 个对应的锚点。每一个锚点对应了不同尺寸和长宽比的边界框，把这 k 个边界框输入到 *RPN* 的回归层中进行位置调整，得到 k 个预选边界框。边界框坐标由4个数据编码得到，因此回归层输出 $4k$ 个编码了 k 个预选框的坐标数据，分类层输出 $2k$ 个估计每个预选边界框是否为物体的概率。对于一个尺寸为 $W \times H$（典型值约为2400）的卷积特征平面，共有 WHk 个锚点。

为了使预选边界框能全面覆盖微装配任务中待识别目标的尺寸，所用的 k 个锚点对应的区域面积分别为 128×128，256×256 和 512×512，每一个区域面积对应的长宽比分别为1∶2、2∶1和1∶1。由于预选边界框是通过滑动窗口提取出来的，因此该方法对于目标具有平移不变性，即使目标发生平移，使得特征

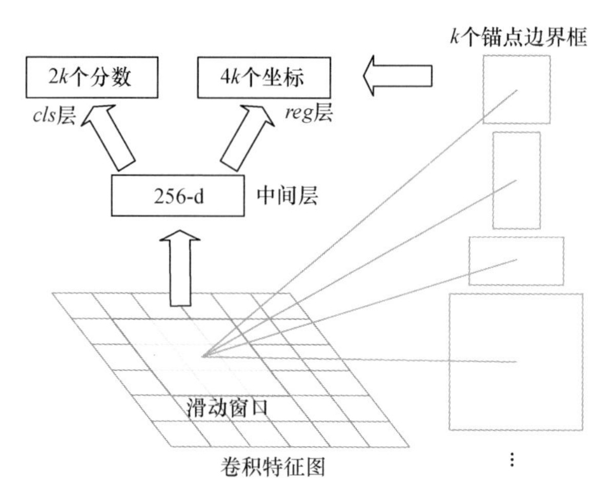

图 7.6 RPN 网络结构

图中对应的数据发生平移,从而提取的预选边界框也会发生平移。作为对比,Szegedy 等人提出一种 MultiBox 方法[147],该方法用 k－means 生成 800 个锚点,并不具有平移不变性,因此 MultiBox 并不能保证物体平移后仍能提取出对应的预选区域。

对于多尺度的目标检测有两种常用的方法,如图 7.7 所示。图 7.7(a)是基于图像或特征金字塔方法(Feature Pyramid Method,FPM)[148],输入图像被缩放到不同的尺度下,然后对每个尺度下的图像计算特征图(HOG 或其他深度卷积特征),这种方法有效但花费较多时间。图 7.7(b)是在特征图上用不同尺度的滑动窗口,例如在 FPM 中用不同尺寸的滤波器训练了不同长宽比的模型,可以看作滤波器金字塔的一种实现(锚点金字塔),这种方法一般与第一种方法一起用。比较而言,用锚点金字塔方法的 RPN 网络可以花费更少的计算资源。

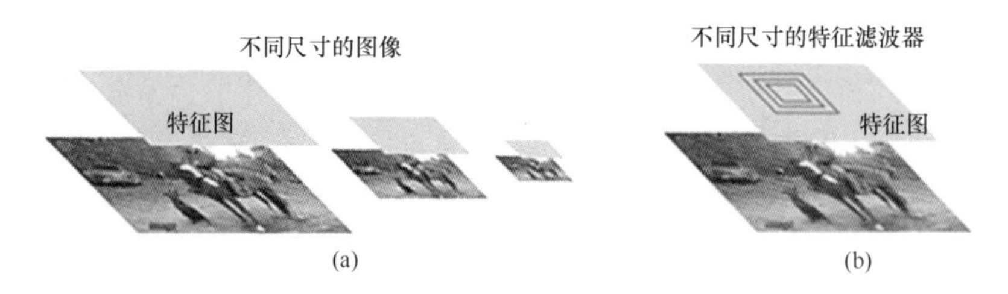

图 7.7 常见的多尺度目标检测方法

为了训练 RPN 网络,需要对每一个锚点指定一个类别标签,如果该锚点属于一个目标则指定为 1,不属于一个目标则指定为 0。当一个锚点满足下列条件时,指定该锚点类别为正类。

（1）锚点对应区域与一个真实目标区域有最高的交并比（Intersection - over - Union，IOU）；

（2）锚点对应区域与任意一个真实目标区域的 IOU 值高于 0.7。

需要注意的是单个真实目标区域可能对应多个锚点。一般而言，上述的第二种条件可以有效地检测出正样本，但仍然保留第一个条件，这是因为在一些特殊的样本中第二个条件可能找不到任何正样本。如果一个锚点对应的区域与所有真实目标区域的 IOU 值均小于 0.3，则赋予该锚点类别为负类。其余既不是正类也不是负类的锚点不参与到训练过程中。根据这些定义，最小化一个多任务的损失函数，某一张图片的损失函数定义如下：

$$L(\{p_i\},\{\boldsymbol{t}_i\}) = \frac{1}{N_{\text{cls}}}\sum_i L_{\text{cls}}(p_i,p_i^*) + \lambda\frac{1}{N_{\text{reg}}}\sum_i p_i^* L_{\text{reg}}(\boldsymbol{t}_i,\boldsymbol{t}_i^*) \tag{7.3}$$

式中：i 为某个锚点在一次迭代中的索引值；p_i 为锚点 i 是一个物体的预测概率。如果锚点 i 是正类，真实标签 p_i^* 为 1，反之为 0。$\boldsymbol{t}_i$ 是用 4 个参数表示预测目标边界框坐标的向量，$\boldsymbol{t}_i^*$ 则是一个正类锚点对应的真实目标边界框的坐标向量。分类误差 L_{cls} 是对两个类别（是否为物体）的对数损失函数。采用 $L_{\text{reg}}(\boldsymbol{t}_i,\boldsymbol{t}_i^*) = R(\boldsymbol{t}_i - \boldsymbol{t}_i^*)$，其中 R 是平滑 L_1 范数，$p_i^* L_{\text{reg}}$ 项表示当且仅当锚点类别为正类时传播回归函数的误差。分类层和回归层的输出各自包括了 $\{p_i\}$ 和 $\{\boldsymbol{t}_i\}$。

在区域回归层，目标边界框的 4 个坐标由如下的参数表示：

$$\begin{aligned} &t_x = (x - x_a)/w_a, \quad &t_y = (y - y_a)/h_a, \\ &t_w = \log(w/w_a), \quad &t_h = \log(h/h_a), \\ &t_x^* = (x^* - x_a)/w_a, \quad &t_y^* = (y^* - y_a)/h_a, \\ &t_w^* = \log(w^*/w_a), \quad &t_h^* = \log(h^*/h_a) \end{aligned} \tag{7.4}$$

式中：x、y、w 和 h 分别为预测得到的预选边界框的中心坐标及其宽度和高度；x_a、y_a、w_a 和 h_a 分别为锚点对应边界框的中心坐标及其宽度和高度；x^*、y^*、w^* 和 h^* 分别为真实目标边界框的中心坐标及其宽度和高度，回归层用计算得到的 $t_x^* t_y^* t_w^* t_h^*$ 作为训练数据。用回归层预测得到的 t_x、t_y、t_w 和 t_h 通过计算即可得到预测边界框的位置信息。

RPN 网络用反向误差传播和随机梯度下降法进行训练[149]。在每一次训练迭代时，从单张图像中提取出众多包含了正样本和负样本的锚点。可以同时对所有锚点的训练优化得到一个损失函数，但由于负样本数目远比正样本更多，这会对负样本的学习产生一个偏置。因此，在训练时每张图像随机采样 256 个锚点，其中表示正样本和负样本的锚点比例为 1∶1，假如在某一张图像中仅有不到 128 个正样本，填充部分负样本。采用 0 均值，标准差为 0.01 的高斯分布，初始化 RPN 网络的所有新添加的层的权值,其他层则用一个已在其他数据集预训练的网络权值进行初始化。

7.2.4 采用 Fast R – CNN 的目标检测

原图通过 Fast R – CNN 网络的基础神经网络计算得到卷积特征,然后输入到 RPN 网络提取预选区域,Fast R – CNN 网络进而采用预选区域进行目标检测。由于各个预选区域的尺寸是不一致的,而输入到分类器的特征尺寸必须固定,因此用 RoI 池化层把预选区域的特征整合为固定尺寸。

ROI 池化层用最大池化把任何位于特征平面的 ROI 转换为一个更小的具有固定尺寸为 $H \times W$(比如 7×7)的特征图,其中 H 和 W 是独立的 ROI 池化层参数。ROI 是指一个在卷积特征图平面上的矩形窗口,每一个 ROI 定义为一个四元组(r,c,h,w),分别指定了 ROI 的左上角(r,c)以及其高度和宽度(h,w)。

ROI 的最大池化是指把一个尺寸为 $h \times w$ 的 ROI 窗口均匀划分为 $H \times W$ 大小的网络,网络的每个子窗口大小约为 $h/H \times w/W$,然后在每个子窗口中取最大的特征值作为对应输出网格单元的值。每一个特征图通道都单独进行标准的最大池化操作,然后把所有通道的结果整合一起作为 ROI 池化的结果。ROI 池化层是 SPPnets 空间金字塔池化层的一个特例[He K M],仅仅用了一层金字塔。

图 7.8 为 Fast R – CNN 方法进行目标检测的流程图,输入的原图经过 Fast R – CNN 网络提取得到卷积特征,ROI 池化层则根据 RPN 网络提取的预选区域把对应的卷积特征整合为固定长度的特征,固定长度的特征再与两层全连接层进行连接,全连接层输出长度为 4096 的特征向量,该特征向量分别输入到 Softmax 层和 bbox 回归层。其中 Softmax 层根据特征向量学习分类对应的类别,bbox 回归层则根据特征向量学习预测预选框的准确位置,即一个位置不甚准确的预选边界框经过 bbox 回归层预测后可以得到一个位置更准确的边界框。

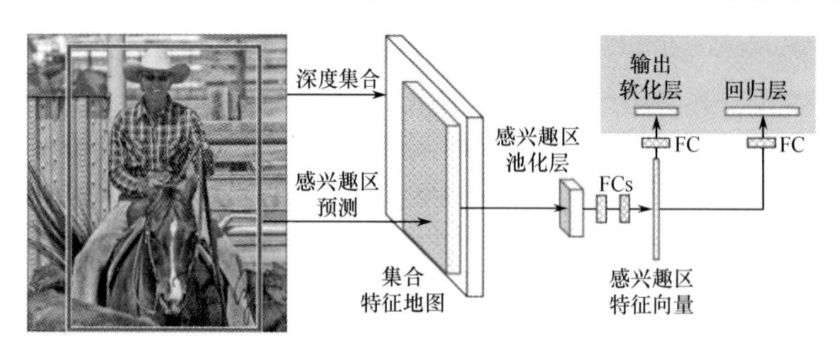

图 7.8 Fast R – CNN 方法流程

7.2.5　采用YOLO的目标检测

YOLO是基于Pascal VOC 2012数据集的目标检测系统，它能够检测包括人、鸟、飞机等在内的20种Pascal目标类别。

以往的检测系统大多是改进分类器或者改进定位器来进行检测，与此不同的是，YOLO网络模型将目标检测看作为一个回归问题，在空间上划分出边界框和对应的类别。YOLO网络仅仅采用单个卷积神经网络即可直接预测图像的边界框和类别概率，由于整个检测流程都是在一个网络中完成，因此YOLO网络可以直接进行端到端的优化。

图7.9所示为YOLO网络进行目标检测的流程，首先网络把输入的图片划分为一个 $S\times S$ 网格，如果某一个目标的中心落入一个网格单元内，由该网格单元负责检测相应的目标。每一个网格单元预测 B 个边界框和这些边界框的置信度，置信度表示网络模型某一个边界框包含相应目标的得分，同时也可得到网络模型对该目标边界框的预测。

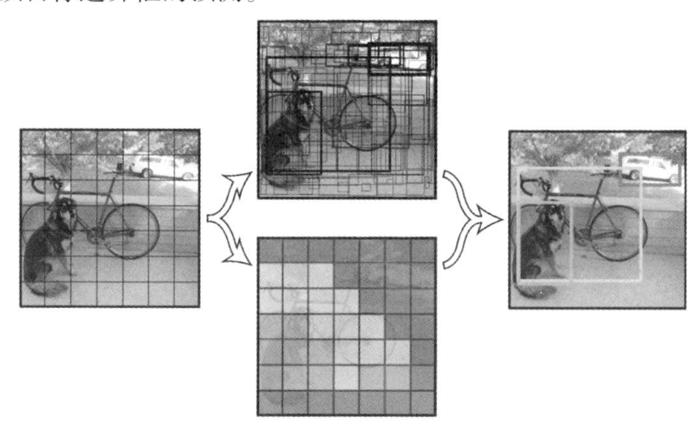

图7.9　YOLO网络目标检测流程

定义置信度为 $\Pr(\text{Object})\cdot \text{IOU}\frac{\text{truth}}{\text{pred}}$。如果某网格单元中没有目标，则它的置信度为0，否则置信度等于目标的预测边界框与其真实边界框的IOU值。每一个边界框包括5个预测值：x、y、w、h 和置信度。其中 $(x,\ y)$ 坐标表示边界框的中心，w 和 h 分别为边界框相对于整张图片的宽和高，预测的置信度表示目标的预测边界框与任意一个真实边界框的IOU值。

每个网格单元也同时预测 C 个类别的条件概率，即 $\Pr(\text{Class}_i \mid \text{Object})$。这些条件概率值表示该网格单元包含某目标的可能性。同时每个网格单元只预测单个类别集合的概率，而不考虑某个类别有多少个边界框在该网格单元里面。

在测试阶段,将类别条件概率乘以某个边界框预测的置信度,以获得每个边界框对应每个类别的置信度:

$$\Pr(\text{Class}_i \mid \text{Object}) \cdot \Pr(\text{Object}) \cdot \text{IOU}_{\text{pred}}^{\text{truth}} = \Pr(\text{Class}_i) \cdot \text{IOU}_{\text{pred}}^{\text{truth}} \tag{7.5}$$

YOLO 网络模型将目标检测看作为一个回归问题,这与以分类器为基础的系统相比运行速度相当快,基础的 YOLO 模型可以对图像以 45fps 的速度进行实时目标检测。网络的快速版本 Fast YOLO 可以以 155 帧每秒的速度进行目标检测,同时比其他实时目标检测器保持 2 倍的平均精度(Mean Average Precision,MAP)。

7.2.6 Faster R-CNN 和 YOLO 的比较

为了选取一个合适的目标检测框架应用在微操作系统的目标检测上,对 Faster R-CNN 和 YOLO 的检测性能进行对比。在 PASCAL VOC 2007 数据库中,标准的 Faster R-CNN 框架以 7fps 的速度进行目标检测,mAP 为 73.2,标准 YOLO 网络以 45fps 的速度进行目标检测,mAP 则为 63.4。YOLO 网络在损失一些检测精度的前提下,检测速率要比 Faster R-CNN 框架快几倍。

然而通过实验对比发现,YOLO 网络对输入图像在空间上划分为网格以替代预选区域提取,在检测速度上确实提高了,但对于尺寸相比于划分网格更小的物体识别效果则很差,经常漏检。但如果对网格进行更密集的划分以适应小尺寸物体,则不能兼顾大尺寸物体的识别。

如 ICF 微靶装配系统中需要识别的目标尺寸上差异较大,在显微镜下,一张分辨率为 1280×960 像素的原始图片中,机械手末端微夹持器的典型尺寸为 3000μm(区域占约 300×300 像素),而靶腔的典型直径为 1000μm(区域占约 90×90 像素),靶球的典型直径为 400μm(区域占约 35×35 像素)。在 YOLO 中很难对输入图像进行划分从而兼顾尺寸差别如此悬殊的目标,而且由于微操作系统需要精确定位目标位置,对运行速度要求并不苛刻,因此采用目标检测准确率更高的 Faster R-CNN 作为微装配系统的目标检测框架更为合理。

7.3 微装配系统中的目标检测

在微装配系统进行自动化装配实验时,显微图像包含了工作空间的基本信息,识别图像中的场景信息可以为进行装配提供操作目标的位置与姿态信息,是反馈操作对象信息的重要环节,也是微装配系统工作的关键和基础。显微图像中可能包含多个随机分布在图像的各个位置的目标,并且相互之间可能会有部分遮挡,准确识别并定位显微图像中的有效目标,是进行目标跟踪和智能化装配任务的前提。

与一般的目标检测与定位任务不同,显微图像是在高放大倍率的显微镜下成像得到的,这使得采集得到的图像的成像质量严重依赖于外界环境。由于图像的采集空间尺度只有厘米级大小,在此尺度下物体的分布情况、不同强度和角度的光线的微小变化都会使采集到的图片发生明显变化。装配实验中所采用的靶腔是经过表面光滑处理的纯金属材质,极容易对光线进行反射,靶球则是由透明度高的玻璃或塑料制成,因此显微图像中靶腔和靶球的成像效果对光线变化十分敏感。其次,由于微装配的操作目标尺寸只有数百微米,在此空间尺度下,任何环境中的污迹或微尘很容易落入待检测目标附近,进而在成像过程中容易形成伪目标。再者,在微装配过程中操作目标之间会发生不可避免的相互遮挡情况,这些因素都为目标的自动识别带来了难度。最后,硬件设备在采集显微图像中也会引入一些噪声而影响成像效果。

微装配任务中对检测目标有很多先验知识,如背景、尺寸、长宽比、颜色等特征。利用这些先验知识,可以采用很多目标识别与定位的方法,一般可用统计识别方法、模板匹配法和基于人工神经网络的方法等。

在微装配视觉系统中,传统上进行目标识别首先需要对显微图像进行预处理以滤除环境噪声[150],进行图像分割以得到各独立的目标,然后对图像进行边缘检测、形态学操作等图像操作以提取出目标的轮廓等图像信息。接着对目标所在区域应用特征提取操作以描述目标,压缩图像的信息量,把特征组合为一个固定大小的向量。最后采用如 SVM[151] 等分类算法对特征进行分类,识别出各个目标。

然而,传统方法的目标识别效果严重依赖于目标分割的效果,目标分割则由图像分割算法决定。图像分割需要待分割目标之间具有明显的颜色差异或相隔足够远的距离,而且图像分割算法需要人工定义分割阈值,阈值的选取极容易受到环境噪声或光照条件的影响。假如目标分割效果不好,很难检测出受到部分遮挡或在成像平面中相互重叠的目标。

与上述的传统方法不同,采用卷积神经网络进行目标识别无须进行繁琐的图像预处理操作,或针对待识别的目标研究出复杂的目标分割和特征提取算法。在卷积神经网络中,图像的特征是经网络学习得到的,无须人工进行干预,只需要给卷积神经网络输入原始的 RGB 图像即可得到目标的识别结果。

7.3.1　多目标检测网络结构

在 7.2.6 节,通过比较选取 Faster R - CNN 框架对微装配系统进行目标检测。Faster R - CNN 的基础卷积神经网络可以选用不同的结构,如 ZFNet[152]、

VGG - Net[153]、GoogleNet[147]等。

ZFNet 在 2013 年 ILSVRC 竞赛的图像分类问题上取得了冠军，其网络结构与 AlexNet 类似，但把 AlexNet 的第 3 ~ 5 层的稀疏连接替换为稠密连接，同时把第 1 层感受野尺寸从 11 × 11 变为 7 × 7，第二层卷积层的跨度从 4 变为 2。整体而言，ZFNet 与 AlexNet 网络规模在同一个数量级，但 ZFNet 的网络结构设计得更为合理，在图像识别的性能上比 AlexNet 更胜一筹。

VGG - Net 在 2014 年的 ILSVRC 图像分割和图像分类两个问题上分别取得了第一名和第二名，与 AlexNet 不同的是，VGG - Net 用更多的层，通常有 16 到 19 层，而 AlexNet 只有 8 层。VGG - Net 的另一个特点是，它的所有卷积层用同样大小的卷积核，大小均为 3 × 3。

GoogLeNet 是 2014 年 ILSVRC 挑战赛冠军，是一个具有 22 层的深度网络，采用了稀疏学习的思想，通过稀疏网络的参数来加大网络规模。整体而言，VGG - Net 和 GoogLeNet 在图像识别的性能上比 ZFNet 更优，但网络规模更大，也需求更多的计算资源和时间来训练网络。

经过实验，采用小规模的 ZFNet 即可在微装配系统中取得较好的实验结果，而且在应用时检测单张图像的程序运行时间也满足实际要求。对 ZFNet 网络进行改进后，应用于微装配系统中的目标识别和姿态检测取得了较好的结果。ZFNet的原始网络结构如图 7.10 所示。

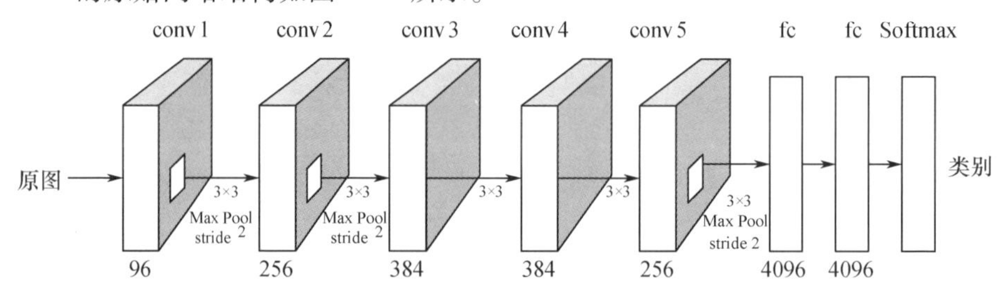

图 7.10　ZFNet 网络结构

ZFNet 输入为 RGB 格式的三通道彩色图像，卷积层 1 共有 96 个卷积核，卷积核尺寸为 3 × 3 × 3，跨度为 2，然后跟着一个 2 × 2 的最大池化层。卷积层 2 共有 256 个卷积核，卷积核尺寸为 3 × 3 × 96，跨度为 2。卷积层 3 共有 384 个卷积核，卷积核尺寸为 3 × 3 × 256，跨度为 1。卷积层 4 共有 384 个卷积核，卷积核尺寸为 3 × 3 × 384，跨度为 1。卷积层 5 共有 256 个卷积核，卷积核尺寸为 3 × 3 × 384，跨度为 2，然后跟着一个 2 × 2 的最大池化层。后面是两个具有 4096 个神经元的全连接层，再接着一个 Softmax 层。整个 ZFNet 网络的可调参数个数计算如下：

卷积层 1 共有 96 × (3 × 3 × 3 + 1) = 2688 个可调参数；

卷积层2共有 $256 \times (3 \times 3 \times 96 + 1) = 221440$ 个可调参数；

卷积层3共有 $384 \times (3 \times 3 \times 256 + 1) = 885120$ 个可调参数；

卷积层4共有 $384 \times (3 \times 3 \times 384 + 1) = 1327488$ 个可调参数；

卷积层5共有 $256 \times (3 \times 3 \times 384 + 1) = 884992$ 个可调参数。

全连接层参数根据卷积层5输出尺寸不同而不同，在 Faster R-CNN 网络结构中，卷积层5后面还需要添加一层输出尺寸为 6×6 的 ROI 池化层规整化其输出，因此实际输出尺寸为 $256 \times 6 \times 6$。

全连接层1共有 $256 \times 6 \times 6 \times 4096 = 37748736$ 个可调参数，全连接层2共有 $4096 \times 4096 = 16777216$ 个可调参数。

因此 ZFNet 的卷积层共有 3321728 个可调参数，全连接层共有 54525952 个可调参数。

7.3.2 ICF 靶装配系统样本预处理

在 ICF 靶装配任务中需要识别装配空间各个目标，如末端执行器和被拾取的对象，其中末端执行器可能有多种类型，如压电陶瓷双晶片微夹持器和真空吸附式微夹持器，而被拾取的对象也有多种类型，如靶腔和靶球。

根据施加到压电陶瓷上的电压不同，压电陶瓷双晶片微夹持器末端会产生张合动作，当微夹持器抓取靶腔后，微夹持器末端会产生形变，并且与靶腔图像连为一体。实验任务中需要获得微夹持器末端的坐标，因此在获取的样本中选定末端区域为微夹持器的目标区域。

真空吸附式微夹持器末端是一个玻璃吸管，具有半透明性，形状具有自相似性。实验任务中需要获得真空吸附式微夹持器末端的坐标，因此在获取的样本中选定末端区域作为其目标区域。

ICF 靶装配实验所用的靶腔是一个金属圆柱形半腔体，直径约 800 ~ 1000μm，长约 1000μm。靶腔并不具有规则形状，当其不同面朝向显微镜时，可以看到不同的形状。ICF 靶装配实验所用的靶球是一个塑料或玻璃材质的小球，直径约 200 ~ 500μm，具有半透明的特性。

在典型的光照条件和无遮挡的情况下获取目标图片，对目标图片进行裁剪，去除背景像素仅保留目标前景像素。然后在裁剪后的图片中选取需要识别的区域作为卷积神经网络学习的目标区域。

处理后的部分样本图片如图 7.11 所示，目标前景掩码是一张二值图像，值为1的部分表示目标前景图片对应位置包含有效的前景像素。目标识别区域掩码也是一张二值图像，值为1的部分表示目标前景图片对应的位置是待识别的目标区域，在合成样本时需要保留该区域的像素。

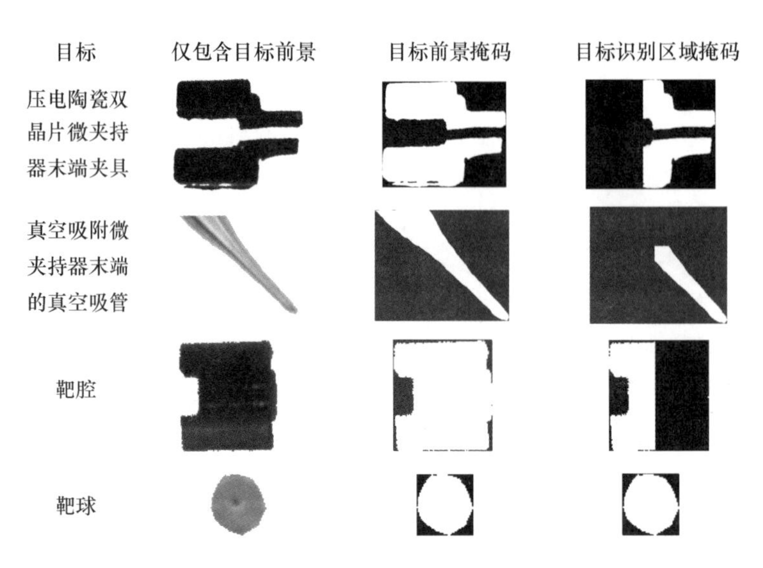

图 7.11　部分预处理样本图片

7.3.3　数据集的生成

在微操作系统中,由于目标十分微小,人工摆放目标到某一个位置是很困难的,因此难以人工获取目标在不同姿态、遮挡和光照条件下的所有样本,只能获取处于典型光照环境下的少量样本图片。泛化能力是指机器学习模型学习不属于训练样本时的适应能力,为了能使卷积神经网络仅从少量可获取的样本中准确学习到待识别目标的特征,增强卷积神经网络的泛化能力是极为重要的。

深层卷积神经网络模型拟合能力很强,在卷积神经网络中即使采取了权值共享和池化的手段,一个规模较小的 ZFNet 的网络仍具有 5700 万个可调参数,如果用于网络训练的样本过少,极容易使网络过拟合,即网络在训练集上可能会得到极小的误差,但在测试集上会得到较大的误差。采集足够的训练样本是提高卷积神经网络泛化能力的重要保障,为了避免卷积神经网络产生过拟合的情况,增强对测试集样本的泛化能力,需要提高训练集样本的多样性与数量。由于微装配目标样本获取困难,因此采用样本扩充技术对微操作目标样本进行了样本扩充操作。

样本扩充技术主要通过对原始样本进行操作从而生成合理的虚拟样本,并将它们添加到原始训练样本集,以扩充训练样本集,有效提高分类器的泛化能力[154]。虚拟样本生成技术是一种提高小样本分类问题分类精度的有效手段。当前的虚拟样本生成技术主要包括:

(1) 基于研究领域的先验知识构造虚拟样本,这种方法要求研究领域先验

知识非常明显或者研究者对研究领域有深刻的认识,才能很好地构造合理的虚拟样本;

（2）基于扰动思想构造虚拟样本,通过对训练样本进行扰动,生成虚拟样本;

（3）基于研究领域的分布函数构造虚拟样本,通过研究领域的分布函数,挖掘部分先验知识,构造出虚拟样本。

在微装配任务中,微夹持器拾取靶腔后靶腔会受到部分遮挡,真空吸附式微夹持器吸附靶球后两者的图像会连在一起,操作过程中靶腔也有可能受到真空吸附式微夹持器的部分遮挡,为了让卷积神经网络能识别出受到部分遮挡的目标,在生成样本时,需要生成受到随机部分遮挡的样本。

针对微装配目标的特点,生成若干张图片对微装配目标进行样本扩充,采用基于扰动思想构造虚拟样本,通过对训练本的某些特征进行变换以生成虚拟样本。每张图片采用随机颜色的纯色作为背景,在此基础上随机选择一个裁剪后的目标样本图片,为了模拟不同的工作环境,对其进行以下变换:

（1）颜色变换,在 HSV 颜色空间中,H、S 和 V 分量随机变换为原值的0.8 ~ 1.2 倍;

（2）伸缩变换,随机伸缩 0.8 ~ 1.2 倍;

（3）旋转变换,旋转一个随机角度;

（4）镜像变换,实验中的压电陶瓷双晶片微夹持器分别有左右两个,因此对该微夹持器目标样本随机进行水平镜像变换。

图 7.12 为部分用于网络训练生成的图片,可见自动生成的图片可以模拟环境光照变化、目标样本相互遮挡、不同姿态的目标样本等复杂状况。

将变换后的样本放到背景图片的随机位置,为了模拟靶球的半透明性,在放置靶球样本时设置其透明度为 70% 。放置样本后检查该样本的目标识别区域被其他已放置样本的遮挡百分比,如果遮挡百分比超出某个值(在实验中设置为 20%),则放弃本次样本添加操作。实验中设置的重复上述步骤以在图片中添加目标样本,直到图片中添加了一定数目的目标样本。

7.3.4　训练方法

训练一个深度卷积神经网络有两种方法,一种方法是初始化网络的参数为随机值,从头开始训练网络。从头开始训练一个卷积神经网络需要准备一个巨大的数据库(百万级数量的图片),并且需要花费大量的时间。这是因为实用的卷积神经网络包括全连接层和卷积层在内具有数千万个参数,若要使得训练的网络权值趋于稳定,需要使网络在训练集中循环进行数十次训练。而用一般的

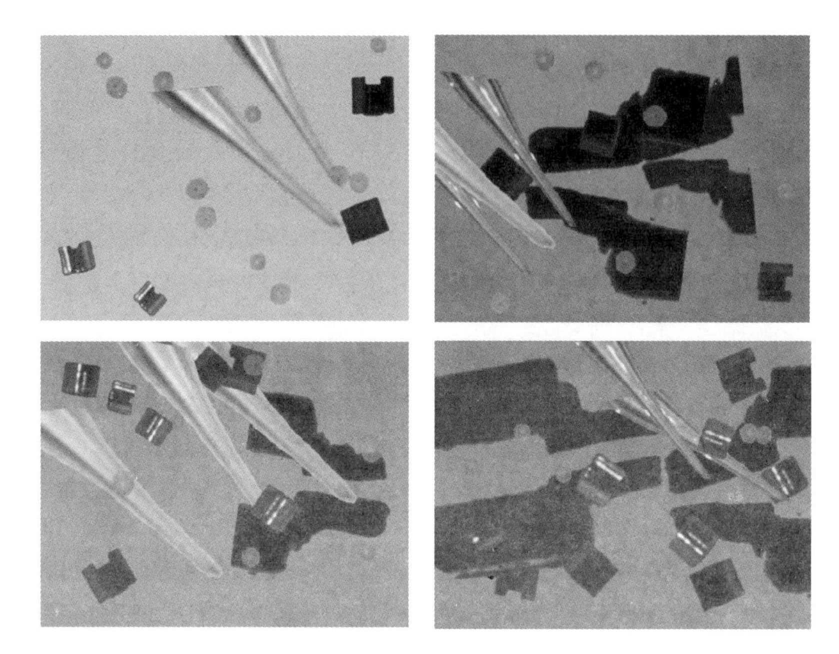

图 7.12　部分随机生成的训练图片

计算机每秒仅可以训练数十张图片，因此每次训练需要耗费大量时间，如 ZFNet 在训练时花费了 12 天的时间。然而在实践中要为具体的任务准备百万级数量的样本是极其困难的，而且需要经常修改网络参数或修改训练集，研究不同参数对卷积神经网络性能的影响，每次修改都要花费十数天的时间去重新训练一个卷积神经网络并不现实，因此除非是专门研究卷积神经网络模型，在应用实践中一般并不采用这种方法。

另一种方法是采用迁移学习方法，即采用在其他数据库上训练好的网络，用新的数据库去微调训练好的网络。

1. 迁移学习

在面对某一领域的具体问题时，通常可能无法得到构建模型所需规模的数据。然而在一个模型训练任务中针对某种类型数据获得的关系也可以轻松地应用于同一领域的不同问题，这种技术叫作迁移学习。借助迁移学习技术，可以直接用预训练过的模型，这种模型已经通过大量容易获得的数据集进行过训练（虽然是针对完全不同的任务进行训练的，但输入的内容完全相同，只不过输出的结果不同）。随后从中提取出输出结果可重用的层。用这些层的输出结果作为输入，进而训练出一个所需参数的数量更少，规模也更小的网络。这个小规模网络只需要了解特定问题的内部关系，同时已经通过预训练模型学习过数据中蕴含的模式。通过这种方式，即可将经过训练检测自然物体的模型重新用于其他领域的问题，如检测微装配系统的目标。目前已有的迁移学习算法可以分为以下三类：

（1）基于采样的知识迁移方法：该方法对传统的 Adaboost 算法框架进行了修改[155]，同时对各个数据样本赋予不同的权值，使得与测试样本分布相似的训练样本获得较大的权值，最后进行一次采样并根据新的训练集构造新的分类器，使采样后的训练样本能提高准确率[156]。

（2）基于公共特征的知识迁移方法：这类方法又可以分为两个方向。第一个是先寻找公共特征子空间，如利用特征选择或共类聚的方法，然后通过特征子空间构造分类模型。另一个方向是寻找经过特征的投影空间，其基本思路是在该投影空间中，训练样本与测试样本有着相似的分布，在该空间中，训练样本有明显的分割。

（3）参数迁移方法：该方法主要用于 Logistic 拟合方法或者产生式分类模型中。其基本假设是分布相似的数据训练出来的分类器也应该比较相似。

2. 用迁移学习方法训练 Faster R – CNN

由于微装配系统可获取的目标样本数目少，即使通过 7.3.3 节的方式可以生成足够数目的图片用于网络训练，但生成更多数目的图片已经没有意义。要进一步强化卷积神经网络的泛化能力，需要采用迁移学习的方法，利用在其他图像数据集上经常出现的视觉模式，如边缘和角点特征，迁移到微装配系统的目标检测网络中。

采用迁移学习的方法，用已经预先在 ImageNet 2012 数据集上训练好的 ZFNet 网络作为微装配系统的基础网络，把预训练的 ZFNet 网络的全连接层移除，剩下的卷积层作为 Faster R – CNN 网络的基础网络，再接上初始权重为随机值的全连接层、分类器和目标位置预测器进行训练。ImageNet 2012 数据集有 1400 多万张自然图片，涵盖了 2 万多个类别，在该数据集训练好的卷积神经网络已经包括了可以描述自然物体的特征。由于微装配系统中的目标也是由这些特征构成的，在预训练好的网络上继续进行训练可以大大加快网络的收敛速度，并且获得更好的泛化能力。

由于 RPN 网络和 CNN 网络是单独训练的，每次训练的时候都会用不同的方式改变卷积层的权值，因此需要采用一种方法使得 RPN 网络和 CNN 网络可以在学习过程中共享表示了特征的卷积层，而不是分别学习得到两个不同的网络。对此，有三种不同的学习方法可以进行特征共享。

（1）交替训练法：该方法首先训练 RPN 网络，接着用 RPN 提取得到的区域去训练一个 Fast R – CNN 目标检测网络，经 Fast R – CNN 目标检测网络微调的卷积层用于初始化 RPN 网络，然后重复上述步骤。

（2）近似联合训练法：在该方法中，RPN 和 Fast R－CNN 网络被整合到一个网络中。在每次随机梯度下降的迭代学习时，把上一次迭代学习后得到的预选区域看作固定的区域用于训练 Fast R－CNN 目标检测网络。在反向误差传播过程中，共享的卷积层对分别来自 RPN 网络和 Fast R－CNN 网络的反向误差信号进行结合。该方法忽略了预选区域的坐标也是属于网络响应的一部分，因此该方法是近似的联合。

（3）联合训练法：正如上面提到，由 RPN 网络预测的预选区域也是输入函数的一部分，Fast R－CNN 网络中的 ROI 池化层接受卷积特征和预测得到的预选区域作为输入，因此一个理论上有效的反向误差求解器应该求解这些预选区域的坐标的梯度，然而这些梯度再近似联合训练法中被忽略了。该方法需要一个对于预选区域坐标是可微的 ROI 池化层，可通过一个 RoI 翘曲层进行解决[157]。

3. 用交替训练法对微装配系统的目标检测网络进行训练

具体步骤如下：

（1）用本章前面介绍的样本扩充方法生成样本的训练集和测试集；

（2）用已经在 ImageNet 预训练的 ZFNet 网络初始化 RPN 网络参数，微调 RPN 网络；

（3）用已经在 ImageNet 预训练的 ZFNet 网络初始化 Fast R－CNN 目标检测网络参数，并用 RPN 网络提取预选区域训练目标检测网络，此时 RPN 网络和 Fast R－CNN 目标检测网络尚未共享任何卷积层；

（4）用训练后的 Fast R－CNN 目标检测网络参数重新初始化 RPN 网络，但固定网络的卷积层，仅仅对 RPN 网络进行微调，此时 RPN 网络和 Fast R－CNN 目标检测网络共享了卷积层；

（5）固定 Fast R－CNN 目标检测网络的卷积层，用微调后的 RPN 网络提取的预选区域对目标检测网络进行最终的微调，在这里两个网络共享了卷积层，共同构成了一个统一的网络。但重复更多的交替训练次数对性能的提升微不足道。

7.3.5 实验结果与分析

目标检测的实验分为两部分：

第一部分是在自动生成的数据集中进行交叉训练验证。自动生成的数据集中共有 5000 张图片，随机选取其中的 4000 张图片用于训练，剩下的 1000 张图片用于验证结果。

第二部分是直接采用从显微摄像头采集的 60 张装配图片进行验证。为了扩充测试集，对采集到的图片进行了小角度范围的随机旋转，该部分的图片样本并不会出现在训练集中。

实验所用的计算机显卡型号为 GTX 980Ti(6GB 显存),在 Ubuntu 14.04 下用 Caffe 和 Matlab R2015b 软件进行编程实验。对应目标检测网络的训练过程,每个阶段均进行 60000 次迭代,网络学习速率为 0.001,在第 30000 次迭代后把学习速率降为 0.0001,各阶段的训练结果如下:

(1) 扩充数据集共生成了 5000 张图片,图片分辨率为 800×600,平均每张图片有 17.89 个样本,总计 71554 个样本,提供给网络进行实验,整个过程耗时约 6h。

(2) RPN 网络训练第一阶段,耗时约 1.5h。训练完 RPN 网络后在训练集中平均每张图片提取了 2392 个包含正样本的预选区域,截取其中的 2000 个预选区域给下一阶段进行训练。

(3) RPN 网络训练第二阶段,耗时约 1.5h。训练完 RPN 网络后在训练集中平均每张图片提取了 2922 个包含正样本的预选区域,截取其中的 2000 个预选区域给下一阶段进行训练。

(4) Fast R-CNN 网络训练第一阶段,耗时约 3h。用于验证的数据集计算得到各类物体的平均查准率(Average Precision, AP)分别为 99.10%、97.15%、90.81% 和 76.80%,平均为 90.97%。

(5) Fast R-CNN 网络训练第二阶段,耗时约 3h。用用于验证的数据集计算得到各类物体的平均查准率分别为 99.18%、98.46%、91.41% 和 78.29%,平均为 91.83%。

应用训练后的网络对微装配系统进行目标检测后部分目标识别与姿态检测结果如图 7.13 所示。

图 7.13 中"末端"表示机械手末端的压电陶瓷双晶片微夹持器,"吸附器"表示真空吸附式微夹持器,目标类型后的数字表示置信度,越接近 1 表示越可信。其中图 7.13(a),(b)是在自动生成的数据集上的检测结果,图 7.13(c)~(f)是在装配图片数据集上的检测结果,输入到网络进行检测的装配图片分辨率为 1280×960,RPN 网络提取预选区域后,选取得分较高的 300 个预选区域进行目标检测。

图 7.14 所示为部分在装配图片测试集上检测失败的结果,其中图 7.14(a)将左机械手末端的一部分误检为一个靶腔,图 7.14(b)则漏检了一个靶球。分析了所有检测失败的目标,发现检测失败的靶腔均是如图 7.14(a)类似的误检状况,容易把属于机械手末端的一部分误检为靶腔,而靶球均为如图 7.14(b)类似的漏检状况,由于靶球半径太小,而且与背景过于相似而导致漏检。

实验结果表明该网络能准确识别并定位有部分遮挡的目标,训练后的网络

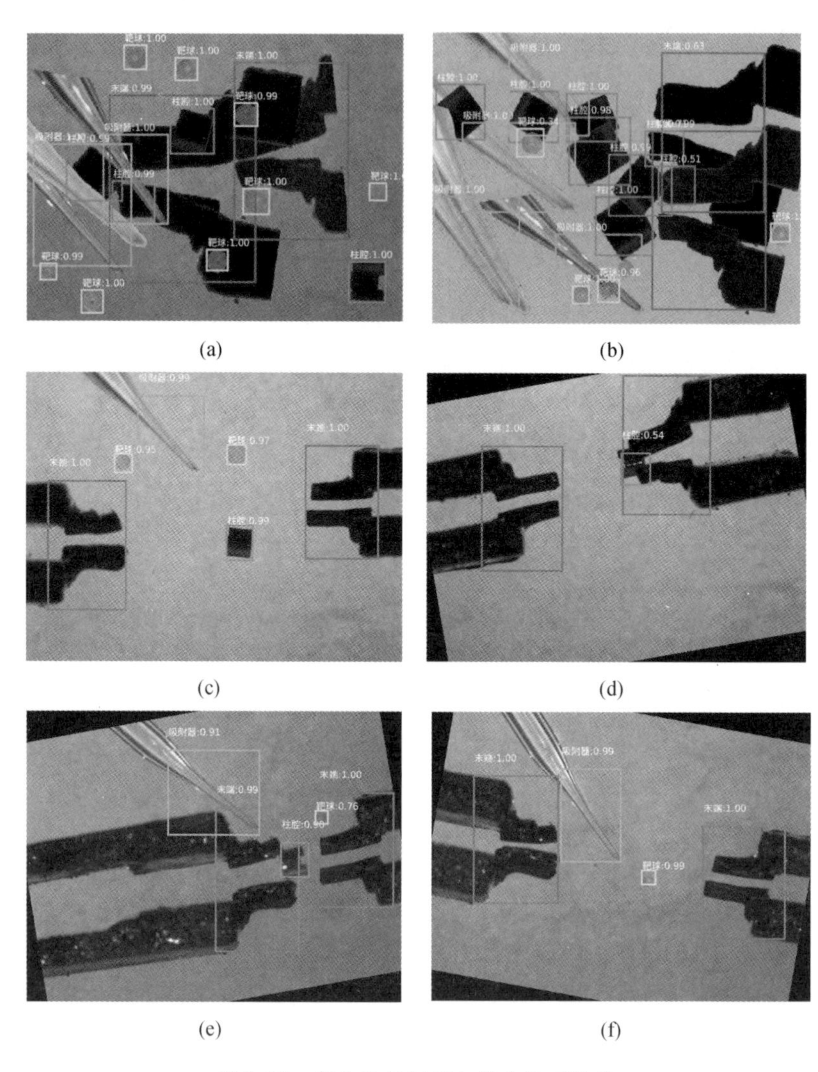

图 7.13　部分目标识别与姿态检测结果

目标检测准确率见表 7.1。

表 7.1　目标检测准确率

目标类别	机械手末端	真空微夹持器	靶腔	靶球	平均准确率
自动生成数据集目标检测准确率	99.18%	98.46%	91.41%	78.29%	91.83%
装配图片数据集目标检测准确率	100.0%	100.0%	96.9%	94.2%	97.8%

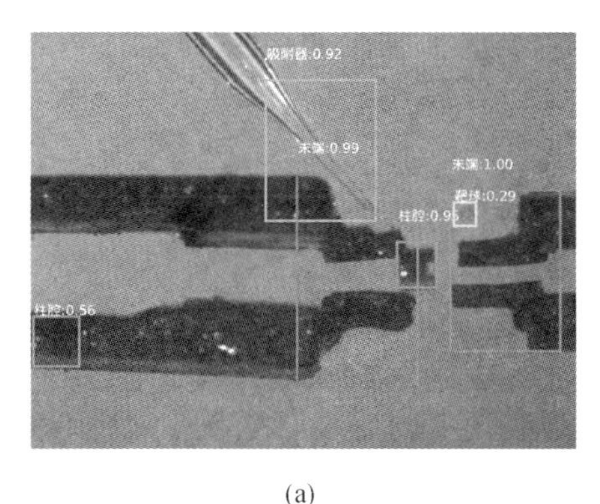

(a)

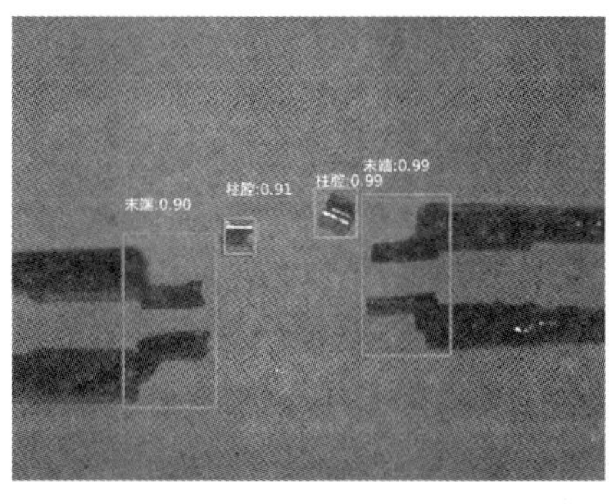

(b)

图 7.14　部分检测失败结果

由表 7.1 可知,在装配图片数据集中的目标检测准确率要高于在自动生成数据集中的目标检测准确率,这是由于为了应对更多复杂的环境,强化卷积神经网络的泛化能力,自动生成的数据集的样本更为复杂,因此卷积神经网络会出现更多的误检、漏检现象。另外,在自动生成的数据集中,靶腔经常与具有相似颜色机械手末端混合重叠在一起,靶球也会经常落入亮度比较小的物体表面,由于靶球的半透明性,靶球无法显现出较为明显的边缘特征,因此无法被卷积神经网络识别出来,这也恰恰证明了卷积神经网络并非依靠“死记硬背”的过拟合来检测出样本目标,也会“遗忘”训练集出现的不合理的样本,而去学习到真正能表达样本的特征。

对微小目标检测,采用不变矩的支持向量机的目标检测平均查准率为 95.89%[158],人工选择特征,采用 BP 神经网络作为分类器的目标检测平均查准率为 95.0%[159],采用传统算法的检测查准率为 83.3%[160],本章介绍的方法目标检测平均查准率为 97.8%[161]。同样是检测受到部分遮挡的靶腔,本章介绍的方法检测查准率为 96.9%[161]。可见在对微装配系统目标识别与姿态检测上,改进的卷积神经网络方法可取得比传统算法更高的准确率。

传统算法需要对目标进行分割、聚类、提取轮廓等操作,完成一次完整的目标检测所需时间一般要数百毫秒[158]甚至更长。改进方法对一张 1280 × 960 的图片目标检测耗时平均为 52ms,比传统算法更快,满足装配系统控制的实时性要求。

7.4　微装配系统中的姿态检测

在微装配系统中,除了需要识别出待装配物体的类别及其准确位置,还需要获取目标的姿态信息。由于在装配作业过程中被拾取对象是随机摆放在操作台上，装配件的方向和末端执行器（微夹持器）的姿态（方向）不确定，因此需要对末端执行器和工件的姿态（方向）进行检测，然后将检测结果反馈到控制器的输入端，以便控制和调整末端执行器的姿态（方向），从而保证装配作业的顺利进行。在微装配实验中需要获取左右手的压电陶瓷双晶片微夹持器、中手的真空吸附式微夹持器和靶腔（凹槽）的方向角，而球形的靶球并不存在方向角属性，无须获取方向信息。对于靶腔而言，实验要求靶腔的凹槽一面正对显微镜，然而由于实验开始时靶腔是随机放置在平台上的，靶腔的凹槽并不一定正对着显微镜，因此在姿态检测中还需要获取靶腔的姿态信息，以便机械手将靶腔调整到正确的姿态（方向）。

采用传统算法进行姿态检测，需要针对不同的待检测对象建立模型[162]。典型的流程是，在图像预处理后综合用如 Canny 算子、形态学等方法对图像进行边缘提取，然后用 Hough 变换或其改进的方法单独检测出线段、圆弧等形状特征。最后，结合对象模型的先验知识，分析形状特征，用形状特征描述待检测对象的实际姿态。显然传统算法进行姿态检测的有效性依赖于能否有效检测出待检测对象的有效边缘，假如检测对象受到部分遮挡，导致描述该对象的边缘特征无法被完全提取出来，则姿态检测的准确度会严重下降。

采用卷积神经网络对微装配系统中的目标进行姿态检测，可以有效克服传统算法的不足。目标检测任务和姿态检测任务有很多相似的性质，目标检测需要用图像特征进行分类和位置回归，姿态检测也需要依赖图像特征进行姿态回归，但是目标检测依赖于图像的抽象特征，姿态检测则更依赖于图像的底层特征，而卷积神经网络的卷积层可以同时提供从底层的边缘特征到表示不同物体部分的抽象特征。

7.4.1 姿态数据预处理

由于原始样本数目太少，因此仍然要采用数据扩充的手段对原始的样本进行数据扩充。在 7.3.3 节数据集生成里面阐述了数据扩充的方法，数据扩充过程有一项是对样本随机旋转一个角度，把这个旋转的角度加上样本的原始方向角，即可得到自动生成的样本方向角，作为样本集的姿态数据。

由于目标的方向角 θ 为 0°到 360°循环（设水平向右的方向为 0°），在 360°到 0°时角度数值会有一个跳变。由于网络是通过反向误差传播的方法对方向角进行训练学习，如果直接用目标的原始方向角作为训练数据，在 0°附近的方向角梯度会变成无穷大，这与实际上情况并不符合，因此无法采用误差反向传播算法直接对方向角的原始值进行训练。

采用方向角 θ 的正弦值 $\sin(\theta)$ 和余弦值 $\cos(\theta)$ 作为网络训练的输入，由于正弦函数和余弦函数均为周期为180°的周期函数,因此可以解决原始角度值跳变的问题。根据网络学习后的方向角正弦值和余弦值可以求出方向角为

$$\theta = \mathrm{atan2}(\cos(\theta), \sin(\theta)) \tag{7.6}$$

由于真实方向角的正弦值和余弦值的平方和恒为1,利用网络输出的这两个值的平方和与1的误差,可以代表所检测角度的可信度。

图7.15所示为带凹槽的靶腔,其中左边的凹槽可见,右边的凹槽不可见,为了在姿态检测中区分出这样的靶腔,在生成靶腔样本时,可见凹槽的靶腔的输入 $\sin(\theta)$ 和 $\cos(\theta)$ 按照实际角度计算,而不可见凹槽的靶腔的输入 $\sin(\theta)$ 和 $\cos(\theta)$ 设置为0,在网络训练完成后,根据网络输出这两个值的平方和,可以区分可见凹槽的靶腔和不可见凹槽的靶腔。

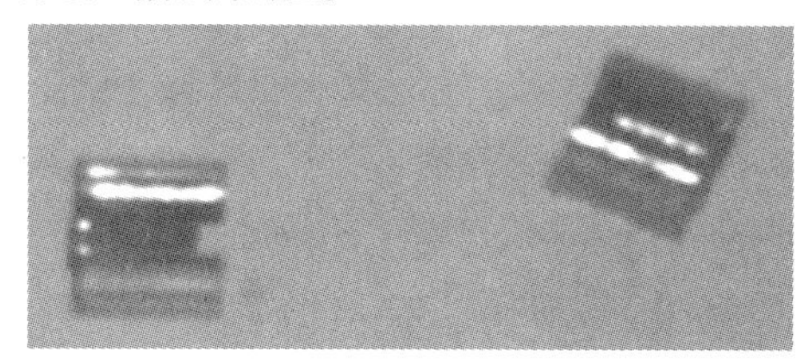

图7.15　带凹槽的靶腔

7.4.2　姿态检测网络结构

对物体进行姿态检测需要选取合适的图像特征来描述物体,为此需要了解卷积神经网络究竟学习得到什么特征。尽管卷积神经网络在图像分类任务中已经获得巨大的进展,但人们对卷积神经网络的内在机理仍然认识不足。尽管如此,这并不妨碍从另一个角度了解到卷积神经网络在对大量样本学习后得到特征的特点。

在对卷积神经网络的可视化研究中[152,163],可以观察到在大型数据库上训练好的卷积神经神网络,更高的卷积层意味着更抽象的特征,如卷积层1表示不同角度的边缘特征,而卷积层2则表示角、点特征,卷积层3等更高层则表示更复杂的组合特征。

Zeiler对卷积神经网络经过学习后的卷积核计算什么样的图片能最大化其响应进行了研究[152],为了使得计算出的图片符合自然图片形式,他在计算过程中采用正则化方法对ZFNet网络的各卷积层进行可视化后,得到的部分结果如图7.16所示。

由图7.16可知,卷积层1表示了不同颜色组合、不同方向的边缘特征,卷积层2则呈现了边角特征,卷积层3呈现了纹理特征,更高的卷积层可以表示更抽

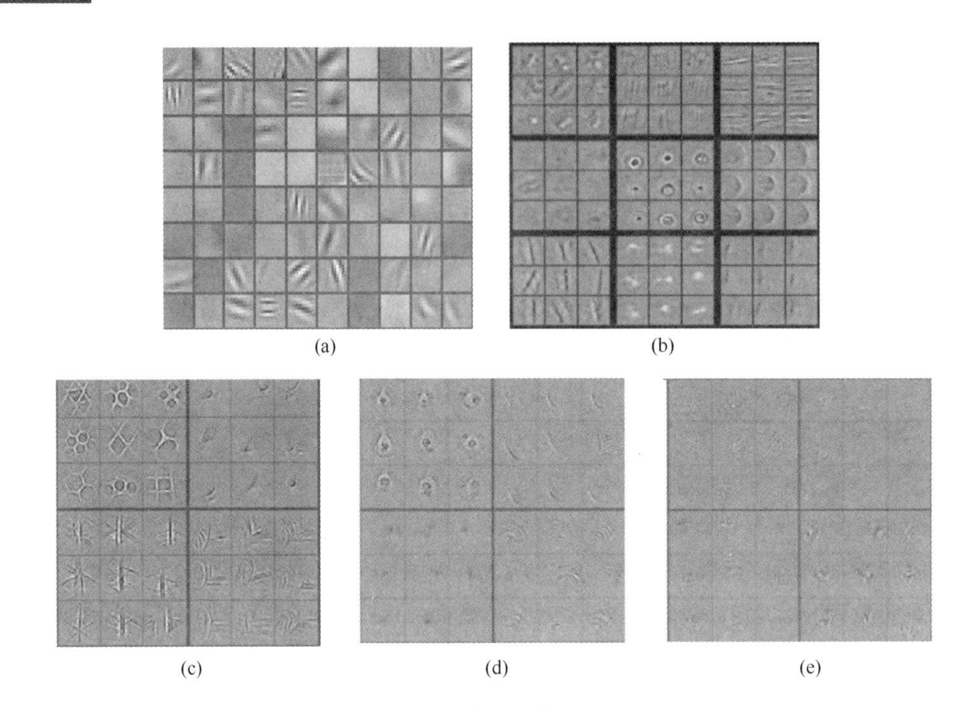

图 7.16　ZFNet 各卷积层部分可视化结果

(a) 卷积层 1;(b) 卷积层 2;(c) 卷积层 3;(d) 卷积层 4;(e) 卷积层 5。

象的特征。可以认为更高的卷积层包含了对场景信息的描述,更低的卷积层则包含了更多关于物体方向的信息,可以用于进行姿态检测。

针对 ZFNet 网络结构,实验对比了分别在各卷积层后面加入 ROI 池化层、全连接层和回归层对样本进行姿态检测,发现在卷积层 1、卷积层 2 和卷积层 3 后面加入姿态检测的效果差不多,卷积层 4 后面加入姿态检测效果最好。但由于卷积层 1 和卷积层 2 的特征图尺寸较大,直接用这两层预测姿态需要更多的参数,而且考虑到姿态检测需要综合利用高层特征描述场景信息,如被遮挡的特征,利用底层的特征判断目标的方向角,试验了综合从卷积层 3 到卷积层 5 的特征,获得了最好的姿态检测结果,完整的姿态检测网络结构如图 7.17 所示。

在 ZFNet 网络的卷积层 3、卷积层 4 和卷积层 5 后面分别加入一个输出尺寸为 6×6 的 ROI 池化层,然后把 ROI 池化层的输出数据扁平化后串接在一起,再依次连接到两个尺寸为 2048 的全连接层上,最后用两个损失函数为 L_1 范数的回归层分别预测姿态角的正弦值和余弦值。

用于目标检测的 ZFNet 网络的用了长度为 4096 的全连接层,在 7.3.1 节计算了卷积神经网络的参数,发现网络参数有 90% 是全连接层的参数。在姿态检测网络中,卷积层 3、卷积层 4 和卷积层 5 经过 ROI 池化层再进行扁平化后数据

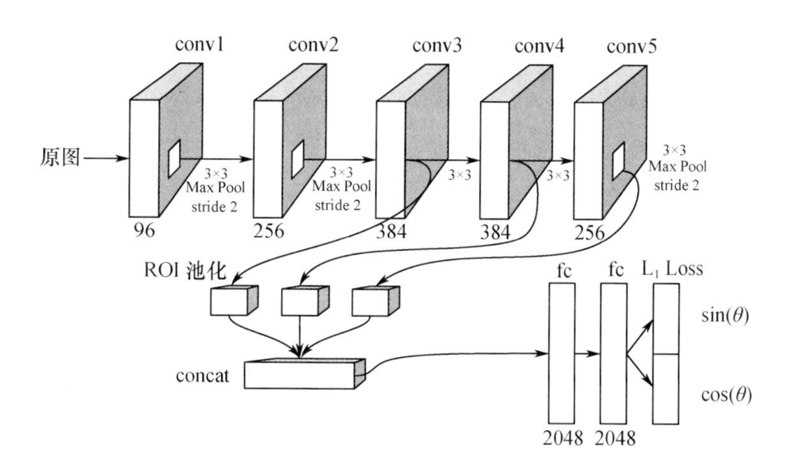

图 7.17　姿态检测网络结构

长度为36864，如果仍然用长度为4096的全连接层，整个网络参数将具有多达1.5亿个参数，这么多的参数很难保证网络不会出现过拟合的现象，因此改为用长度为2048的全连接层，以减小网络规模，减少网络参数，加快网络的训练速度。

7.4.3　训练方法

由于姿态检测网络仅仅卷积层参数是可以直接从预训练的网络中初始化得到，新增网络的权值需要在网络训练学习中得到优化。在线性回归问题中，权值一般初始化为0，这是因为线性回归属于凸优化，在线性回归中从任意一个点出发搜索，最终必然下降到全局最小值附近。然而多层神经网络实质上是一个非凸优化问题，从不同点出发，可能最终困在这个点附近达到局部极小值，此时一阶导数为0，无法用梯度下降的方法继续训练。局部最小值是神经网络结构带来的挥之不去的阴影，随着隐层层数的增加，非凸的目标函数越来越复杂，局部极小值点成倍增长。因而，为了避免一开始就陷入局部极小值点，需要对权值进行合理的初始化。

与一般用高斯分布的随机值初始化新增网络的权值不同，该新增网络的全连接层和回归层用Xavier的方式初始化权值。2010年Bengio组的Glorot[164]提出了一个更合适的权值初始化范围，使隐层激活函数获得最好的激活范围。Glorot用方差为$\frac{2}{n_{\text{in}}+n_{\text{out}}}$的均匀分布初始化权值，其中$n_{\text{in}}$是该层神经元的扇入数，$n_{\text{out}}$是该层神经元的扇出数。用Glorot的权值初始化方式可以更有效地与隐含层用的ReLU激活函数配合，加快卷积神经网络的训练速度。

用 Fast R – CNN 网络可以得到多个经过预测的目标区域，在目标检测里面需要对这多个目标区域边界框进行非极大值抑制，然而在姿态检测中这些区域可以作为训练样本的一部分，达到间接增加训练集数量的目的。得到预测的目标区域后，筛选其中与目标真实区域重叠率大于等于 0.8 的预选区域作为训练样本区域，然后对每一个预选区域赋予对应目标真实方向角的正弦值和余弦值。最后用 Fast R – CNN 网络参数初始化姿态检测网络卷积层的参数，训练姿态检测网络。网络训练一共进行 60000 次迭代，网络学习速率为 0.001，在第 30000 次迭代后把学习速率降为 0.0001。

在用姿态检测网络预测目标方向角时，对于某一个目标区域，可以得到多个预选区域的姿态检测结果，姿态检测输出是角度的正弦值和余弦值。设预测姿态角的正弦值和余弦值的平方和为 s，令 $p=(1-(1-s)^2)$，则 p 越大，姿态检测的结果越接近真实值，对多个预选区域以相应 p 作为该区域的分数进行非极大值抑制，取最接近目标区域中心的预选区域的姿态结果作为该目标区域的姿态预测结果。

实际上姿态检测网络是与 RPN 网络和 Fast R – CNN 网络共享了卷积层，因此姿态检测网络的训练仅仅对新增的全连接层进行训练。在实验中进行训练时同时微调卷积层特征，然后用微调后的卷积层继续训练 RPN 网络和 Fast R – CNN 网络，然而实验发现目标检测的准确率反而下降了。

7.4.4 实验结果与分析

与目标检测实验类似，姿态检测的实验也分为两部分，第一部分是在自动生成的数据集中进行交叉训练验证，第二部分是直接采用从显微摄像头采集的图片进行扩充后的测试集进行实验。

用两个数据集测试的姿态检测误差结果见表 7.2。在自动生成的数据集中，对靶腔的凹槽检测准确率为 99.72%，而在装配图片数据集中对靶腔的凹槽检测准确率为 100.0%。

表 7.2　姿态检测误差

目标类别	机械手末端	真空微夹持器	靶腔
自动生成数据集姿态角检测误差	1.6°	1.25°	1.4°
装配图片数据集姿态角检测误差	1.2°	1.1°	3.0°

图 7.18(a)~(d)是在装配图片数据集中的部分姿态检测结果，图 7.18(e)，(f)是在自动生成的数据集中的部分姿态检测结果。

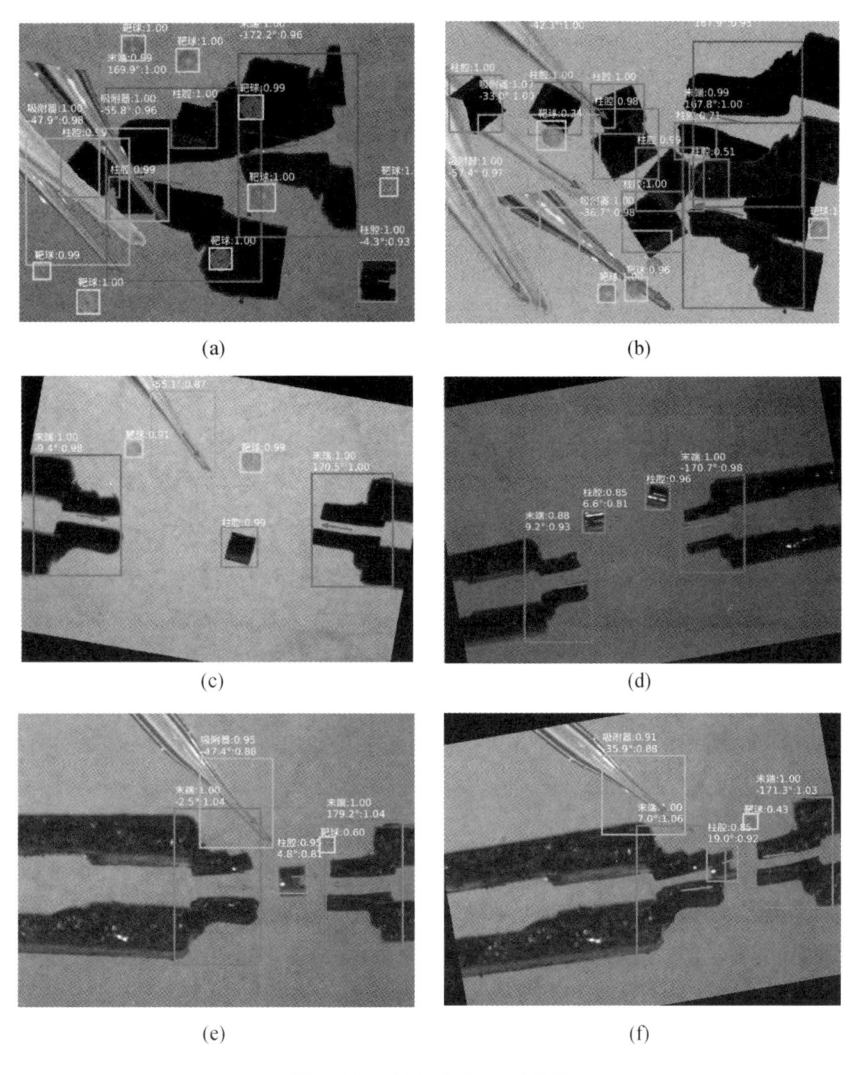

图 7.18　部分姿态检测结果

由图 7.18 可见,机械手末端和真空微夹持器在实际装配图片数据集中的姿态检测误差要比在自动生成的数据集中的误差要小,这是因为自动生成的数据集中的样本要比实际的装配图片更为复杂。

然而靶腔在实际装配图片的数据集中的姿态检测误差要稍大,也比机械手末端和真空微夹持器的误差更大,这是由于机械手末端和真空吸附式微夹持器的尺寸较大,因此其姿态角度检测误差也较小。不同情况遮挡下靶腔姿态检测误差也有所不同,如图 7.19 靶腔的实际姿态角度约为 5°,处于无遮挡状态时预测的姿态角度为 4.4°,检测误差较小,处于部分遮挡时预测的姿态角度为 10.7°,误差较大。

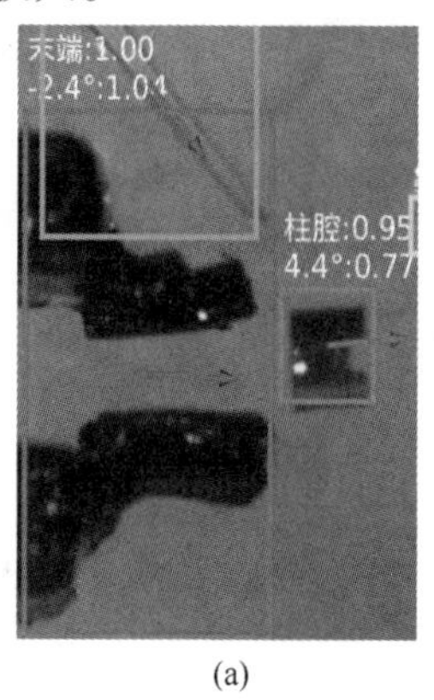

(a)

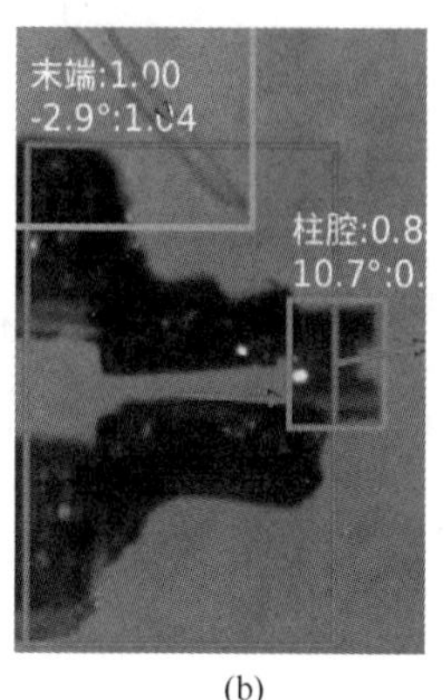

(b)

图 7.19 不同遮挡情况下靶腔姿态检测结果

(a) 未受遮挡靶腔检测结果;(b) 部分遮挡靶腔检测结果。

无遮挡状态下的目标姿态检测误差与根据目标轮廓信息拟合角度的传统算法的误差相当,但由于传统算法无法有效地检测出有部分遮挡的目标,因而改进的方法可弥补传统算法的不足。传统算法需要对检测目标姿态需要进行分割、聚类、边缘提取、霍夫变换等操作,完成一次完整的目标检测所需时间一般要数百毫秒甚至更长。本章介绍的改进方法对一张 1280×960 的图片姿态检测耗时平均为 52ms,满足装配系统控制的实时性要求。

7.5 本章小结

本章介绍了卷积神经网络及其对图像分类和目标检测的原理,分析了目前流行的 Faster R-CNN 和 YOLO 两个卷积神经网络框架和各自的优缺点,并针对微装配系统显微图像的特点选取 Faster R-CNN 网络作为目标识别和姿态检测的架构。由于微装配系统样本获取的单一性和数量的不足,采用数据扩充方法,生成姿态各异且具有部分遮挡的复杂目标图像,采用扩充后的数据集对卷积神经网络进行训练的实验结果表明,训练后的卷积神经网络可以有效检测出实际装配图像中的目标。针对现有方法不能有效检测出受到部分遮挡目标姿态的问题,在 Faster R-CNN 框架的基础上增添一个姿态检测子网络对微操作系统目标进行姿态检测,通过对目标姿态角进行变换和采用反向误差传播算法对姿态角进行训练,实验结果表明,经过改进后的卷积神经网络可以有效检测出有部分遮挡的目标图像的姿态,并且满足实时性要求。

第8章 微夹持器

8.1 引言

微夹持器是微装配机器人系统重要组成部分,作为微装配机器人的末端执行器,其主要功能是实现对微小对象(零件)进行拾取、运送和释放操作,并可完成一定的装配动作。由于操作对象的材质、形状和几何尺寸的不同,需要研制不同类型的微夹持器来满足对不同类型操作对象的可靠操作。

微夹持器技术是微操作机械手实现微零件夹取和姿态调整的重要保证。微夹持器应具有重量轻和体积小等特点,同时还需有合适的夹持力和夹取范围。根据采用的驱动方式不同微夹持器可以分为静电式微夹持器、压电式微夹持器、电磁式微夹持器、形状记忆合金微夹持器、真空吸附式微夹持器等,下面分别对这几种类型微夹持器的原理进行简要介绍。

(1) 静电式微夹持器:通过电场使电极间的电荷产生驱动电极产生平移或旋转的吸引力或排斥力,从而产生夹取动作的微夹持器。作为表面力的一种,单位质量的静电力和微夹持器的尺寸是成反比的,即尺寸越小静电力越大,而电压驱动的形式很便于控制,因此静电式微夹持器是一种广泛应用的微夹持器。

(2) 压电式微夹持器:根据压电陶瓷的逆压电效应,将电能转换为机械能,从而产生夹取和释放动作的微夹持器。由于其具有结构紧凑、夹取精确度高、夹取动作响应快、容易控制等优点,在微操作机器人领域得到广泛应用。

(3) 电磁式微夹持器:利用电磁力驱动微夹持器末端产生夹取动作,电磁式微夹持器可以获得较大的末端开合位移,而且夹取释放响应快,但是由于电磁线圈体积较大,使电磁式微夹持器难以实现微型化。

(4) 形状记忆合金(Shape Memory Alloy,SMA)微夹持器:利用形状记忆合金的形状记忆效应,通过对形状记忆合金进行温度控制,使其发生形变,从而产生夹持力。利用SMA丝绕制成的螺旋弹簧可以输出较大的位移,适合小负载、高精度的微操作领域,但是SMA热相变受环境温度的影响较大,响应速度较慢。

(5) 真空吸附微夹持器:利用真空吸附原理在吸管的末端产生正、负气压,从而实现对微零件的吸取与释放操作。真空吸附微夹持器结构紧凑,干净清洁,吸附力大,容易控制,被认为是最理想的微夹持器。但是真空吸附微夹持器对于被吸取物体的形状、材质和大小等都有着严格的要求,主要适用于一些表面光滑、易碎、重量较轻的物体。

上述几种微夹持器具有各自独特的优点和缺点,在微操作领域有着不同的适用对象和应用范围,其中以真空吸附微夹持器和压电式微夹持器应用最为广泛,本章将分别介绍由华中科技大学黄心汉教授团队研制的这两种微夹持器的工作原理、设计方法和系统装置。

8.2 真空吸附微夹持器

8.2.1 工作原理

在微装配机器人系统中,对一些表面光滑易碎的球状和颗粒状的微小物体(零件)的操作是一件比较困难的事情,在缺乏有效的操作工具之前通常采用人工在显微镜下利用动物毛发对微零件的静电吸附作用进行手工操作,操作难度大,可靠性和效率低。这不仅因为操作对象的几何尺寸微小(通常为微米或亚毫米级),采用夹镊方式和静电吸附方式操作不便,同时,拾放过程的黏着力处于主导地位,相对于黏着力和静电作用力而言,微小物体的重力和惯性力可忽略不计。因此,在操作微小物体时,主要问题不再是拾取过程,而是释放过程,即不仅要考虑拾取操作的方便可靠,更重要的是在释放过程中能有效地克服黏着力和静电力的作用,同时还要保证释放操作有效准确。

在分析比较不同类型的驱动方式的基础上,对表面光滑、易碎的操作对象,根据真空吸附原理设计的真空微夹装置是一种合理可行的方案。该装置由玻璃吸管、真空系统和控制器三部分组成。玻璃吸管是末端执行器,由它的尖端来操作表面光滑和易碎的球状和颗粒状微小零件;真空系统由压力源、压力调节阀、真空发生器、开关阀和真空软管构成,由它来产生玻璃吸管末端的正负气压;控制器实现对真空系统中的压力调节阀和开关的控制,使真空系统能根据微装配作业的要求,在适当时候产生适当大小的正负气压,负压时,可使玻璃吸管的尖端牢牢地吸取零件,正压时,将零件准确地"吹"放到装配点上。

8.2.2 尺度效应与微夹持器

第1章我们曾介绍过"尺度效应"。作用于物体的外力可以分为体积力和表面力,表面力是指分布在物体表面上的力,如表面张力、静电力和范德华力等;体积力是指分布在物体体积内的力,比如重力和惯性力。表面力与特征尺度的一次幂或二次幂成正比,体积力则与特征尺度的三次幂成正比。由于对应的幂次不同,随着尺度的变化,支配物体表征的体积力和表面力的大小会发生变化。根据研究经验与观察,分界点大致在毫米量级。在实际中,传统的机器人宏观装配,在操作手抓取物体、移动物体、释放物体的过程中,物体的重力起主导作用。而当物体尺寸小于1mm或物体重量小于10^{-6}kg时,范德华力、表面张力和静电力等黏着力将大于重力、惯性力等体积力,此时微器件的表面效应将取代体积效应占支配地位,这就是所谓的微操作的"尺度效应"。

对于亚毫米级和微米级的物体而言,黏着力超过重力起主导作用。因此,在真空吸附力分析中,必须考虑微零件与工作平台以及微零件与吸管的黏着力。在拾取和移动微零件的过程中,黏着力的存在可以让微零件和微夹持器更好地黏着在一起,提高拾取的可靠性。而在释放过程中,由于黏着力的存在,微零件很容易黏着在微夹持器上,从而很难实现稳定而精确的释放操作,给微装配增加了不确定性因素,甚至有可能导致微装配作业的失败。因此,研究微装配中的黏着力,对微夹持器的设计和研制具有重要意义。

8.2.3 黏着力分析

前面已经提到,微小物体操作中粘着力十分重要,黏着力主要由静电力、范德华力和表面张力三部分组成。

1. 静电力F_{el}(Electrostatic Attraction and also Repulsion,EAR)

静电力F_{el}是带电物体间的库仑力,其大小为

$$F_{el}=\frac{1}{4\pi\varepsilon_0}\frac{\varepsilon-\varepsilon_0}{\varepsilon+\varepsilon_0}\frac{Q^2}{(2d^2)} \tag{8.1}$$

式中:ε_0、ε分别为空气和物体表面的介电系数;Q为物体的电量;d为物体之间的距离。为了减小静电力的影响,可采用传导表面静电的方法或对周围环境进行电离。

2. 范德华力F_{vdw}(Van Der Waals Force,VDWF)

范德华力F_{vdw}是运动电子之间的作用力,其大小有以下近似关系:

$$F_{vdw}=\frac{H\cdot r}{6\cdot d^2} \tag{8.2}$$

式中:H为Hamaker系数;r为物体的半径;d为物体与接触面之间的距离。Hamaker系数与物体表面的粗糙度有关,表面光滑时,Hamaker系数大,相反,表面粗糙时,Hamaker系数较小。

3. 表面张力F_{cap}(Capillary Force,CF)

表面张力F_{cap}是最重要的黏着力分量,它是由于空气湿度而产生的存在于

物体接触面之间的液体薄膜现象而产生的表面张力,其大小近似为

$$F_{\mathrm{cap}}=\pi\cdot D\cdot\gamma \tag{8.3}$$

式中:D 为接触面直径(即液体薄膜的直径);γ 为亲水系数。显然,疏水性表面的物体和干燥的空气环境可减小表面张力。

对于微米和亚毫米级微小物体,上述三种黏着力分量与重力之间的关系如图 8.1 所示。

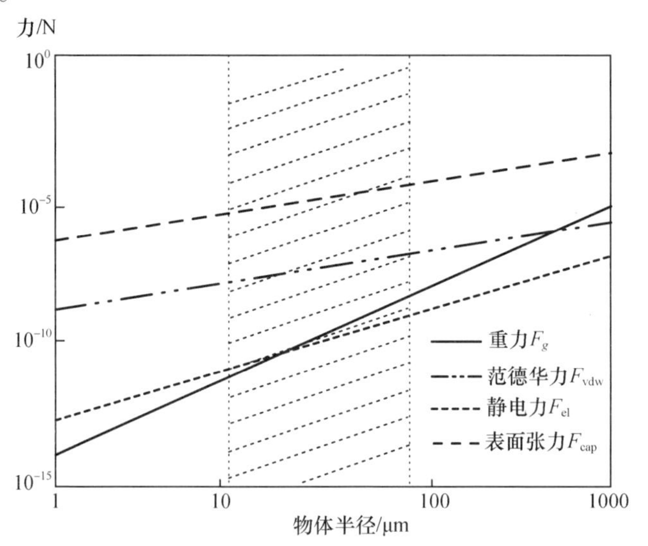

图 8.1　重力和黏着力分量

8.2.4　吸取与拾放

1. 吸取条件

$$F_{\mathrm{vac}}>\sin(\alpha)(F_g+F_z)-\cos(\alpha)F_x-F_n \tag{8.4}$$

式中:F_{vac}为吸取力;F_g 为重力;F_z 为微粒与台面的黏着力(垂直方向);F_x 为切向黏着力;F_n 为吸管与微粒的黏着力;α 为吸管与台面的夹角。由图 8.1 可知,若物体半径在 10~100μm 之间时(阴影部分),相对于黏着力($F_{\mathrm{vdw}}+F_{\mathrm{cap}}+F_{\mathrm{el}}$),重力 F_g 可忽略不计,则式(8.4)可简化为

$$F_{\mathrm{vac}}+F_n>\sin(\alpha)F_z-\cos(\alpha)F_x \tag{8.5}$$

由式(8.4)和式(8.5)可知,增大 F_{vac}或 F_n 可提高装置的吸取能力。如果平台或微粒的表面比较粗糙,即它们之间的有效距离较大时,F_z 和 F_x 会消失,此时只要克服微粒的重力,依靠吸管与微粒之间的黏着力就可将微粒吸取,而无须真空吸力 F_{vac},即

$$F_n > \sin(\alpha) F_g \tag{8.6}$$

2. 释放条件

$$F_n < \sin(\alpha)(F_g + F_z) + \cos(\alpha) F_x \tag{8.7}$$

若忽略重力作用,式(8.4)可简化为

$$F_n < \sin(\alpha) F_z + \cos(\alpha) F_x \tag{8.8}$$

比较式(8.5)和式(8.8)可知,吸取和释放的条件对黏着力有相反的要求,即吸取操作时要求吸管尖端直径大些(吸管与微粒的黏着力 F_n 与吸管尖端直径大小成正比),而为了容易释放微粒,又要求尖端直径小些,因此,在设计吸管的形状和尺寸时要综合考虑,使之符合上述要求。

8.2.5 吸管的材料、几何形状与尺寸

吸管通常采用碳酸钠或碳酸硼玻璃细管,在专用的拉制器上拉制出符合要求的尖端尺寸和形状,采用上述材料和工艺加工的玻璃吸管具有管壁均匀、表面光滑、形状可变等优点。

吸管尖端尺寸的设计是十分重要的。前面已经分析过,吸取操作时,为了增加吸附力,要求尖端直径大些;而为了容易释放微粒,减小吸附力,希望尖端直径尽可能小些。因此在设计吸管尖端直径时应兼顾吸取和释放两方面的要求。根据有关资料和实验结果,在空气湿度为 25% ~ 40% 时,最佳的尖端尺寸大约为微粒尺寸的 25% ~ 50% 。同时要考虑到操作过程的方便与可靠性,从可靠性考虑吸管应尽可能短些,从方便操作和视觉因素考虑,吸管应尽可能长些。综合两方面的因素,尖端长度大约为 3 ~ 5mm,吸管内径大约为 1mm。为了保证操作时有一个好的视角,倾斜角可取为 45°。图 8.2 所示为吸管的形状和几何尺寸,图 8.3 所示为在倾斜角为 45° 时,对 100μm 大小的微粒不同尖端尺寸吸取与释放的成功率。实际应用中,真空吸管通常采用碳酸钠或碳酸硼玻璃细管,在专用的拉制器上拉制出符合尖端尺寸要求的吸管,这种工艺制作出来的玻璃吸管有着玻璃管壁均匀、玻璃表面很光滑等优点。

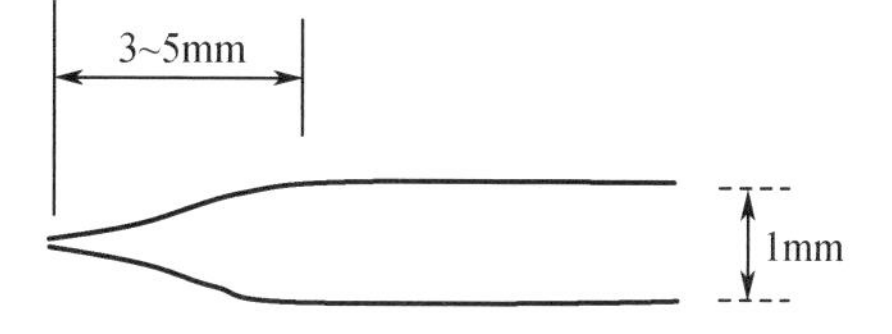

图 8.2 吸管的形状与尺寸

8.2.6 真空系统的构成与控制

真空系统的结构如图 8.4 所示,由真空单元和控制单元构成。

真空单元的核心部分为真空发生器,它的高压端由气压源和一个线性压力调节阀控制,控制调节阀的开度可调节真空发生器输入气压的流量,开关 1(二

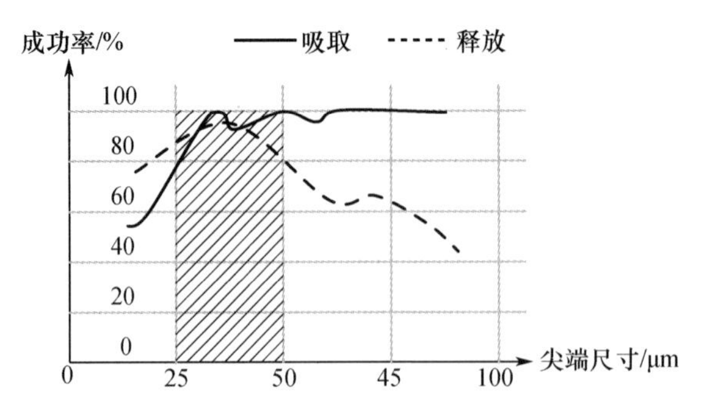

图 8.3　吸取与释放的成功率

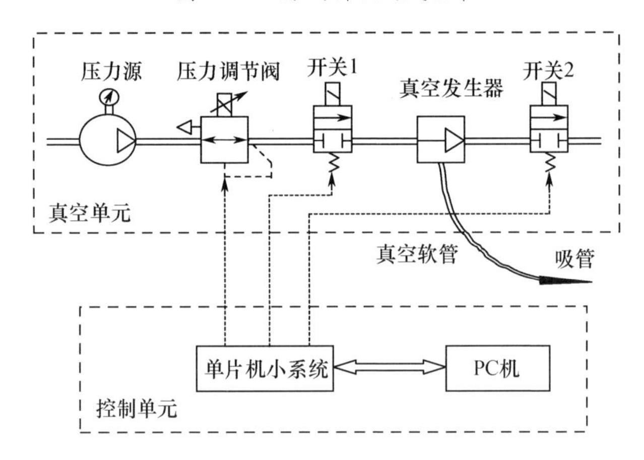

图 8.4　真空系统的构成与控制原理

通阀)用于开启和关闭系统,开启时为真空发生器提供合适压力的气流;开关 2(二通阀)的两种状态分别为"负压"(开)和"正压"(关)状态。真空发生器通过具有一定抗压性能(正压和负压)的软管与吸管连接。

控制单元由单片机小系统构成,实现对真空单元的压力调节阀和开关 1 与开关 2 的实时控制,其控制命令由上位机(PC 机)给出,与微操作机械手的控制命令相配合,具有四种不同的控制模式,即待命模式、真空模式(负压吸取)、保持模式和压力模式(正压释放),吸取力和释放力的大小通过控制压力调节阀的开度进行调节。真空系统的工作模式如图 8.5 所示。

8.2.7　实例

本实例给出的全自动真空吸附微夹持器由华中科技大学智能与控制工程研究所研制[58,165]。

要求:操作对象为直径 ϕ200 ~ 800μm 的中空微小球形物体(微球),该球形

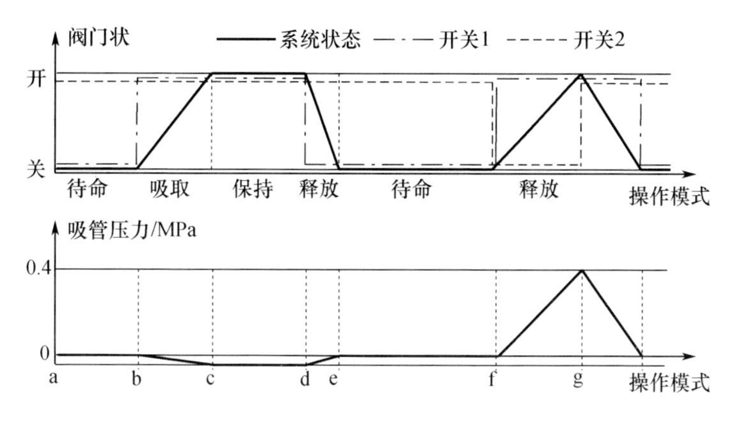

图8.5 真空系统工作模式

物体的材质是玻璃或PS等有机材料,壁厚为20~35μm,采用真空吸附原理设计微夹持器实现对微球的吸取和释放操作。

微夹持器设计:根据操作对象特点,采用真空吸附原理设计微夹持器装置,该装置由真空单元和控制单元两部分构成,如图8.6所示。

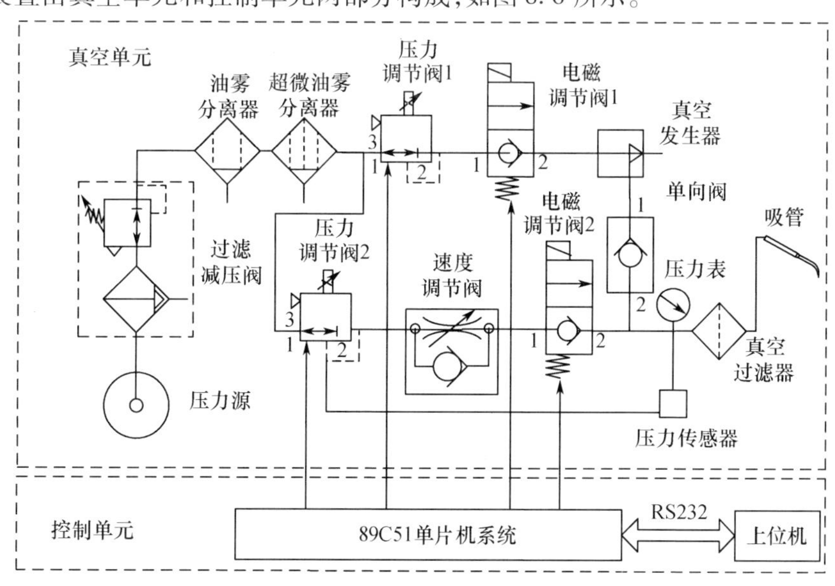

图8.6 真空吸附微夹持器结构图

真空单元主要由压力源、压力调节阀、真空发生器、2个电磁调节阀(电磁开关)和真空吸管构成。控制单元由单片机小系统构成,由它接收上位机的指令控制真空单元的压力调节阀(开度)和2个电磁调节阀(开关),从而在真空吸管的末端输出负压(吸取)或正压(释放),实现对微球的操作。

工作原理:如图 8.6 所示,当真空单元的电磁开关阀 1 开启、电磁开关阀 2 关闭时(由控制单元控制),压力源为真空发生器提供合适压力的气流(气流压力由控制单元调节压力调节阀的开度控制),使真空吸管内产生负压,从而在吸管末端产生吸附力吸取微球。当电磁开关阀 1 关闭、电磁开关阀 2 开启时,真空发生器无合适工作气流,压力源通过压力调节阀为吸管提供释放微球的正压力。

在真空单元,高压气源通过过滤减压阀和压力调节阀控制气路中的气压值,过滤减压阀可滤除高压气源中的杂质,保证进入气路内的气流清洁和压力稳定;单片机控制压力调节阀输入电压的大小改变阀门的开度,实现对气路的压力调节。微夹持器系统气路内理想气压为 0.35MPa,工作电压为 24V,最大负压为 -0.086MPa,最大正压为 0.4MPa。真空系统的指标见表 8.1。

表 8.1 真空系统的指标

压力源气压	工作电压	最大空气流量	输出最大负压	输出最大正压
4bar	24V	0.12L/s	-0.086MPa	0.4MPa

为了保证系统的安全和可靠性,在压力源和压力调节阀之间加入了过滤减压阀、油雾分离器、超微油雾分离器,过滤减压阀由减压阀和空气过滤器构成,减压阀可以保证气路内压力稳定,空气过滤器、油雾分离器、超油雾分离器配合使用,可以清除从压力源进气的异味、水分、尘埃和油雾,过滤精度为 0.01μm。由于操作对象(微球)微小,在释放过程中,若气流量太大容易导致微球不能稳定释放,因此在压力调节阀与电磁开关阀 2 之间加入一个速度调节阀,以调节释放微球时气流的压力。

电磁开关阀 1 和 2 由单片机控制,当电磁开关阀 1 开启、电磁开关阀 2 关闭时,高压气流通过电磁开关阀 1,经由线性压力调节阀 1(VY1100)给真空发生器提供合适压力的气流,吸管内部为负压,从而产生吸附力。当电磁开关阀 1 关闭、电磁开关阀 2 开启时,真空发生器无合适工作气流,工作气流通过电磁开关阀 2 和线性压力调节阀 2(ITV0010 -2BS)为吸管提供正压,从而产生释放力。ITV2010 -2BS 比 VY1100 的气压低,分辨率高,这样更容易对正压力进行控制。

线性压力调节阀 ITV2010 -2BS 和 VY1100 的输出压力和控制电压的关系如图 8.7 所示。从图 8.7 可以看出当输入电压在 1V 以下时,压力调节阀的输出压力为零。当输入电压在 1 ~5V 之间时,VY1100 的输出压力为 0 ~0.88MPa,ITV2010 -2BS 的输出压力为 0 ~0.1MPa,与控制电压呈线性关系。

由于空气具有可压缩性,气动元件存在非线性,同时在气路中存在压力遗漏的情况,气路中的压力很容易受到干扰而不稳定,因此真空系统内的压力很难精确控制,这对吸附操作的影响不大,因为微零件很轻,可以很容易吸起来。但真

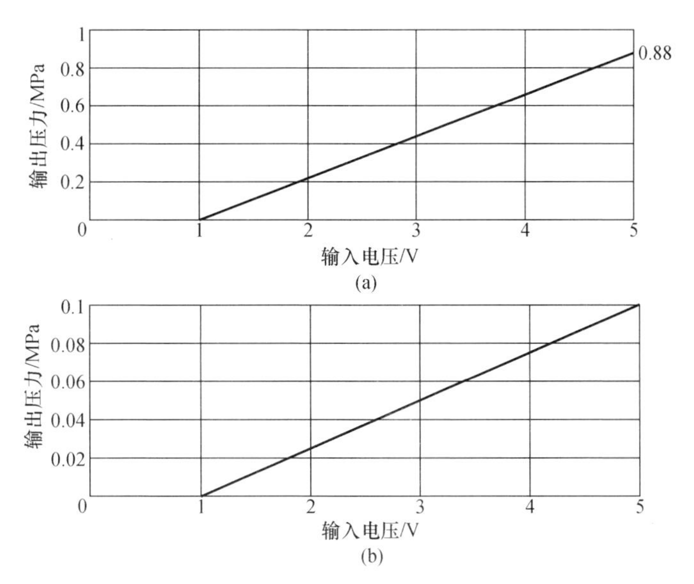

图8.7　线性压力调节阀的输出特性
(a) VY1100阀门输出压力与控制电压关系；
(b) ITV2010-2BS阀门输出压力与控制电压关系。

空气路的不稳定性对释放操作的影响较大，因为释放气压太小，微零件不易被释放，而释放压力过大，微零件又易被吹飞。在实际应用中，为了避免过大正压力将微球吹飞，采用了闭环控制策略，选用微压差压力传感器PSE550来监测吹管处的压力，然后将其反馈给控制器，实现对正压力的闭环控制，从而保证线性压力阀调节阀输出合适的释放压力，大大增加了系统的释放微球的稳定性。闭环控制系统框图如图8.8所示。

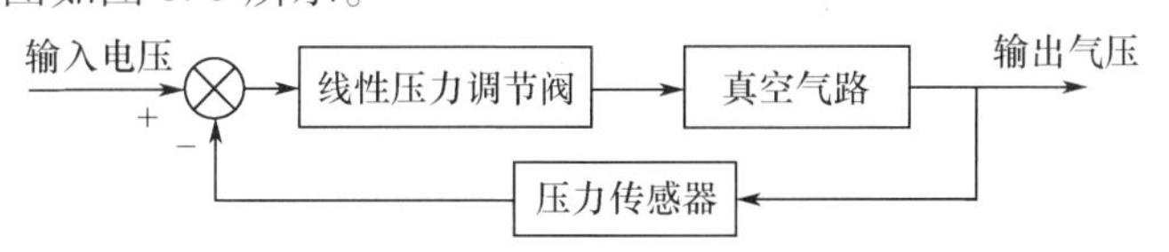

图8.8　真空单元释放环节闭环控制

真空单元零部件连接示意图如图8.9所示。所有真空单元的零部件封装在长30cm，宽20cm，高15cm的仪器箱内（图8.10），图8.11为真空单元零部件安装位置布局图。

在安装真空气路时，要保证空气组合单元竖直释放，以便利空气组合单元的排水操作，否则空气组合单元可能无法正常工作，如图8.11所示，空气组合单元竖直固定在真空气路箱的侧面，而其他器件则固定在真空气路箱的底部。微夹持器的吸管安装在机械手的末端（图8.12）。

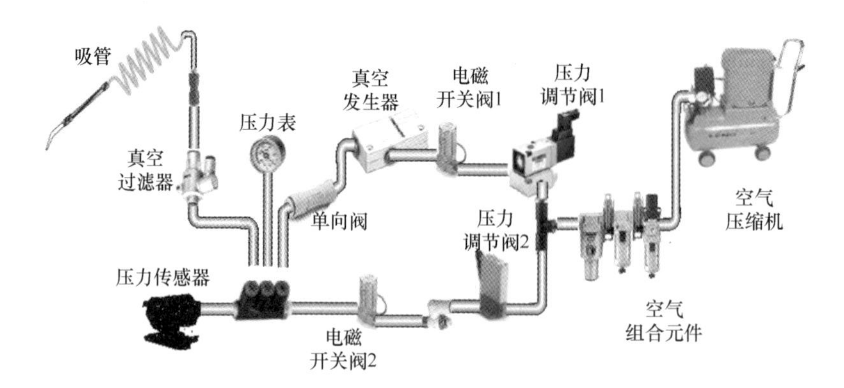

图 8.9　真空单元零部件连接示意图

图 8.10　真空(气动)单元外观图(正面)

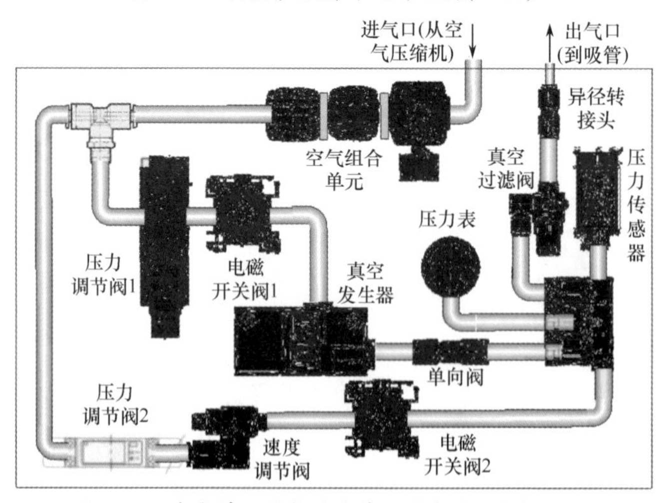

图 8.11　真空单元零部件安装位置布局图(俯视图)

图 8.12　安装在机械手末端的真空吸附微夹持器吸管实物图

8.2.8　真空吸附微夹持器吸取和释放实验

图 8.13 是真空吸附微夹持器对直径为 200μm 的微球目标进行吸取和释放操作过程的视觉图像截图，其中上栏为垂直视觉图像，下栏为对应的水平视觉图像。在吸取和释放过程中，由上位机编制好的软件对获取画面进行图像处理，通过目标识别，图像雅可比矩阵转换，给予运动平台命令，完成真空吸附微夹持器的定位运动，然后由微夹持器模块控制真空吸附微夹持器完成吸取和释放操作。实验结果表明，真空吸附微夹持器可以很好地执行微球的定位夹取、运送和释放操作。真空吸附式微夹持器有较高的吸取、释放成功率，适用于球形、表面光洁、易碎易变形的微零件操作。

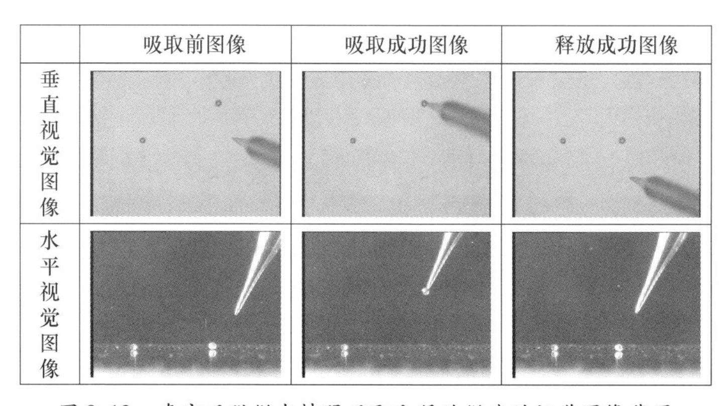

图 8.13　真空吸附微夹持器吸取和释放微球的视觉图像截图

8.3 压电陶瓷双晶片微夹持器

8.3.1 工作原理

压电陶瓷双晶片(Piezoelectric Ceramic Bimorph,PCB)微夹持器是根据压电陶瓷的逆压电效应,将电能转换为机械能,从而产生夹取和释放动作的微夹持器。所谓压电效应,即在外部压力下,压电陶瓷(石英)材料可以产生电荷从而形成电压。反之,当电场作用在石英晶体时,可以使石英材料产生变形,这种现象称为逆压电效应。

通常情况下,压电陶瓷的使用分为两种形式:一种是伸缩式,即是将相同属性的压电陶瓷块叠放在一起,通过施加不同大小和极性的电压,使陶瓷块膨胀伸长或压缩变短,从而产生直线位移,位移量与叠放陶瓷块的多少和施加电压的大小成正比,这种方法产生的内力大,但是位移量比较小。另一种是悬臂梁式,即把两个属性相反的压电陶瓷片叠放在一起(双晶片),当施加同一方向电压时,一片压电陶瓷伸长,另一片缩短,从而使整个压电陶瓷双晶片产生弯曲,这种方法产生的力较小,但是可以产生较大的位移量。

由压电陶瓷双晶片构成的悬臂梁式微夹持器就是根据逆压电效应设计的,根据压电陶瓷数的不同可以分为两类:一类是一片压电陶瓷片和导电体叠放在一起,由压电陶瓷片伸缩来带动整个晶体片的弯曲,我们称为压电单晶片(Unimorph);另一类是由两片压电陶瓷片构成,中间嵌入一层导电体(如导电碳纤维),称为压电双晶片(Bimorph)。压电陶瓷双晶片由于极化方向的不同又分为串行压电双晶片(Serial Bimorph)和并行压电双晶片(Parallel Bimorph)。串行双晶片中,两片压电陶瓷片按极化方向相反的方式进行粘贴;并行双晶片则按极化方向相同的方式进行粘贴。相比较而言,并行双晶片的制造比较困难,但是在同样的外加电压下,并行双晶片产生的位移量是串行的 2 倍。悬臂梁式并行压电陶瓷双晶片的结构和工作原理如图 8.14 所示。

由图 8.14 可知,双晶片的中间为弹性薄片(导电碳纤维),弹性薄片的两侧是压电晶片,它们之间通过胶粘或其他方式固结。当在导电碳纤维和两侧的压电陶瓷晶片表面极间加以适当的电压时,上层压电晶片水平方向膨胀垂直方向收缩,而下层压电晶片在垂直方向膨胀水平方向收缩,从而造成了双层压电晶片的弯曲形变,扩大了压电晶体的变形输出位移(比较单晶片而言)。

式(8.9)为悬臂梁自由端产生的绕度 z 与驱动电压 U 的关系。

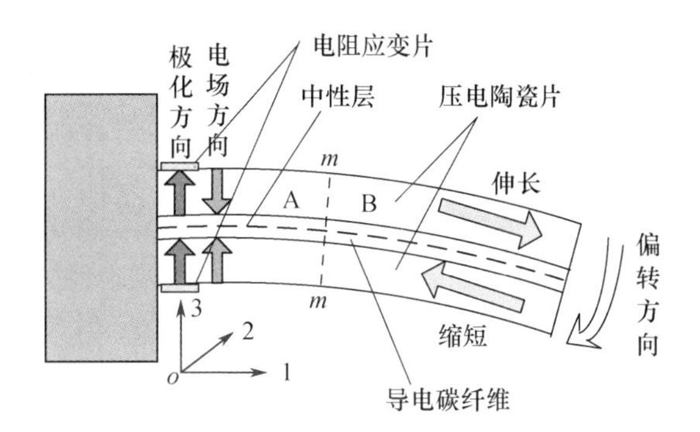

图8.14　压电陶瓷双晶片的结构和工作原理

$$z = \frac{6E_p d_{31} U(h_p + h_m) l^2}{E_p(8h_p^3 + 12h_p^2 h_m + 6h_p h_m^2) + E_m h_m^3} \tag{8.9}$$

式中：E_m 为导电碳纤维层的弹性模量；E_p 为压电层在长度方向上弹性模量；h_p 为压电陶瓷厚度；h_m 为导电碳纤维层厚度；d_{31} 为压电应变系数。

通过上述分析，压电陶瓷双晶片是运用了逆压电效应的原理，双晶片在电压的作用下会发生弯曲，不同的电压方向压电双晶片弯曲的方向不同，不同的电压大小，压电双晶片弯曲的程度不一样。由于微夹持器要夹取的微零件很小，不需要很大的力，而夹取的微零件尺寸范围较大，需要比较大的位移，基于此，采用并行压电双晶片组成双悬臂梁结构构成微夹持器是一种合理可行的方式。

下面介绍由华中科技大学控制科学与工程系智能与控制工程研究所设计与研制的压电陶瓷双晶片微夹持器实例。

8.3.2　压电陶瓷双晶片微夹持器结构设计

压电陶瓷双晶片微夹持器的结构设计和相关几何尺寸如图8.15所示，由2片双晶片、基座和适配器构成。基座为双晶片的固定装置，用于安装和固定双晶片，以及双晶片驱动电源和应变片检测信号的接线端子。同时，基座也是微夹持器与机械手末端的连接装置。基座由直径30mm和厚4mm的圆盘与直径为6mm高5mm的圆柱形凸销组成，凸销用于插入机械手末端电机适配器的凹孔中（紧配合），以保证微夹持器与驱动电机同轴。

图8.16所示为压电陶瓷双晶片末端偏转位移和驱动电压的关系，可以看出，偏转位移和驱动电压成线性关系，当施加最大电压150V时，单个压电双晶片最大的偏转位移约为0.9mm，故双悬梁结构的微夹持器最大的开口变化量为0.9mm×2=1.8mm。从图8.15可知，初始开口大小为1.8mm，则可以夹取的微型零件的直径在0~3.6mm范围内。

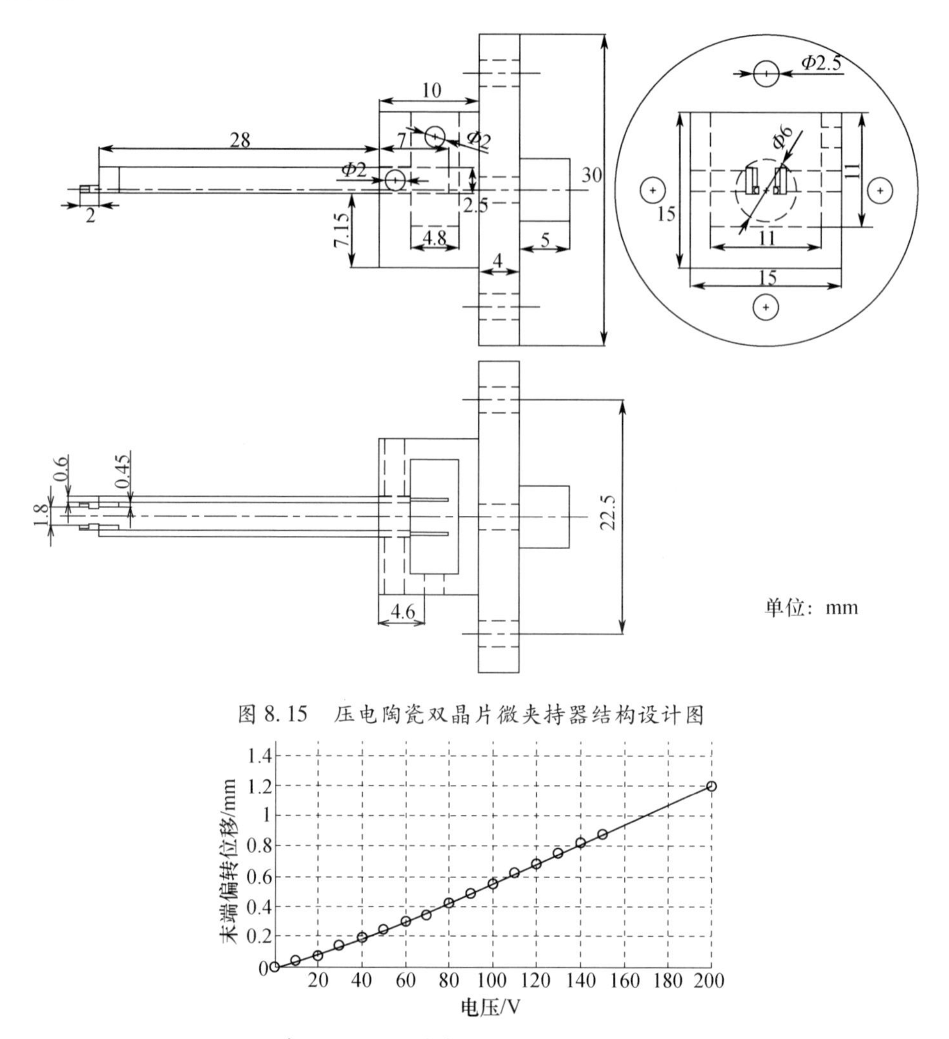

图 8.15　压电陶瓷双晶片微夹持器结构设计图

图 8.16　单个压电双晶片末端偏转位移和驱动电压的关系

为了提高压电双晶片微夹持器的可靠性，使被夹持微零件在夹持过程不出现滑动，在双晶片的夹持端附加一个夹口装置，选用铜质材料加工，夹口装置为梯状，并在表面粘贴 U 形槽和防滑材料，厚度在 30μm 左右。其加工图与相应尺寸如图 8.17 所示。

选用江苏联能生产的压电双晶片 49 ×2.1 ×0.8 制作的压电陶瓷双晶片微夹持器实物如图 8.18 所示。

8.3.3　压电陶瓷双晶片微夹持器的微力检测与实现

由于微夹持器夹取和释放微型零件是一个动态的操作过程，需要实时地检

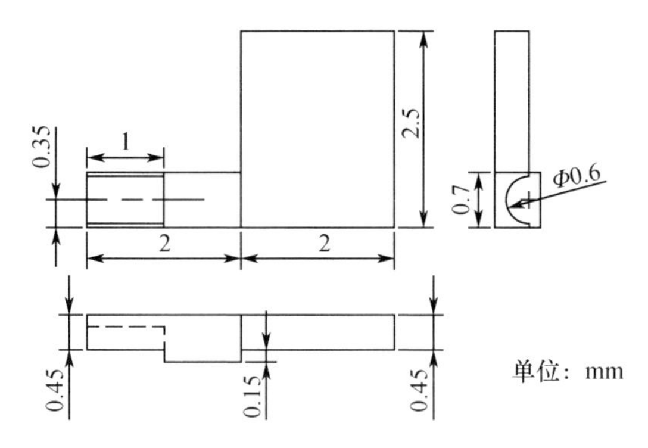

图 8.17　夹口装置加工图

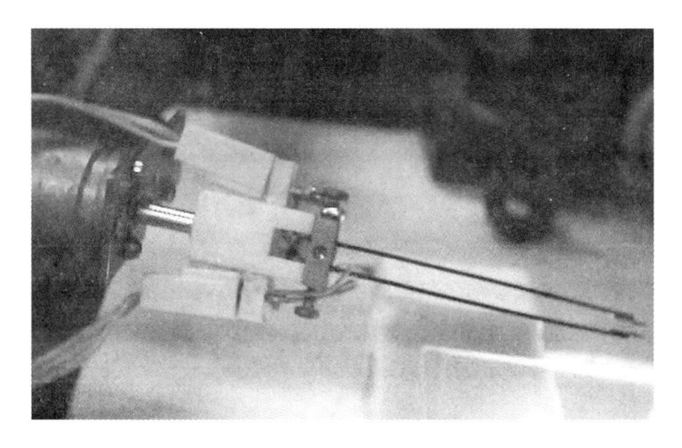

图 8.18　压电陶瓷双晶片微夹持器实物图

测微夹持器末端受到的微力大小,以判断微夹持器是否接触到微型零件和是否稳定地夹取微型零件,同时保证被夹持物不被过大的夹持力损坏。

要满足这一要求,可采用两种方式。一是标定方式,事先根据实验确定好要产生不同的夹持力所需要的驱动电压的大小,使操作中产生的夹持力在合理的范围内。这种方式比较简单,无需增加额外的软硬件。但是由于是开环方法,该方法适应性差,必须与被夹持物的形状、微夹钳的形状、驱动机构的灵敏度等进行配合,当任何一个条件改变之后,都需要重新进行标定,使用比较麻烦。另一种是闭环方式,即在微夹持器上增加微力检测机构,实时检测出夹持力的大小,并将检测结果反馈到控制器的输入端,从而控制和保持夹持力的大小,使夹持力不超过被夹持物能承受的最大外力,避免夹持物的损坏。

集成力感知是微操作系统的一个发展方向,目前常用的微力感知方法有压电效应测量技术、压阻效应测量技术、光学效应测量技术等。其中,压电效应测量技术能够达到微牛顿级的实时测量精度,压阻效应元件能达到毫牛顿级的实时测量精度,而光学测量不仅能够达到纳牛顿级的实时测量精度,而且具有抗电磁干扰、不接触的特点。

从实际的测量精度要求看,直径为1mm左右的刚性微型零件,用微夹持器夹取时的合适微力为毫牛顿级,所以采用基于压阻效应元件的电阻应变计和PVDF方法的实时测量精度能够满足检测要求。

1. 基于电阻应变计的微力检测方法

电阻应变计是一种将被测元件上的应变变化转换成为电信号的敏感器件,它是压阻式应变传感器的主要组成部分之一。电阻应变计应用最多的是金属电阻应变计和半导体应变计两种。其中半导体应变片有较高的灵敏度,但是容易受周围温度影响而变得不稳定。金属电阻应变计又可以分为丝状应变计和金属箔状应变计两种。电阻应变计制成的传感器通常是用特殊的黏合剂将应变计紧密粘贴在将要发生应变的基体上,当基体受到力作用发生应变时,应变计也将随着基体一起形变,从而使应变计阻值发生变化。

以金属丝应变电阻为例,金属导体的电阻值可用式(8.10)表示:

$$R = \frac{\rho L}{S} \tag{8.10}$$

式中:ρ 为金属导体的电阻率($\Omega \cdot cm^2/m$);S 为导体的截面积(cm^2);L 为导体的长度(m)。

当金属丝应变计受外力作用发生形变时,其长度和截面积都会发生改变,由式(8.10)可知,金属丝应变计的电阻值会发生改变。假设金属丝受外力而伸长,其长度将会增加,截面积会减少,其电阻值就会增加。而当金属丝受外力而收缩时,其长度将会减小,截面积会增加,其电阻值就会减小。通常,只要测出加在电阻应变计两端的电压变化,即可获得电阻应变计的应变情况。

从材料力学上分析,如悬臂梁的末端受一个外力作用,在悬臂梁的根部的弯矩最大,因此通常选择在双晶片悬臂梁根部粘贴应变计以获得最大的应变信号。为了使接线尽可能简单,同时使力传感器的敏感度尽可能高,通常采用惠斯通桥式(或半桥形式)电路作为检测电路。在双晶片根部的上下面各贴一片应变片,作为应变桥的桥臂(图8.14)。

根据材料力学、弯矩平衡方程以及惠斯通电桥电路特性,可以得出微夹持器夹持力 F 与应变输出电压 V 的关系为

$$F = \frac{E_p w d_{31}(h_p + h_m)V}{l - l_0} - \frac{E_p w(8h_p^3 + 12h_p^2 h_m + 6h_p h_m^2)v_1 + E_m w h_m^3 v_1}{3V_q K_f K_y(2h_p + h_m)(l - l_0)} \tag{8.11}$$

式中:E_m 为导电碳纤维层的弹性模量;E_p 为压电层在长度方向上的弹性模量;h_p 为压电陶瓷厚度;h_m 为导电碳纤维层厚度;d_{31} 为压电应变系数;K_f 为放大电

路的放大倍数；V_q 为惠斯通半桥的电源电压；K_y 为电阻应变片的应变系数；w 为压电双晶片宽度；l_0 为电阻应变片中心位置与固定块的距离。

在实际应用中可选择航天空气动力技术研究院生产 BF(H)120－2AA 型号的电阻应变计，其具体的参数见表 8.2。

表 8.2　BF(H)120－2AA 型号电阻应变计的参数

型号	封装形式	所属系列	阻值/Ω	敏感栅尺寸/mm²	基底尺寸/mm²
BF(H)120－2AA		BF(BH) 酚醛环氧	120	2×2	4×3

应变计的粘贴质量是应变计传感器制作成功与否的关键。如选用的 BF120－2AA 应变计是常温型应变计，可采用 502 强力胶等常规环氧型快干胶进行粘贴。为了使电阻应变计粘贴稳固，在粘贴前要对压电双晶片表面做一定的清洗，可用无水酒精在压电双晶片根部粘贴应变计的地方来回擦拭，把压电双晶片表层的黑色物质擦洗干净，以保持压电双晶片表面的平整和光滑。粘贴时，尽可能让电阻应变计压平，和压电双晶片没有缝隙。粘贴完毕后，再用南大 404 硅橡胶涂在电阻应变计上，使硅橡胶覆盖电阻应变计，起到表面保护作用。

2. 电阻应变计的微力检测电路

电阻应变计的微力检测电路结构如图 8.19 所示。

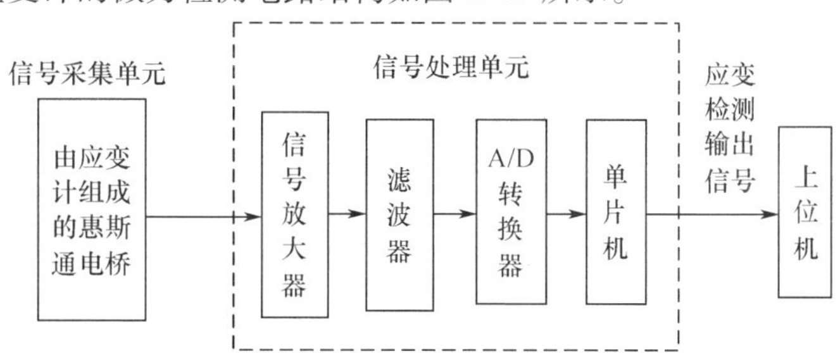

图 8.19　电阻应变计的微力检测电路结构图

两个电阻应变计通过连接两个阻值相同的桥臂电阻构成惠斯通半桥电路（图 8.20）。电桥的供电电源为 5V 直流电压，两个应变计的阻值均在 120Ω 左右，另外一个桥臂的两个平衡电阻的阻值相同。电桥的两个中点由导线引出获得原始检测信号，经信号处理单元后将应变检测信号送到上位机，实现对夹持力的反馈控制。

惠斯通半桥如图 8.20 所示，在双晶片微夹持器夹持过程中，应变片 R_1 被拉伸，R_2 被压缩，R_3 和 R_4 为固定电阻。且 $R_1=R_2$，$R_3=R_4$，$\Delta R_1=\Delta R_2$，则惠斯通半桥的输出信号电压 V_0 为

$$V_o = E\left(\frac{R_1 + \Delta R_1}{R_1 + \Delta R_1 + R_2 - \Delta R_2} - \frac{R_3}{R_3 + R_4}\right) = \frac{1}{2}E\frac{\Delta R_1}{R_1} \tag{8.12}$$

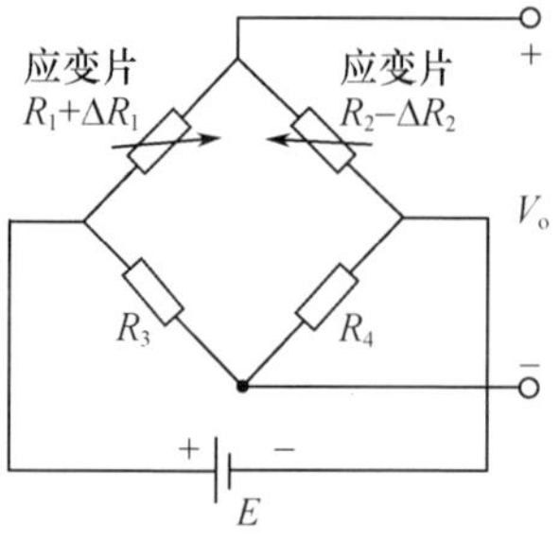

图 8.20 惠斯通半桥

由于惠斯通电桥共模信号很大(2.5V 左右),而差模信号很小(0.1～2mV),所以要通过高增益、低漂移的差分放大电路才能把检测信号电压变化稳定在 0～5V 范围内,这样才适合 A/D 转换芯片采样。由于差模信号相对于共模信号太小,所以容易被噪声淹没,并且电路板微小的温度变化就会引起很大电压漂移,因此应采用仪用放大电路(如 INA128 仪用放大器)来增强放大电路的精度和温度稳定性。

3. 基于 PVDF 的微力检测设计

1969 年,日本学者发现极化后的聚偏二氟乙烯(Polyvinylidene Difluoride,PVDF)具有压电性,PVDF 压电薄膜的优越性能引起了人们的广泛关注,20 世纪 80 年代中期,智能结构与系统的提出使 PVDF 压电薄膜成为了世界关注热点。通过对各种压电材料进行了比较,结果表明 PVDF 压电薄膜的压电电压系数比其他压电材料大好几倍,说明 PVDF 压电薄膜具有其他压电材料无法比拟的传感特性[166－167]。

作为一种半晶体聚合物,PVDF 薄膜拥有所有压电晶体的物理性质同时也满足所有的约束方程。忽略湿度的因素,满足压电晶体电学和机械属性的一阶线性约束方程为

$$D_i = d_{ijk}^T \sigma_{jk} + \varepsilon_{ij}^{\sigma T} E_k + p_i^{\sigma} \Delta T \tag{8.13}$$

式中:D_i 为电位移;d_{ijk} 为压电应变常数;σ_{jk} 为应力张量;ε_{ij} 为柔顺系数;E_k 为电场强度;p_i 为释电系数。

在具体应用中,PVDF 压电薄膜作为一种性能稳定的柔性压电材料具有以下主要优点:

(1) 电压灵敏度高,便于信号采集与处理;

(2) 质轻柔软,对结构的力学性能影响很小,与结构有着良好的兼容性,可

制作成各种形状的大面积传感元件铺设在结构的表面进行面监测；

（3）具有相当宽的频率范围，能达到 0.1Hz 到几 GHz；

（4）具有良好的机械强度和柔韧性，对湿度、温度和化学物质表现出很高的压电稳定性；

（5）PVDF 传感器布置简便，对外界设备要求较少；

（6）属于动态敏感材料，对于机械应力或应变的变化响应快速，便于测量冲击荷载引起的变形；

（7）成本低。

PVDF 压电薄膜在静态和动态情况下，有自己的响应关系。在静态力作用下，PVDF 压电薄膜的输出电压和它所受外力呈线性关系。

由于压电双晶片是纯弯曲变形，假定压电双晶片做小幅度的弯曲，那么对于中长度方向上的单个微元的曲率半径为

$$\frac{1}{\rho(x)}=\frac{F(L_1-x)}{\sum_{i=0}^{3}E_iI_i} \tag{8.14}$$

式中：I_i、E_i 分别为压电双晶片和 PVDF 硅胶的转动惯量和弹性模量，通过材料力学可以得到

$$\begin{cases} I_1=\dfrac{1}{12}W_1h_1^3 \\ I_2=\dfrac{1}{6}W_1H_2^3+\dfrac{W_1H_2(H_1+H_2)^2}{2} \\ I_3=\dfrac{1}{6}W_1H_3^3+\dfrac{W_1h_3(H_1+2H_2+H_3)^2}{2} \end{cases} \tag{8.15}$$

通常情况下，PVDF 薄膜的厚度为 30μm，相较于压电双晶片的 210μm 来说很小，所以 PVDF 薄膜的形变量可以近似为其中轴线的形变量，于是可以得到

$$\sigma_3(x)=E_3\varepsilon=E_3\frac{\frac{1}{2}H_1+H_2+\frac{1}{2}H_3}{\rho(x)} \tag{8.16}$$

式中：E_3 为 PVDF 的弹性模量。

由式(8.13)我们可以得到 PVDF 薄膜的电位移量：$D_3(x)=d_{31}\sigma_3(x)$。进而 PVDF 传感器两端的电荷量 Q 可以表示为

$$Q=\int_0^{L_1}D_3(x)W_1\mathrm{d}x=\frac{d_{31}E_3W_1L_1^2(H_1+2H_2+H_3)}{4\sum_{i=0}^{3}E_iI_i}F \tag{8.17}$$

式(8.17)表示在压电双晶片弯曲后 PVDF 正负极之间产生的电荷总量和作

用在其表面上力的静态关系。对于微装配系统而言,微力信息一般为低频或者静态信号,因此,式(8.17)描述了 PVDF 微力传感器的电荷输出与所受力的关系。

设 R_p 和 C_p 分别为 PVDF 的电阻值和电容值,则可以得到动态情况下的 PVDF 微力传感器输出电压为

$$\frac{V(t)}{R_p}+\dot{V}(t)C_p=\frac{\mathrm{d}Q}{\mathrm{d}t} \tag{8.18}$$

由于 PVDF 是一个具有电容结构的传感器材料,其电容值 $C_P=\dfrac{\varepsilon_{33}^{\mathrm{T}}d_1w_1}{H_1+H_2+H_3}$。而 $\dfrac{\mathrm{d}Q}{\mathrm{d}t}=\beta\dot{F}(t)$,其中 $\beta=\dfrac{d_{31}E_3W_1L_1^2(H_1+2H_2+H_3)}{4\sum\limits_{i=0}^{3}E_iI_i}$。设 $\lambda=2R_pC_p$,$\alpha=R_p\beta$,则式(8.18)可简化为

$$V(t)+\lambda\dot{V}(t)=\alpha\dot{F}(t) \tag{8.19}$$

Laplace 变换得到模型的传递函数为

$$T(s)=\frac{V(s)}{F(s)}=\frac{\alpha}{\lambda}\frac{\lambda s}{1+\lambda s} \tag{8.20}$$

图 8.21 为 PVDF 结构和电荷产生示意图。

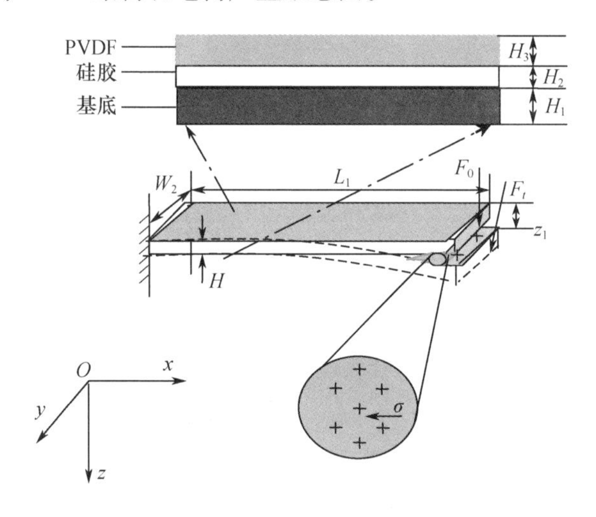

图 8.21 PVDF 结构和电荷产生示意图

4. PVDF 传感器的制作

采用沈阳精密微振公司生产的 PVDF 压电薄膜。该 PVDF 薄膜分为四层结构,如图 8.22 所示。其中 PVDF 层厚 30μm,电极层厚度为 4μm,聚酯基片主要起保护作用。

在实验室中利用 PVDF 压电薄膜制作传感器的主要过程为形状准备、薄膜

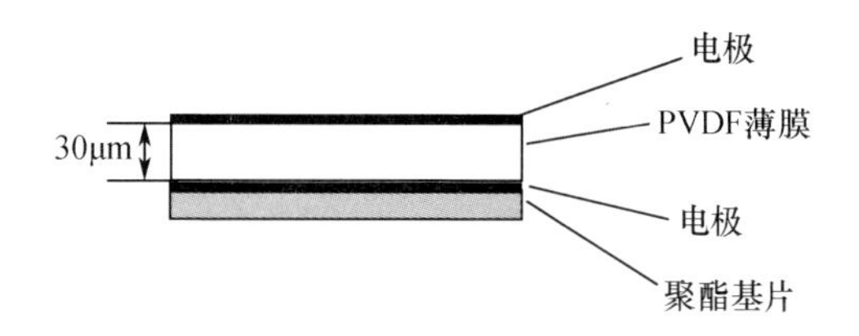

图8.22　PVDF薄膜结构

切割、非金属化边缘、引出电极和加保护层5个步骤,如图8.23所示。

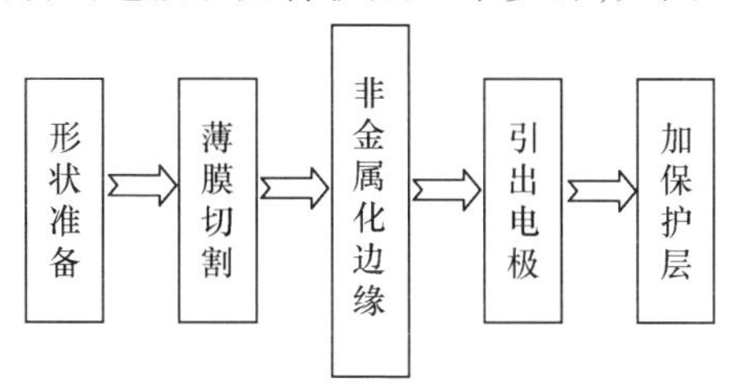

图8.23　PVDF压电薄膜制作传感器的主要过程

(1) 形状准备:根据传感器的形状和几何尺寸设计所需要的PVDF压电薄膜的大小和尺寸。

(2) 薄膜切割:要注意PVDF压电薄膜的拉伸方向要与所涉及传感器长度方向一致,将四层薄膜用单边刀片和锋利的小剪刀切割成所要设计的大概形状,要留有做非金属化的边缘和引出电极的部分。

(3) 非金属化边缘:以丙酮作为腐蚀剂对所涉及的传感器的边缘做非金属化处理。

(4) 引出电极:将传感器的表面电极引出错开,这样可以防止因引线接点的影响而使传感器出现问题。电极的制作一般可以用焊接、铆接、粘贴等方式。由于我们制作的PVDF传感器很小,相应的电极也很小,不便于进行铆接,而只能采取焊接或粘贴的方式。用导电银胶进行粘贴是一种方便易行的方式。

(5) 加保护层:由于使用的是四层的PVDF薄膜,它的最上层的电极是裸露在外面的。在传感器电极的形状和电极引出做好并测试完好后,在最上层加上一层柔性很好的硅胶作为保护层,以防止表面电极被损坏。

5. PVDF传感器电路结构

基于PVDF传感器的微力检测电路结构如图8.24所示。PVDF是一种压电材料,受到外力之后,会产生相应电荷。对于PVDF压电薄膜而言,在受到外力弯曲之后,会在两极产生等量异种电荷。因此,PVDF信号处理的第一步也是最关键的环节就是将电荷信号转换为电压信号,以便于进行AD采样之后送给微处理器进行处理。

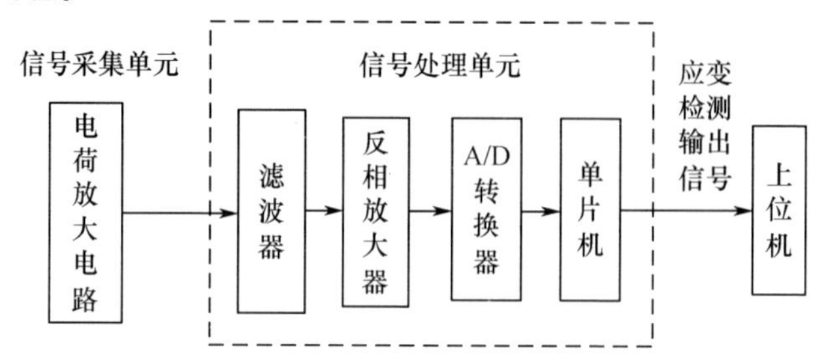

图 8.24　基于 PVDF 传感器的微力检测电路结构

由于 PVDF 传感器输出电荷量小且极容易泄漏，内阻抗很高、抗电磁干扰能力较差，因此，在上述电荷放大器基本形式的基础之上，还需要注意如下设计原则：

(1) 很大的输入阻抗。对于压电传感器而言，测量线路的输入电阻相当于并联在传感器的两端，传感器的电荷会从测量线路的输入电阻泄漏掉，因此要求测量线路的输入电阻足够大。

(2) 极低的偏置电流。由于 PVDF 的电荷信号很微弱，信号源形成的电流仅为皮安级，因而要求电荷放大器具有极低的偏置电流，否则当放大器的偏置电流与信号电流相近时，信号可能被偏置电流所淹没，而不能实现正常放大。因为电荷放大器的需要的反馈电阻非常大，通常在 150MΩ 以上，如果要制作频带响应非常好的电荷放大器，则反馈电阻必须在 1GΩ 以上，甚至可能到 200GΩ。而低噪声的 OP34 放大器的偏流在 15nA 左右，足以在 1GΩ 的反馈电阻上产生 15V 的输出偏压。

(3) 电流噪声的控制。同样由于反馈电阻极大，即使是很小的电流噪声都会产生较大的输出电压，因此要求采用的电路的电流噪声极低。

(4) 尽量消除电路中的干扰。首先是杂散电磁场干扰，需要注意布线的合理性并用屏蔽盒进行屏蔽。同时，接地点一定要设置好，必要时可以采用 RC 去耦电路来隔离不同的地线。

(5) 特殊的高阻值电阻和性能稳定的电容。电荷放大电路对反馈电阻和反馈电容的要求非常高，因此，反馈电阻和电容的选择也非常重要。

如上所述的放大电路只是电荷放大的基本形式，而实际上一个电荷放大器要能正常工作，还必须考虑增加反馈电阻以提供直流工作点等问题。最终的电荷放大电路如图 8.25 所示。阻抗匹配是电路设计必须考虑的问题，文中使用的压电材料 PVDF 薄膜的输出阻抗为 108Ω 数量级。前置放大器输入阻抗越高，传感器的下限频率就越低，传感器输出信号的信噪比就越高。基于如上原因，采用ICL4650S作为前置运算放大器,它是一款输入阻抗为1012Ω,偏置电流为10pA的超低输入偏置电流运算放大器。

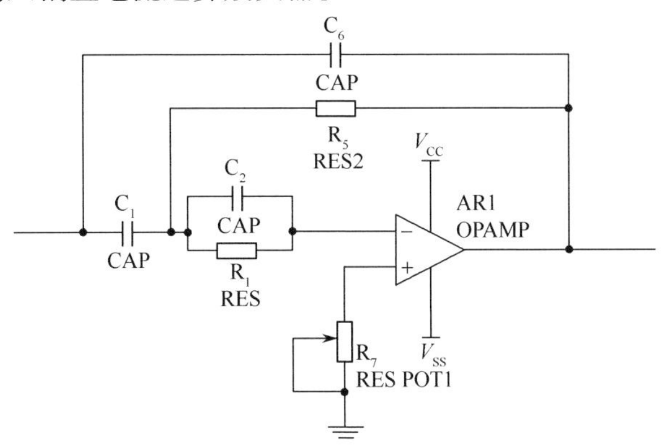

图8.25 电荷放大电路

反馈电容是电荷-电压转换的关键,在反馈电容上存储的电荷也会通过反馈电阻泄漏。除了反馈电阻之外,反馈电容本身也会泄漏电荷,因此,选用好的反馈电容也很关键。另外,还要注意保证电路板本身的绝缘性,以减少电荷的泄漏。实验证明,PVDF配合准静态电荷放大电路,可以很好地再现施加在PVDF的各种力。

有了PVDF压电传感器配合上述的电荷-电压转换电路以及滤波、电压放大电路,就可以对压力进行实际的测量了。由于微装配中的夹持力一般为低频甚至静态信号,因此首先测试此传感器及电路对静态力的响应。静态力响应如图8.26所示。当传感器静置时,在竖直方向施加一个静态力,测量其输出电压及波形。发现其输出能较好地反应施加的力,漏电现象不明显,无明显噪声。

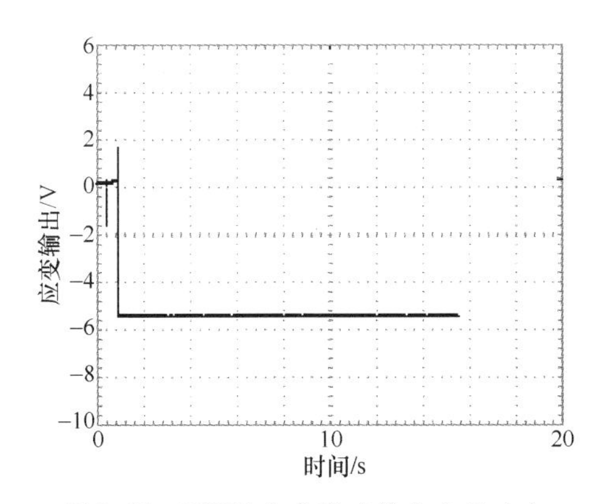

图8.26 PVDF传感器对静态力的响应

8.3.4 实例

本实例给出的压电陶瓷双晶片微夹持器由华中科技大学控制科学与工程系智能与控制工程研究所研制[56,168-169]。

要求：操作对象为直径 $\phi600 \sim 1000\mu m$ 的金属靶腔，靶腔的材质是纯金，外部形状为圆柱形（图 8.27），设计和制作微夹持器实现对靶腔的可靠夹持和释放操作。

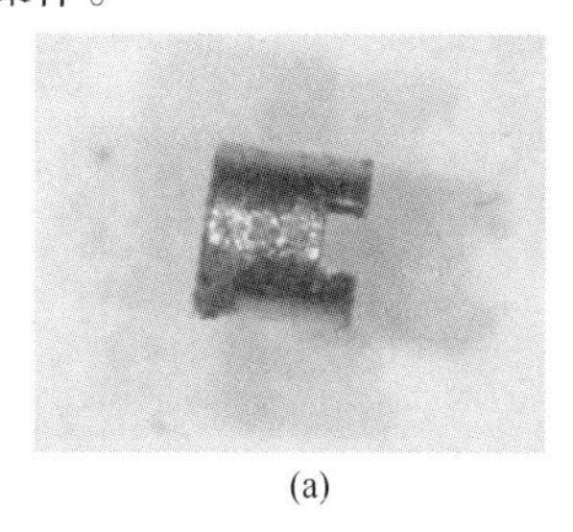
(a)

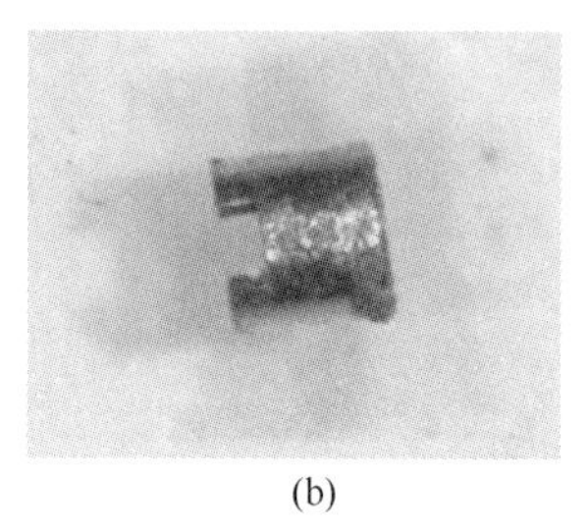
(b)

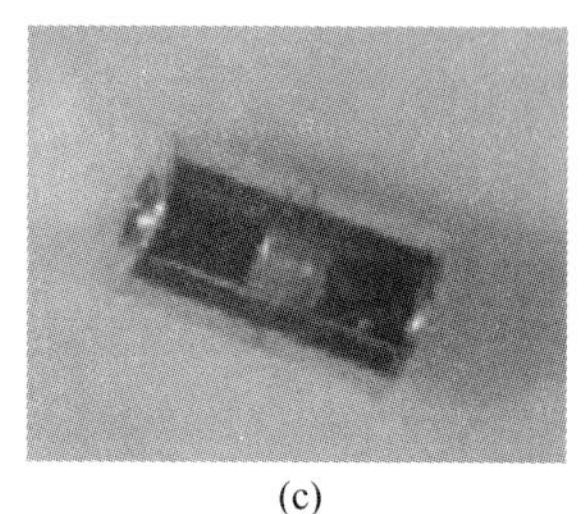
(c)

图 8.27　靶腔
（a）左靶腔；（b）右靶腔；（c）装配后的靶腔。

微夹持器结构：根据压电陶瓷的逆压电效应原理，采用并行双晶片设计的微夹持器结构如图 8.28 所示。

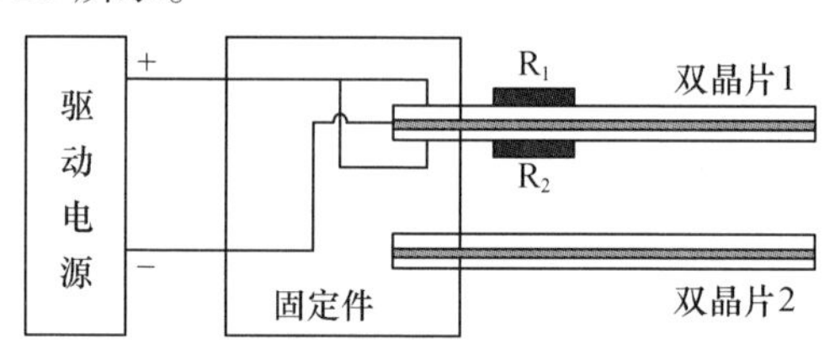

图 8.28　并行双晶片微夹持器结构

工作原理：从图 8.28 可以看出，并行双晶片两片压电陶瓷的极化方向相同。接线时，电源负极接在中间电极处，电源正极分别接在两片压电陶瓷的相反处（图中双晶片 2 的接线未画出，其接线方式与双晶片 1 相同）。由于电压信号加在中间电极和上下两表面电极之间，上下两层的电场方向正好相反，所以电场与极化方向相反的一侧晶片伸长，相同的一侧缩短，引起双晶片的弯曲变形，从而产生自由端位移。两片压电双晶片相当于两个手指，当施加相同电压时，两片压电双晶片末端会发生相同的偏转位移，产生相向闭合运动（驱动电压为正）或反向张开运动（驱动电压为负），其工作原理如图 8.29 所示。

控制电路：靶腔微夹持器系统应根据靶装配作业要求适时有效地控制微夹持器双晶片的开、闭合状态，同时要产生足够大的位移量和保证合适的夹持力，

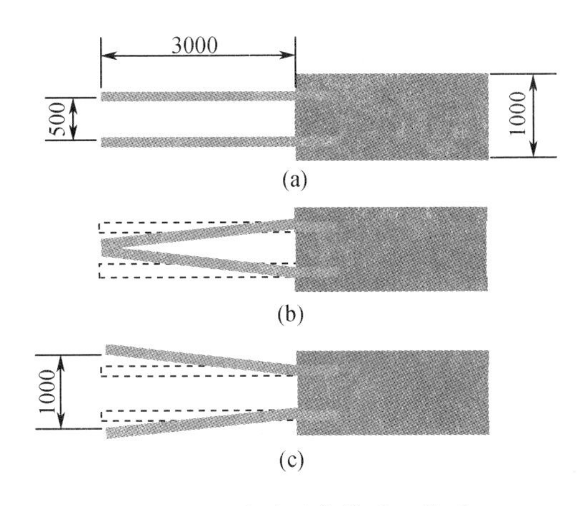

图 8.29　双晶片微夹持器工作原理
(a) 初始状态；(b) 加正压状态；(c) 加负压状态。

选取合适的驱动电压是关键。而夹持器末端与靶腔之间夹持力的检测是由粘贴在压电陶瓷双晶片上的应变片构建的应变桥和后续的信号处理电路来实现的。图 8.30 是采用 89C51 单片机(与靶球微夹持器共用)和可编程直流电源构成的靶腔微夹持器系统结构(左右手各有一个微夹持器)。在该系统中,上位机通过 89C51 单片机采集力反馈信号,并控制驱动电源输出合适的驱动电压和极性。

驱动电源:靶腔微夹持器由可编程直流电源驱动,根据微夹持器驱动电源的特点和性能要求,采用南京艾德克斯有限公司生产的 IT6834 可编程直流电源,其输出电压范围为 0 ~ 150V,通信接口为 RS - 232/RS - 485,性能指标见表 8.3。

表 8.3　IT6834 型可编程直流电源性能指标

电源型号	IT6834	通信接口	RS - 232/RS - 485
输出电压	0 ~ 150V	保护模式	超电压/超电流/超电量保护
电压解析度	0 ~ 20V 时 10mV 20 ~ 150V 时 100mV	工作环境	0 ~ 50℃ 80% RH
纹波	小于 0.6mV		

正反向驱动电路:在微夹持器的夹取过程中,压电双晶片由于迟滞效应和长时间形变的影响,在驱动电源电压下降以后不能很快回复到初始状态,导致释放物体缓慢,为了克服这个问题,我们采用正反向驱动电路来控制压电双晶片。正向驱动时,两个压电双晶片向内弯曲,夹持靶腔,反向驱动时,两个压电双晶片向外弯曲,释放物体,这样可以提高夹取和释放操作的速度。同时,在反向电压的驱动下,两个压电双晶片之间的开口距离还会增加,这样使得压电式微夹持器可夹持物体的尺寸范围增大。正反向驱动电路如图 8.31 所示。

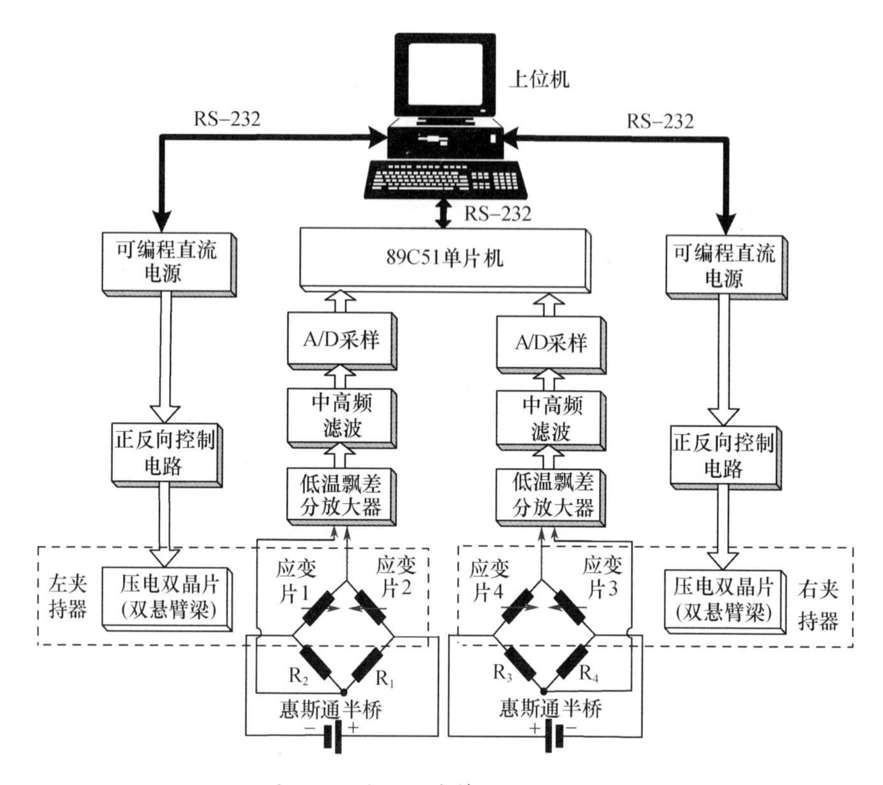

图 8.30　靶腔微夹持器系统结构图

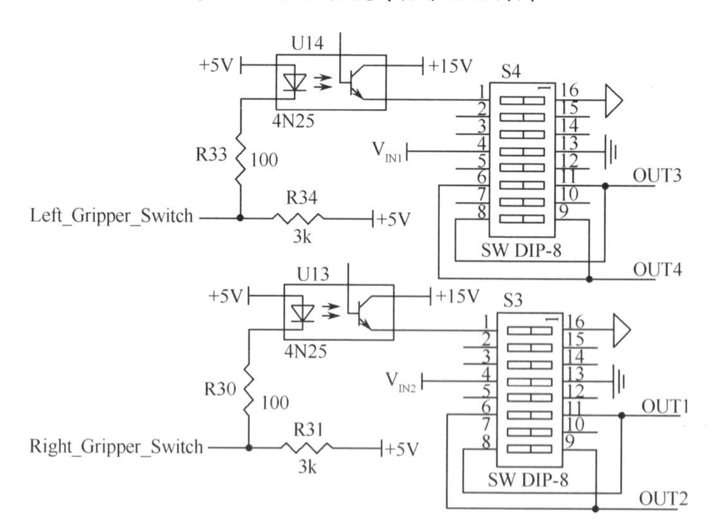

图 8.31　压电式微夹持器正反向驱动电路

图 8.31 中，$V_{IN}1$ 和 $V_{IN}2$ 为两个可编程直流电源的电压输出，OUT1 和 OUT2

为右手压电式微夹持器的驱动电压输出,OUT3 和 OUT4 为左手压电式微夹持器的驱动电压输出,Left_Gripper_Switch 和 Right_Gripper_Switch 为单片机两个端口输出的信号。由于单片机输出的信号为 0V(低电平)或 5V(高电平)的低压信号,而驱动电压源输出的信号为 0 ~42V 的高压信号,为了保证单片机的低电压信号能够控制驱动电压的高压信号,电磁继电器是不可缺少的,并且为了保证高压信号不对单片机的低压信号产生干扰和影响,光耦隔离也是必须采用的。因此,设计如图 8.31 所示的包含光耦三极管以及电磁继电器的正反向驱动电路。

以右手压电式微夹持器为例分析正反向驱动电路的工作原理。当向 Right_Gripper_Switch 端口写“0”时,光耦三极管工作,继电器闭合,输出 OUT1 和 VIN2 相连,OUT2 和驱动电源负极(地)相连。当向 P1.3 口写“1”时,光耦三极管停止工作,继电器断开,输出 OUT1 和驱动电源负极(地)相连,输出 OUT2 和 VIN2 相连,也即 OUT2 和驱动电源相连,这样就实现了 OUT1 和 OUT2 的反向。从而实现了靶腔微夹持器的正向夹取和反向释放功能。

实验结果:对于压电陶瓷双晶片微夹持器,在夹取过程中,上位机通过串口采集应变信号,由于压电双晶片自身存在形变延迟,一般需要采集几次,待信号稳定后取其平均值,然后经过数据处理得到当前驱动电压下的应变输出。根据应变输出数据判断微夹持器是否已经接触目标,如果没有接触则继续增加驱动电压,如果已经接触则根据判断条件决定是否达到夹取成功标准,如果达到,则停止增加电压,夹取成功。如果驱动电压达到最大但还没有接触或者接触力不够,则夹取失败。图 8.32 为微夹持器夹取过程中的应变信号曲线图。

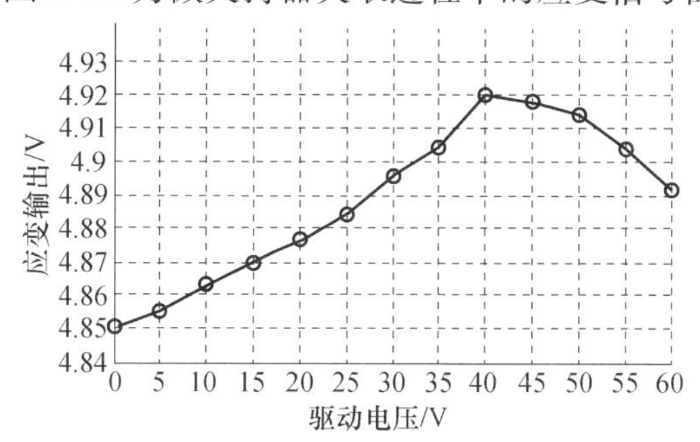

图 8.32 微夹持器夹取过程中的应变信号曲线图

可以看出,驱动电压为 0 ~40V 时,微夹持器末端未接触目标物体,驱动电压和应变输出呈线性变化关系,微夹持器末端开口逐渐变小,40V 以后,微夹持器末端接触物体,产生接触力,引起压电双晶片新的形变,从而导致应变输出信号开始逐渐变小。当驱动电压达到 60V 时,夹取成功。

图 8. 33 和图 8. 34 是压电陶瓷双晶片微夹持器夹取和释放横位放置和竖位放置靶腔截图。从垂直和水平截图可看出,在微夹持器夹持和移动过程中,没有发生靶腔滑落现象,目标姿态没有发生明显变化,夹取和释放操作可靠顺利,能够满足微装配作业要求。

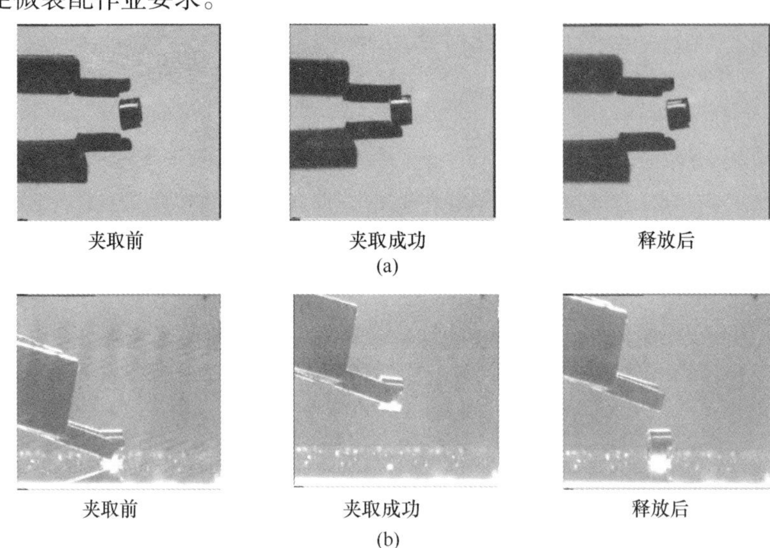

图 8. 33　压电陶瓷双晶片微夹持器夹取和释放横位放置靶腔截图
(a) 垂直光路图像; (b) 水平光路图像。

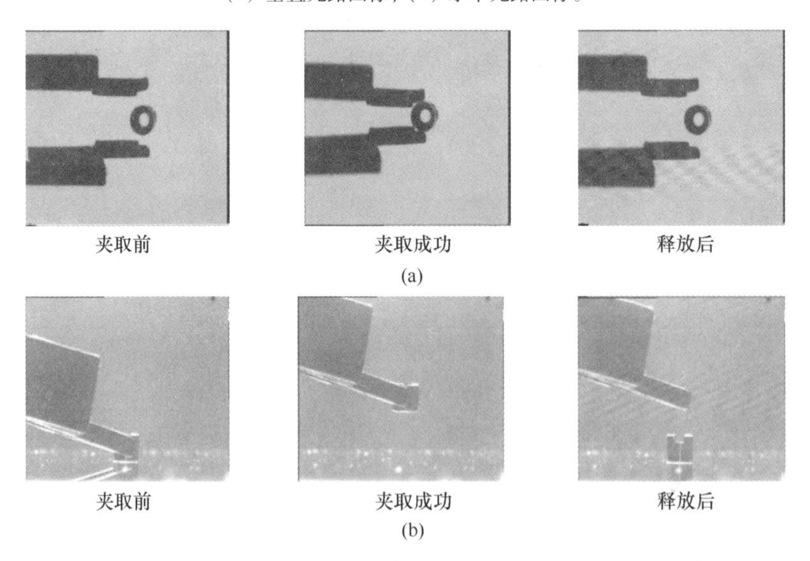

图 8. 34　压电陶瓷双晶片微夹持器夹取和释放竖位放置靶腔截图
(a) 垂直光路图像; (b) 水平光路图像。

实验表明，压电陶瓷双晶片微夹持器有较高的夹取、释放成功率，可夹持物体大小为 0 ~ 1800μm，夹持力范围为 0 ~ 500mN。

8.4　本章小结

本章介绍了真空吸附和压电陶瓷双晶片两种不同类型微夹持器。在真空吸附微夹持器部分，重点介绍了真空吸附微夹持器的工作原理，分析了尺度效应和黏着力的影响，给出了真空吸附微夹持器的拾、放条件和合理的吸管几何尺寸，介绍了真空单元和控制单元的设计方法和研制实例。在压电陶瓷双晶片微夹持器部分，介绍了压电陶瓷双晶片微夹持器的工作原理和系统结构，建立了双悬臂梁压电双晶片模型，分析了压电双晶片的微位移和电压的变化关系以及微力检测与实现方法，给出了压电双陶瓷晶片微夹持器的设计方法和研制实例。

第9章 深度运动显微视觉伺服

9.1 引言

基于图像特征深度运动的显微视觉伺服是微装配机器人运动控制中的一个重要问题。由于显微视觉的景深较小，微操作机械手沿垂直光路光轴方向（即深度方向）的运动通常会导致其成像清晰度的变化，如何从一系列的散焦图像中正确提取出目标深度运动信息是微装配机器人视觉研究中的一个难点。受操作空间和检测精度的限制，一些常规的深度信息检测方法如立体视觉、激光、超声波等很难直接运用于微装配机器人系统。散焦深度估计（Depth from Defocus, DFD）方法根据不同模糊程度的图像来计算目标的深度信息，由于该方法只需单目视觉成像，而且与传统的双目视觉提取深度信息方法相比，它不存在特征相关性匹配以及运动遮挡等问题，因此受到了国内外学者的广泛关注。Pentland 于1987年给出了光学散焦成像的高斯点扩展函数模型[170]，通过改变摄像机参数获取清晰和模糊的两幅图像，由 Fourier 逆滤波方法计算出目标的深度信息。之后，许多学者在 Pentland 方法的基础上，提出了众多改进的散焦深度估计方法。如为了减少逆滤波带来的计算误差和窗口效应、边界效应等问题，Ens 采用线性矩阵算子代替逆滤波实现散焦运算[171]；Hwang 等人提出一种基于微分算子的散焦深度计算方法[172]；Rayala 等人利用多项式系统辨识技术实现散焦深度估计[173]；Ziou 等人运用 Hermite 变换衡量图像模糊程度计算散焦点扩展参数 σ[174]；Rajagopalan 提出了一种基于 Markov 随机域模型的 DFD 算法[175]；吕遐东、黄心汉等人提出了一种基于跟踪－微分器的微装配机器人深度运动散焦特征提取和深度运动显微视觉伺服方法[176]。作为一类单目被动视觉算法，散焦深度估计方法的优点在于其结构简单，可以直接依据散焦图像进行深度计算，但是它通常需要精确标定的摄像机内外参数，而且运算量大，不易于实时实现。

与散焦深度估计（DFD）算法相对应的是聚焦深度估计（Depth From Focus, DFF）算法。DFF 是通过散焦评价函数（Defocus Measure Function, DMF）给出目标成像的模糊程度（即 DFD 算法中的散焦参数 σ）在二维图像域的一种数值化描述。DMF 计算的全局散焦图像特征在光学焦平面位置可取得最大值，特征的变化与目标深度运动存在对应关系,利用该性质可以确定成像最清晰的深度位置实现摄像机系统的自动聚焦。Horn 于 1986 年提出了基于 Fourier 频谱分析的自动聚焦算法[177];其后 Tenenbaum 将模糊图像的边缘梯度作为衡量图像散焦程度的判据[178];Muller 提出了三种自动聚焦散焦评价算子[179]:平方梯度算子,拉普拉斯算子和信号能量算子;Jarvis 分别定义图像直方图熵 DMF 和灰度均方差 DMF 完成聚焦深度计算[180]。由于 DFF 运算简单,现已广泛应用于诸如数码相机、显微光学系统的软件焦点自动对焦(Autofocus Software Focus, ASF)。

国内一些学者依据 DFD 和 DFF 算法的思想进行了微操作机械手深度信息的提取研究。张建勋等人利用 Fourier 变换提取微操作机械手散焦图像中的能量谱,分析其变化特性与机械手深度位置之间的对应关系[181];谢少荣等人在张建勋的基础上,采用 Fourier 幅度谱作为图像模糊判据,运用查表法完成对机械手的深度定位[182];赵新通过系统辨识的方法估计显微镜点扩展参数,进而拟合该参数与机械手深度位置之间的函数关系,实现微装配深度信息的精确标定[183];上述这些方法的共同点在于试图寻找一个固定的函数形式来描述散焦图像特征与机械手深度位置之间的对应关系,但是由于 DMF 提取的散焦特征是一种全局化的图像特征,它的取值必然受机械手成像末端大小、形状以及环境的影响,取值分布区间是变化的,因此利用散焦特征直接对机械手深度位置进行标定有其局限性。

由于微装配作业必须是在微操作机械手末端成像清晰的前提下才是可观测的,因此微装配机器人深度运动显微视觉伺服的首要目标是引导机械手能够自动运动到聚焦清晰的成像焦平面附近。从显微视觉伺服的角度来考虑机械手深度信息的提取问题,利用 DMF 散焦图像特征来描述微操作机械手深度运动是恰当的,因为该特征理论上具备全局单峰特性(其峰值对应成像焦平面的深度位置),将其作为图像反馈量输入到视觉伺服控制器中,避免了对深度位置的直接标定,可以实现机械手对系统焦平面(即实际微装配平面)位置的精确定位。上述微装配深度运动视觉伺服过程实际上是一个散焦图像特征的自寻优过程,在控制上易于实现。

为了提高装配作业的精度和可靠性,多角度多分辨率的显微视觉观测是必要的,这也为微操作机械手深度信息提取提供了另一可行的思路。Yang 等人在 2003 年提出了一套由 1 路全局视觉、1 路垂直显微视觉和 2 路侧向显微视觉构成的混合式立体显微视觉系统[9],它可以提供机械手在深度方向运动的精确图像信息,其缺点在于机械结构上较为复杂,而且侧向观测机械手深度运动范围有限。

本章融合基于 DMF 散焦特征的深度运动描述和利用正交式立体显微视觉直接进行图像观测,介绍一种粗 - 精两级微装配深度运动显微视觉伺服方法,该方法采用双光路正交立体显微视觉结构,针对微操作机械手的深度运动,由均方差散焦评价函数计算机械手在垂直显微光路成像的模糊图像特征,并利用跟踪-微分器抑制噪声实现对散焦特征及其微分信号的无颤振光滑逼近,依据散焦微分信号设计自寻优控制器引导微操作机械手的深度运动;当机械手运动到微装配平面附近时,为了提高视觉伺服精度,根据水平显微光路采集的图像信息实现对机械手深度位置的精确定位。

9.2 粗-精两级微装配深度运动描述

在显微视觉中,系统观测范围和观测精度是一对矛盾,对于一个固定的显微光路系统,较大的显微视野范围带来的是较低的图像分辨精度。而对于微装配作业,大范围的深度运动和高精度的深度位置调整经常是必需兼备的。为了解决这一矛盾形成有效的机械手深度运动视觉反馈,本章基于正交双光路立体显微视觉结构给出一种粗-精两级微装配深度运动描述机制[184]。

如图9.1所示,$X_TY_TZ_T$为微装配世界坐标系,垂直显微光路在CCD1上的成像平面为$X_{VI}OY_{VI}$,其焦平面(Focal Plane,FP)距显微透镜M1的距离为D_{0V};水平显微光路在CCD2上的成像平面为$X_{HI}OY_{HI}$,其焦平面距显微透镜M2的距离为D_{0H};设定微装配坐标系原点O_T位于上述两焦平面之相交直线上。

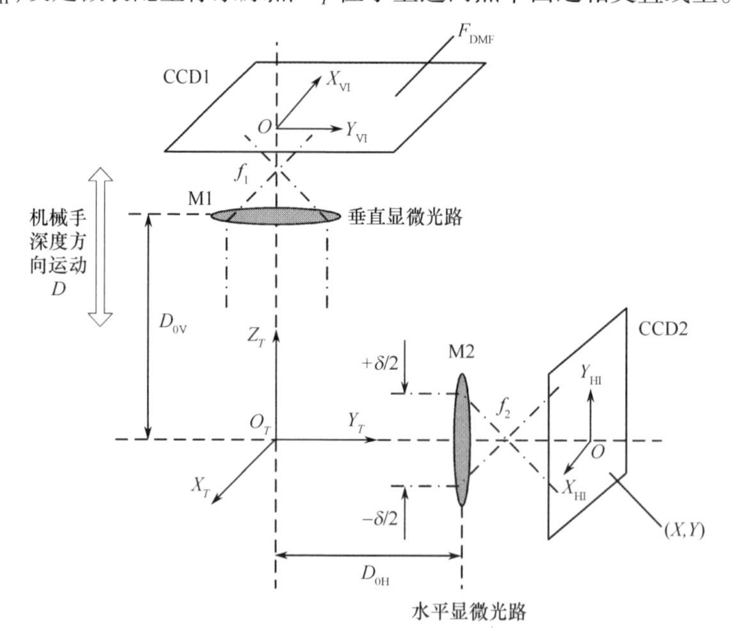

图9.1 粗-精两级微装配深度运动描述

假定机械手沿 Z_T 方向朝原点 O_T 由远及近做连续深度运动，机械手末端在图像平面 $X_{VI}OY_{VI}$ 的成像由模糊到清晰逐渐变化，运用聚焦深度估计中的散焦评价函数计算深度运动图像的散焦特征 F_{DMF}，依据 DMF 的数学定义该特征应逐渐增大直至 O_T 处取得极大值；当机械手运动到区间$[-\delta/2, +\delta/2]$时，其深度运动可以通过水平显微光路得到聚焦清晰的成像，利用机械手在 Y_{HI} 方向图像坐标的变化精确描述其深度运动，其中 δ 为水平显微视觉在 Y_{HI}（即 Z_T）方向的视野观测范围。δ 可以根据需要通过改变水平光路放大倍数进行调节，δ 越小则相应的图像观测精度越高。

采用双光路正交式立体显微视觉结构，解决了机械手深度信息提取过程中大观测范围与高检测精度之间的矛盾，利用垂直光路的散焦图像特征描述微操作机械手在大范围内的深度运动趋势，在焦平面附近的小范围区域时，由检测到机械手运动的水平光路图像的位置坐标进行精确描述。这为实现精密的微装配作业深度运动视觉伺服奠定了基础。

9.3 微装配深度运动散焦图像特征提取

9.3.1 散焦深度估计

机械手沿微装配坐标系 Z_T 轴方向的深度运动会导致其在垂直显微光路成像清晰度的连续变化。垂直光路显微光学散焦成像原理如图9.2所示，f 为显微物镜的焦距，v_0 表示物镜到 CCD 成像平面之间的距离，当物镜放大倍数一定时，该距离为一定值。根据薄透镜成像公式，此时应对应唯一的深度值 D_0，目标点

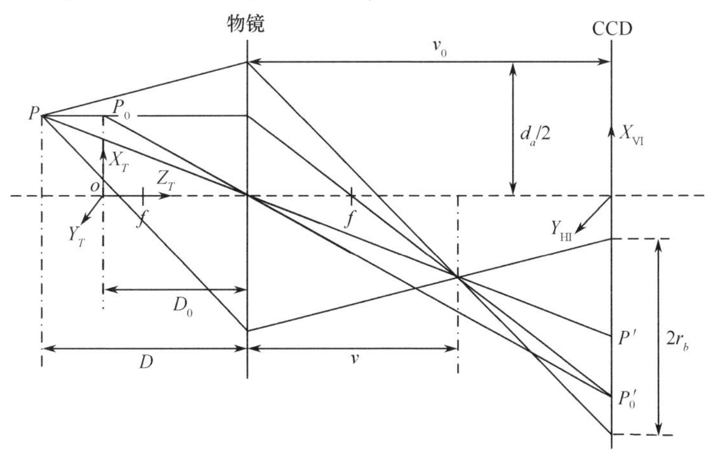

图9.2　显微光学散焦成像原理

p_0 在该处可成一清晰的像点 p'_0。当深度位置 $D \neq D_0$ 时,目标点 P 在 CCD 平面上所成的像为以 p' 为圆心、r_b 为半径的散焦圆斑(Blur Circle),其光学点扩展函数(Point Spread Function, PSF)可由二维高斯函数近似:

$$h(x,y) = \frac{1}{2\pi\sigma^2}\exp\frac{-(x^2+y^2)}{2\sigma^2} \tag{9.1}$$

式中,散焦参数 $\sigma = k \cdot r_b$,$k>0$ 为比例常数,σ 的大小直接反映了系统成像的模糊程度。根据透镜成像公式和相似几何原理可得

$$D = \frac{f \cdot v_0}{v_0 - f - 2 \cdot k^{-1} \cdot \sigma \cdot f/d_a}, \quad D > D_0 \tag{9.2}$$

$$D = \frac{f \cdot v_0}{v_0 - f - 2 \cdot k^{-1} \cdot \sigma \cdot f/d_a}, \quad D < D_0 \tag{9.3}$$

式中:d_a 为透镜孔径大小。由式(9.3)可知,当摄像机参数 f、v_0、k、d_a 已知时,深度值 D 可由散焦参数 σ 唯一确定,并且 σ 和 D 一一对应,$\sigma = \sigma(D)$,因此点扩展函数(9.1)是深度值 D 的函数:$h(\cdot) = h(x,y,D)$。

定义散焦图像 $I(x, y)$,存在下列卷积运算关系:

$$\begin{aligned} I(x,y) &= I_0(x,y) \otimes h(x,y,\sigma) \\ &= \int_{-\infty}^{+\infty}\int_{-\infty}^{+\infty} I_0(\xi,\eta) h_{\sigma(D)}(x-\xi, y-\eta)\,\mathrm{d}\xi\mathrm{d}\eta \end{aligned} \tag{9.4}$$

式中:$I_0(x,y)$ 为聚焦清晰图像;$h(x,y,\sigma)$ 为散焦成像 PSF 函数。

在已知 $I(x, y)$ 和 $I_0(x,y)$ 的前提下,直接根据式(9.4)求得 $\sigma(D)$ 是难以实现的。对此采用 Fourier 变换将上述卷积转换成乘积关系,进而通过逆滤波的方法求取深度值 D。为了简化问题说明,以一维情况为例:

$$I(x) = \int_{-\infty}^{+\infty} I_0(\xi) \cdot h_{\sigma(D)}(x-\xi)\,\mathrm{d}\xi \tag{9.5}$$

$$h_\sigma(x) = \frac{1}{\sqrt{2\pi}\sigma}\mathrm{e}^{-\frac{x^2}{2\sigma^2}} \tag{9.6}$$

通过改变摄像机参数 c 可获取同一深度位置但不同成像模糊度的两幅图像 $I_1(x)$ 和 $I_2(x)$。并存在下列关系:

$$\sigma_1 = \sigma(D, c_1) \tag{9.7}$$

$$\sigma_1 = \sigma(D, c_2) \tag{9.8}$$

$$I_1(x) = I_0(x) \otimes h_{\sigma1}(x) \tag{9.9}$$

$$I_2(x) = I_0(x) \otimes h_{\sigma2}(x) \tag{9.10}$$

对上述两式进行 Fourier 变换可得

$$I_1(\omega)=\mathcal{F}(I_1(x))=\mathcal{F}(I_0(x)\otimes h_{\sigma1}(x))=I_0(\omega)\cdot \hbar_{\sigma1}(\omega) \tag{9.11}$$

$$I_2(\omega)=\mathcal{F}(I_2(x))=\mathcal{F}(I_0(x)\otimes h_{\sigma2}(x))=I_0(\omega)\cdot \hbar_{\sigma2}(\omega) \tag{9.12}$$

上述两式相除并对结果取自然对数：

$$\ln\frac{I_1(\omega)}{I_2(\omega)}=\ln\frac{I_0(\omega)\cdot \hbar_{\sigma1}(\omega)}{I_0(\omega)\cdot \hbar_{\sigma2}(\omega)}=\ln\frac{\hbar_{\sigma1}(\omega)}{\hbar_{\sigma2}(\omega)}$$

$$=-\frac{1}{2}\omega^2(\sigma_1^2-\sigma_2^2)=-\frac{1}{2}\omega^2(\sigma_1^2(D,d_{a1})-\sigma_2^2(D,d_{a2})) \tag{9.13}$$

联立式(9.2)或式(9.3)和式(9.11)，可计算出散焦图像对应的唯一深度值 D。

实际图像中每一个点的深度信息 $D(x)$ 是不尽相同的，其对应的散焦参数 $\sigma(x)$ 也因点而异，因此依据式(9.4)整个散焦成像系统是个移变(Shift - Variant)系统。为了简化问题求解，DFD 算法通常假定图像中某子窗口 w 内各点的深度为一定值 D_w，其对应的散焦参数 $\sigma(D_w)=\sigma_w$，采用短时 Fourier 变换方法对子窗口区域内的图像进行 DFD 运算。为了减少 STFT 窗口边界由于不连续而带来的伪高频分量，通常引入窗口函数 $W(x)$，并且有

$$\ln\frac{\mathcal{F}(I_1(x)\cdot W(x))}{\mathcal{F}(I_2(x)\cdot W(x))}=\ln\frac{(I_1(\omega)\otimes \mathcal{W}(\omega))}{(I_2(\omega)\otimes \mathcal{W}(\omega))}=\ln\frac{(I_0(\omega)\cdot \hbar_{\sigma1}(\omega))\otimes \mathcal{W}(\omega)}{(I_0(\omega)\cdot \hbar_{\sigma2}(\omega))\otimes \mathcal{W}(\omega)} \tag{9.14}$$

窗口函数的选择有多种，比较典型的是 Gabor 变换的高斯函数型。但是窗口函数加入的同时会带来诸多问题，比如窗口效应(Window Effect)、运算误差增大等。

DFD 算法通过改变摄像机参数获取同一深度但模糊程度不同的两幅图像计算散焦参数 σ，计算景物深度值 D。该方法依赖于精确已知的摄像机参数，这在一些动态的机器人应用场合是难以保证的；而且 DFD 运算复杂，算法实时性能较差，进一步限制了它的实际应用。

9.3.2　DFF 散焦评价图像特征

聚焦深度估计 DFF 算法通过散焦评价函数计算目标成像的散焦图像特征。DFF 散焦特征 F 实际上是 DFD 算法中散焦参数 σ 在二维全局图像特征域中的一种数学化描述。图 9.3 是散焦图像特征的典型曲线，它具有以下性质：

(1) 单峰性：如图 9.3(a)所示，散焦特征随深度变化曲线应存在单一极大值点，在该点目标成像最清晰，对应点就是唯一深度 D_0，利用该特性寻找特征极

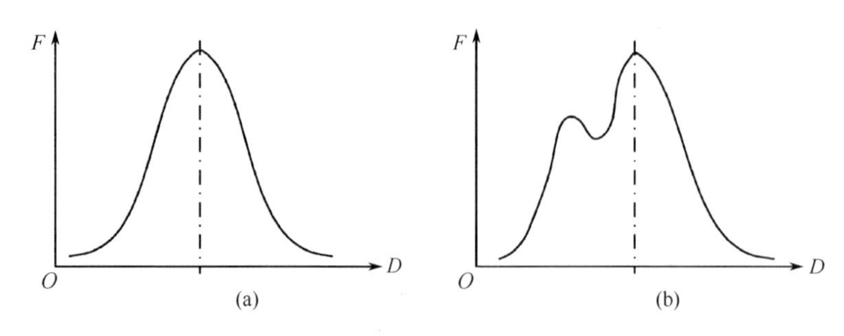

图 9.3　散焦图像特征曲线
（a）理想单峰曲线；（b）带局部极值的多峰曲线。

值可以实现对聚焦深度 D_0（即成像焦平面深度位置）的精确定位。如果散焦特征曲线呈现多峰性（图 9.3(b)），说明特征序列中存在局部极值，这将会导致错误的聚焦深度估计结果。

（2）单调性：散焦特征曲线在极值点两侧单调递减，并且和目标深度位置存在对应关系，表明目标深度运动逐渐远离 D_0 点，成像模糊程度增强。

（3）鲁棒性：DFF 散焦特征作为一种全局图像特征，其取值的大小、分布范围必然受目标形状、大小以及成像环境的影响。而且对于同一幅散焦图像，不同的散焦评价函数计算结果也不相同。但是它们均应大体保持图 9.3(a) 中的曲线分布特性。

聚焦深度估计算法的关键在于根据实际的成像环境选取合适的散焦评价函数。有关文献将已有的 DMF 散焦评价算法根据其定义性质的差异分为以下四类：

（1）基于微分特性的散焦评价函数：这类算法认为清晰的聚焦图像较模糊图像含有更多的高频分量，表现在图像强度分布上拥有更加明显的图像边缘，可通过选取不同的微分卷积模板提取边缘计算图像的散焦特征。典型的微分型 DMF 如下：

平方梯度和型：

$$F_{\text{square-gradient}} = \sum_{\text{height}} \sum_{\text{width}} (i(x+1,y) - i(x,y))^2 \tag{9.15}$$

Laplace 和型：

$$F_{\text{laplace-sum}} = \sum_{\text{height}} \sum_{\text{width}} |L_x(x,y)| + |L_y(x,y)| \tag{9.16}$$

Sobel 和型：

$$F_{\text{sobel-sum}} = \sum_{\text{height}} \sum_{\text{width}} |S_x(x,y)|^2 + |S_y(x,y)|^2 \tag{9.17}$$

小波变换型：

$$F_{\text{wavelet}} = \sum_{\text{height}} \sum_{\text{width}} |W_{\text{HL}}(x,y)| + |W_{\text{LH}}(x,y)| + |W_{\text{HH}}(x,y)| \tag{9.18}$$

微分型的散焦评价函数会对图像中的高频噪声较为敏感。

(2) 基于统计特性的散焦评价函数：该类算法抗图像高频噪声干扰的鲁棒性较好，通过分析模糊图像灰度分布的均方差和相关性等统计性质计算散焦特征如下：

归一化均方差型：

$$F_{\text{variance}} = \frac{1}{H \cdot W \cdot \mu} \sum_{\text{height}} \sum_{\text{width}} (i(x,y) - \mu)^2 \tag{9.19}$$

自相关型：

$$F_{\text{auto-corr}} = \sum_{\text{height}} \sum_{\text{width}} i(x,y) \cdot i(x+1,y) - \sum_{\text{height}} \sum_{\text{width}} i(x,y) \cdot i(x+2,y) \tag{9.20}$$

(3) 基于直方图特性的散焦评价函数：通过计算图像灰度分布的直方图性质 $h(i)$ 计算散焦特征：

直方图范围型：

$$F_{\text{range}} = \max_i (h(i) > 0) - \min_i (h(i) > 0) \tag{9.21}$$

图像熵型：

$$F_{\text{entropy}} = -\sum_{\text{Intensities}} p_i \cdot \log_2(p_i), \quad p_i = h(i)/H \cdot W \tag{9.22}$$

(4) 基于阈值特性的散焦评价函数：

阈值型：

$$F_{\text{pixle-count}} = \sum_{\text{height}} \sum_{\text{width}} s(i(x,y),\theta), \quad s(i(x,y),\theta) = \begin{cases} 1, & i(x,y) \leqslant \theta \\ 0, & \text{其他} \end{cases} \tag{9.23}$$

图像能量型：

$$F_{\text{img-pow}} = \sum_{\text{height}} \sum_{\text{width}} i(x,y)^2, \quad i(x,y) \geqslant \theta \tag{9.24}$$

有关文献提出三种指标对散焦评价函数的性能进行衡量，它们分别是自动聚焦精度、自动聚焦分辨率和自动聚焦选择度。通过大量实验，平方梯度和型DMF（式(9.15)）、Laplace 和型 DMF（式(9.16)）、归一化均方差型 DMF（式

(9.19))被普遍认为是最有效和适用范围最广的三种散焦评价算子。然而,选择合适的 DMF 仍然需要依据成像目标的性质和 DFF 的实际应用场合来决定。

9.3.3 基于归一化均方差 DMF 的图像散焦特征提取

微操作机械手深度运动序列图像如图 9.4 所示,图中为机械手所持真空微夹末端通过垂直光路显微视觉获取的图像,由于机械手通常以一定的姿态角进入装配视场,而且受微夹持器形状等几何性质的影响,深度运动序列图像中前景目标各点的深度信息不尽相同,因此其成像散焦程度随机械手深度运动的变化趋势也难以保持一致,例如图 9.4(a) ~ (c)中,区域 L 随深度运动由模糊逐渐清晰再变模糊,而区域 M 则是逐渐清晰。假定所选区域 L 或 M 中各点的深度信息大体一致,它们的聚焦深度分别为 D_L 和 D_M。在 DFF 计算中,如果不对这些区域进行有效的区分,这必然会导致提取的散焦图像特征无法真实地反应机械手深度运动的变化情况,带来较大的聚焦深度误差。因此,在 DFF 计算前我们需要根据实际作业要求确定所要跟踪机械手图像区域,但跟踪区域太小,则计算的散焦特征较敏感,易受噪声干扰;跟踪区域过大,则导致特征曲线变化平缓,不利于峰值点的搜索,因此寻找区域大小的选取要注意两者的折中。

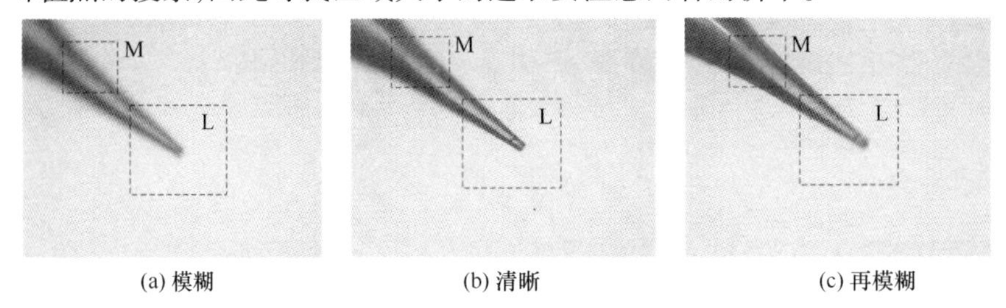

(a) 模糊　　(b) 清晰　　(c) 再模糊

图 9.4　微装配机械手深度运动图像

根据微装配机械手末端成像性质,选取归一化均方差散焦评价函数计算微装配图像的散焦特征 F:

$$F = \frac{1}{m \cdot n \cdot \mu} \sum \sum_{(i,j) \in L} (i(i,j) - \mu)^2 \tag{9.25}$$

式中,L 为 DMF 计算选取的图像区域:

$$L: \{(i,j): i_0 - m/2 \leqslant i \leqslant i_0 + m/2, j_0 - n/2 \leqslant j \leqslant j_0 + n/2\} \tag{9.26}$$

区域大小为 $m \times n$,(i_0, j_0)为区域中心点;$g(i,j)$代表图像区域中某点(i,j)的灰度值,μ 为 L 中各像素点灰度分布的期望均值。与均方差型 DMF 相比,归一化均方差型 DMF 更利于消除深度运动序列图像间由于光强分布不均而带来的计算偏差。

设定微操作机械手深度运动步长为2.5μm，运动行程2mm，针对垂直光路显微视野中同一图像区域，分别采用归一化均方差型DMF、拉普拉斯和型DMF、平方梯度和型DMF和图像熵型DMF计算深度散焦特征曲线，计算结果如图9.5所示，图中横坐标为计算步数，纵坐标为DMF提取的定义在灰度空间的散焦图像特征值。由图可知，采用归一化均方差DMF计算的散焦特征曲线，其信号品质要明显优于拉普拉斯和型与图像熵型DMF的计算结果；平方梯度和型DMF特征曲线呈尖锐的单峰特性，但是其特征随深度变化的有效作用范围要小于归一化均方差DMF计算结果，如在[0,300]的运动区间内，平方梯度和型散焦特征变化平坦，而在峰值点附近特征变化过于尖锐，这些均不利于在聚焦深度搜索中对当前深度位置和搜索方向作出精确判断。综上所述，针对如图9.4类型的微装配机械手深度运动序列图像，采用归一化均方差型DMF进行散焦深度评价效果较好，该方法有效可靠，为基于散焦特征的微装配深度运动显微视觉伺服提供了良好的图像特征反馈。

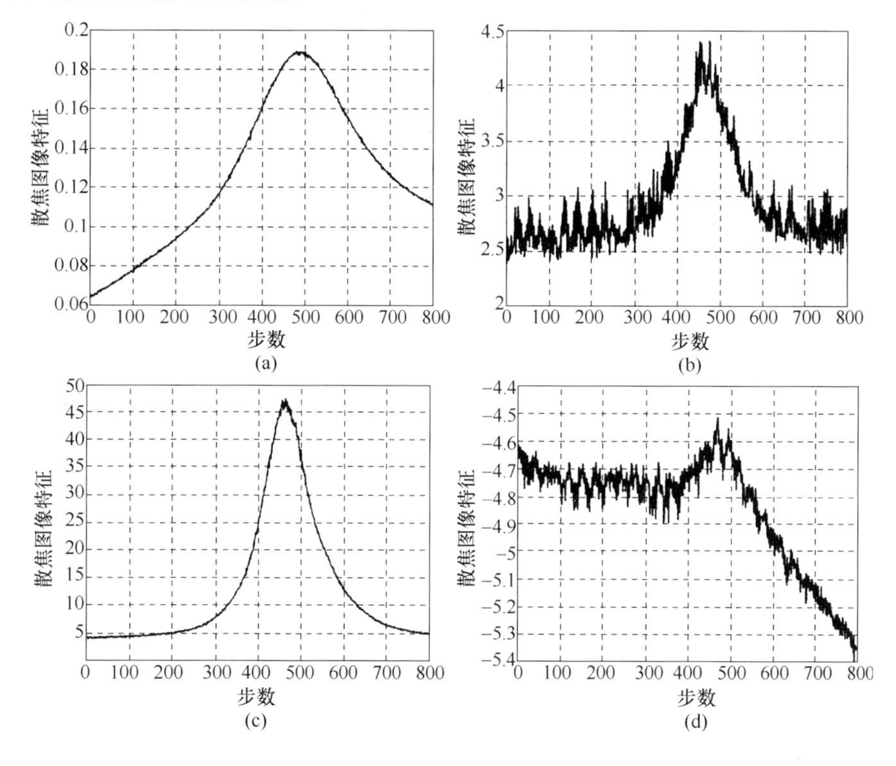

图9.5　微装配深度运动图像散焦特征曲线

(a)归一化均方差型DMF；(b)拉普拉斯和型DMF；

(c)平方梯度和型DMF；(d)图像熵型DMF。

9.4 基于散焦特征的微装配深度运动显微视觉伺服

9.4.1 散焦特征自寻优控制

散焦图像特征是对由机械手深度运动引起的图像模糊程度变化的一种数学描述。特征 F 随机械手深度位置 D 运动的理想变化关系如图 9.6 中曲线 $G(D, F)$ 所示，按照均方差散焦特征的数学定义，曲线应呈明显的单峰特性，即存在单一峰值点 $(D_0, F_{\max})$，在该点取得最大特征值 $F_{\max}$，即 $\partial F/\partial D|_{D=D_0}=0$，机械手成像最清晰，对应的就是垂直显微光路的聚焦深度 D_0。在该点两侧，特征值 F 单调递减，表示机械手深度运动逐渐偏离 D_0，图像模糊程度增强。

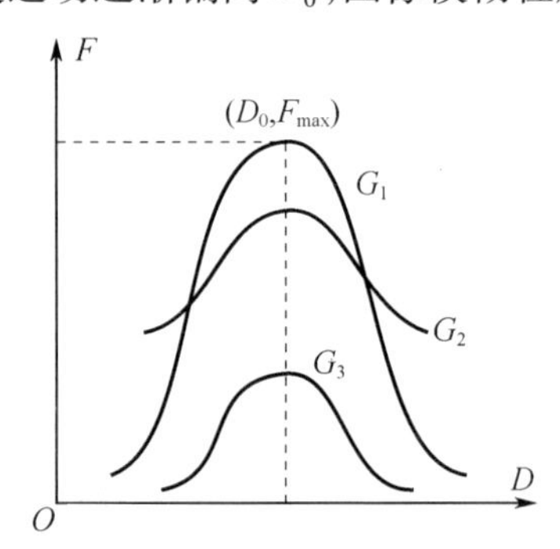

图 9.6 微装配图像散焦特征理论曲线示意图

由于散焦特征是一种全局图像特征，其取值受机械手成像末端大小、形状以及环境的影响，散焦深度曲线 $G(D, F)$ 的分布是变化的（如图 9.6 中的曲线 G_1、G_2、G_3 所示），因此通过拟合散焦特征与深度位置之间的函数关系对机械手深度信息进行精确标定是非常困难的。但是可以利用散焦深度曲线的单峰特性控制机械手对系统聚焦深度位置进行精确定位，这也是微装配机器人深度运动显微视觉伺服的主要目的。利用散焦图像特征实现微装配机械手深度运动显微视觉伺服的微装配深度自寻优控制系统结构如图 9.7 所示[185]。

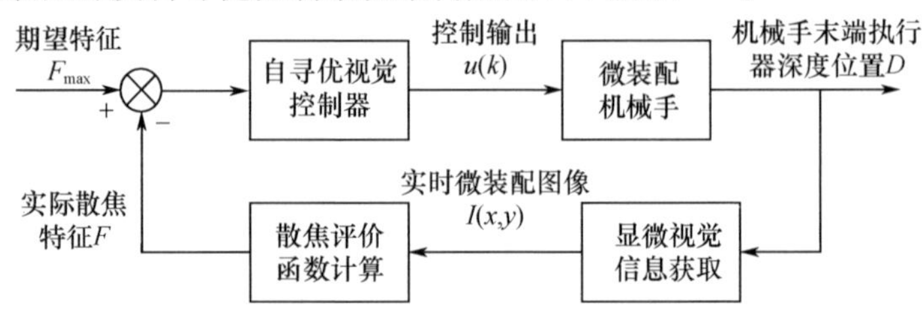

图 9.7 基于散焦图像特征的微装配深度自寻优控制系统结构图

视觉控制器由散焦图像特征的变化引导机械手运动到聚焦深度位置 D_0，这是一个特征值 F 的自寻优过程。由于 $G(D,F)$ 函数分布未知，通过计算 F 曲线的微分信号迭代搜索 $\mathrm{d}F/\mathrm{d}D\big|_{D=D_0}=0$，从而确定机械手成像最清晰的深度位置 $(D_0,F_{\max})$。其迭代算法为

$$u(k)=\begin{cases}D(k), & |\mathrm{d}F(k)/\mathrm{d}D|<\varepsilon \\ D(k)+\lambda\cdot\dfrac{\mathrm{d}F(k)}{\mathrm{d}D}, & \text{其他}\end{cases},\quad \lambda>0 \tag{9.27}$$

式中：$D(k)$ 为当前第 k 时刻机械手的深度位置；$u(k)$ 为控制器输出；λ 为搜索速度调节因子；ε 为设定的判断阈值，当计算的散焦微分值小于设定阈值时，搜索停止，否则搜索继续。

自寻优算法的关键在于正确提取微分信号 $\mathrm{d}F/\mathrm{d}D$，在散焦特征计算不存在噪声干扰时可用差分比来近似上述微分。但是实际环境下 F 和 D 往往被噪声严重污染，差分运算会放大噪声从而导致上述搜索性能下降，控制误差增大。

9.4.2　跟踪-微分器

跟踪-微分器（Tracking Differentiator，TD）可对被噪声污染的信号序列实施无超调无颤振的跟踪，并能产生较好品质的微分信号，是对输入信号广义导数的光滑逼近，对改善常规控制器的控制性能具有重要意义。它作为一种特殊的非线性动态环节：输入一个信号 $v(t)$，它将产生两个输出信号 $x_1(t)$ 和 $x_2(t)$，其中 x_1 跟踪 $v(t)$，而 $x_2(t)=\dot{x}_1(t)$，因此 x_2 可以看作是输入 $v(t)$ 的近似微分信号。跟踪-微分器的离散形式如下：

$$\begin{cases}x_1(t+1)=x_1(t)+h\cdot x_2(t)\\ x_2(t+1)=x_2(t)+h\cdot \mathrm{fst}(x_1(t)-v(t),x_2(t),r,h_0)\end{cases} \tag{9.28}$$

式中，h 为积分步长，$\mathrm{fst}(x_1,x_2,r,h_0)$ 定义如下：

$$d=rh_0,\ d_0=dh_0,\ y=x_1+h_0x_2 \tag{9.29}$$

$$a_0=\sqrt{d^2+8r|y|} \tag{9.30}$$

$$a=\begin{cases}x_2+\dfrac{y}{h_0}, & |y|<d_0\\ x_2+\dfrac{\mathrm{sgn}(y)\cdot(a_0-d)}{2}, & |y|\geqslant d_0\end{cases} \tag{9.31}$$

$$\mathrm{fst}=\begin{cases}-r\cdot\dfrac{a}{d}, & |a|\leqslant d\\ -r\cdot\mathrm{sgn}(a), & |a|>d\end{cases} \tag{9.32}$$

TD 中有两个可调参数：r 和 h_0。r 为速度因子，其值越大跟踪越快，但是 r

值过大会给微分信号增加高频噪声；h_0 为滤波因子，其值越大滤波效果越好，但跟踪信号的相位损失也相应越大。实际运算中合理选取上述两个参数可以得到较好的跟踪与滤波性能。

9.4.3 基于跟踪–微分器的深度运动视觉伺服

为了提高微装配深度视觉伺服的控制精度，在式(9.27)的基础上采用变系数的粗–精两级比例调节：

$$u(k)=\begin{cases}D(k), & |\mathrm{d}F/\mathrm{d}D|<\varepsilon_1\\ D(k)+\lambda_1\cdot \mathrm{d}F/\mathrm{d}D, & \varepsilon_1\leqslant|\mathrm{d}F/\mathrm{d}D|\leqslant\varepsilon_2\\ D(k)+\lambda_2\cdot \mathrm{d}F/\mathrm{d}D, & \text{其他}\end{cases}\tag{9.33}$$

式中，比例系数 $\lambda_2>\lambda_1>0$，当机械手散焦特征随深度运动变化量 $|\mathrm{d}F/\mathrm{d}D|>\varepsilon_2$ 时采用粗调，$\varepsilon_1\leqslant|\mathrm{d}F/\mathrm{d}D|\leqslant\varepsilon_2$ 时为精调，$|\mathrm{d}F/\mathrm{d}D|<\varepsilon_1$ 时自寻优搜索结束。

深度伺服自寻优算法的关键在于能否从包含噪声的机械手实时散焦特征中正确提取出散焦微分信号，为此将 $\mathrm{d}F/\mathrm{d}D$ 改写为

$$\frac{\mathrm{d}F}{\mathrm{d}D}=\frac{\mathrm{d}F/\mathrm{d}t}{\mathrm{d}D/\mathrm{d}t}\tag{9.34}$$

设计两个跟踪–微分器分别实时计算 $\mathrm{d}F/\mathrm{d}t$ 和 $\mathrm{d}D/\mathrm{d}t$，结合式(9.32)和式(9.33)计算机械手运动量控制其向期望深度位置$(D_0,F_{\max})$运动。在视觉伺服开始前通过试探运动搜索散焦特征增长方向以确定机械手初始运动。上述微装配深度运动视觉伺服的控制结构如图9.8所示。

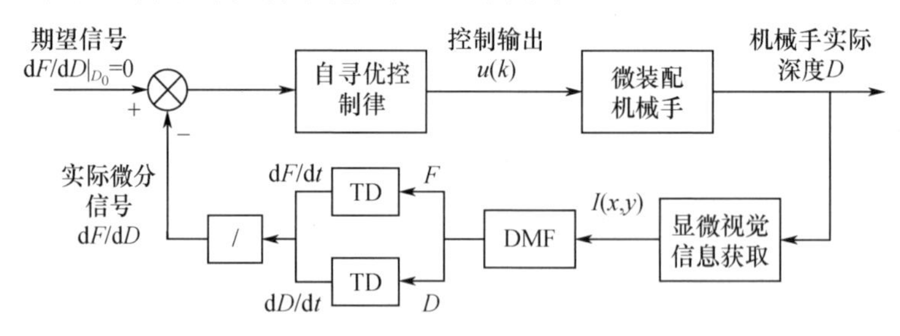

图9.8 基于跟踪–微分器的微装配深度视觉伺服

9.4.4 深度显微视觉伺服实验

1. 基于TD的散焦图像特征及微分信号跟踪实验

控制主微操作机械手沿显微视觉垂直光路光轴方向做连续深度运动，机械

手运动步长设置为5μm，运动行程3mm。实时采集每一步机械手深度运动图像并利用跟踪－微分器跟踪其散焦特征和散焦微分信号，实验结果如图9.9和图9.10所示。图9.9(a)为采用归一化均方差DMF提取的深度散焦特征曲线，曲线中含有随机振荡噪声；图9.9(b)为利用TD实时跟踪上述散焦特征提取的结果，曲线呈光滑的单峰特性。图9.10(a)是针对图9.9(a)的散焦曲线利用中心差分法计算的散焦微分信号，由于被噪声污染导致其无法真实的反映散焦特征随机械手深度位置的变化；图9.10(b)为跟踪－微分器提取的散焦微分信号，它较好地还原了散焦特征的变化情况，信号品质较中心差分法有较大改善。

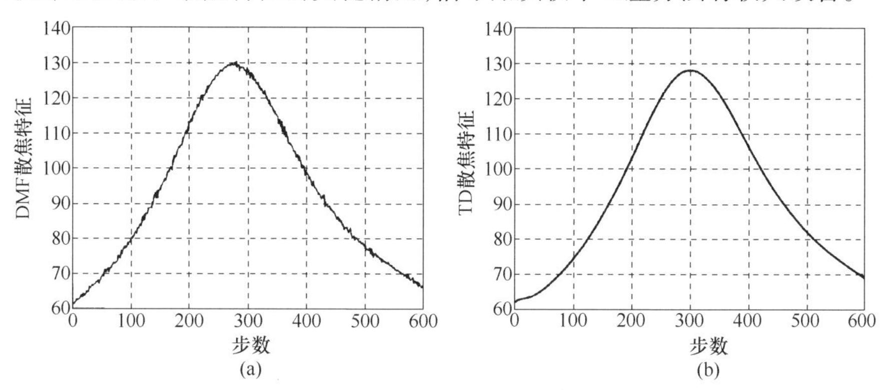

图9.9　微装配深度运动散焦特征曲线
(a)归一化均方差DMF；(b)跟踪－微分器。

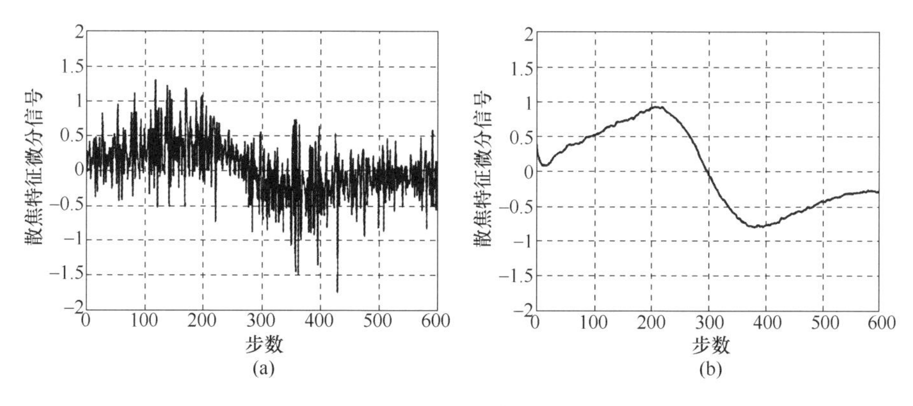

图9.10　散焦图像特征微分信号
(a)中心差分法；(b)跟踪－微分器。

值得注意的是在利用跟踪－微分器提取散焦特征及微分信号时，其提取结果较原值存在少量的相位时延。通过调节TD中的速度因子和滤波因子可以提高跟踪速度，但是TD对噪声干扰的抑制作用也相应减弱。因此在选取TD参数时要注意其跟踪和滤波性能的折中。

2. 基于散焦特征的微装配深度运动视觉伺服实验

分别采用图像自动聚焦系统中常用的爬山法(Hill - Climbing Algorithm, HCA)和本章介绍的基于跟踪 - 微分器的微装配深度视觉伺服方法进行微装配机械手深度定位视觉伺服实验。机械手运动步长设为 2.5μm，视觉伺服周期为 0.1s，以机械手起始深度位置为坐标原点，伺服期望位置 D_0 = 630μm。

实验结果如图 9.11 所示，图中 D_0 为期望位置，D_1 为基于跟踪 - 微分器的微装配深度视觉伺服方法的深度伺服曲线，机械手在经历 7.8s 后最终运动到 D = 622.5μm，视觉伺服误差为 7.5μm；D_2 为爬山法的深度伺服曲线，由于机械手实际散焦特征中包含大量噪声干扰(图 9.9(a))，该方法在局部特征极值附近来回振荡从而导致伺服失败。此外依据爬山法原理它需要在聚焦深度 D_0 附近往复搜索才能实现准确定位，而在双光路立体显微视觉中，由于垂直显微光路无法提供机械手深度运动的直接图像反馈，为避免机械手与装配平面的微零件发生碰撞，爬山法导致的在聚焦深度附近的往复运动是不允许的。

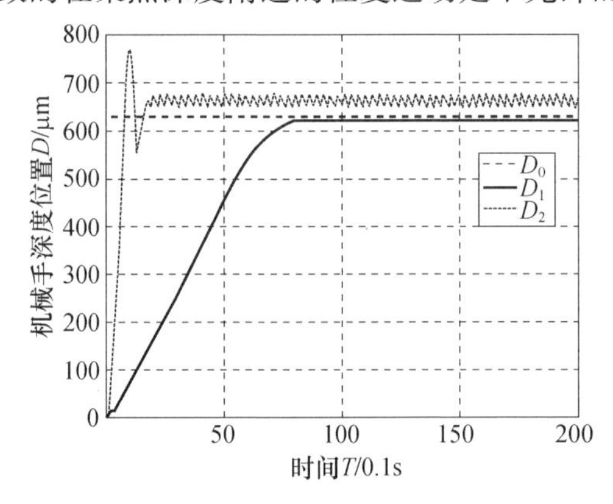

图 9.11 基于散焦特征的微装配深度定位视觉伺服实验

9.5 粗 - 精两级微装配深度运动视觉伺服策略

基于散焦图像特征的显微视觉伺服保证了机械手在大范围内能够根据图像模糊程度变化完成聚焦深度的自寻优控制，但是为了保证伺服精度采用小步长调节导致其控制实时性欠佳。并且 DFF 特征作为一种间接描述方法，无法提供微操作手深度运动的直接图像反馈，散焦评价结果受成像环境变化的影响，因此根据散焦特征极值来定位聚焦深度不可避免地会带来一定的误差。同时，利用跟踪微分器抑制 DMF 计算中的随机噪声干扰，客观存在的相位时延使得提取的散焦微分信号无法与真实的深度变化保持完全同步，从而造成视觉伺服偏差。因此利用散焦图像特征无法保证机械手在聚焦深度小范围内完成快速精密的位置伺服控制。

如图 9.12 所示，根据 9.2 节介绍的粗－精两级微装配深度运动描述机制，融合聚焦 DMF 计算和直接运动图像观测形成微操作机械手深度运动的双光路显微图像反馈。当机械手运动到水平显微光路监测范围之内时，它在微装配世界坐标系中的深度位置 Z_T 可由水平显微图像平面中的位置坐标 Y_{HI} 精确描述。作为一种深度位置变化的直接图像反馈，根据图像坐标 Y_{HI} 实现机械手 Z_T 方向的视觉伺服控制是直观可行的。水平显微图像平面 $X_{HI}OY_{HI}$ 的视觉伺服模型为

$$\dot{f}(k)=J_h(k)\cdot\dot{r}(k) \tag{9.35}$$

式中：$\boldsymbol{f}(k)=[x_{hi}(k)\quad y_{hi}(k)]^{\mathrm{T}}$ 为当前第 k 时刻机械手的图像特征向量，$y_{hi}(k)$ 为机械手深度运动成像在水平显微光路的位置坐标；$\boldsymbol{r}(k)=[x_T(k)\quad z_T(k)]^{\mathrm{T}}$ 为机械手在微装配世界坐标系中 X_T 和 Z_T 方向的位置向量；$\boldsymbol{J}_h(k)$ 为 2 × 2 的水平显微图像雅可比矩阵，有关显微图像雅可比矩阵的自适应辨识和模糊自适应 Kalman 滤波算法将在第 13 章详细介绍。

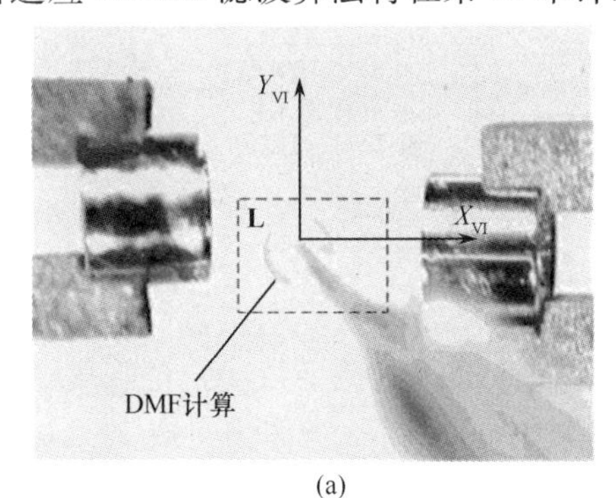

(a)

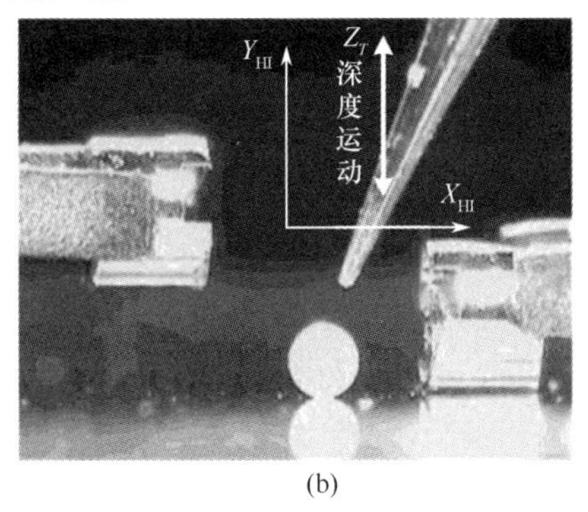

(b)

图 9.12　微操作机械手深度运动双光路显微图像反馈

（a）垂直光路聚焦深度 DMF 计算；（b）水平光路深度运动观测。

令 $u(k)=\dot{r}(k)$，由于 J_h 满秩，根据式(9.35)可得

$$u(k)=J_h^{-1}(k)\cdot\dot{f}(k) \tag{9.36}$$

定义图像特征误差 $e(k)=f^d-f(k)$，其中目标特征 $\boldsymbol{f}^d=[x_{hi}^d\quad y_{hi}^d]^{\mathrm{T}}$，$y_{hi}^d$ 为静态机械手期望深度位置。采用比例调节，计算水平光路的显微视觉伺服输出 $u(k)$ 为

$$u(k)=\begin{cases}u_0, & K_p\cdot J_h^{-1}(k)\cdot e(k)>u_0\\ K_p\cdot J_h^{-1}(k)\cdot e(k), & \text{其他}\end{cases} \tag{9.37}$$

式中,K_p 为比例系数,式(9.37)的控制效果有赖于 $J_h(k)$ 的在线辨识情况,不恰当的辨识结果会导致伺服输出超出机械手的运动范围,为此限定 u_0 为输出最大运动量,保证机械手在深度方向安全运动。

融合基于垂直显微光路散焦特征的聚焦深度自寻优控制和基于水平显微光路位置图像特征的深度伺服调节,形成粗-精两级微装配机械手深度运动视觉控制策略,其控制结构如图 9.13 所示[184]。

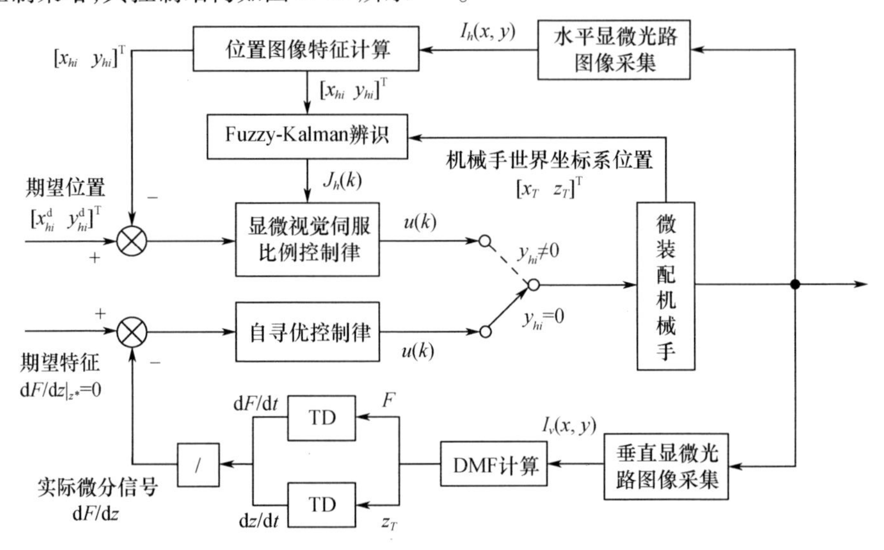

图 9.13 粗-精两级微装配机械手深度运动显微视觉伺服控制结构

在微装配世界坐标系 $X_TY_TZ_T$ 中,设定 O_T 为垂直和水平两路显微光路的聚焦深度交点,深度显微视觉伺服的目的即控制微操作机械手自动定位到聚焦深度并能在水平显微光路视野内完成精密的深度位置伺服。当机械手距离聚焦深度较远并在水平视野观测范围之外时($y_{hi}=0$),通过计算机械手末端在垂直显微图像平面 $X_{VI}OY_{VI}$成像的散焦特征 F,由基于跟踪微分器的自寻优控制律引导其向聚焦点运动是粗调节;当机械手运动到水平图像 $X_{HI}OY_{HI}$范围之内时($y_{hi}\neq0$),切换到精调节,根据检测到的水平光路机械手位置图像特征$[x_{hi}\quad y_{hi}]^T$,运用 Fuzzy-Kalman 辨识方法在线估计图像雅可比矩阵,根据辨识结果实现机械手在 Y_{HI}(即 Z_T)方向的精密显微视觉伺服。

设定垂直和水平两路显微光路光学放大倍数均为 2 倍,X、Y 方向的图像分辨率分别为 5.784μm/像素和 5.621μm/像素,装配坐标系原点 O_T 设为水平光路图像的中心点处。机械手起始深度位置 $Z_T=3.515$mm,目标深度位置 $y_{hi}^*=+80$像素,即 $Z_T^*=450$μm。按照本章介绍的方法进行粗-精两级微装配深度定位实验,机械手最小运动步长为5μm,视觉伺服周期0.1s,实验结果如图9.14所示。起初由垂直光路的自寻优散焦特征引导微操作机械手向目标深度运动,在经历3.8s的粗调节后,机械手进入水平显微视野内转为$X_{HI}OY_{HI}$图像平面内的深度精调节,其控制效果依赖于在线估计的水平显微图像雅可比矩阵的性能好坏。由于矩阵估计初值任意给定,所以其辨识结果在经历5个伺服周期后才逐渐收敛,在此过程中深度控制曲线出现一定的超调(超调量约为6.1%),这主要是由于雅可比矩阵初始辨识结果未收敛所导致。机械手深度运动视觉伺服在经历总共4.7s的粗-精两级调节后结束,其最终稳态误差不大于1个像素,满足系统微装配作业精度要求。

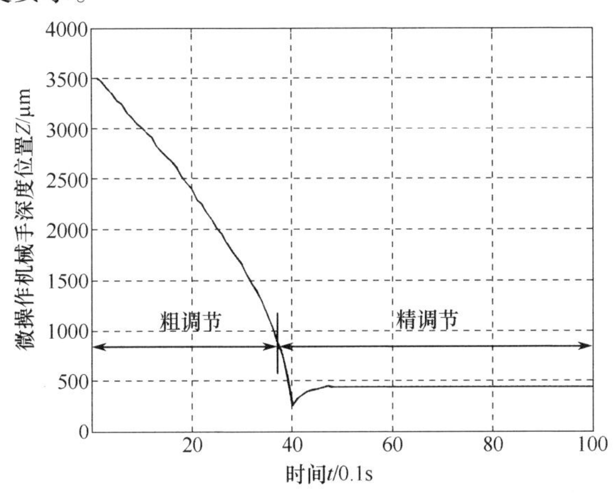

图9.14　粗-精两级微装配深度运动显微视觉伺服定位

对比图9.11和图9.14中的深度伺服曲线,由于无法形成深度运动直接图像反馈,为了提高控制精度和保证作业安全,基于垂直光路散焦特征的视觉伺服方法采用小步长调节所耗控制时间较长;而基于双光路的粗-精两级视觉伺服方法融合了散焦深度评价和水平光路直接观测两种深度运动图像反馈,既保证了机械手较大的深度运动范围,也改善了位置伺服精度,而且减少了调节时间;但水平光路图像雅可比矩阵的在线辨识误差会给微操作机械手深度伺服带来一定的控制超调,降低了微装配作业的可靠性。

9.6　本章小结

微操作机械手深度运动视觉伺服控制是基于显微视觉伺服运动控制中的重要内容。本章在双光路正交立体显微视觉结构的基础上,介绍了一种融合散焦特征计算和水平图像直接观测的微操作机械手深度运动视觉反馈机制。讨论了散焦深度估计和聚焦深度估计两种深度信息提取方法，根据机械手末端成像性质采用归一化均方差型散焦评价函数计算其深度运动的散焦图像特征。利用跟踪-微分器抑制噪声实现了对深度散焦特征及其微分信号的无颤振光滑逼近，依据散焦微分信号设计自寻优视觉伺服控制器完成机械手对显微光路聚焦深度的自动定位。在此基础上，介绍了一种粗-精两级微操作机械手深度运动视觉控制策略，它融合基于垂直光路散焦特征的深度自寻优控制和基于水平光路位置图像特征的深度伺服调节，同时实现了大范围的深度运动和小范围的位置精确控制。微装配机器人运动实验验证了方法的有效性，其视觉伺服精度和算法实时性满足微装配作业要求。

第 10 章　微装配机器人运动控制

10.1　引言

运动控制是由执行器、功率变换器和控制器三部分组成的具有速度和位置跟踪能力的系统控制。本章介绍微装配机器人运动控制问题,即如何使微装配机器人末端能稳、准、快地定位于微目标,这可以归纳为位置伺服问题。当前见诸文献的微操作机器人大都采用了微型精密电机作为其运动系统的驱动器,因此本章以电机驱动的微装配机器人为对象,介绍相关运动控制方法。PID 控制是目前应用最为广泛且最为成熟的控制方法,本章以 PID 控制作为电机控制的基础,分析和比较参数自整定的 PIDF 控制器、基于 BP 神经网络的 PID 控制器以及基于模糊逻辑推理的 PID 控制器等三类 PID 控制器,并在此基础上,进一步介绍智能集成运动控制方法与系统结构。

10.2　位置伺服系统的一般结构

经典的高性能位置伺服系统通常具有电流、速度和位置三环结构形式,如图 10.1所示。

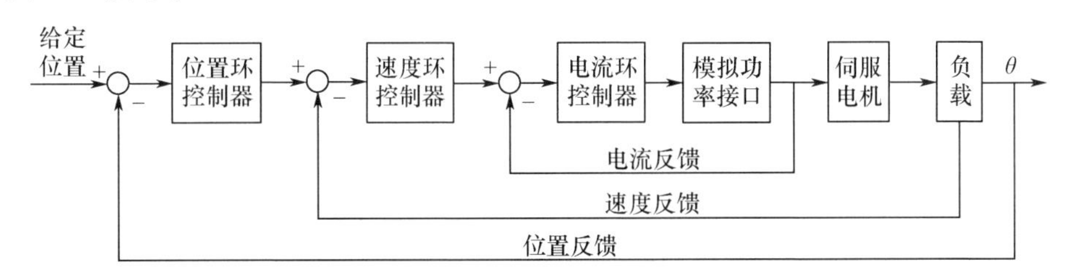

图 10.1　经典位置伺服系统

电流环和速度环为内环。电流环的作用是:①改进内环控制对象的传递函数,提高系统的快速性;②抑止电流环内部的干扰;③限制最大电流,使系统有足够大的加速转矩,确保系统运行安全。速度环的作用是增强系统的抗干扰能力,抑止速度的波动。在伺服系统设计中,电流环和速度环控制通常采用 PI 调节器。

位置环是系统反馈的主通道,其作用是保证系统静态精度和动态跟踪的性能,它直接关系到伺服系统的稳定与运行性能;伺服系统的位置调节器要求具有快速、无超调的响应特性。在实际应用中,位置环通常设计成 P 或 PI 调节器。通常情况下减小比例增益,可以保证系统对位置响应的无超调,但会降低系统的动态响应速度;在位置环中增加积分环节可以提高系统的定位精度,但系统的动态响应性能将被降低。

图 10.2 是新型计算机控制的数字式伺服系统结构图,它由计算机、脉宽调制(Pulse – Width Modulation,PWM)、功率驱动接口、传感器接口和电机构成闭环系统。随着数字技术的发展,驱动系统通常集成了数字化的电流环、速度环调节器,通过使用高速微处理器,系统的快速性和精度将大大提高[186]。

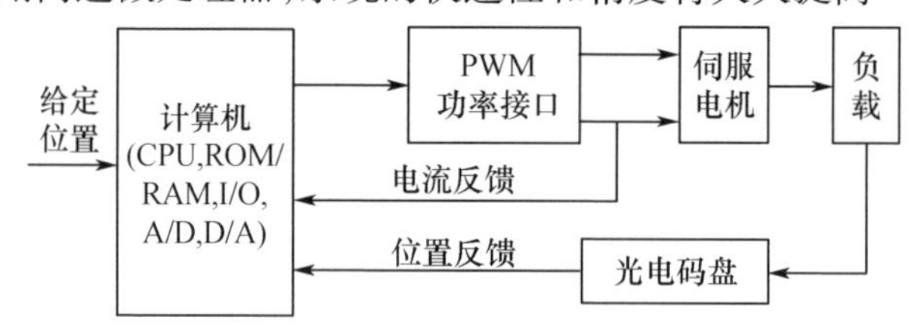

图 10.2　计算机控制的数字伺服系统

10.3　被控对象的数学模型和特征参数辨识

图 10.3 是以电机为被控对象的位置控制系统的结构框图。其中,$C(s)$ 为位置环控制器,$G_1(s)$ 为速度环的闭环传递函数,$G_2(s)$ 为电机传递函数,R 为系统输入信号,Y 代表电机的相应位置,d 为干扰信号,u_c 为控制器输出,z 为速度闭环的输出响应。

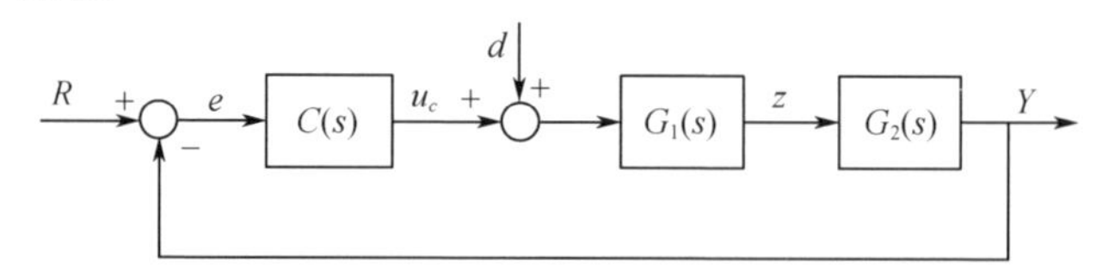

图 10.3　位置环简化结构图

当速度调节器采用 PI 控制,且位置环的截止频率远小于速度环的截止频率时,速度环的闭环传递函数可以等效为一阶惯性环节,其中 $G_2(s)$ 可等效为一个积分环节。若考虑由于数字控制器等因素带来的延迟,则被控对象的速度闭环的等效数学模型可表示为 $G_1(s)=\dfrac{K\mathrm{e}^{-\tau s}}{(1+T_P s)}$。

若 u_c 为阶跃信号,速度环的输出响应为 z。则根据 Cohn - Coon 公式可以辨识出被控对象的特征参数:

$$K = z/u_c, T_P = 1.5(t_{0.632} - t_{0.28}), \tau = 1.5(t_{0.28} - t_{0.632}/3) \tag{10.1}$$

式中:$t_{0.28}$和 $t_{0.632}$分别为速度环响应为 $0.28u_c$ 和 $0.632u_c$ 时的时间。

10.4　参数自整定 PIDF 控制

在控制系统的前向通道上增加前馈控制可以对系统干扰进行抑止,增强控制系统的鲁棒性,并且能够提高系统的快速响应能力。Hossain 在开关磁阻电机的控制中采用了 PID 和前馈的混合控制,对干扰噪声起到了较好的抑止作用[110];文献[187]在开关磁阻电机的控制中采用了 PID 和前馈的混合控制,对干扰噪声起到了较好的抑止作用;在快速跟踪应用中,系统的闭环调节通常造成跟踪的延迟,文献[188 - 189]通过位置环前馈来提高系统的快速响应能力。

图 10.4 是比例积分微分前馈(Proportion Integration Differentiation Feedforward,PIDF)控制系统结构框图。其中,$F(s)$为前馈控制器;$C(s)$为 PID 控制器;$G_1(s)$为速度环传递函数,$G_2(s)$为一积分环节。$F(s)$的控制输出为 u_f,$C(s)$的控制输出为 u_c,受控系统的控制输入为 $u = u_f + u_c$。

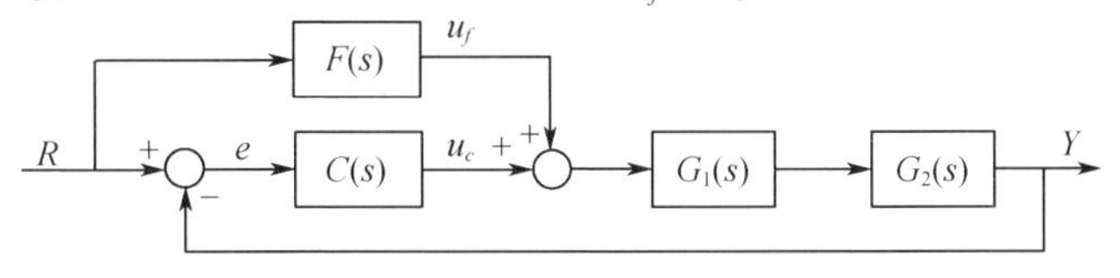

图 10.4　PIDF 控制系统

PIDF 控制是在 PID 控制系统的前向通道上并联一个微分或双微分结构的前馈控制器。由于在闭环之外,前馈控制器不能对闭环内的扰动做出反应,但它能快速跟踪给定信号,因此可提高系统的快速性。PIDF 控制结构中的两个控制器可以根据抗干扰性能和跟踪性能分别整定参数,具有两个控制通道,因而比单通道控制系统有更好的控制品质。

10.4.1　位置前馈控制器设计

1. 位置前馈控制原理

图 10.4 所示 PIDF 控制系统的闭环传递函数为

$$H(s) = \frac{F(s)G_1(s)G_2(s) + C(s)G_1(s)G_2(s)}{1 + C(s)G_1(s)G_2(s)} \tag{10.2}$$

理论上若 $F(s) = 1/G_1(s)G_2(s)$,即 $H(s) = 1$,则可使系统输出完全复现输

入信号,并且系统的暂态和稳态误差都为零。

此时

$$F(s)=\frac{1}{G_1(s)G_2(s)}=\frac{T_P s^2+s}{K} \tag{10.3}$$

由于 $F(s)$ 是对位置信号的前馈,它可以看成是加速度前馈 $T_p s^2/K$ 和速度前馈 s/K 之和。从应用角度分析,引入速度前馈可加快伺服系统的速度响应,加大速度前馈增益,可以减少位置环的位置误差累加,从而加快位置误差的补偿速度。引入加速度前馈可加快起动和减速的动态过程,并且可以避免停止过程中出现速度超调。

2. 位置前馈控制的数字实现

根据位置前馈原理,设计带速度和加速度的位置前馈控制器。将式(10.3)描述的前馈控制器写成便于计算机实现的数字形式。其中速度前馈的差分方程为

$$u_s(k)=K_s(R(k)-R(k-1)) \tag{10.4}$$

式中:$R(k)$ 和 $u_s(k)$ 分别为第 k 个采样周期时的位置输入和速度前馈输出,增益 $K_s=1/K$。

加速度前馈的差分方程为

$$u_a(k)=K_a(R(k)-2R(k-1)+R(k-2)) \tag{10.5}$$

式中:$u_a(k)$ 为第 k 个采样周期时的加速度前馈输出;增益 $K_a=T_P/K$。

由式(10.4)和式(10.5)得到位置前馈控制器的输出为 $u_f(k)=u_s(k)+u_a(k)$。

10.4.2 PID 控制器

传统 PID 控制器是针对系统偏差的一种比例、积分、微分调节方法,其算式为

$$u_c(t)=k_p\left[e(t)+\frac{1}{T_I}\int_0^t e(t)\mathrm{d}t+T_D\frac{\mathrm{d}e(t)}{\mathrm{d}t}\right] \tag{10.6}$$

式中:k_p 为比例系数;T_I 为积分时间常数;T_D 为微分时间常数;$e(t)=R(t)-y(t)$;$u_c(t)$ 为控制器输出。该式的数字实现形式为

$$u_c(k)=k_p e(k)+\frac{T}{T_I}\sum_{j=0}^{k}e(k)+\frac{T_D}{T}(e(k)-e(k-1)) \tag{10.7}$$

式中:T 为采样周期。令 $k_i=k_p/T_I$ 为积分常数;$k_d=k_pT_D$ 为微分常数。式

(10.7)可写为

$$u_c(k) = k_p e(k) + k_i \sum_{j=0}^{k} Te(k) + k_d \frac{e(k) - e(k-1)}{T} \tag{10.8}$$

文献[190]提出了最优 PID 控制器参数整定的算法,该方法采用如下目标函数:

$$J_n(\theta) = \int_0^{\infty} t^n e(\theta,t)^2 \mathrm{d}t \tag{10.9}$$

式中:$e(\theta,t)$为 PID 控制器的偏差输入信号。当 $n=0$ 时,$J_n(\theta)$指标称为平方误差积分(Integral Square Error,ISE)准则;$n=1$ 时,$J_n(\theta)$指标称为 ISTE 准则;$n=2$ 时,$J_n(\theta)$指标称为 $\mathrm{IST^2E}$ 准则。通常取 $n=1$,称 $J_n(\theta)$为 ISTE 最优整定,简称 ISTE 法。

对于受控对象为有延迟的一阶惯性环节 $G(s) = \frac{K}{1+T_P s}\mathrm{e}^{-\tau s}$时,针对跟踪给定信号和抑止干扰信号的要求,ISTE 法分别有两组 PID 参数经验调整公式。

当要求系统快速跟踪输入信号时,可采用如下的 ISTE 经验公式对 PID 控制器参数进行整定:

$$k_p = \frac{a_1}{K}\left(\frac{\tau}{T_P}\right)^{b_1}, T_I = \frac{T_P}{a_2 + b_2(\tau/T_P)}, T_D = a_3 T_P \left(\frac{\tau}{T_P}\right)^{b_3} \tag{10.10}$$

由式(10.10)可以看出,根据(a_i, b_i) $(i=1,2,3\cdots)$参数的不同,PID 控制器可分别构成不完全微分 PID 控制(PI 控制)和完全微分 PID 控制等不同结构的控制器。

若存在干扰信号,要求系统能够对干扰有较强的抑止能力,使干扰对系统产生的不良影响达到最小,可采用如下 ISTE 经验公式对 PID 控制器参数进行整定:

$$k_p = \frac{a_1}{K}\left(\frac{\tau}{T_P}\right)^{b_1}, \frac{1}{T_I} = \frac{a_2}{T_P}\left(\frac{\tau}{T_P}\right)^{b_1}, T_D = a_3 T_P \left(\frac{\tau}{T_P}\right)^{b_3} \tag{10.11}$$

10.4.3 仿真实验

假设被控电机的速度环传递函数为 $G_1(s) = \frac{1}{0.003s+1}$。首先通过 ISTE 最优整定方法得到 PID 控制器的控制参数为 $k_p = 1.5$, $T_I = 0.004$, $T_D = 0.001$。选择 $k_s = 1$ 和 $k_a = 0.003$。

仿真实验设计为跟踪正弦曲线 $y = \sin(2\pi k t_s)$,其中 $t_s = 0.001\mathrm{s}$ 为采样周期,k 为采样时刻。分别采用 PID 控制器和 PIDF 控制器对系统进行调节。图 10.5所示为系统跟踪结果,其中曲线 1 为理想正弦曲线,曲线 2 为采用 PID

控制器调节得到的跟踪曲线,曲线 3 为采用 PIDF 控制器调节得到的跟踪曲线。图 10.6 所示为采用两类控制方法的跟踪偏差,其中曲线 1 为 PIDF 控制器调节的偏差曲线,曲线 2 为 PID 控制器调节的偏差曲线。由图 10.6 可看出,PIDF 控制器比 PID 控制器的跟踪偏差要小。

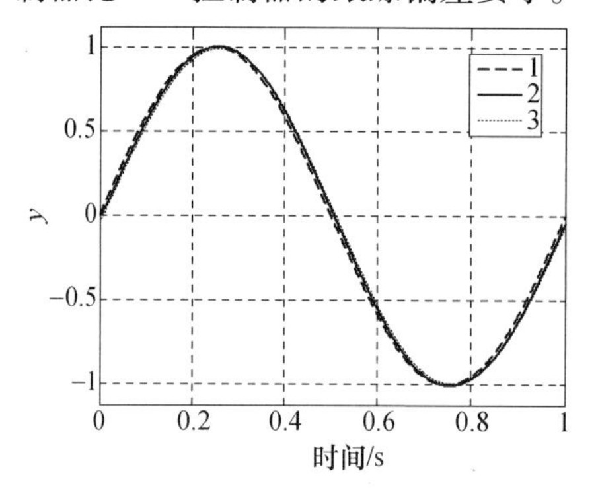

图 10.5　正弦曲线输入跟踪结果

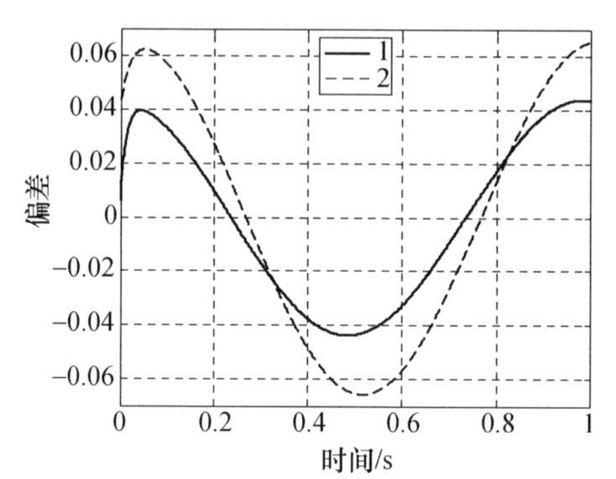

图 10.6　跟踪偏差

10.5　基于 BP 神经网络的 PID 控制

PID 控制器结构简单,对于受控对象结构和参数已知的场合,通过调整控制器参数,可获得好的控制效果。但其参数不易在线调整,所以对模型参数时变、对象特性非线性以及受随机干扰影响的系统,往往难以获得满意的控制效果。而机器人位置伺服系统正是这样的参数时变、强耦合、多变量的非线性系统。

从 PID 控制器自身而言,控制器要具有良好的控制性能,就必须通过调整比例、积分和微分三种控制作用,形成控制量中既相互配合又相互制约的关系,这种关系不是简单“线性关系”,需要在非线性组合中寻找出最佳的关系。

神经网络通过由众多的非线性神经元组成的网络来逼近高度复杂的非线性系统,具有快速处理、高度容错、联想记忆、学习简单等优点。许多学者研究了神经网络在电机控制中的应用,并取得了很好的成果。文献[191]将自适应神经网络在线地用于永磁同步电机的向量控制,文献[192]将神经网络用于超声波电机的速度控制,文献[193]通过自适应神经网络在线实现对直流电机的参数辨识与控制,文献[194]则将神经网络用于 PI 控制器参数的自动调整,以上都取得了不错的控制效果。

BP 网络是研究和应用最为广泛的人工神经网络之一,它的学习规则是通过反向传播来调整网络的权值使误差平方和最小,具有强大的非线性映射能力和泛化能力,任一连续函数或映射均可采用三层网络实现[195]。下面介绍采用 BP

网络来逼近 k_p、k_i 和 k_d 三参数之间的非线性关系，从而构造参数自学习的 PID 控制器。

10.5.1　基于 BP 网络的 PID 控制系统结构

基于 BP 网络的 PID 控制系统结构如图 10.7 所示，控制系统由两部分组成：

（1）PID 控制器，它直接作用于受控系统，其三个参数 k_p、k_i 和 k_d 可在线调整。

（2）BP 神经网络，其输出层神经元的输出直接对应 k_p、k_i 和 k_d，网络根据系统的运行状况，对设定的代价函数寻优，通过神经网络的自学习和对加权系数调整，使神经网络输出对应于期望指标的 PID 控制参数。

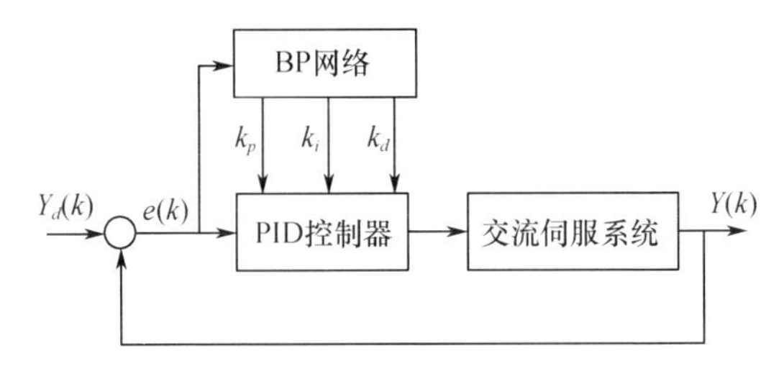

图 10.7　基于 BP 网络的 PID 控制系统结构

10.5.2　BP 网络结构

采用三层 BP 网络，通过对系统性能的学习，对 k_p、k_i 和 k_d 进行整定，其结构如图 10.8 所示。

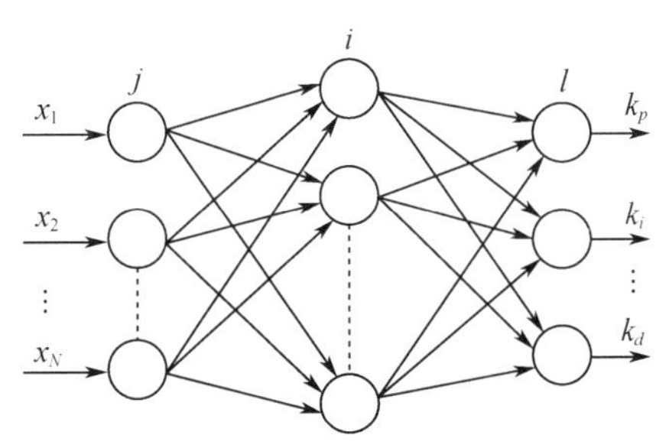

图 10.8　BP 网络结构

网络输入层为

$$x_j^{(1)}(k)=x_j(k),\quad j=1,2,\cdots,N \tag{10.12}$$

式中：输入变量的个数 N 取决于受控系统的复杂程度；k 为采样时刻。

中间层的输入与输出分别为

$$\begin{cases} s_i^{(2)}(k) = \sum_{j=0}^{N} w_{ij}^{(2)}(k) x_j^{(1)}(k) \\ x_i^{(2)}(k) = f(s_i^{(2)}(k)), \quad i = 1,2,\cdots,M \end{cases} \tag{10.13}$$

式中:$w_{ij}^{(2)}(k)$为输入层节点j到中间层节点i的连接权系数;$f(\cdot)$为活化函数,取修正的 tansig 函数$f(x,\sigma,\beta)=\beta(1-\mathrm{e}^{-\sigma x})/(1+\mathrm{e}^{-\sigma x})$,其中$\sigma$和$\beta$为激励函数的可调因子。$\sigma$值的减小,激励函数的有效范围(脱离饱和区影响的程度)将扩大,但激励函数的斜率将降低;β将改变激励函数及其导数的值域。在激励函数中引入调节因子β增加了梯度值,因此可以选择较小的学习速率,而不致于使网络的学习速度变得很慢,从而使算法收敛到较高的精度。

输出层的输入与输出分别为

$$\begin{cases} s_i^{(3)}(k) = \sum_{i=0}^{M} w_{ij}^{(3)}(k) x_i^{(2)}(k) \\ x_l^{(3)}(k) = g(s_l^{(3)}(k)), \quad l = 1,2,3\cdots \end{cases} \tag{10.14}$$

式中:$g(\cdot)$为激励函数,取为非负的 Sigmoid 函数$g(x)=\mathrm{e}^x/(\mathrm{e}^x+\mathrm{e}^{-x})$。

由此可得 PID 控制器的参数分别为$k_p=x_1^{(3)}(k)$,$k_i=x_2^{(3)}(k)$,$k_d=x_3^{(3)}(k)$。

10.5.3 学习算法

定义 BP 网络代价函数为

$$E(k)=\frac{1}{2}(y_d(k)-y(k))^2 \tag{10.15}$$

式中:$y_d(k)$和$y(k)$分别为k时刻受控系统的期望输出与实际输出。

BP 网络对参数的逼近问题可以归结为如何调节连接权系数使代价函数最小的寻优问题。一阶梯度法是通常采用的寻优算法,标准的一阶梯度算法属于静态寻优,该方法只是沿k时刻的负梯度方式修正$w(k)$,而没有考虑历史时刻的梯度方向,使学习过程常会出现振荡,收敛缓慢。这里采用基于一阶梯度算法的改进算法:

$$\Delta w_{li}^{(3)}(k) = -\eta \frac{\partial E(k)}{\partial w_{li}^{(3)}} + \alpha \Delta w_{li}^{(3)}(k-1) \tag{10.16}$$

式中:η为学习速率;α为惯性系数。

对代价函数权值$w_{li}^{(3)}$求导有

$$\frac{\partial E(k)}{\partial w_{li}^{(3)}} = \frac{\partial E(k)}{\partial y(k)} \cdot \frac{\partial y(k)}{\partial u(k)} \cdot \frac{\partial u(k)}{\partial x_l^{(3)}(k)} \cdot \frac{\partial x_l^{(3)}(k)}{\partial s_l^{(3)}(k)} \cdot \frac{\partial s_l^{(3)}(k)}{\partial w_{li}^{(3)}(k)} \tag{10.17}$$

式中，$\frac{\partial y(k)}{\partial u(k)}$未知，以符号函数 $\mathrm{sgn}\left(\frac{\partial y(k)}{\partial u(k)}\right)$近似代替，其带来的计算不精确可通过调整学习速率 η 来补偿。

若取增量式数字 PID 的控制算法，则 $u(k)$等于

$$u(k)=u(k-1)+k_p(e(k)-e(k-1))+k_i e(k)+k_p(e(k)-2e(k-1)+e(k-2)) \tag{10.18}$$

由式(10.14)和式(10.18)可以得到$\frac{\partial s_l^{(3)}(k)}{\partial w_{li}^{(3)}(k)}=x_i^{(2)}(k)$，$\frac{\partial u(k)}{\partial x_1^{(3)}(k)}=e(k)-e(k-1)$，$\frac{\partial u(k)}{\partial x_2^{(3)}(k)}=e(k)$，$\frac{\partial u(k)}{\partial x_3^{(3)}(k)}=e(k)-2e(k-1)+e(k-2)$。从而可以得到输出层加权 系数的学习算法为

$$\Delta w_{li}^{(3)}(k)=\eta\delta_l^{(3)}x_i^{(2)}(k)+\alpha\Delta w_{li}^{(3)}(k-1) \tag{10.19}$$

式中，$\delta_l^{(3)}=e(k)\mathrm{sgn}\left(\frac{\partial y(k)}{\partial u(k)}\right)\frac{\partial u(k)}{\partial x_l^{(3)}(k)}[g(x)(1-g(x)]$。

同理可以得到中间层加权系数的学习算法为

$$\Delta w_{ij}^{(2)}(k)=\eta\delta_i^{(2)}x_j^{(1)}(k)+\alpha\Delta w_{ij}^{(2)}(k-1) \tag{10.20}$$

式中，$\delta_i^{(3)}=2\sigma\beta\frac{\mathrm{e}^{-\sigma x}}{(1+\mathrm{e}^{-\sigma x})^2}\sum_{l=1}^{3}\delta_l^{(3)}w_{li}^3(k)$。

10.5.4 算法实现的步骤

算法实现的基本步骤如下：

(1) 确定 BP 网络结构，确定输入层节点数 N 和中间层节点数 M，给出 $w_{ij}^{(2)}(0)$和 $w_{li}^{(3)}(0)$初始值，设置学习速率 η 和惯性系数 α；

(2) 根据采样值 $y_d(k)$和 $y_a(k)$，计算 k 时刻系统误差 $e(k)=y_d(k)-y_a(k)$；

(3) 计算各层神经元的输入、输出，网络输出层输出即为 PID 控制参数 k_p、k_i 和 k_d；

(4) 计算控制器输出 $u(k)$；

(5) 进行神经网络学习，在线调整权值，实现 PID 控制器参数的自整定；

(6) 令 $k=k+1$，返回步骤(2)。

10.5.5 仿真实验

以 $G_1(s)=\frac{1}{0.003s+1}$为被控对象的速度环模型，对基于 BP 神经网络的参

数自适应 PID 控制器进行仿真实验。图 10.9 所示为阶跃输入的响应结果。图中,曲线 2 为模型的阶跃响应;为验证该控制器对系统参数变化的鲁棒性,将模型修改为 $G_1'(s)=\dfrac{1.2}{0.005s+0.8}$,曲线 1 为该修正模型的阶跃响应。从仿真结果来看,该控制器对参数不确定的模型具有较强的鲁棒性。

图 10.10 所示为 $G_1(s)$ 在 $t=0.3\text{s}$ 加入 0.5 倍输入的干扰条件下的阶跃响应,结果表明该控制器具有较强的抗干扰能力。

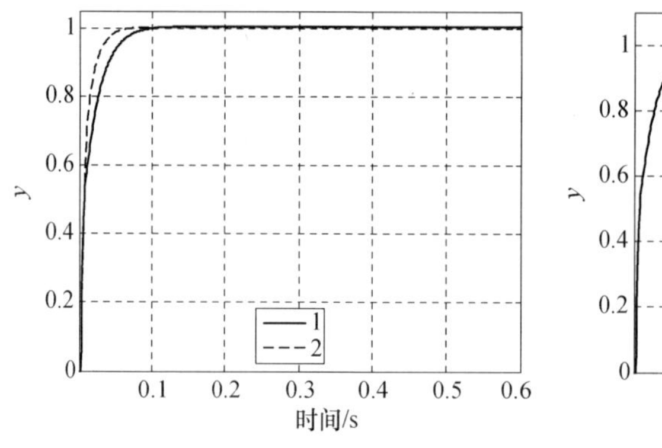

图 10.9　不同系统的阶跃响应

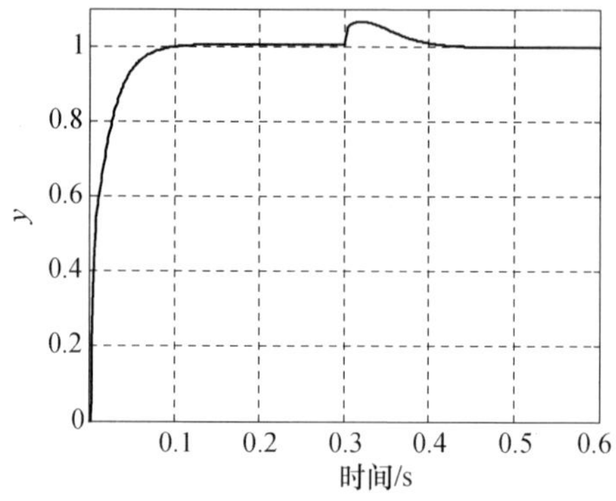

图 10.10　加入干扰后的阶跃响应

10.6　模糊自适应 PID 控制

许多学者用模糊集理论解决时变、复杂、非线性系统的控制问题,弥补和改善 PID 控制器的控制品质。文献[196]对模糊 PID 控制器的设计、品质以及稳定性等问题进行了转为详细的论述,文献[197]在直流电机的速度控制中采用模糊控制方法,文献[198]将模糊逻辑用于超声电机的位置控制和死区补偿等,这些研究都取得了很好的效果。

自适应模糊 PID 控制器以系统偏差 e 和偏差变化率 e_c 作为输入,可以满足不同时刻的 e 和 e_c 对 PID 参数自整定的要求。利用模糊集合理论在线对 k_p、k_i 和 k_d 三个参数进行整定,构成了自适应模糊 PID 控制器。

10.6.1　模糊自适应 PID 控制系统结构

模糊自适应 PID 控制系统结构如图 10.11 所示。控制系统由以下两部分组成:

(1) PID 控制器:它直接作用于受控系统,其三个参数 k_p、k_i 和 k_d 为在线调整方式,其输入为偏差 e。

（2）模糊推理器：其输入为 e 和 e_c，输出分别为 k_p、k_i 和 k_d 三参数。模糊推理器根据系统的运行状况，以事先依经验制定的模糊规则，找出 k_p、k_i、k_d 与 e、e_c 之间的模糊关系。系统运行中，不断检测 e 和 e_c，通过模糊推理对三个参数进行在线修改，以满足 e 和 e_c 的变化对控制参数的要求，从而使受控系统具有良好的动静态性能。

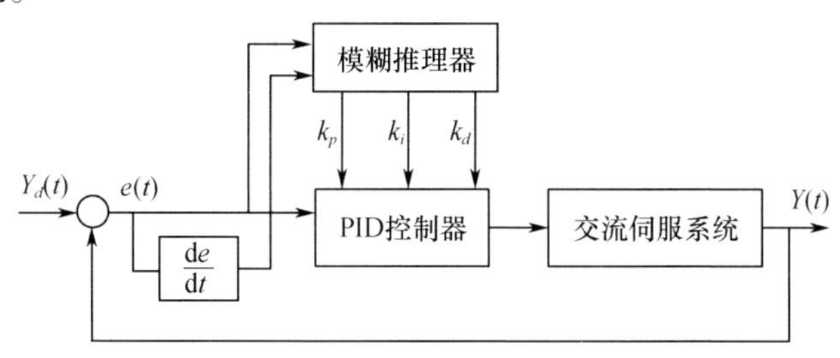

图 10.11　模糊自适应 PID 控制系统结构

10.6.2　模糊规则的设计原则

参数模糊自整定的核心是编制合适的模糊规则表，即归纳出系统在被控过程中，对于不同的 e 和 e_c 参数 k_p、k_i 和 k_d 的调节规则。PID 三个参数对系统的稳定性、响应速度、稳态精度以及系统超调具有不同的影响作用。因此，参数整定时必须考虑到三个参数的作用以及它们之间的关联作用。根据技术知识和实际经验可以总结出以下基本原则：

（1）当 e 较大时，为尽快消除偏差，提高响应速度，k_p 取大值；为防止积分饱和，避免系统响应出现较大的超调，此时应去掉积分作用，取 k_i 为零。

（2）当 e 为中等大小时，为防止系统出现超调过大、产生振荡，并保持一定的响应速度，继续消除偏差，k_p 值取中等，k_i 取较小值。

（3）当 e 很小时，为消除静差，克服大的超调，使系统尽快稳定，k_p 值继续减少，k_i 值不变或取稍大。

（4）当 e 和 e_c 同号时，被控量朝着偏离给定值的方向变化，当 e 和 e_c 异号时，被控量朝着接近给定值方向变化。当被控量接近给定值时，比例作用会阻碍积分作用，避免积分超调及随之带来的振荡，有利于控制；当被控量远未接近给定值变化时，由于这两项反向，将会减慢控制过程。在偏差 e 较大，偏差变化 e_c 与偏差 e 异号时，k_p 取零或负值，以加快控制的动态过程。

（5）e_c 的大小表明偏差变化的速率，e_c 越大，k_p 和 k_i 取值越小，反之亦然。

（6）微分作用类似于人的预见性，它阻止偏差的变化，有助于减小超调，克服振荡，使系统趋于稳定，改善系统的动态性能。在 e 较大时，应避免因 e 的瞬间变大引起的微分溢出,此时 k_d 取零或较小。在 e 较小时,为避免输出响应在设定值附近的振荡,并考虑系统的抗干扰性能,应适当地选取 k_d,其原则是:若 e_c 值较小,k_d 取大;若 e_c 较大,k_d 取小,否则 k_d 取为中等。

10.6.3 PID 参数在线自校正流程

假定根据输入量 e、e_c 可以得到模糊推理器去模糊化后的输出为 Δk_p、Δk_i 和 Δk_d,则可以得到当前的 PID 控制器参数分别为 $k_p = k_p' + \Delta k_p$,$k_i = k_i' + \Delta k_i$,$k_d = k_d' + \Delta k_d$。图 10.12 给出了 PID 控制器参数在线自校正流程。

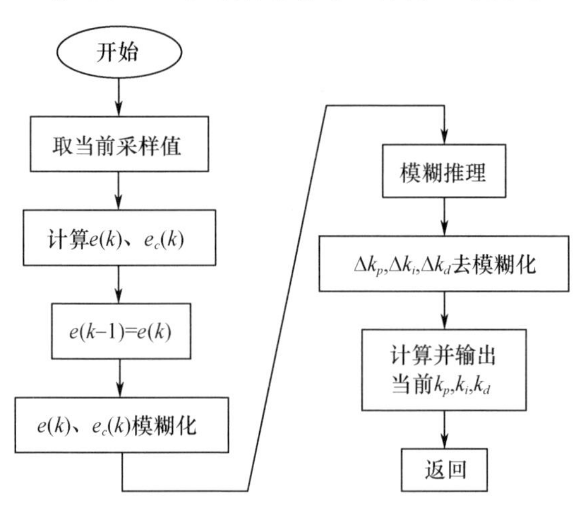

图 10.12　参数在线自校正流程

10.6.4 仿真实验

以 $G_1(s) = \dfrac{1}{0.003s + 1}$ 为被控对象的速度环模型,对基于模糊推理的参数自适应 PID 控制器进行仿真实验。取控制器的初始控制参数为 ISTE 最优整定参数值的一半,即 $k_P = 0.75$,$T_I = 0.004$,$T_D = 0.001$。

图 10.13 所示为阶跃输入的响应结果。图中曲线 2 为模型的阶跃响应;为验证该控制器对系统参数变化的鲁棒性,将模型修改为 $G_1'(s) = \dfrac{1.2}{0.005s + 0.8}$,曲线 1 为该修正模型的阶跃响应。从仿真结果来看,该控制器对参数不确定(精确)的模型具有鲁棒性。

图 10.14 所示为模型 $G_1(s)$ 在 $t = 0.4\text{s}$ 加入 0.5 倍输入的干扰条件下的阶跃响应,仿真结果表明该控制器具有较强的抗干扰能力。

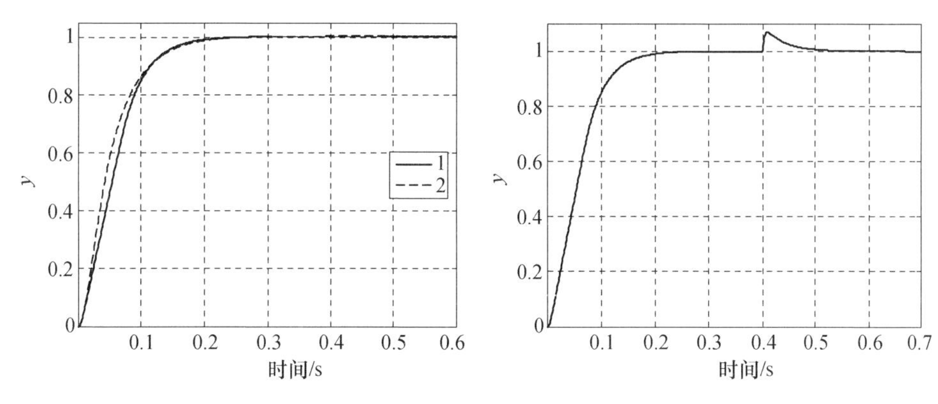

图 10.13　不同系统的阶跃响应　　　　图 10.14　加入干扰后的阶跃响应

10.7　智能集成运动控制

以上三种控制器均是以 PID 控制器为基础的，事实上，可以将这三种控制器有机地结合起来，形成以 PID 控制器为控制基础，以控制器参数的神经网络、模糊推理自调整和自校正为手段的多控制策略集成的智能控制系统，实现对机器人运动的智能化控制。

10.7.1　智能集成运动控制系统结构

图 10.15 为智能集成运动控制系统的结构简图。控制系统通过人机交互界面获取用户输入的给定信号（如信号类型、幅值、频率等）、控制性能指标（包括上升时间、超调量、稳定时间、稳定精度等）等有关信息。控制系统根据被控对象的特性和控制要求自动地选择控制器，在线地对控制器参数进行校正，其核心

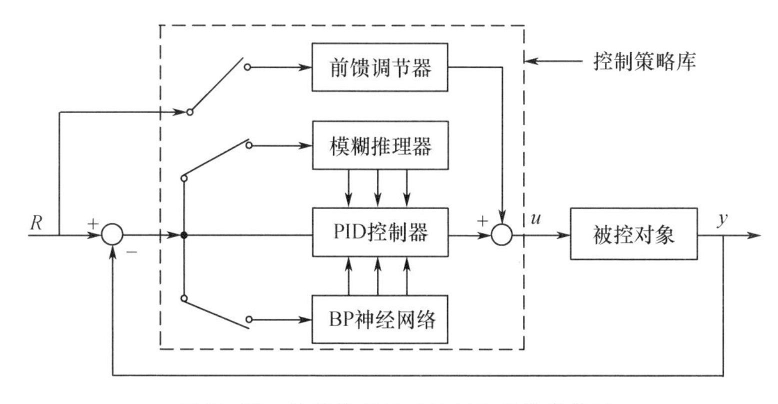

图 10.15　智能集成运动控制系统结构简图

为控制策略库。控制策略库能够实现如下功能:未知系统的参数辨识,控制器参数整定与校正,控制策略或控制方案的选择与切换等。

10.7.2 智能集成运动控制系统工作流程

对于一个参数未知的被控系统,智能控制系统的工作过程是:首先对系统进行基于阶跃响应的参数实时辨识,优先采用 PID 或 PIDF 控制器,根据辨识模型、给定信号和控制指标,对 PID 控制器进行参数自整定;将经过整定的控制器用于被控系统的调节,如果被控系统性能指标达到用户要求,则保持现有 PID 或 PIDF 控制器,否则进行切换,接通 BP 网络或模糊推理器,对 PID 控制器参数进行在线自校正;当经过参数校正后的控制器能够满足控制指标,被控系统进入稳定状态时,保持自校正后的控制参数,关闭自校正通道,系统再次转入 PID 或 PIDF 控制器调节。图 10.16 为智能集成运动控制系统的控制流程图[199]。

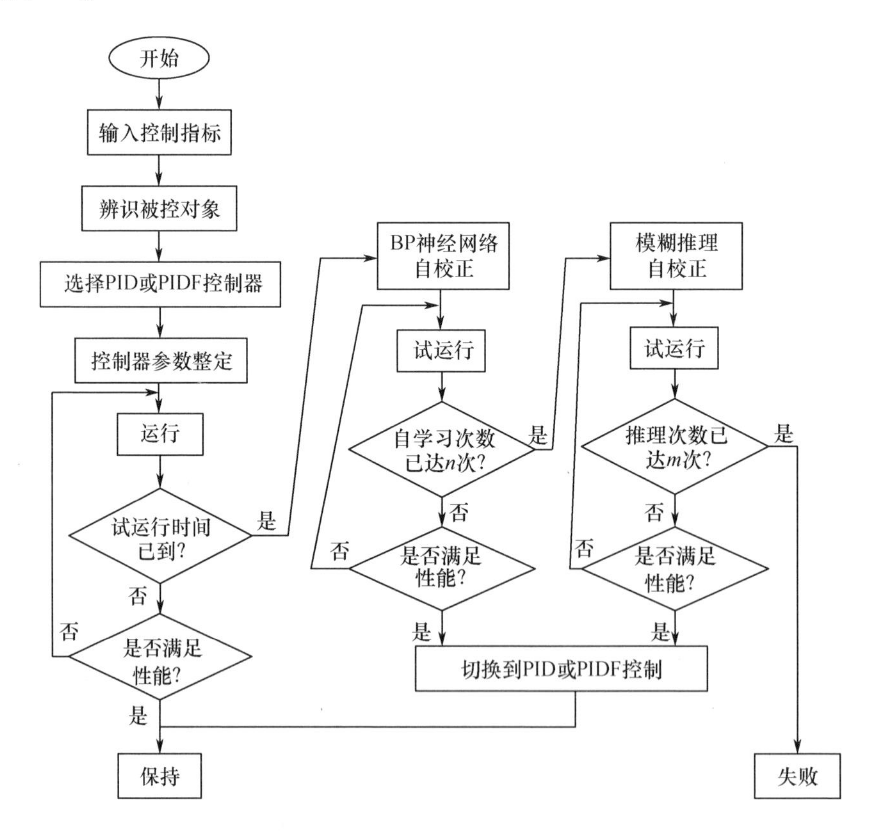

图 10.16 智能集成运动控制系统的控制流程图

10.7.3　仿真实验

下面给出一个智能集成运动的仿真示例。给定幅值为 10000Pulse,周期为 1s 的正弦信号作为系统的跟踪输入。要求系统的稳态跟踪偏差不超过 100Pusle (1%)。仍以 $G_1(s)=\dfrac{1}{0.003s+1}$为被控对象的速度环,并忽略参数辨识的误差。

图 10.17 采用 PID 控制器控制的系统跟踪曲线图。其中,曲线 1 为理想正弦输入,曲线 2 为系统的跟踪结果。图 10.18 是系统的跟踪偏差曲线,由偏差曲线看出,系统的跟踪偏差在 ±400Pulse 之间波动,无法满足稳态跟踪偏差不超过 100Pulse 的要求。

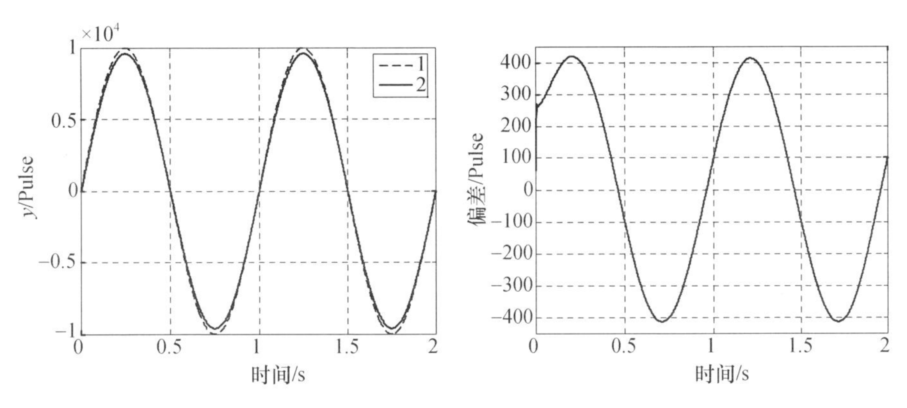

图 10.17　基于 PID 控制器的跟踪曲线　　图 10.18　基于 PID 控制器的跟踪偏差

图 10.19 是 PID 控制器不能满足控制指标的条件下,智能集成运动控制系统将 BP 网络接入,对控制器参数进行在线自校正的跟踪结果。其中,曲线 1 为理想正弦输入,曲线 2 为系统的跟踪结果。图 10.20 是系统的跟踪偏差曲线,由偏差曲线看出,系统的跟踪偏差在大约 ±50Pulse 之间波动,满足了稳态跟踪偏差不超过 100Pulse 的要求。

图 10.21 是 PID 控制器不能满足控制指标的条件下,智能集成运动控制系统将模糊推理器接入,并以 PID 控制器的参数值作为模糊 PID 控制器的初始值,对控制器参数进行自校正后的跟踪结果。其中,曲线 1 为理想正弦输入,曲线 2 为系统的跟踪结果。图 10.22 是系统的跟踪偏差曲线,由偏差曲线看出,系统的跟踪偏差在大约 ±50Pulse 之间波动,满足了稳态跟踪偏差不超过 100Pulse 的要求。

由仿真示例可以看出,采用将不同控制方案结合起来的智能集成控制,能够满足更高性能的控制要求。

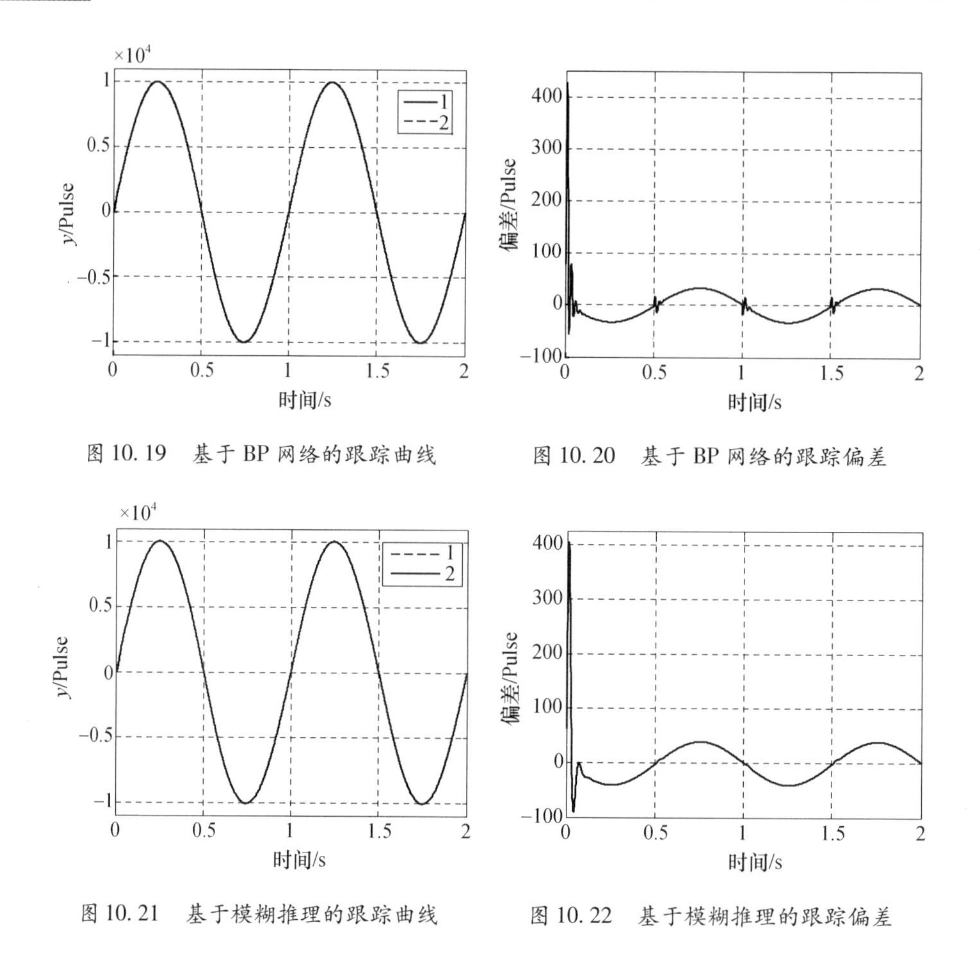

图 10.19　基于 BP 网络的跟踪曲线

图 10.20　基于 BP 网络的跟踪偏差

图 10.21　基于模糊推理的跟踪曲线

图 10.22　基于模糊推理的跟踪偏差

10.8　本章小结

本章介绍微装配机器人的运动控制问题,重点介绍控制策略与控制算法。考虑到 PID 控制在理论和应用上都很成熟,因此以 PID 控制为基础展开。以电机为控制对象,讨论并设计了参数 ISTE 最优整定的 PIDF、基于 BP 神经网络的参数自适应 PID、基于模糊推理的参数自适应 PID 三类控制器。在此基础上,进一步分析和设计智能集成运动控制的方法与系统结构。有关仿真实验表明了所设计的控制器是合理的,能够取得满意的控制效果。

第 11 章　运动检测与视觉跟踪

11.1　引言

微操作机械手运动检测与视觉跟踪是实现基于显微图像特征的视觉伺服控制的基础。特别是在复杂装配环境下,图像背景动态变化对机械手轨迹快速跟踪与精确定位提出了较高的要求。机械手运动轨迹跟踪是在序列图像中对机械手运动位置进行精确检测的结果。目前常见的运动图像检测方法包括光流法(Optical Flow Method,OFM)、相邻帧差法(Adjacent Frame Difference Method,AFDM)和背景差法(Background Difference Method,BDM)等。光流法根据图像中目标像素的亮度运动,推导出瞬时光流场(瞬时速度场),然后利用光流场进行目标运动检测。1981 年 Horn 提出了光流运动约束方程[200],以后所有光流法的研究都是基于这一方程进行的。1986 年 Horn 又在其发表的论文中指出光流计算存在病态解问题,并提出采用平滑约束方法(Smoothness Constraint,SC)来获得唯一解[201]。目前光流法的研究大致可归为三类:基于梯度的(Gradient - based)[202]、基于关系的(Correlation - based)[203]和基于时空能量的(Spatiotemporal energy - based)[204]。但光流法的理论和算法存在以下几个方面的问题:约束方程只有在图像梯度很大的点才严格成立;计算不稳定,计算结果易受噪声干扰;运算量大,难以实时实现等,上述这些问题限制了光流法的实际应用。而相邻帧差法则[205]是一种被广泛应用的运动图像检测方法,它通过计算连续两幅图像(时间间隔 Δt)之间的差分提取图像中的运动信息。相邻帧差法只对运动物体敏感,由于两幅图像时间间隔较短,因此差分图像受光线变化影响较小,检测有效而稳定;其缺点在于检测出的运动物体位置不精确,其外接矩形在运动方向上被拉伸,而且针对运动较缓慢的物体差分结果容易与图像噪声发生混淆,检测效果不理想。背景差法[206]是近年来另一种被国内外学者广泛关注的运动图像检测方法,它计算当前图像与背景图像之间的差分来提取图像中的运动前景。由于实际背景图像是不可能静止的,因此背景差法的关键在于建立准确的背景模型及更新机制来模拟真实背景图像的变化。常见的背景更新模型有高斯型[207]、混合高斯型[208]、空域中值滤波型[209]、序列图像 Kernel 强度预估型[210]以及 Markov 型[211]等。背景更新模型可以较好地模拟背景图像受光照等外部条件影响所成的变化,但是当图像中出现其他非目标运动物体的干扰时,背景差法就无能为力了。

主动轮廓模型(Active Contour Model,ACM)即 Snake 模型于 1987 年由 Kass 等人提出[212],主动轮廓作为二维图像平面的一条连续弹性曲线,定义相应的 Snake 能量函数可使其在轮廓分布上取得极值,因此通过收敛曲线能量可以实现对图像轮廓的精确定位。作为目前计算机视觉研究中的一个热点问题,主动轮廓模型的优势在于对于一系列广泛的视觉问题给出了一个统一的解决方法,它已成功应用于边缘提取、图像分割、三维重建以及立体视觉匹配等众多领域[213]。国内外已有很多将主动轮廓模型成功运用于运动图像跟踪的例子,如 Kass 在 1987 年的论文中介绍了如何在时变图像中运用 Snake 模型跟踪说话引起的唇动[212];Terzopoulos 引入时变的图像轮廓映射建立了动态 Snake 模型的 Lagrange 动力学方程[214];Ha 融合光流法(Optical Flow Method,OFM)和几何主动轮廓(Geodesic Active Contours,GAC)Snake 模型实现了对运动飞行器的跟踪[215];吕遐东、黄心汉提出一种基于动态 Snake 模型的机械手运动轨迹视觉跟踪方法[216]。考虑图像灰度信息在复杂背景下提取物体边缘的局限性,Seo 提出了一种基于颜色信息的自适应 Snake 图像跟踪模型[217];Niethammer 利用动态短程线 Snake 模型成功跟踪了运动汽车和复杂海底环境下游动的鱼群[218];此外,主动轮廓模型在机器人视觉中也得到了成功的应用,Perrin 基于 Snake 模型分别实现了机械手抓取操作的视觉引导[219]和移动机器人的运动定位[220]。但是目前这些基于 Snake 模型的运动图像跟踪方法均侧重于跟踪提取时变图像中目标的轮廓边缘,其算法搜索效率不尽理想,实时性难以满足机械手视觉伺服的要求。

机械手在装配空间的运动映射到图像序列空间,通常是一条连续而且平滑的轨迹曲线。而在主动轮廓模型中,图像边缘作为二维图像平面的连续弹性曲线,定义相应的 Snake 能量函数可使其在轮廓分布上取得极值。考虑机械手轨迹和二维图像轮廓在空间连续平滑分布的相似性,本章介绍一种针对机械手运动轨迹跟踪的时空轨迹动态 Snake 模型,通过 Snake 能量函数的轨迹收敛实现对微操作机械手运动位置的检测与定位,利用轨迹能量系数的动态调节避免 Snake 搜索陷入局部极小。采用平方轨迹最小二乘预测器对机械手轨迹点位置进行预测,提高 Snake 搜索的实时性和准确性。最后通过微操作机械手运动实验证明了该模型及跟踪算法的有效性。

11.2 主动轮廓模型

主动轮廓模型定义为二维图像中的一条连续弹性曲线,由能量方程事先指定轮廓特征。如图11.1所示,在曲线变形和运动过程中,通过寻找最小能量使之由图像初始位置逐渐向特征位置逼近。假设图像轮廓曲线 $v(s)=(x(s),y(s))$,$s\in[0,1]$为轮廓曲线参量。定义以 $v(s)$ 为变量的能量函数 $E_{\text{snake}}(v(s))$ 为

$$E_{\text{snake}}=\int_0^1[E_{\text{int}}(v(s))+E_{\text{image}}(v(s))+E_{\text{con}}(v(s))]\,\mathrm{d}s=\int_0^1 F(v,v_s,v_{ss})\,\mathrm{d}s \tag{11.1}$$

式中:$E_{\text{int}}(v(s))$为内部能量函数;$E_{\text{image}}(v(s))$为图像能量函数;$E_{\text{con}}(v(s))$为外部约束能量函数。

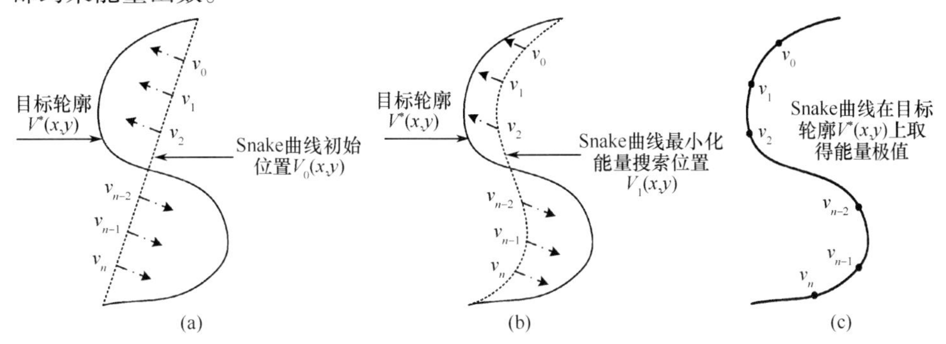

图11.1　Snake曲线搜索原理

(a) Snake搜索开始; (b) Snake搜索进行中; (c) Snake搜索成功。

其中,$E_{\text{int}}(v(s))$定义为

$$E_{\text{int}}(v(s))=\frac{1}{2}(\omega_1(s)\cdot|v_s(s)|^2+\omega_2(s)\cdot|v_{ss}(s)|^2) \tag{11.2}$$

式中:$v_s(s)$为曲线 v 关于 s 的一阶导数,它要求轮廓尽可能连续,而二阶导数 $v_{ss}(s)$则要求轮廓尽可能平滑;$\omega_1(s)$为曲线连续性(张力)约束系数,$\omega_2(s)$为曲线平滑性(曲率)约束系数。

能量函数 E_{image}为图像 $I(x,y)$的函数。当不考虑外部约束力时,如果

$$E_{\text{image}}(v(s))=E_{\text{image}}(x,y)=\gamma|I(x,y)| \tag{11.3}$$

则Snake曲线收敛到图像的明区或暗区;如果

$$E_{\text{image}}(v(s))=E_{\text{image}}(x,y)=\gamma|\nabla I(x,y)| \tag{11.4}$$

Snake曲线则收敛到图像边缘,其中 $\gamma<0$ 为能量约束系数。

E_{con}为外部约束能量函数,通过它向曲线施加外部约束力使其离开不应在的区域,不同的约束能量函数使轮廓收敛到不同的特征位置。典型的外部力约束函数有Kass提出的Springs和Volcanos模型[212],以及Cohen提出的Balloon模型[221]等。

由式(11.1)可知,作为 $v(s)$ 的泛函,$E_{\text{snake}}(v(s))$ 如果在某一曲线上取得极值,则必须满足下列 Euler 方程:

$$\begin{cases} F_v - \dfrac{\partial}{\partial s}(F_{v_s}) + \dfrac{\partial^2}{\partial s^2}(F_{v_{ss}}) = 0 \\ v(s) \in c[0,1], v(0) = v_0, v'(0) = v'_0, v(1) = v_1, v'(1) = v'_1 \end{cases} \tag{11.5}$$

主动轮廓能量函数 $E_{\text{snake}}(v(s))$ 极小化的过程即转换成求解偏微分方程(11.5)的过程。为此 Kass 采用变分法计算主动轮廓最小能量分布[212],但是寻找全局最优的变分法要求足够的目标先验知识,运算开销较大,而且它要求函数 $F(v, v_s, v_{ss})$ 光滑,难以引入外部硬约束(不可微分)函数,这些都限制了变分法的实际应用。

在离散情况下将 Snake 曲线 $v(s)$ 表示为众多受控点的集合 $V=(v_0, v_1, \cdots, v_n)$,整条轮廓线能量的离散化形式为

$$E_{\text{snake}} = \sum_{i=0}^{n} E_{\text{int}}(v_i) + E_{\text{image}}(v_i) + E_{\text{con}}(v_i) \tag{11.6}$$

其中

$$E_{\text{int}}(v_i) = (\omega_{1i} \| v_i - v_{i-1} \|^2 + \omega_{2i} \| 2v_i - v_{i+1} - v_{i-1} \|^2)/2 \tag{11.7}$$

在变分法的基础上,Amini 提出了基于动态规划的离散网络 Snake 算法[222],该算法将式(11.6)的能量优化过程分解为离散的多步决策过程 $\{S_i\}$ $(1 \leqslant i \leqslant n)$,第 i 步决策确定 v_{i-1} 点使得

$$S_i(v_{i+1}, v_i) = \min_{v_{i-1}} S_{i-1}(v_i, v_{i-1}) + E_{\text{snake}}(v_i) \tag{11.8}$$

轮廓上的每一点只允许移动到其他 $m-1$ 个点,极小化过程在离散网络上进行。该算法能够全局收敛,允许引入硬约束力,而且在计算的过程中由于只使用数据的低阶导数,算法更稳定。动态规划算法的不足在于运算速度慢,计算复杂度为 $O(nm^3)$,其中 n 为控制点数,m 为单次迭代过程中控制点在邻域中移动的大小,算法需要占用很大的存储空间。Williams 在动态规划算法的基础上加以改进,提出了贪心算法(Greedy Algorithm,GA)[223],贪心算法使得主动轮廓模型的实用性大大增强,但是它也存在以下不足[224]:

(1) 为使算法收敛,需要根据情况调整收敛阈值,否则可能导致算法发散;

(2) 轮廓线受控点数固定不变,不能随目标变大或变小而改变,这样当目标由小变大时,点数过少不能很好地描述物体形状,而当目标由大变小时,原来的点数造成冗余,从而不能稳定跟踪;

(3) 参数 β 值决定了图像角点的检测,而 β 值的确定方法受收敛阈值的影响,贪心算法并没有给出阈值的选择方法;

(4) 没有明确硬约束力对于 Snake 的作用以及选取外部硬约束的原则。

许多学者在贪心算法的基础上加以改进,提出了新的 Snake 搜索算法,如 MINMAX 算法[225]、GVF 算法[226]等,就不一一详述了。

11.3　机械手运动轨迹动态 Snake 模型

11.3.1　时空轨迹动态 Snake 能量函数

机械手在工作空间的轨迹运动通过机器人视觉系统表现为其末端在(X,Y,T)图像序列空间中成像位置的连续变化。假设机械手时空轨迹模型为 $v(s,t)=v(x(s),y(s),t)$,$s\in[0,1]$代表轨迹在二维图像平面 XOY 投影的曲线参量,$t\in[0,T_1]$为机械手运动时间,如图 11.2 所示。

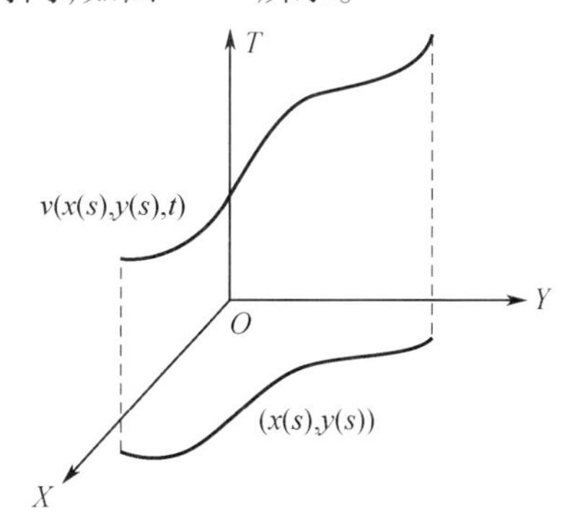

图 11.2　机械手运动时空轨迹 $v(x(s),y(s),t)$

定义以 $v(s,t)$ 为变量的轨迹能量函数如式(11.9)所示,式中 λ 为动态轨迹能量调节系数。

$$E_{\text{snake}}=\int_0^1\{\lambda\cdot[E_{\text{int}}(v(s,t))+E_{\text{image}}(v(s,t))]+(1-\lambda)\cdot E_{\text{kin}}(v(s,t))\}\mathrm{d}s \tag{11.9}$$

时空轨迹曲线和图像轮廓曲线一样也具备连续性和光滑性,故 E_{int}定义与原始 Snake 模型中的定义基本相同,即

$$E_{\text{int}}=\frac{1}{2}(\omega_1|v_s(s,t)|^2+\omega_2|v_{ss}(s,t)|^2)=\frac{1}{2}\left(\omega_1\left|\frac{\partial v}{\partial s}\right|^2+\omega_2\left|\frac{\partial^2 v}{\partial s^2}\right|^2\right) \tag{11.10}$$

定义图像能量函数为

$$E_{\text{image}} = \gamma \iint_{\Omega} I(x,y,t)\,\mathrm{d}x\mathrm{d}y \tag{11.11}$$

式中:γ 为图像能量约束系数,且 $\gamma<0$;$I(x,y,t)$ 表示 t 时刻的采样图像,Ω 表示在 $I(x, y, t)$ 中检测到的包含轨迹点 $v(x, y, t)$ 的封闭区域。

E_{int} 和 E_{image} 分别代表时空轨迹的曲线势能和图像势能,E_{kin} 则是时空轨迹动能,定义如下:

$$E_{\text{kin}} = -\frac{1}{2}\int_0^1 |v_t(s,t)|^2 \mathrm{d}s \tag{11.12}$$

联立式(11.9)~式(11.12),机械手时空轨迹的 Snake 能量函数表示为

$$E_{\text{snake}} = \int_0^1 \left\{\lambda \cdot \left[\frac{1}{2}(\omega_1 |v_s(s,t)|^2 + \omega_2 |v_{ss}(s,t)|^2) + \gamma \iint_{\Omega} I(x,y,t)\,\mathrm{d}x\mathrm{d}y\right] + \frac{\lambda-1}{2} \cdot |v_t(s,t)|^2\right\}\mathrm{d}s \tag{11.13}$$

将时空运动轨迹表示为众多视觉采样时刻轨迹点 $v_i(x_i, y_i, t_i)$ 的集合,即 $V=(v_0, v_1, \cdots, v_n)$,式(11.13)的离散化近似形式为

$$\begin{aligned} E_{\text{snake}} &= \sum_{i=0}^{n} E_{\text{snake}}(v_i) \\ &= \sum_{i=0}^{n} \left\{\lambda_i \cdot \left[\frac{1}{2}\left(\omega_1 \left\|\frac{v_{i+1}-v_i}{h}\right\|^2 + \omega_2 \left\|\frac{v_{i+1}-2v_i+v_{i-1}}{h^2}\right\|^2\right) \right.\right. \\ &\quad \left.\left. + \gamma \sum_{(x_i,y_i)\in\Omega} I(x,y,t_i)\right] + \frac{\lambda_i-1}{2} \cdot \left\|\frac{v_i-v_{i-1}}{\Delta t}\right\|^2\right\} \end{aligned} \tag{11.14}$$

式中:h 为轨迹在 s 方向的步长;Δt 为视觉采样时间间隔。

11.3.2 动态轨迹能量调节系数

在式(11.13)中,动态能量系数 λ 负责调节时空轨迹势能和动能在 Snake 能量函数中所占的权重,当前 t_i 采样时刻的调节系数 λ_i 由前一时刻 Snake 搜索点的动能在该点能量总和中所占的比例决定,定义如下式所示:

$$\lambda_i = \frac{|E_{\text{kin}}(v_{i-1})|}{1 + |E_{\text{int}}(v_{i-1})| + |E_{\text{image}}(v_{i-1})| + |E_{\text{kin}}(v_{i-1})|} \tag{11.15}$$

考虑机械手在某一时间段内做匀速运动,在图像采集大小一定的前提下,其轨迹的曲线势能、图像势能和动能的变化在该时间段内应保持相对稳定。当机械手运动路径上出现障碍物干扰时,由于障碍点的轨迹势能相对较大,会吸引

Snake 能量函数陷入局部极小,从而导致 Snake 搜索失败。此时通过式(11.15)可以及时调整能量系数 λ,减小势能权重,增大动能权重,使得搜索能够尽快脱离障碍物干扰区,避免陷入局部极小。

11.3.3　Snake 能量函数的轨迹收敛

按照轨迹动态 Snake 模型的定义,假设 $l(x,y,t)$ 代表图像序列空间中的任一连续曲线,能量函数 $E_{\text{snake}}(l(x,y,t))$ 在 (X,Y,T) 空间中进行搜索,在 Snake 搜索遍历整个机械手运动时间段 $[0,T_1]$ 的前提下,应在机械手运动轨迹 $v(x,y,t)$ 处取得能量极小值,即

$$E_{\text{snake}}(v(x,y,t)) = \min_{l \subset (X,Y,T)} E_{\text{snake}}(l(x,y,t)) \tag{11.16}$$

由式(11.16)可知,E_{snake} 收敛到能量极小值的过程即是求解机械手运动轨迹分布的过程。结合式(11.13),轨迹 $v(x,y,t)$ 应满足下列 Euler - Lagrange 方程:

$$(\lambda - 1)v_{tt} - \frac{\partial}{\partial s}(\lambda\omega_1 v_s) + \frac{\partial^2}{\partial s^2}(\lambda\omega_2 v_{ss}) = -\nabla\lambda E_{\text{image}} \tag{11.17}$$

上述偏微分方程作为 E_{snake} 在轨迹 $v(x,y,t)$ 上取得极值的必要条件,由它直接求得机械手轨迹在图像序列空间中的连续分布是十分困难的。

考虑机械手运动轨迹的离散化分布形式 $V=(v_0,v_1,\cdots,v_n)$,式(11.16)可写为

$$\sum_{i=0}^{n} E_{\text{snake}}(v_i) = \min_{l \subset (X,Y,T)} E_{\text{snake}}(l(x,y,t)) \tag{11.18}$$

参考 Amini 动态规划算法(Dynamic Programming Algorithm,DPA)[222]和 Williams 贪心算法求解 Snake 优化问题的思想[223],将上述整条轨迹的全局能量最优转换成求解离散网络上各个受控点本身 Snake 能量的局部最优,规划多步决策过程 $\{s_i\}(0 \leqslant i \leqslant n)$,单步 s_i 搜索当前图像中的最小能量轨迹点 v_i,$n+1$ 步搜索确定机械手运动时间段内的最小能量轨迹点集合 $V=(v_0,v_1,\cdots,v_n)$,进而保证 Snake 函数能够收敛于整条机械手轨迹的离散分布 V,即式(11.18)成立。

微操作机械手运动轨迹作为在图像序列空间分布的一条连续平滑时空曲线,其单个轨迹点的 Snake 能量不仅要求收敛而且要求前后点的能量变化保持稳定。因此为了确保每步搜索中 Snake 函数能够正确收敛于轨迹点,有以下结论:

假设 t_{i-1} 时刻机械手运动轨迹点为 $v_{i-1}(x_{i-1},y_{i-1},t_{i-1})$,$t_i$ 时刻采样图像 $I(x,y,t_i)$ 中存在某一点 $u(x_i,y_i,t_i)$,如果 u 为 $I(x,y,t_i)$ 中 Snake 能量最小点,即

$$E_{\text{snake}}(u)=\min_{p\in I(x,y,t_i)} E_{\text{snake}}(p(x,y,t_i)) \tag{11.19}$$

并且满足

$$\left|E_{\text{snake}}(u)-E_{\text{snake}}(v_{i-1})\right|\leqslant E_{\text{thd}} \tag{11.20}$$

则 u 为 t_i 时刻的机械手运动轨迹点 v_i，$u=v_i(x_i,y_i,t_i)$；机械手在图像序列空间的离散轨迹分布 V 即为众多时刻检测到的轨迹点集合 $V=(v_0,v_1,\cdots,v_n)$。

在上述结论中，式(11.19)保证了轨迹点的能量最小；式(11.20)计算前后轨迹点的 Snake 能量变化，其中 E_{thd} 为设定阈值。如果计算结果没有超出设定范围，根据式(11.19)说明该点满足轨迹点的能量变化性质，为当前轨迹点；如果超出设定阈值，则说明当前 Snake 能量搜索受到障碍点的局部极小值干扰，此时应参照 11.3.2 节所述，通过调节能量系数 λ，使搜索尽快脱离障碍点区域。

11.4 平方轨迹最小二乘预测器

为了缩小图像搜索区域，提高 Snake 搜索的实时性和准确性，对机械手运动轨迹的位置进行预测是非常必要的。已知过去 k 个时刻轨迹点的位置($X(t_i)$，$i=0,1,\cdots,k-1$)，预测第 k 时刻轨迹点的坐标位置 $\hat{X}(t_k)$。假设运动轨迹可以用二次曲线飞 $f(t)$ 近似，即

$$f(t)=a_0+a_1t+a_2t^2 \tag{11.21}$$

定义误差：

$$\Delta\varepsilon_i=X(t_i)-f(t_i)=X(t_i)-a_0-a_1t_i-a_2t_i^2 \tag{11.22}$$

对 k 个轨迹点估计的误差均方和为

$$\|\Delta\varepsilon\|_2^2=\sum_{i=0}^{k-1}\Delta\varepsilon_i^2=\sum_{i=0}^{k-1}\left[X(t_i)-a_0-a_1t_i-a_2t_i^2\right]^2 \tag{11.23}$$

取最佳逼近情况即式(11.23)值最小，可得二次曲线系数的最小二乘解为[227]

$$\begin{bmatrix}a_0\\a_1\\a_2\end{bmatrix}=\frac{1}{|A|}\begin{bmatrix}c_{11}\sum\limits_{i=0}^{k-1}f(t_i)+c_{21}\sum\limits_{i=0}^{k-1}f(t_i)t_i+c_{31}\sum\limits_{i=0}^{k-1}f(t_i)t_i^2\\c_{12}\sum\limits_{i=0}^{k-1}f(t_i)+c_{22}\sum\limits_{i=0}^{k-1}f(t_i)t_i+c_{32}\sum\limits_{i=0}^{k-1}f(t_i)t_i^2\\c_{13}\sum\limits_{i=0}^{k-1}f(t_i)+c_{23}\sum\limits_{i=0}^{k-1}f(t_i)t_i+c_{33}\sum\limits_{i=0}^{k-1}f(t_i)t_i^2\end{bmatrix} \tag{11.24}$$

式中

$$A=\begin{bmatrix} K & \sum_{i=0}^{K-1} t_i & \sum_{i=0}^{K-1} t_i^2 \\ \sum_{i=0}^{K-1} t_i & \sum_{i=0}^{K-1} t_i^2 & \sum_{i=0}^{K-1} t_i^3 \\ \sum_{i=0}^{K-1} t_i^2 & \sum_{i=0}^{K-1} t_i^3 & \sum_{i=0}^{K-1} t_i^4 \end{bmatrix} \tag{11.25}$$

$c_{mn}(m,n=1,2,3\cdots)$是行列式$|A|$的代数余子式。

如果用$(X(t_i),i=k-4,\cdots,k-1)$过去 4 个采样时刻的轨迹点对第 k 时刻的位置进行预测,联立式(11.21)、式(11.24)、式(11.25)可得平方轨迹最小二乘四点预测器:

$$\hat{X}(t_k)=\frac{1}{4}[9X(t_{k-1})-3X(t_{k-2})-5X(t_{k-3})+3X(t_{k-4})] \tag{11.26}$$

根据式(11.26)可以对机械手运动轨迹在二维图像平面的坐标位置(x,y)分别进行预测。

11.5　实时视觉跟踪算法

综上所述,基于动态 Snake 模型的机械手运动轨迹视觉跟踪算法流程步骤如下:

(1) 采集一帧机械手运动图像并进行处理与识别,确定运动轨迹初始点 v_0;

(2) 采集新一帧图像并对其进行二值分割与聚类分析,在得到的点目标集合中搜索 E_{snake}最小的目标点,将其定为当前时刻的运动轨迹点,并计算下一时刻的轨迹能量调节系数 λ;

(3) 重复步骤(2)直至确定 v_1、v_2 和 v_3;

(4) 由第 $k-1$ 时刻的轨迹点 v_{k-1}以及过去三个时刻的轨迹点 v_{k-2}、v_{k-3}、v_{k-4},根据式(11.26)预测第 k 时刻轨迹点$\hat{v}_k$ 的位置;

(5) 采集第 k 时刻的机械手运动图像,以$\hat{v}_k$ 为中心建立 $a\times b$ 像素大小的 Snake 搜索窗口,对该窗口内图像进行分割聚类,在得到的点目标集合中搜索 E_{snake}最小的目标点 u,如果$|E_{snake}(u)-E_{snake}(v_{k-1})|\leqslant E_{thd}$,则 $v_k=u$,计算 λ_{k+1};反之则说明当前机械手运动路径上出现障碍物干扰;为避免 Snake 搜索陷入局部极小,将点 u 的轨迹势能和动能代入式(11.15)中调整轨迹能量系数 λ_{k+1},用轨迹预测点取代实际搜索点 u 作为第 k 时刻的轨迹点以保证轨迹曲线的连续

$v_k = \hat{v}_k$；

（6）判断机械手视觉跟踪周期是否结束，如果是则算法结束，否则返回步骤（4）继续。

该算法流程图如图 11.3 所示。

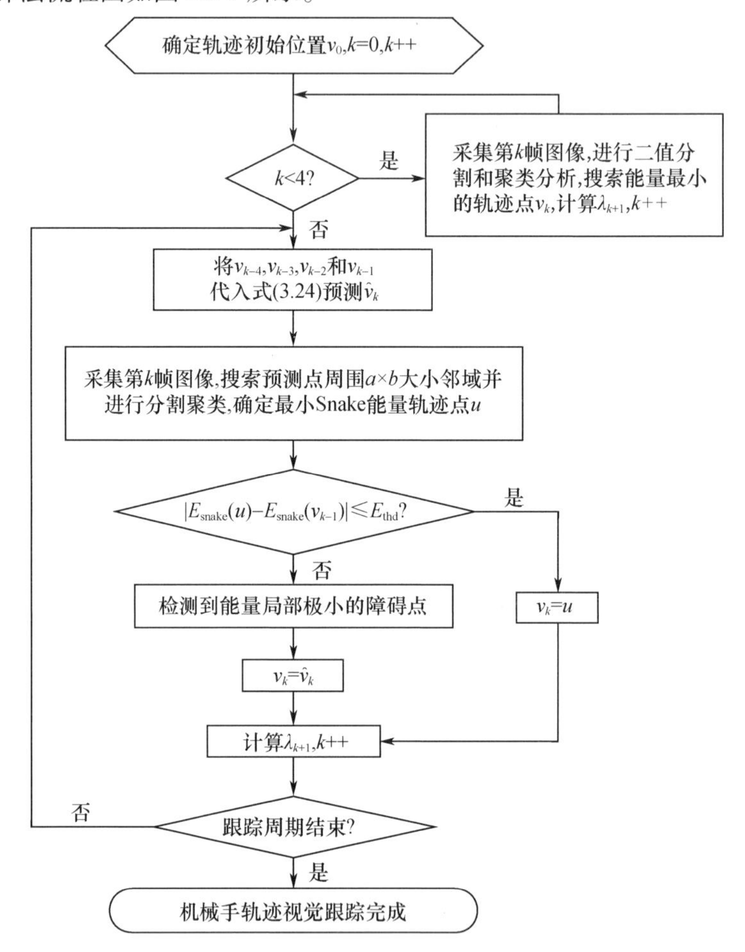

图 11.3 基于动态 Snake 模型的机械手运动轨迹跟踪流程图

11.6 微装配机械手运动轨迹跟踪实验

轨迹跟踪实验系统如图 11.4 所示[216]，该系统由华中科技大学智能与控制工程研究所研制，系统的主体部分由左中右 3 台微装配机械手、正交双光路立体显微视觉、真空吸附和压电陶瓷双晶片 2 种不同类型微夹持器三部分构成。

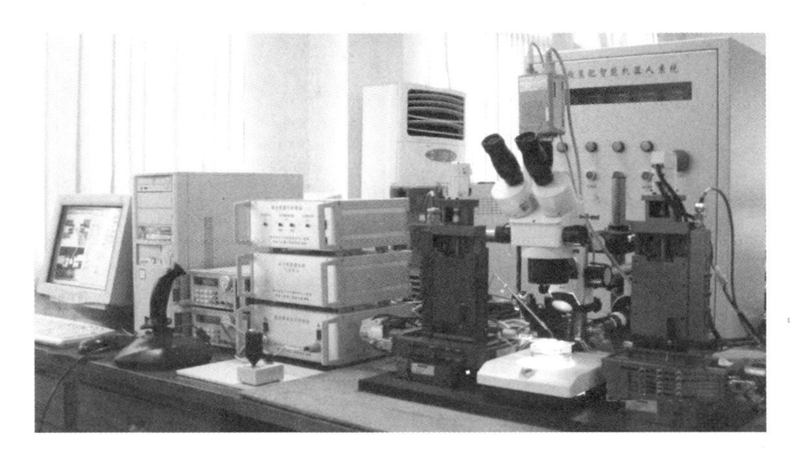

图 11.4　轨迹跟踪实验系统

实验中,左机械手末端安装真空吸附微夹持器,右机械手末端安装压电陶瓷双晶片微夹持器。轨迹跟踪实验内容如图 11.5 所示,C 点为左手真空吸附微夹持器末端的起始位置,规划左机械手走一圆轨迹($C-A-B-C$),在其路径及周围分布若干微目标干扰和噪声干扰,其中在 A、B 两处机械手轨迹要穿越障碍物(两者深度位置不同,存在运动遮挡),而在 C 处运动轨迹与障碍物相切。机械手运动步长设置为 10μm,采集图像为 400×300 像素灰度图像。

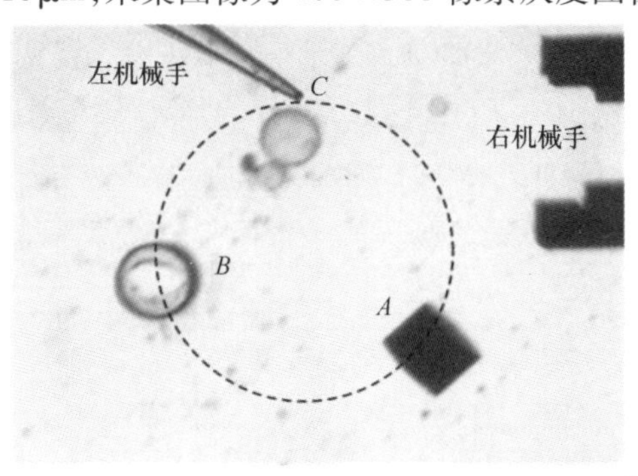

图 11.5　微装配机械手运动轨迹跟踪实验

为了对比本章介绍的方法,实验中同时采用基于高斯自适应背景模型的背景差法[207]跟踪机械手轨迹。背景差法检测结果如图 11.6 所示,在 A、B、C 三处由于受到障碍物的干扰而使跟踪轨迹断裂或变形。而且当装配环境动态变化时(如图 11.5 中右手压电陶瓷双晶片微夹持器末端的随机运动),也会降低该方法的有效性。实验测得背景差法的跟踪速度为 8 帧/s。

本章介绍的基于轨迹动态 Snake 模型的实验结果如图 11.7 ~ 图 11.9 所示。

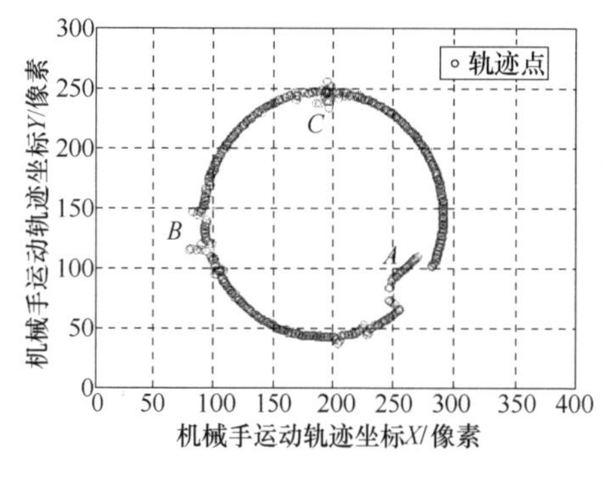

图 11.6　基于背景差法的轨迹跟踪

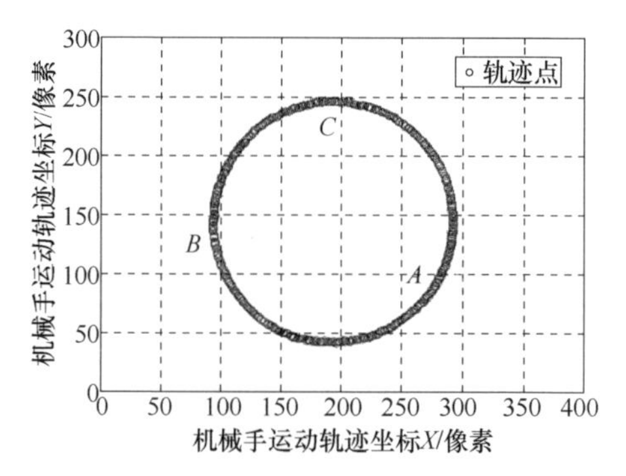

图 11.7　基于动态 Snake 模型的轨迹跟踪

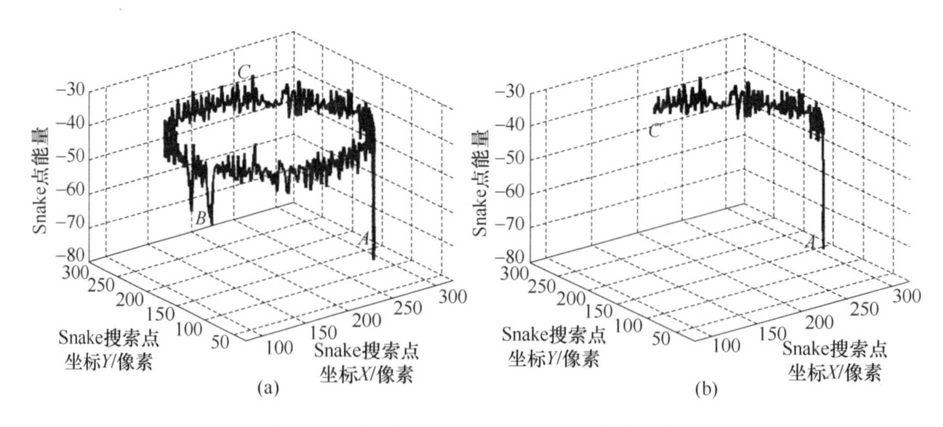

图 11.8　机械手时空轨迹 Snake 能量分布

(a) 跟踪轨迹 Snake 能量分布；(b) Snake 能量搜索局部极小。

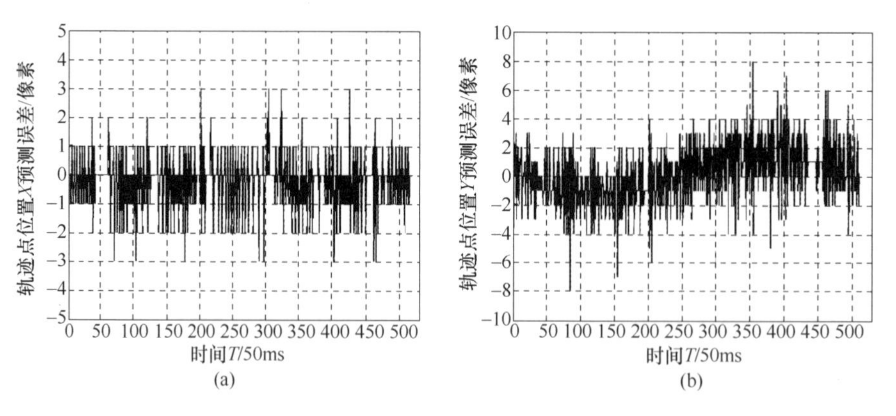

图 11.9　平方轨迹最小二乘预测误差

(a) X 方向预测误差；(b) Y 方向预测误差。

图 11.7 所示为基于轨迹动态 Snake 模型的跟踪轨迹，该结果与实际运动情况相符。图 11.8 所示为时空轨迹的 Snake 能量分布：图 11.8(a) 所示为跟踪所得轨迹的能量曲线，在 A、B 两处可以检测到比较明显的能量变化，通过实时调整能量系数可使 Snake 搜索脱离障碍物的干扰；图 11.8(b) 所示为没有及时调整能量系数而导致 Snake 搜索陷入局部极小、跟踪失败的情况。实验中 Snake 搜索窗口大小设为 40×40pixel，实验测得动态 Snake 算法的跟踪速度为 20 帧/s，是背景差法的跟踪速度(8 帧/s)的 2.5 倍。平方轨迹最小二乘预测器轨迹预测误差如图 11.9 所示，其最大预测误差 X 方向为 ±3 个 pixel，Y 方向为 ±8 个 pixel。

对比上述实验结果可知，相对于背景差法，基于轨迹动态 Snake 模型的跟踪算法不受物体运动速度的限制，不需要估计图像背景模型，计算量小，速度快，跟踪准确，能够克服运动路径上的障碍物干扰，适用于动态环境下微装配机械手轨迹运动位置的实时跟踪检测。

11.7　本章小结

微装配机械手在显微图像空间运动位置的跟踪检测是实现视觉伺服控制的基础。考虑到机械手运动轨迹和图像轮廓的相似性(两者在空间分布上同样具备连续性和光滑性约束)，本章介绍了一种针对机械手运动跟踪的时空轨迹动态 Snake 模型。Snake 模型定义了机械手轨迹的曲线势能、图像势能和轨迹动能，相应的能量函数在轨迹分布上取得极小值，因此可以通过 Snake 能量的轨迹收敛实现对机械手运动点的跟踪定位。收敛过程中动态调节轨迹能量系数避免 Snake 搜索陷入障碍点的局部能量极小。采用平方轨迹最小二乘预测器对轨迹点位置进行预测，提高了 Snake 搜索的实时性和准确性。

相对于其他一些经典方法，主动轮廓模型的优势在于针对从图像处理到图像理解等一系列计算机视觉问题给出了一个一致的解决方案，而时空轨迹 Snake 模型实质上针对序列图像空间中点目标运动检测问题也给出了一种统一的能量场描述框架。它将运动点跟踪问题归纳为能量函数的轨迹收敛问题，不仅依据目标在图像空间的光强分布特性，而且还充分考虑了目标运动图像之间的几何学约束和运动学约束。因此本章介绍的方法同样适用于其他类型点目标的运动跟踪问题。

第 12 章　运动预测模糊自适应卡尔曼滤波

12.1　引言

近年来显微视觉伺服在微操作机器人控制中得到广泛应用，而以往的视觉伺服控制，操作对象往往是静止的或者目标是可控的，即运动轨迹是已知的，这种视觉伺服控制比较容易实现。如 1993 年 Allen 提出一种手－眼(Hand－Eye)操作机械手[228]，该操作手可以跟踪事先未知形状的运动中的三维物体，运动轨迹可以是直线或者圆弧。Papanikolopoulos 演示了用 PUMA－560 跟踪抓取在圆形轨道上运行的火车模型[229]。显然，在上述系统中被跟踪物体的轨迹运动都是事先已知的。

在显微视觉伺服系统中跟踪运动物体面临三个主要问题：①复杂图像采集和处理的最大速度比最小机械控制速度要慢得多；②在物体被摄像头感知和物体图像(如图像跟踪结果)处理完成之间，由于视觉处理需要时间，会产生一个很大的迟延(称为处理迟延)；③视觉反馈的更新速度通常较慢，导致在两次更新中需要机器人的动作幅度很大，使机械手在完成期望的动作时产生迟延(称为动作迟延)。

对于机器人视觉伺服控制系统，实时性问题一直是一个难以解决的重要问题。图像采集速度较低以及图像处理需要较长时间给系统带来明显的时滞，此外视觉信息的引入也明显增大了系统的计算量，如计算图像雅可比矩阵、估计深度信息等[230－234]。

视觉延迟的存在使得当前控制信号一般都滞后 1~2 个采样周期[235]，当前时刻的控制信号实际上是在上一时刻采集到的图像特征信息，会使机器人在开始跟踪时就产生偏差。同时，视觉伺服一般是跟踪物体上的一些特征点，为了提高跟踪速度，并不要求对整幅图像进行处理，而只要对包含特征点的一个小区域进行处理，同时要求对特征点的图像未来位置进行搜索，以便设置图像处理的窗口[236－237]。建立运动预测模型可以很好地解决上述问题，提高机器人跟踪捕捉物体的实时性和精度。

第 11 章介绍了基于主动轮廓模型(Snake 模型)的运动检测与视觉跟踪。

本章介绍基于显微视觉伺服的微操作机械手运动预测模糊自适应卡尔曼滤波方法。为了使系统准确跟踪捕获任意未知运动轨迹的物体，首先建立运动物体的当前统计模型来监测运动物体的运动状态，然后根据当前统计模型，运用改进的模糊自适应卡尔曼滤波器估计协方差矩阵 $\boldsymbol{Q}(k)$ 和 $\boldsymbol{R}(k)$，同时去除历史数据对系统的影响，从而准确预测出运动物体下一时刻的运动状态。实验结果表明改进的模糊自适应卡尔曼滤波器可以减少预测误差和快速检测出物体运动状态的改变。

12.2　运动模型

由于系统延迟的存在，需要对运动物体的运动轨迹进行预测，以确定目标下一时刻的位置。为此要建立一套完整的跟踪算法，包括目标运动模型、测量模型、滤波器状态坐标的选择等。

12.2.1　运动模型的分类

建立目标运动模型是实现目标跟踪的基本要求和关键问题。运动模型中所定义的状态变量应该为可以全面表现运动物体运动特性并且维数最小的变量。一般来说，状态变量和运动物体的能量相关，如状态变量中的位置信息与运动物体势能有关，速度信息与运动物体的动能有关。建立目标运动模型的一般原则是目标运动模型既要符合实际情况，又要便于进行数学计算和满足实时性的要求。在运动模型的构建过程中，因为缺乏有关目标运动的精确数据以及存在着许多不可预知的因素，如周围环境的影响，需要引入状态噪声[238-239]。

当目标作匀速直线运动时，其加速度往往是具有随机特性的扰动输入，假定该扰动输入服从零均值白色高斯分布，在这种情况下可以直接用卡尔曼滤波对目标轨迹进行预测。而当目标突然发生转向等机动运动时，其加速度则是非零均值的时间相关有色噪声分布，这种情况下，为满足预测要求应该选用白化噪声和状态增广方法[240]。

目标运动模型一般可以分为两大类：一类是非机动目标模型，主要有 CV 和 CA 模型；另一类是机动目标模型，主要有一阶时间相关模型（Singer 模型）[241-242]和当前统计模型。机动目标模型除了考虑加速度非零均值时间相关噪声假设外，还要考虑加速度的分布特性。客观上来说，加速度的分布函数应该尽可能地描述目标运动的真实情况。从目前的机动目标运动模型来看，大致可分为全局统计模型和当前统计模型两类，全局统计模型包括半马尔可夫模型[245-246]和 Singer 模型等，其共同特点是将运动目标的所有机动情况都考虑在内，因而全局统计模型适用于目标机动的各种情况。在全局统计模型中,由于考虑所有的机动情况,而每一种情况下具体机动的发生概率很小,因此对某个具体的机动,目标运动模型的精度不会太高。而当前统计模型则没有这个问题,它能够准确反映每一种具体的机动情况。当前统计模型本质上是一种非零均值时间相关模型。

在实际跟踪过程中,由于目标常常发生机动,其运动轨迹不确定,因此用基本的卡尔曼滤波与预测方法对轨迹进行预测往往会出现发散情况。常用的解决办法就是建立更有效的机动目标运动模型,并在此基础上运用各种改进的自适应预测方法对轨迹进行预测,如自适应 $\alpha-\beta-\gamma$ 滤波[247-248]和基于当前统计模型的自适应卡尔曼滤波[249]等。

12.2.2 运动目标的当前统计模型

运动目标当前统计模型是一种用非零均值和修正瑞利分布表征运动加速度特性的时间相关模型[250-252]。

对于运动目标当前统计模型,一方面需要考虑目标在当前情况下的运动变化可能性,即运动加速度变化的当前概率密度,这样运动加速度的取值范围将大大减小;另一方面,在每一个瞬间时变的运动加速度概率密度函数对应目标当前加速度的变化,即修正瑞利分布,机动加速度的均值为当前加速度的预测值,在时间上仍符合一阶时间相关过程[253],在目标当前加速度为正时,其概率密度函数为

$$P_r(a)=\begin{cases}\dfrac{(A_{\max}-a)}{\mu^2}\exp\left(-\dfrac{(A_{\max}-a)^2}{2\mu^2}\right), & 0<a<A_{\max}\\ 0, & a\geqslant A_{\max}\end{cases}\tag{12.1}$$

式中:$A_{\max}>0$,为已知目标的加速度正上限;a 为目标的随机加速度;$\mu>0$,为常数。a 的均值和方差分别为

$$\begin{cases}E[a]=A_{\max}-\sqrt{\dfrac{\pi}{2}}\mu\\ \sigma_a^2=\dfrac{4-\pi}{2}\mu^2\end{cases}\tag{12.2}$$

而当目标当前加速度为负时,其概率密度函数为

$$P_r(a)=\begin{cases}\dfrac{(a-A_{-\max})}{\mu^2}\exp\left(-\dfrac{(a-A_{-\max})^2}{2\mu^2}\right), & 0>a>A_{-\max}\\ 0, & a\leqslant A_{-\max}\end{cases}\tag{12.3}$$

式中:$A_{-\max}<0$,为已知目标加速度负上限;a 为目标的随机加速度;$\mu>0$,为常

数。a 的均值和方差分别为

$$\begin{cases} E[a] = A_{-\max} + \sqrt{\dfrac{\pi}{2}}\mu \\ \sigma_a^2 = \dfrac{4-\pi}{2}\mu^2 \end{cases} \tag{12.4}$$

当目标的当前加速度为零时，概率密度函数为

$$P_r(a) = \delta(a) \tag{12.5}$$

由此可知，在每一个瞬间，目标的机动加速度的概率密度是不相同的，而一旦知道当前加速度均值，加速度的概率密度函数就可以确定。

运动目标当前统计模型的机动加速度概率密度用修正的瑞利分布描述，其本质上是非零均值时间相关模型，其机动加速度的均值为当前加速度的预测值，随机机动加速度仍符合一阶时间相关过程，即

$$\begin{cases} \ddot{x}(t) = \bar{a} + a(t) \\ \dot{a}(t) = -\alpha a(t) + \omega(t) \end{cases} \tag{12.6}$$

式中：$a(t)$ 为零均值的加速度有色噪声；$x(t)$ 为目标位置；$\bar{a}$ 为机动加速度的均值，在每个采样周期保持不变；$\omega(t)$ 是均值为零的白噪声，其方差为 $\sigma_\omega^2 = 2\alpha\sigma_a^2$，$\sigma_a^2$ 为目标加速度方差；α 为机动时间常数的倒数。

根据上述定义，取 $a_1(t) = \bar{a} + a(t)$，则式(12.6)可以改写为

$$\begin{cases} \ddot{x}(t) = a_1(t) \\ \dot{a}_1(t) = -\alpha a(t) + \alpha\,\bar{a}(t) + \omega(t) \end{cases} \tag{12.7}$$

式中：$a_1(t)$ 为当前加速度的预测值；$\omega(t)$ 是均值为零的白噪声。

由此可得到运动目标模型的状态方程为

$$\begin{pmatrix} \dot{x}(t) \\ \ddot{x}(t) \\ \dddot{x}(t) \end{pmatrix} = \begin{pmatrix} 0 & 1 & 0 \\ 0 & 0 & 1 \\ 0 & 0 & -\alpha \end{pmatrix} \begin{pmatrix} x(t) \\ \dot{x}(t) \\ \ddot{x}(t) \end{pmatrix} + \begin{pmatrix} 0 \\ 0 \\ \alpha \end{pmatrix} \bar{a} + \begin{pmatrix} 0 \\ 0 \\ 1 \end{pmatrix} \omega(t) \tag{12.8}$$

由上述分析可知，与 Singer 模型相比，运动目标当前统计模型采用修正的瑞利分布和非零均值描述运动目标的机动加速度可更加准确地表现运动目标的运动特性和机动情况，因此用当前统计模型跟踪运动目标具有精度高和响应快的优点，尤其是对强机动目标的跟踪具有很好的性能。

下面给出当前统计模型的离散形式。设采样周期为 T，通过典型的离散化

处理,可得到下列离散状态方程[252]:

$$X(k+1)=\boldsymbol{\Phi}(k+1,k)X(k)+U(k)\overline{a}+W(k) \tag{12.9}$$

其中

$$\boldsymbol{\Phi}(k+1,k)=\begin{pmatrix}1 & T & \dfrac{1}{\alpha^2}(-1+\alpha T+\mathrm{e}^{-\alpha T})\\ 0 & 1 & \dfrac{1}{\alpha}(1-\mathrm{e}^{-\alpha T})\\ 0 & 0 & \mathrm{e}^{-\alpha T}\end{pmatrix} \tag{12.10}$$

$$U(k)=\begin{pmatrix}\dfrac{1}{\alpha}\left(-T+\dfrac{\alpha T^2}{2}+\dfrac{1-\mathrm{e}^{-\alpha T}}{\alpha}\right)\\ T-\dfrac{1-\mathrm{e}^{-\alpha T}}{\alpha}\\ 1-\mathrm{e}^{-\alpha T}\end{pmatrix} \tag{12.11}$$

$W(k)$是离散时间白噪声序列,且$E[W(k)W^{\mathrm{T}}(k+j)]=0,(\forall j\neq 0)$

$$Q_k=E[W(k)W^{\mathrm{T}}(k)]=2\alpha\sigma_a^2\begin{pmatrix}q_{11} & q_{12} & q_{13}\\ q_{21} & q_{22} & q_{23}\\ q_{31} & q_{32} & q_{33}\end{pmatrix} \tag{12.12}$$

式中

$$\begin{cases}q_{11}=\dfrac{1}{2\alpha^5}\left(1-\mathrm{e}^{-2\alpha T}+2\alpha T+\dfrac{2\alpha^3T^3}{3}-2\alpha^2T^2-4\alpha T\mathrm{e}^{-\alpha T}\right)\\ q_{12}=\dfrac{1}{2\alpha^4}(\mathrm{e}^{-2\alpha T}+1+2\mathrm{e}^{-\alpha T}+2\alpha T\mathrm{e}^{-\alpha T}-2\alpha T-\alpha^2T^2)\\ q_{13}=\dfrac{1}{2\alpha^3}(1-\mathrm{e}^{-2\alpha T}-2\alpha T\mathrm{e}^{-\alpha T})\\ q_{22}=\dfrac{1}{2\alpha^3}(4\mathrm{e}^{-\alpha T}-3-\mathrm{e}^{-2\alpha T}+2\alpha T)\\ q_{23}=\dfrac{1}{2\alpha^2}(\mathrm{e}^{-2\alpha T}+1-2\mathrm{e}^{-\alpha T})\\ q_{33}=\dfrac{1}{2\alpha}(1-\mathrm{e}^{-2\alpha T})\end{cases} \tag{12.13}$$

观测方程为$Z(k)=H(k)X(k)+V(k)$,$V(k)$是均值为零方差为$R(k)$的高斯白噪声。

12.3　跟踪滤波与预测

12.3.1　滤波和预测概述

滤波和预测是目标跟踪的基础，基本的跟踪滤波与预测方法有线性自回归滤波[254]、维纳滤波[255-256]、卡尔曼滤波（Kalman Filter，KF）[257-258]、简化的卡尔曼滤波及扩展卡尔曼滤波（Extended Kalman Filter，EKF）[259-260]、最小二乘滤波（Least Squares Filtering，LSF）[261-262]等。

线性自回归滤波忽略了状态噪声对估计的影响；维纳滤波是一种常增益滤波，仅适用于定常、平稳和物理可实现的线性系统的状态估计，它不能递推计算，也不适于时变系统，设计维纳滤波器需做功率谱分解，只有当被处理信号为平稳的，干扰信号和有用信号均为一维且功率谱为有理分式时，维纳滤波器的传递函数才可用波特 - 香农设计法较容易地求解出；最小二乘滤波适用于对系统先验统计特性一无所知时的滤波；而加权最小二乘滤波则适用于掌握量测误差的统计特性时的系统滤波。卡尔曼滤波是一种线性、无偏、以误差方差最小为准则的最优估计算法，它有精确的数学形式和优良的实用效能，被广泛应用于导航、导弹、航空、通信、地震预报、生物医学工程等方面。扩展卡尔曼滤波是卡尔曼滤波在非线性系统中的推广，是非线性系统中一种性能良好的滤波算法。随着现代计算机处理技术的发展，卡尔曼滤波的计算要求与复杂性已不再成为其应用的障碍，因而越来越受到人们的青睐，尤其在运动目标跟踪系统中更显出其独特的优点。

12.3.2　卡尔曼滤波

运动目标的运动轨迹和目标的初始状态和控制作用的性质、大小有关，然而在实际应用中，运动目标还会受到干扰信号的影响，这些干扰信号称为噪声。因此，在建模过程中，除了考虑运动目标本身的作用，还必须考虑系统的噪声，然后通过适当的算法，抑制和去除噪声对系统的影响。只有对运动系统做出精确的建模，才能通过对系统输入、输出数据的测量，利用统计方法对系统本来的状态进行估计，这就是滤波问题[263]。

卡尔曼滤波由卡尔曼（Kalman R. E.）在 1970 年提出[264]，它从可以被提取的信号中选取观测量，然后通过算法估计所需信号。卡尔曼滤波把状态空间的概念引入到随机估计理论中，把信号过程视为白噪声作用下的一个线性系统的输出，用状态方程来描述这种输入 - 输出关系，在估计过程中，利用系统方程、量测方程、白噪声激励的统计特性、量测误差的统计特性等相关信息,形成滤波算法。卡尔曼滤波是在时域内设计的,其所用的信息也都是时域量。

12.3.3 离散卡尔曼滤波与预测基本方程

1. 离散卡尔曼滤波的数学模型

离散卡尔曼滤波系统的数学模型如下:

$$\begin{aligned} \boldsymbol{x}(k+1) &= \boldsymbol{\Phi}(k+1,k)\boldsymbol{x}(k) + \boldsymbol{\Gamma}(k)w(k) \\ \boldsymbol{z}(k) &= \boldsymbol{H}(k)\boldsymbol{x}(k) + v(k) \end{aligned} \tag{12.14}$$

式中:$\boldsymbol{x}(k) \in R^{n\times 1}$为目标状态向量,$\boldsymbol{z}(k) \in R^{m\times 1}$为测量向量,$\boldsymbol{\Phi}(k+1,k) \in R^{n\times n}$为状态转移矩阵,$\boldsymbol{\Gamma}(k) \in R^{n\times n}$为系统噪声的作用矩阵,$\boldsymbol{H}(k) \in R^{m\times n}$为观测矩阵,$w(k) \in R^{n\times 1}$其均值为$E[w(k)]=0$,协方差为$E[w(k)w^{\mathrm{T}}(j)]=\boldsymbol{Q}(k)\delta_{kj}$,称为系统噪声,$\boldsymbol{x}(k)$受$w(k)$的驱动。$v(k) \in R^{m\times 1}$,其均值为$E[v(k)]=0$,协方差为$E[v(k)v^{\mathrm{T}}(j)]=\boldsymbol{R}(k)\delta_{kj}$,称为量测噪声。$w(k)$和$v(k)$是互不相关的白噪声,即$E[w(k)v^{\mathrm{T}}(k)]=0$。$\boldsymbol{Q}(k)$为系统噪声序列的方差阵,为非负正定阵;$\boldsymbol{R}(k)$为量测噪声序列的方差阵,为正定阵。

2. 离散卡尔曼滤波估计方程

(1) 最优滤波估计方程为

$$\hat{\boldsymbol{X}}(k+1|k+1) = \hat{\boldsymbol{X}}(k+|k) + \boldsymbol{K}(k+1)[\boldsymbol{Z}(k+1) - \boldsymbol{H}(k+1)\hat{\boldsymbol{X}}(k+1|k)] \tag{12.15}$$

(2) 最优预测估计方程为

$$\hat{\boldsymbol{X}}(k+1|k) = \boldsymbol{\Phi}(k+1,k)\hat{\boldsymbol{X}}(k|k) \tag{12.16}$$

(3) 最优滤波增益矩阵方程为

$$\boldsymbol{K}(k+1) = \boldsymbol{P}(k+1|k)\boldsymbol{H}^{\mathrm{T}}(k+1)[\boldsymbol{H}(k+1)\boldsymbol{P}(k+1|k)\boldsymbol{H}^{\mathrm{T}}(k+1) + R_{k+1}]^{-1} \tag{12.17}$$

(4) 最优预测估计误差方差阵方程为

$$\boldsymbol{P}(k+1|k) = \boldsymbol{\Phi}(k+1,k)\boldsymbol{P}(k|k)\boldsymbol{\Phi}^{\mathrm{T}}(k+1,k) + \boldsymbol{\Gamma}(k+1,k)Q_k\boldsymbol{\Gamma}^{\mathrm{T}}(k+1,k) \tag{12.18}$$

(5) 最优滤波估计误差方差阵方程为

$$\boldsymbol{P}(k+1|k+1) = [I - \boldsymbol{K}(k+1)\boldsymbol{H}(k+1)]\boldsymbol{P}(k+1|k) \tag{12.19}$$

进行实际运算时,已知初始时刻的统计特性:

$$\begin{cases}\hat{x}(0|0)=E[x(0|0)]=m_0\\P(0|0)=E\{[x(0)-\hat{x}(0|0)][x(0)-\hat{x}(0|0)]^{\mathrm{T}}\}\end{cases}\tag{12.20}$$

利用上述公式的就可以计算任意 $k+1$ 时刻的状态变量的最优预测值$\hat{x}(k+1|k)$和滤波值$\hat{x}(k+1|k+1)$。

12.4　基于统计模型的自适应卡尔曼滤波

12.4.1　自适应卡尔曼滤波

由于运用卡尔曼滤波时需要知道被研究对象的数学模型和噪声统计的先验知识,如果数学模型和噪声统计的先验知识不准确,卡尔曼滤波可能造成较大的状态估计误差,最终导致滤波发散。对于视觉伺服控制而言,由于工作环境干扰,图像获取时的噪声影响,同时由于被跟踪物体运动状况的不确定,很难用一个准确的统计特性噪声来表示,采用自适应卡尔曼滤波技术可以解决上述问题。

自适应卡尔曼滤波(Adaptive Kaman Filter,AKF)的目的之一是在运用量测数据进行递推滤波预测的同时,不断地判断目标运动状态是否发生变化。当监测到运动状态变化时,就把运动状态的变化当作随机扰动加到模型噪声中去,修正原有运动模型,使修正后的模型适应当前目标的运动状态。自适应卡尔曼滤波的另一个目的是当模型噪声方差矩阵 $Q(k)$ 和量测噪声方差矩阵 $R(k)$ 未知或不可精确获知时,由自适应卡尔曼滤波不断估计和修正 $Q(k)$ 和 $R(k)$,实时获取最精确的 $Q(k)$ 和 $R(k)$。

当目标做匀速直线运动时,卡尔曼滤波器是最优滤波器,但在实际的跟踪过程中,目标往往不是做匀速运动,从而导致目标的实际运动状态和建立的目标运动模型不吻合,这时卡尔曼滤波器就会出现发散现象。解决这种问题的有效方法是用基于卡尔曼滤波的各种自适应滤波与预测方法。这些方法主要有[265-268]:重新计算滤波增益序列、增大输入噪声的方差、增大目标状态估计的协方差矩阵、增大目标的状态维数、在不同的跟踪滤波器之间进行切换等。

12.4.2　基于当前统计模型的自适应卡尔曼滤波

视觉伺服的运动目标当前统计模型为

$$\begin{aligned}\boldsymbol{X}(k)&=\boldsymbol{\Phi}(k,k-1)\boldsymbol{X}(k-1)+\boldsymbol{U}(k-1)\bar{a}+W(k-1)\\\boldsymbol{Z}(k)&=\boldsymbol{H}(k)\boldsymbol{X}(k)+V(k)\end{aligned}\tag{12.21}$$

其中

$$\boldsymbol{\Phi}(k+1,k)=\begin{pmatrix}1 & T & \frac{1}{\alpha^2}(-1+\alpha T+e^{-\alpha T}) & 0 & 0 & 0\\ 0 & 1 & \frac{1}{\alpha}(1-e^{-\alpha T}) & 0 & 0 & 0\\ 0 & 0 & e^{-\alpha T} & 0 & 0 & 0\\ 0 & 0 & 0 & 1 & T & \frac{1}{\alpha^2}(-1+\alpha T+e^{-\alpha T})\\ 0 & 0 & 0 & 0 & 1 & \frac{1}{\alpha}(1-e^{-\alpha T})\\ 0 & 0 & 0 & 0 & 0 & e^{-\alpha T}\end{pmatrix} \tag{12.22}$$

$$\boldsymbol{U}(k)=\begin{pmatrix}\frac{1}{\alpha}\left(-T+\frac{\alpha T^2}{2}+\frac{1-e^{-\alpha T}}{\alpha}\right) & 0\\ T-\frac{1-e^{-\alpha T}}{\alpha} & 0\\ 1-e^{-\alpha T} & 0\\ 0 & \frac{1}{\alpha}\left(-T+\frac{\alpha T^2}{2}+\frac{1-e^{-\alpha T}}{\alpha}\right)\\ 0 & T-\frac{1-e^{-\alpha T}}{\alpha}\\ 0 & 1-e^{-\alpha T}\end{pmatrix} \tag{12.23}$$

$$\boldsymbol{H}=\begin{pmatrix}1 & 0 & 0 & 0 & 0 & 0\\ 0 & 0 & 0 & 1 & 0 & 0\end{pmatrix} \tag{12.24}$$

式(12.21)中,被估计向量 $\boldsymbol{X}(k)=[x,\dot{x},\ddot{x},y,\dot{y},\ddot{y}]^{\mathrm{T}}$,其中 x、y 为运动物体的图像坐标,$\dot{x}$、$\dot{y}$ 为运动物体在图像平面的速度,$\ddot{x}$、$\ddot{y}$ 为运动物体在图像平面的加速度,$\boldsymbol{Z}(k)=[u,v]^{\mathrm{T}}$ 为量测到的运动物体图像坐标。α 为加速度常量系数。测量噪声 $V(k)$ 为互不相关的零均值高斯白噪声序列,其协方差矩阵为 $\boldsymbol{R}(k)$。模型噪声 $W(k)$ 为白噪声序列,且 $E[W(k)W^{\mathrm{T}}(k+j)]=0(\forall j\neq 0)$。

根据当前统计模型,可得到下面的卡尔曼滤波方程:

$$\hat{\boldsymbol{X}}(k|k)=\hat{\boldsymbol{X}}(k|k-1)+K(k)[\boldsymbol{Z}(k)-\boldsymbol{H}(k)\hat{\boldsymbol{X}}(k|k-1)] \tag{12.25}$$

$$\hat{\boldsymbol{X}}(k|k-1)=\boldsymbol{\Phi}(k,k-1)\hat{\boldsymbol{X}}(k-1|k-1)+\boldsymbol{U}(k)\bar{a}(k) \tag{12.26}$$

$$\boldsymbol{K}(k)=\boldsymbol{P}(k|k-1)\boldsymbol{H}^{\mathrm{T}}(k)[\boldsymbol{H}(k)\boldsymbol{P}(k|k-1)\boldsymbol{H}^{\mathrm{T}}(k)+\boldsymbol{R}(k)]^{-1} \tag{12.27}$$

$$\boldsymbol{P}(k|k-1)=\boldsymbol{\Phi}(k,k-1)\boldsymbol{P}(k-1|k-1)\boldsymbol{\Phi}^{\mathrm{T}}(k,k-1)+\boldsymbol{\Gamma}(k,k-1)\boldsymbol{Q}(k-1)\boldsymbol{\Gamma}^{\mathrm{T}}(k,k-1) \tag{12.28}$$

$$\boldsymbol{P}(k|k)=[\boldsymbol{I}-\boldsymbol{K}(k)H(k)]\boldsymbol{P}(k|k-1) \tag{12.29}$$

式中：$\hat{X}(k-1|k-1)$为上一时刻状态的滤波值；$\boldsymbol{P}(k|k-1)$为状态预测协方差矩阵；$\boldsymbol{K}(k)$为卡尔曼滤波增益矩阵。如果把$[\ddot{x}(k)\quad \ddot{y}(k)]^{\mathrm{T}}$的一步预测$[\ddot{x}(k|k-1)\quad \ddot{y}(k|k-1)]^{\mathrm{T}}$看作在$k$时刻的当前加速度即随机机动加速度的均值，就可以得到加速度的均值自适应算法。为此设

$$\bar{a}(k)=\begin{pmatrix}\ddot{x}(k|k-1)\\ \ddot{y}(k|k-1)\end{pmatrix} \tag{12.30}$$

则有

$$\begin{pmatrix}x(k|k-1)\\ \dot{x}(k|k-1)\\ \ddot{x}(k|k-1)\\ y(k|k-1)\\ \dot{y}(k|k-1)\\ \ddot{y}(k|k-1)\end{pmatrix}=\boldsymbol{\Phi}(k,k-1)\begin{pmatrix}x(k-1|k-1)\\ \dot{x}(k-1|k-1)\\ \ddot{x}(k-1|k-1)\\ y(k-1|k-1)\\ \dot{y}(k-1|k-1)\\ \ddot{y}(k-1|k-1)\end{pmatrix}+\boldsymbol{U}(k)\begin{pmatrix}\ddot{x}(k|k-1)\\ \ddot{y}(k|k-1)\end{pmatrix} \tag{12.31}$$

整理得

$$\begin{pmatrix}x(k|k-1)\\ \dot{x}(k|k-1)\\ \ddot{x}(k|k-1)\\ y(k|k-1)\\ \dot{y}(k|k-1)\\ \ddot{y}(k|k-1)\end{pmatrix}=\begin{pmatrix}1 & T & \frac{T^2}{2} & 0 & 0 & 0\\ 0 & 1 & T & 0 & 0 & 0\\ 0 & 0 & 1 & 0 & 0 & 0\\ 0 & 0 & 0 & 1 & T & \frac{T^2}{2}\\ 0 & 0 & 0 & 0 & 1 & T\\ 0 & 0 & 0 & 0 & 0 & 1\end{pmatrix}\begin{pmatrix}x(k-1|k-1)\\ \dot{x}(k-1|k-1)\\ \ddot{x}(k-1|k-1)\\ y(k-1|k-1)\\ \dot{y}(k-1|k-1)\\ \ddot{y}(k-1|k-1)\end{pmatrix} \tag{12.32}$$

则式(12.26)可以改写为

$$\hat{\boldsymbol{x}}(k|k-1)=\boldsymbol{\Phi}_1(k,k-1)\hat{\boldsymbol{x}}(k-1,k-1) \tag{12.33}$$

其中

$$\boldsymbol{\Phi}_1(k,k-1)=\begin{pmatrix}1 & T & \frac{T^2}{2} & 0 & 0 & 0\\ 0 & 1 & T & 0 & 0 & 0\\ 0 & 0 & 1 & 0 & 0 & 0\\ 0 & 0 & 0 & 1 & T & \frac{T^2}{2}\\ 0 & 0 & 0 & 0 & 1 & T\\ 0 & 0 & 0 & 0 & 0 & 1\end{pmatrix} \tag{12.34}$$

需要注意的是,在状态方程中我们不能用 $\boldsymbol{\Phi}_1(k,k-1)$ 代替 $\boldsymbol{\Phi}(k,k-1)$,因为如果用 $\boldsymbol{\Phi}_1(k,k-1)$ 代替 $\boldsymbol{\Phi}(k,k-1)$,就意味着目标作正常加速运动,而不能反应目标的真实运动。同样,在卡尔曼滤波中,式(12.26)被式(12.33)代替,但在式(12.28)中采用的仍是 $\boldsymbol{\Phi}(k,k-1)$ 而不是 $\boldsymbol{\Phi}_1(k,k-1)$。

12.4.3 $\boldsymbol{Q}(k)$ 自适应调整

$W(k)$ 的协防差矩阵 $\boldsymbol{Q}(k)$ 为

$$\boldsymbol{Q}(k)=E[W(k)W^{\mathrm{T}}(k)]=2\alpha\sigma_a^2\begin{pmatrix}q_{11} & q_{12} & q_{13}\\ q_{12} & q_{22} & q_{23}\\ q_{13} & q_{23} & q_{33}\end{pmatrix} \tag{12.35}$$

式中,σ_a 为加速度的修正瑞利方差,通过调整 σ_a 来改变 $\boldsymbol{Q}(k)$,从而得到自适应算法:

$$\sigma_a^2=\frac{4-\pi}{\pi}[a_{\max}-\hat{a}(t)]^2,\hat{a}(t)>0$$

$$\sigma_a^2=\frac{4-\pi}{\pi}[a_{-\max}+\hat{a}(t)]^2,\hat{a}(t)<0 \tag{12.36}$$

式中:$a_{\max}$ 为加速度的正上限值;$a_{-\max}$ 为 x 方向和 y 方向加速度的负下限值。系统状态噪声方差 $2\alpha\sigma_a^2$ 将直接影响估计误差的协方差矩阵,其值取决于机动加速度 $a_{\max}$ 和 $a_{-\max}$ 的大小,当 $a_{\max}$ 和 $a_{-\max}$ 的绝对值取较小值时,跟踪的系统状态噪声方差 $2\alpha\sigma_a^2$ 较小,位置跟踪精度高,但滤波器的带宽较窄,当目标运动状态变化较大时,系统响应速度较慢;当 $a_{\max}$ 和 $a_{-\max}$ 的绝对值取较大值时,会增大系统状态噪声方差 $2\alpha\sigma_a^2$,系统能够很快响应目标运动状态变化很大的情况,但同时也使滤波器增益过大,从而系统的位置跟踪误差增大,造成跟踪精度降低。上述特性表明,该模型和算法对 $a_{\max}$ 和 $a_{-\max}$ 取值的依赖性比较大,当 $a_{\max}$ 和 $a_{-\max}$ 的绝对值取值较小时,算法对弱机动和非机动目标的跟踪精度高,但是对机动大的目标跟踪的能力下降,甚至会丢失目标;当 $a_{\max}$ 和 $a_{-\max}$ 的绝对值取值较大时,算法对高度机动目标具有很强的自适应能力,但对弱机动和非机动目标,由于系统方差的调整不当而带来精度损失。

针对这一缺陷,本章在当前统计模型的基础上,利用位置滤波估计和位置预测估计间的偏差进行加速度自适应方差调整,介绍了一种新的自适应滤波改进算法。由于机动加速度协方差与加速度扰动增量的绝对值成线性关系,而加速度增量与位置增量之间在采样时间固定时也存在线性关系[269],因此可以利用位置与加速度的函数关系给出一种简单的加速度方差自适应调整公式:

$$\sigma_a^2 = \frac{2[\hat{x}(k|k) - \hat{x}(k|k-1)]}{T^2} \tag{12.37}$$

由式(12.37)可看出,由 $k-1$ 时刻到 k 时刻的位置预测值 $\hat{x}(k|k-1)$ 没有考虑 $k-1$ 时刻到 k 时刻之间的加速度变化情况,而 $\hat{x}(k|k)$ 考虑了 k 时刻的观测值,其中必然包含了 $k-1$ 时刻到 k 时刻加速度变化情况,它们之间的差可以更好地反映加速度变化情况。当目标运动状态变化时,量测值和预测值偏差增大,由式(12.37)得到的加速度方差也相应增大,从而使滤波增益增大,提高了新信息的加权比重;当目标匀速运动时,量测值和预测值之间偏差较小,由式(12.37)得到的加速度方差也较小,从而使滤波增益 $K(k)$ 减小,相应减小了新量测数据的加权比重,减小了量测噪声对系统的影响,跟踪精度大大提高。由此可见式(12.37)可以准确反映目标的运动状态。

12.5 基于统计模型的模糊自适应卡尔曼滤波

12.5.1 $R(k)$ 模糊自适应调整

一般情况下,当目标的运动状态发生变化时,需要通过调整过程噪声方差来调整增益,如式(12.37)所示。而当目标的运动状态稳定时,为了使量测噪声影响最小,需要平滑量测噪声,通过调整量测噪声,使运动模型更准确反应真实运动状态,因此需要对 $R(k)$ 进行自适应调整。

为此采用在线监测新息的方法来对 $R(k)$ 进行调整,即观测输出与估计输出之间的差值,用它反映系统模型对于量测值的依赖程度。

在理想情况下,新息应为零均值的高斯白噪声序列,即

$$E_{\varepsilon(k)} = 0 \tag{12.38}$$

新息理论协方差值可由卡尔曼公式推导得:

$$P_{\varepsilon(k)} = \boldsymbol{H}(k)\boldsymbol{P}(k|k-1)\boldsymbol{H}^{\mathrm{T}}(k) + \boldsymbol{R}(k) \tag{12.39}$$

而实际中,新息序列受模型和噪声特性的不确定性影响,其均值和协方差[270]如下:

(1) 当 $k<N$ 时:

$$\begin{cases} E'_{\varepsilon(k)} = \dfrac{1}{N}\sum_{i=1}^{k}\boldsymbol{\varepsilon}(i) \\ P'_{\varepsilon(k)} = \dfrac{1}{N}\sum_{i=1}^{k}\boldsymbol{\varepsilon}(i)\boldsymbol{\varepsilon}^{\mathrm{T}}(i) \end{cases} \tag{12.40}$$

(2) 当 $k>N$ 时:

$$\begin{cases} E'_{\varepsilon(k)} = \dfrac{1}{N}\sum_{i=k-N+1}^{k}\boldsymbol{\varepsilon}(i) \\ P'_{\varepsilon(k)} = \dfrac{1}{N}\sum_{i=k-N+1}^{k}\boldsymbol{\varepsilon}(i)\boldsymbol{\varepsilon}^{\mathrm{T}}(i) \end{cases} \tag{12.41}$$

式中,N 是用来计算的数据长度,平均值可以用来平滑新息。这种运算过程可以保证均值和协方差不易受到滤波过程中误差积累、陈旧数据等计算过程中不良数据的影响。

理论新息协方差和实际新息协方差的误差公式为

$$\begin{aligned} \Delta P'_{\varepsilon(k)} &= P_{\varepsilon(k)} - P'_{\varepsilon(k)} = \boldsymbol{H}(k)\boldsymbol{P}(k \mid k-1)\boldsymbol{H}^{\mathrm{T}}(k) + \boldsymbol{R} - \frac{1}{N}\sum_{i=k-N+1}^{k}\boldsymbol{\varepsilon}(i) \\ &= \boldsymbol{H}(k)[\boldsymbol{\Phi}\boldsymbol{P}(k-1 \mid k-1)\boldsymbol{\Phi} + \boldsymbol{Q}]\boldsymbol{H}^{\mathrm{T}}(k) + \boldsymbol{R} - \frac{1}{N}\sum_{i=k-N+1}^{k}\boldsymbol{\varepsilon}(i) \end{aligned} \tag{12.42}$$

式中,变量 $E'_{\varepsilon(k)}$ 和 $\Delta P'_{\varepsilon(k)}$ 反映了当前卡尔曼滤波器的工作状态,两者在理想状态下其值均应为零。当它们偏离零值时,说明卡尔曼滤波受到干扰,即滤波值不准确,此时参照 $E'_{\varepsilon(k)}$ 和 $\Delta P'_{\varepsilon(k)}$ 的定义,需要对噪声方差阵和 $\boldsymbol{R}(k)$ 进行相应调整,使得滤波趋于稳定。

由式(12.41)可知,当 $E'_{\varepsilon(k)}>0$ 时,应当增大 $\boldsymbol{K}(k)$,即减小 $\boldsymbol{R}(k)$,使 $\hat{x}(k|k)$ 增大,从而减小量测值和估计值之间的差距,当 $E'_{\varepsilon(k)}<0$ 时,应当减小 $\boldsymbol{K}(k)$,即增大 $\boldsymbol{R}(k)$,使 $\hat{x}(k|k)$ 减小,从而使估计值变小,使 $E'_{\varepsilon(k)}$ 趋近于 0。由 $\Delta P'_{\varepsilon(k)}$ 知,当 $\Delta P'_{\varepsilon(k)}>0$ 时,应当减小 $\boldsymbol{R}(k)$,当 $\Delta P'_{\varepsilon(k)}<0$ 时,应当增大 $\boldsymbol{R}(k)$。

模糊逻辑自适应控制器(FLAC)是基于模糊推理的知识系统,采用 FLAC 对 $R(k)$ 进行调整,与其他自适应控制器相比,其优点在于形式简单,能够充分利用被控对象的相关经验知识。$\boldsymbol{R}(k)$ 的调整规则如下:

(1) 如果 $E'_{\varepsilon(k)}=0$ 并且 $\Delta P'_{\varepsilon(k)}=0$ 时,保持 $\boldsymbol{R}(k)$ 值不变;

(2) 如果 $E'_{\varepsilon(k)}>0$ 时,增大 $\boldsymbol{R}(k)$ 值;

(3) 如果 $E'_{\varepsilon(k)}<0$ 时,减小 $\boldsymbol{R}(k)$ 值;

(4) 如果 $\Delta P'_{\varepsilon(k)}>0$ 时,增大 $\boldsymbol{R}(k)$ 值;

(5) 如果 $\Delta P'_{\varepsilon(k)}<0$ 时,减小 $\boldsymbol{R}(k)$ 值。

FLAC 通过在线监测卡尔曼滤波新息均值和协方差的变化,将新息均值和协方差作为模糊逻辑控制器的输入,然后运用模糊逻辑规则计算控制器输出比例算子 α,对量测噪声方差阵 $\boldsymbol{R}(k)$ 进行调节,从而改善卡尔曼滤波器对于环境变化的适应能力,提高跟踪精度。

新的量测噪声协方差矩阵可以表示为

$$\hat{R}(k)=\alpha\boldsymbol{R}(k) \tag{12.43}$$

式中:$\boldsymbol{R}(k)$ 为原量测噪声协方差矩阵。

定义 FLAC 控制器的输入变量为 $E'_{\varepsilon(k)}$ 和 $\Delta P'_{\varepsilon(k)}$,$E'_{\varepsilon(k)}$ 的模糊语言词集为:N—负值,ZE—零值,P—正值。其控制输出为 α,其模糊语言词集为:PS—小的正值,PM—中等正值,PB—大的正值。α 的范围为[0.8 1.2],$E'_{\varepsilon(k)}$ 的范围为[-0.5 0.5],$\Delta P'_{\varepsilon(k)}$ 的范围为[-10 10]。

$E'_{\varepsilon(k)}$、$\Delta P'_{\varepsilon(k)}$ 和 α 的模糊隶属度函数如图 12.1 所示。

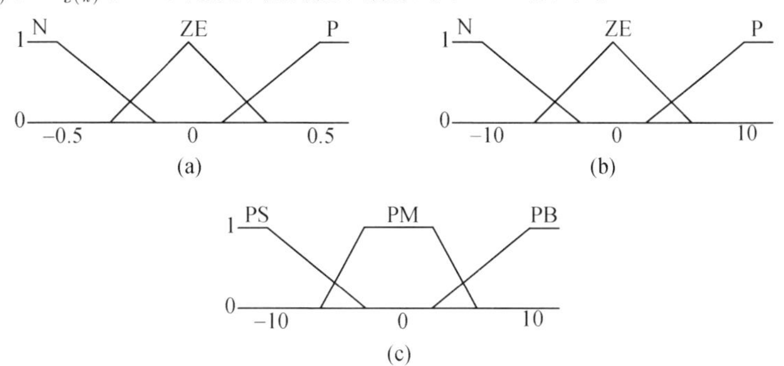

图 12.1　$E'_{\varepsilon(k)}$、$\Delta P'_{\varepsilon(k)}$ 和 α 的模糊隶属度函数

(a) $E'_{\varepsilon(k)}$ 的模糊隶属度函数;(b) $\Delta P'_{\varepsilon(k)}$ 的模糊隶属度函数;(c) α 的模糊隶属度函数。

FLAC 模糊控制规则见表 12.1。

表 12.1　α 模糊控制规则

α		E'		
		N	ZE	P
$\Delta P'$	N	PB	PB	PM
	ZE	PM	PM	PS
	P	PM	PS	PS

12.5.2 $K(k)$模糊自适应调整

由式(12.25)可知,$\hat{X}(k|k)$并不能完全表示新的目标状态,因为它包含着很多历史数据。当目标运动状态发生变化时,历史数据往往不能反映当前的运动状态。当目标运动瞬间发生变化时,$K(k)$值的变化幅度仍然不够,这样$\hat{X}(k+1|k+1)$中的位置参数就不足以很快的逼近$Z(k+1)$中的位置参数,而需要经过很长时间才能消除误差,从而导致卡尔曼滤波不能快速地跟踪这种变化。因此要消除历史数据的影响,通过最新的新息数据快速判断目标运动状态的变化。

由式(12.42)可知,当目标运动状态发生变化时,新息$\varepsilon(k)$会增大很多,从而使$P'_{\varepsilon(k)}$值增大。所以引入对$P'_{\varepsilon(k)}$的判断来检测目标运动状态的改变,通过改变$\boldsymbol{P}(k|k-1)$来调整增益矩阵$\boldsymbol{K}(k)$。通过计算前一段时刻和后一段时刻新息均值的差值:

$$\Delta E'_{\varepsilon(k)} = \left| E'_{\varepsilon(k)} - E'_{\varepsilon(k-N)} \right| \tag{12.44}$$

如果差值大幅增加,说明目标运动状态发生很大变化,此时调整$P(k|k-1)$,调整规则如下:

(1) 如果$\Delta E'_{\varepsilon(k)} > E'_{\varepsilon(k-N)}$,增大$\gamma$值;

(2) 如果$\Delta E'_{\varepsilon(k)} < E'_{\varepsilon(k-N)}$,$\gamma=1$。

$P(k|k-1)$新的计算公式为

$$\hat{P}(k|k-1) = \gamma \times \boldsymbol{\Phi}(k)\boldsymbol{P}(k-1|k-1)\boldsymbol{\Phi}^{\mathrm{T}}(k) + \boldsymbol{Q}(k-1) \tag{12.45}$$

由式(12.45)可知,当新息变化较大时,$\hat{P}(k|k-1)$将比原来的值增大,因此新的新息对系统的影响将增大,$\hat{X}(k|k)$将包含更多的新的新息的数据,从而更能反映当前目标的运动状态。$\Delta E'_{\varepsilon(k)}$的范围为[2,50],$\gamma$的范围为[100,1000]。$\Delta E'_{\varepsilon(k)}$的模糊语言词集为:NB—大的负值,NS—小的负值,ZE—零值,PS—小的正值,PB—大的正值。输出变量γ的模糊语言词集和$\Delta E'_{\varepsilon(k)}$相同。$\gamma$和$\Delta E'_{\varepsilon(k)}$的模糊隶属度函数如图12.2所示。

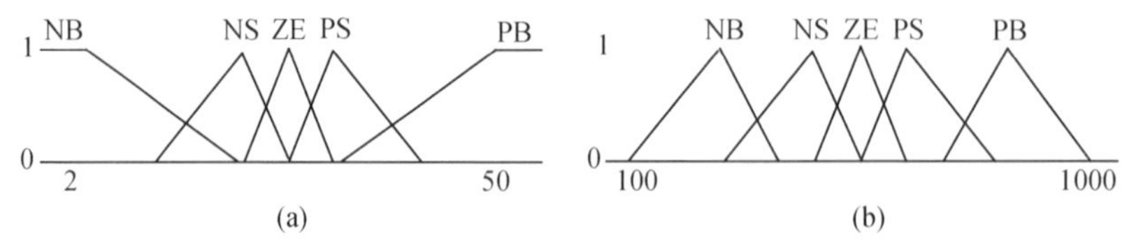

图12.2 γ和$\Delta E'_{\varepsilon(k)}$的模糊隶属度函数

(a) $\Delta E'_{\varepsilon(k)}$的模糊隶属度函数;(b) γ的模糊隶属度函数。

12.6　实验结果与分析

12.6.1　仿真结果分析

确定三种运动模型,分别运用卡尔曼滤波、传统的模糊自适应卡尔曼滤波和改进的模糊自适应卡尔曼滤波进行跟踪仿真[271]。

首先跟踪匀速直线运动,目标的起始位置为 $x=0$mm,$y=0$mm,x、y 方向上的速度为10mm/s,跟踪误差如图12.3所示。其次跟踪加速度突变的运动,目标的初始位置为 $x=0$mm,$y=0$mm,x、y 方向上的初始速度为20mm/s,加速度为1mm/s^2,14s后,x、y 方向上的加速度变为30mm/s^2,跟踪误差如图12.4所示。最后跟踪折线运动,目标初始位置为 $x=0$mm,$y=0$mm,x 方向上的速度为1mm/s,y 方向上的速度为1mm/s,9s后,x 方向上的速度仍为1m/s,y 方向上的速度则变为−10mm/s,跟踪误差如图12.5所示。

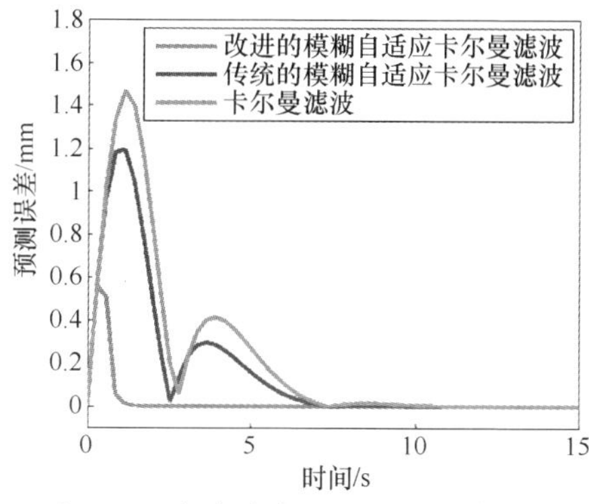

图12.3　匀速直线运动跟踪误差对比

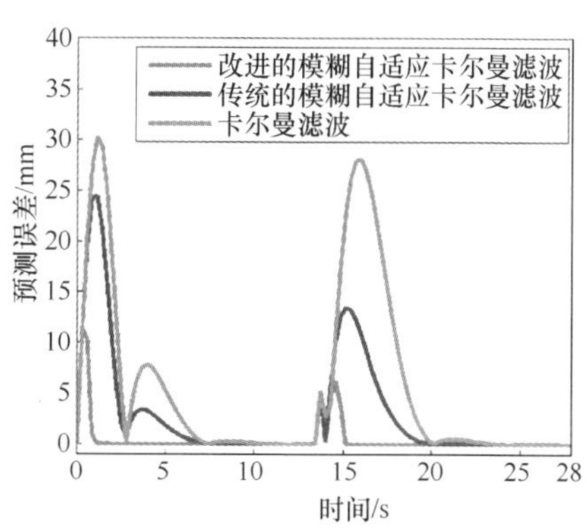

图12.4　加速度突变运动跟踪误差对比

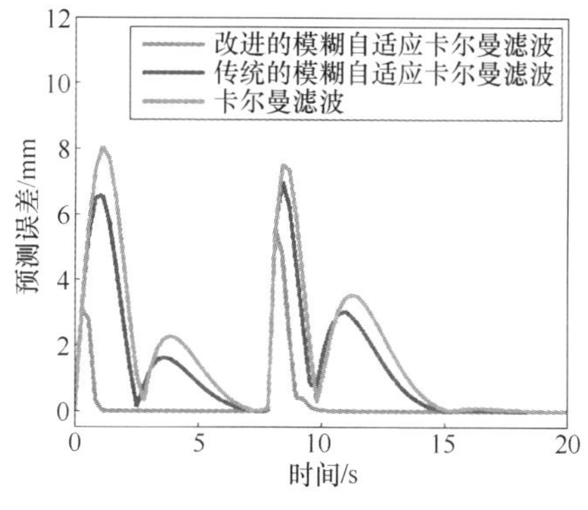

图12.5　折线运动跟踪误差对比

从上述仿真结果可以看出,改进的模糊自适应卡尔曼滤波算法,对于一般机动和非机动目标而言都能实现对目标的跟踪。当目标运动状态变化很大时,未改进的卡尔曼滤波算法也可以实现对目标的跟踪,但是达到稳态所用的时间长。而改进后的卡尔曼滤波仿真结果明显改善,当目标运动状态发生很大改变时,跟踪误差波动幅值比未改进的卡尔曼滤波明显减小,到达稳态的时间也明显缩短,在跟踪的初始阶段的波动幅值也有所下降,到达稳态的时间也明显缩短。

12.6.2 微装配机器人运动轨迹预测与视觉跟踪

将改进的模糊自适应卡尔曼滤波算法应用于微装配机器人系统,考察其在实际应用中的性能。实验中,用一个 150×150 的正方形的窗口来跟踪微夹持器末端中心点的运动,如图 12.6 所示。

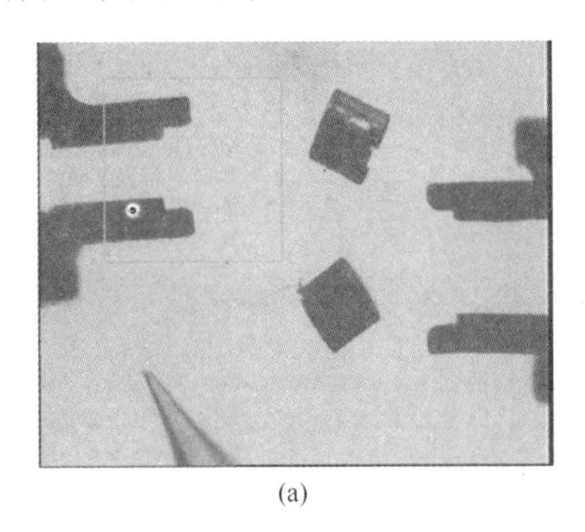

(a)

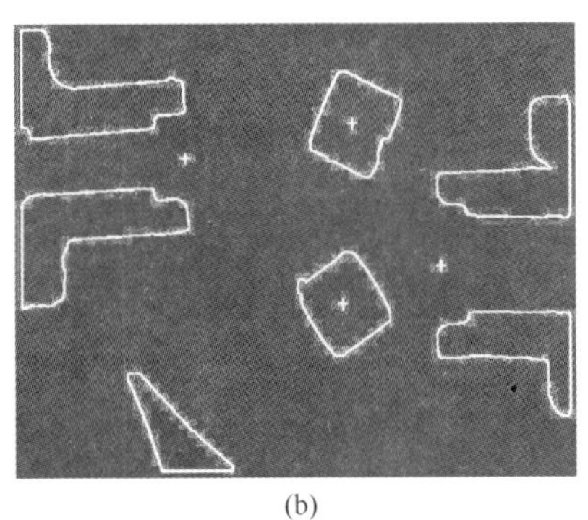

(b)

图 12.6 微装配机器人视觉跟踪

(a) 图像处理前;(b) 图像处理后。

首先预测正在做匀速直线运动的微夹持器末端在下一采样周期的位置,微夹持器末端的速度为 1mm/s,跟踪误差如图 12.7 所示。由图 12.7 可知,模糊自适应卡尔曼滤波有着更快的响应速度和更小的超调量。

其次跟踪做圆周运动的微夹持器末端,圆周运动的半径为 20mm,角速度为 0.15rad/s,其跟踪误差如图 12.8 所示。由图 12.8 可以看出,当微夹持器做圆周运动时,采用卡尔曼滤波算法,跟踪误差有 10 个像素,而采用改进的模糊自适应卡尔曼滤波算法时,跟踪误差为 2 个像素。相较于卡尔曼滤波算法和传统的模糊自适应卡尔曼滤波算法,改进的模糊自适应卡尔曼滤波算法的精度大大提高。

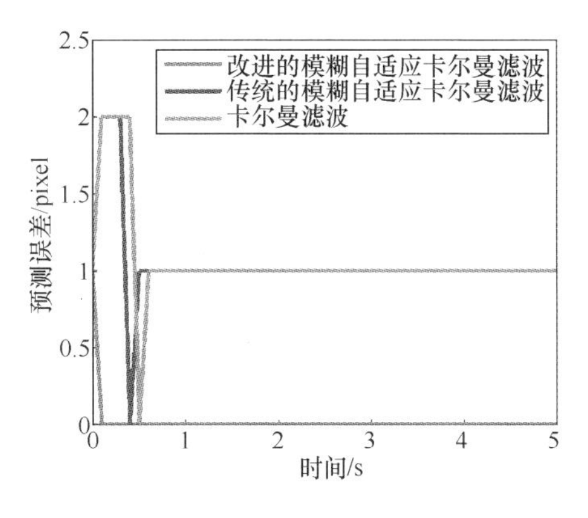

图 12.7　跟踪匀速直线运动误差对比

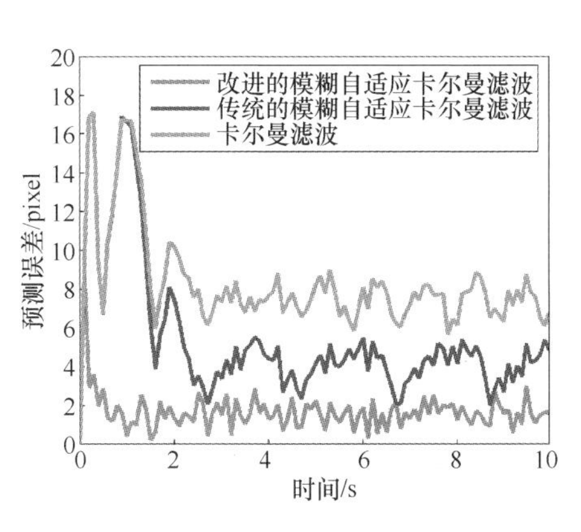

图 12.8　跟踪圆周运动误差对比

12.7　本章小结

本章介绍了运动预测模糊自适应卡尔曼滤波方法，首先建立了运动物体的当前统计模型，它可以准确地监测运动物体的机动状态。基于当前统计模型，运用改进的模糊自适应卡尔曼滤波器来估计协方差矩阵 $\boldsymbol{Q}(k)$ 和 $\boldsymbol{R}(k)$，去除历史数据对系统的影响，从而准确预测出运动物体下一时刻的运动状态。实验结果表明改进的模糊自适应卡尔曼滤波算法可以较快地检测出运动物体运动状态的改变，同时大大减少了预测误差。

第13章　显微图像雅可比矩阵自适应辨识

13.1　引言

基于图像的视觉伺服(Image - Based Visual Servo,IBVS)由图像特征误差直接建立反馈控制律,不需要进行机械手运动位姿估计,因此受到广泛的关注。图像雅可比矩阵(Image Jacobian Matrix, IJM)作为衡量图像特征变化量与机械手位姿变化量之间关系的特征灵敏度矩阵,是实现基于图像特征视觉伺服的关键。然而对图像雅可比矩阵进行精确标定是十分困难的,因为它需要精确的机械手几何参数和摄像机参数,而且通过上述参数计算出来的静态标定结果只能在一定范围内有效,难以满足机械手工作环境动态变化的应用场合。

无标定视觉伺服(Uncalibrated Visual Servo, UVS)是近年来机器人视觉领域研究的一个热点问题。它通过在线辨识图像雅可比矩阵元素,减少了视觉伺服对机器人参数等先验知识的依赖程度,增加了系统对环境变化的自适应性。国内外很多学者在这方面做了大量的研究,如 Yohoshimi 和 Allen[272] 在机械手运动位置引入冗余运动利用最小二乘法在线估计当前图像雅可比矩阵,实现了机械手的 peg - in - hole 操作;Hosoda[273]、Piepmeier[274] 以及 Jagersand[275] 等人相继运用 Broyden 算法完成了图像雅可比矩阵的在线辨识;Papanikolopoulos[276] 采用确定性等价自适应控制实现了六自由度机械手的无标定手眼协调和三维运动跟踪;Piepmeier[277] 针对机械手无标定视觉跟踪问题,设计了非线性动态 Quasi - Newton 控制器,并根据递推最小二乘(Recursive Least Squares,RLS)算法完成雅可比矩阵的在线更新;Malis 等人设计了一种与摄像机内部参数无关的无标定视觉伺服控制器[278];苏剑波等人利用扩展状态观测器实现了无标定的手眼协调控制[279];Chen 等人提出了一种基于齐次变换的无标定视觉伺服跟踪算法[280],可对视觉深度信息和目标参数进行在线辨识;黄心汉、吕遐东、曾祥进等人提出一种基于模糊自适应卡尔曼滤波的机械手动态图像雅可比矩阵辨识和基于 Broyden 在线图像雅可比矩阵辨识的视觉伺服方法[281]。采用图像雅可比矩阵线性模型来模拟图像特征与机械手位姿之间变化的非线性映射关系不可避免的会带来一定的误差,为此 Hashimoto[282] 和苏剑波等人[283] 分别采用人工神经网络代替雅可比模型实现无标定视觉伺服。

通常情况下，将雅可比矩阵的辨识问题转化为相应系统的状态观测问题[284]，在假定过程噪声协方差阵 $\boldsymbol{Q}$ 和量测噪声协方差阵 $\boldsymbol{R}$ 等模型参数已知的前提下，利用 Kalman - Bucy 滤波算法实现了静态雅可比矩阵元素的递推估计。然而在未知不确定的微装配机器人应用场合，获取精确的上述滤波先验知识是非常困难的。特别是在机器人视觉模型即图像雅可比模型动态变化的情况下，静态的滤波参数难以保证稳定最优的辨识结果，而且可能导致卡尔曼滤波发散。因此有必要研究自适应卡尔曼滤波技术，通过对滤波参数进行在线估计和调节，提高图像雅可比辨识模型在动态微装配应用场景下的自适应能力。

第 12 章介绍了基于显微视觉伺服的微操作机械手运动预测模糊自适应卡尔曼滤波。本章在推导微操作机械手显微图像雅可比矩阵模型的基础上介绍基于模糊自适应卡尔曼滤波的动态雅可比矩阵辨识方法。该方法将雅可比矩阵元素构造为系统状态变量，利用卡尔曼滤波器实现无偏最优估计；在机器人参数和滤波参数未知且成像模型动态变化的情况下，通过模糊逻辑自适应控制器在线监测滤波新息均值和新息协方差误差，对过程噪声参数 Q 和量测噪声参数 R 进行自适应调节，实现未知环境下动态图像雅可比矩阵的自适应辨识。

13.2　显微图像雅可比矩阵模型

定义机械手末端执行器在机器人任务空间 $\{T\}$ 中的位姿向量为 $\boldsymbol{r}=[r_1,\cdots,r_m]^{\mathrm{T}}$；相应的机械手在图像特征空间 $\{F\}$ 的特征向量为 $\boldsymbol{f}=[f_1,\cdots,f_n]^{\mathrm{T}}$。两者之间的映射关系可以用图像雅可比矩阵 $\boldsymbol{J}$ 近似线性表示：

$$\dot{f}=J_v(r)\cdot\dot{r} \tag{13.1}$$

式中，$J_v\in\Re^{n\times m}$。

$$J_v(r)=\left[\frac{\partial f}{\partial r}\right]=\begin{bmatrix}\dfrac{\partial f_1(r)}{\partial r_1} & \cdots & \dfrac{\partial f_1(r)}{\partial r_m}\\ \vdots & & \vdots\\ \dfrac{\partial f_n(r)}{\partial r_1} & \cdots & \dfrac{\partial f_n(r)}{\partial r_m}\end{bmatrix} \tag{13.2}$$

机器视觉小孔成像模型如图 13.1 所示，图中假设机械手末端执行器上某点 P 在摄像机坐标系 $\{C\}$ 和机器人任务坐标系 $\{T\}$ 中的坐标分别为 ${}^{C}P\{X_C,Y_C,Z_C\}$ 和 ${}^{T}P\{X_T,Y_T,Z_T\}$，$f=[x_s\quad y_s]^{\mathrm{T}}$ 代表点 P 在二维图像特征空间的一个特征向量;机械手末端执行器在任务空间运动的线速度和角速度分别为${}^{T}V = [\dot{x}_T \quad \dot{y}_T \quad \dot{z}_T]$和${}^{T}\Omega = [\omega_{x_T} \quad \omega_{y_T} \quad \omega_{z_T}]$,即$\dot{r} = [{}^{T}V \quad {}^{T}\Omega]^{\mathrm{T}}$;$f$为摄像机焦距,$s_x$和$s_y$分别代表摄像机CCD像元在水平和垂直方向的物理尺寸。

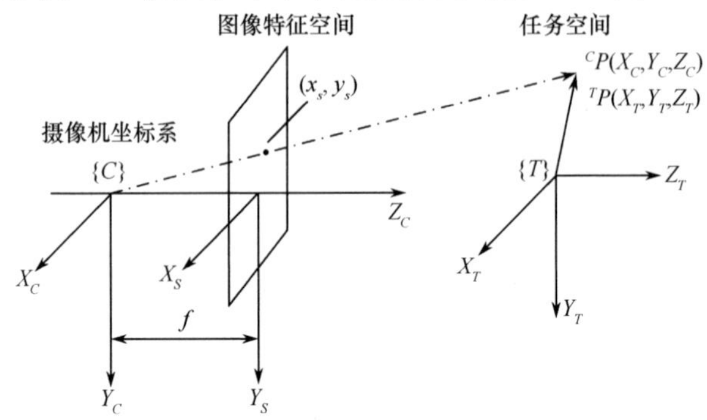

图 13.1　小孔成像模型

根据小孔成像原理,可得下述图像雅可比映射关系[285]:

$$
\begin{bmatrix} \dot{x}_s \\ \dot{y}_s \end{bmatrix} = \boldsymbol{J}_v \cdot \begin{bmatrix} \dot{x}_T \\ \dot{y}_T \\ \dot{z}_T \\ \omega_{x_T} \\ \omega_{y_T} \\ \omega_{z_T} \end{bmatrix}
$$

$$
= \begin{bmatrix} \dfrac{f}{s_x Z_C} & 0 & -\dfrac{fX_C}{s_x Z_C^2} & -\dfrac{fX_C Y_T}{s_x Z_C^2} & \dfrac{fZ_T}{s_x Z_C} + \dfrac{fX_C X_T}{s_x Z_C^2} & -\dfrac{fY_T}{s_x Z_C} \\ 0 & \dfrac{f}{s_y Z_C} & -\dfrac{fY_C}{s_y Z_C^2} & -\left[\dfrac{fZ_T}{s_y Z_C} + \dfrac{fY_C Y_T}{s_y Z_C^2}\right] & \dfrac{fY_C X_T}{s_y Z_C^2} & \dfrac{fX_T}{s_y Z_C} \end{bmatrix} \begin{bmatrix} \dot{x}_T \\ \dot{y}_T \\ \dot{z}_T \\ \omega_{x_T} \\ \omega_{y_T} \\ \omega_{z_T} \end{bmatrix} \tag{13.3}
$$

由式(13.3)可知,雅可比矩阵$\boldsymbol{J}_v = J(f, s_x, s_y, X_C, Y_C, Z_C, X_T, Y_T, Z_T)$。式(13.3)为IBVS跟踪一个图像特征点的情形,当IBVS需要跟踪n个特征点时,图像雅可比矩阵为

$$\boldsymbol{J}_v=[J_1 \quad \cdots \quad J_n]^{\mathrm{T}} \tag{13.4}$$

式中，J_i 代表第 i 个特征点的 2×6 雅可比矩阵，其矩阵构造形式如式(13.3)中所示。

运用小孔成像原理推导的图像雅可比模型在大多数情况下可以满足基于宏观视觉的机器人 IBVS 控制的需要。然而对于利用显微视觉构成图像特征反馈的微装配机器人系统，由于显微视觉的成像原理和成像性质有别于普通的小孔成像模型，因此有必要对显微图像雅可比模型做进一步的分析和讨论。

显微视觉光路通常包括物镜(Objective Lens)、镜筒透镜(Tube Lens)和目镜(Eye Lens)三部分，由光学显微镜、CCD 摄像机和图像采集卡组成的计算机显微视觉，一般不需要目镜部分，因此从理论上我们可以把显微物镜和镜筒透镜简化成一个简单的透镜系统，其放大倍数为两者放大倍数的乘积(尽管大多数情况下镜筒透镜放大倍数为 1 倍)。

显微光学成像原理如图 13.2 所示，图中 f 为透镜焦距，T_{op} 代表镜筒长度，通常为 160mm。在固定焦距下，CCD 靶面与透镜之间距离 $f+T_{op}$ 为一定值，此时根据薄透镜成像公式对应唯一的工作距离 d，点 P 在此处通过透镜可在 CCD 图像平面上成清晰的像 P'，其放大倍数 m 为

$$m=h'/h=(f+T_{op})/d \tag{13.5}$$

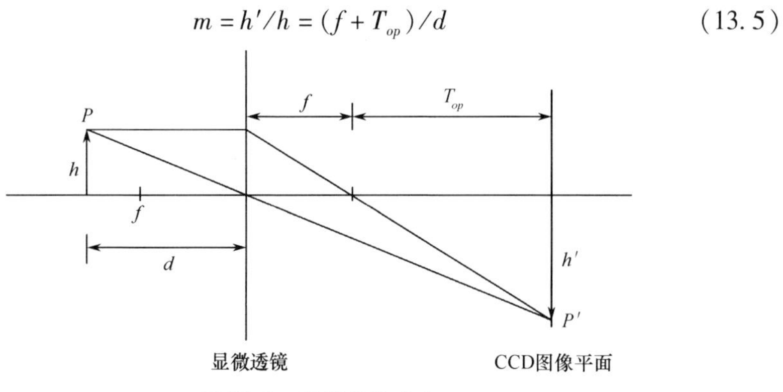

图 13.2　显微成像光路

不同于小孔成像模型，在放大倍数 m 一定的情况下，显微光学模型只能在特定的工作距离处才可以在 CCD 图像平面上取得清晰的像，因此机械手末端图像特征向量 $\boldsymbol{f}=[x_s \quad y_s]^{\mathrm{T}}$ 的变化只与 X 轴和 Y 轴的运动有关；而 Z 轴方向的深度运动会导致机械手成像模糊，无法正确提取其图像特征。

显微视觉成像几何关系和坐标设置如图 13.3 所示，设机械手末端点 P 在任务空间 $\{T\}$ 和摄像机空间 $\{C\}$ 的坐标分别为 ${}^{T}P(X_T,Y_T,Z_T)$ 和 ${}^{C}P(X_C,Y_C,Z_C)$，它在 CCD 图像平面 $\{F\}$ 内所成像点为 ${}^{F}P'(x_s,y_s)$，根据显微透镜成像几何关系

可得

$$x_s = \frac{f + T_{op}}{d \cdot s_x} X_C = \frac{m \cdot X_C}{s_x}, \quad y_s = \frac{f + T_{op}}{d \cdot s_y} Y_C = \frac{m \cdot Y_C}{s_y} \tag{13.6}$$

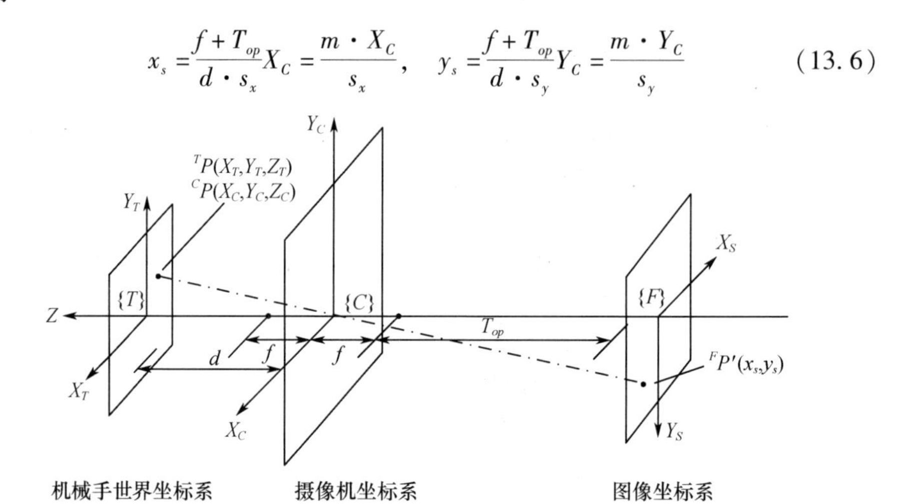

图 13.3　显微视觉成像几何关系和坐标设置

在实际应用场合光学放大倍数 m 通常为一常数，上述两式对时间 t 求导可得

$$\dot{x}_s = \frac{m \cdot \dot{X}_C}{s_x}, \quad \dot{y}_s = \frac{m \cdot \dot{Y}_C}{s_y} \tag{13.7}$$

令机械手末端执行器在任务空间运动的线速度和角速度分别为 $^TV = [\dot{x}_T \quad \dot{y}_T \quad \dot{z}_T]$ 和 $^T\Omega = [\omega_{x_T} \quad \omega_{y_T} \quad \omega_{z_T}]$，即 $\dot{r} = [^TV \quad ^T\Omega]^{\mathrm{T}}$。点 P 在摄像机坐标系中的运动速度 $^C\dot{P}$ 由下式计算：

$$^C\dot{P} = {}^C_TR(^TV + {}^T\Omega \times {}^TP) \tag{13.8}$$

式中 ^C_TR 为坐标系 $\{T\}$ 与 $\{C\}$ 之间的旋转变换矩阵。为了描述简便，图 13.3 中 $^C_TR = I$，式(13.8)可写为

$$\begin{cases} \dfrac{\mathrm{d}X_C}{\mathrm{d}t} = \dot{x}_T + Z_T\omega_{y_T} - Y_T\omega_{z_T} \\ \dfrac{\mathrm{d}Y_C}{\mathrm{d}t} = \dot{y}_T - Z_T\omega_{x_T} + X_T\omega_{z_T} \\ \dfrac{\mathrm{d}Z_C}{\mathrm{d}t} = \dot{z}_T + Y_T\omega_{x_T} - X_T\omega_{y_T} \end{cases} \tag{13.9}$$

联立式(13.7)和式(13.9)可得到显微图像雅可比映射关系为

$$
\begin{bmatrix} \dot{x}_s \\ \dot{y}_s \end{bmatrix} = J_v \cdot \begin{bmatrix} \dot{x}_T \\ \dot{y}_T \\ \dot{z}_T \\ \omega_{x_T} \\ \omega_{y_T} \\ \omega_{z_T} \end{bmatrix} = \begin{bmatrix} \frac{m}{s_x} & 0 & 0 & 0 & \frac{m}{s_x} \cdot Z_T & -\frac{m}{s_x} \cdot Y_T \\ 0 & \frac{m}{s_y} & 0 & -\frac{m}{s_y} \cdot Z_T & 0 & \frac{m}{s_y} \cdot X_T \end{bmatrix} \begin{bmatrix} \dot{x}_T \\ \dot{y}_T \\ \dot{z}_T \\ \omega_{x_T} \\ \omega_{y_T} \\ \omega_{z_T} \end{bmatrix} \tag{13.10}
$$

针对双光路正交立体显微视觉结构，定义机械手在垂直光路和水平光路的显微图像特征分别为 $\boldsymbol{f}_v = [x_{vi} \quad y_{vi}]^{\mathrm{T}}$ 和 $\boldsymbol{f}_h = [x_{hi} \quad y_{hi}]^{\mathrm{T}}$，IBVS 显微图像特征为 $\boldsymbol{f} = [\boldsymbol{f}_v \quad \boldsymbol{f}_h]^{\mathrm{T}} = [\dot{x}_{vi} \quad \dot{y}_{vi} \quad \dot{x}_{hi} \quad \dot{y}_{hi}]^{\mathrm{T}}$，根据式(13.10)可得到下述显微图像雅可比映射关系：

$$
\begin{bmatrix} \dot{x}_{vi} \\ \dot{y}_{vi} \\ \dot{x}_{hi} \\ \dot{y}_{hi} \end{bmatrix} = J_v \cdot \begin{bmatrix} \dot{x}_T \\ \dot{y}_T \\ \dot{z}_T \\ \omega_{x_T} \\ \omega_{y_T} \\ \omega_{z_T} \end{bmatrix} = \begin{bmatrix} J_{vv} \\ J_{vh} \end{bmatrix} \cdot \begin{bmatrix} \dot{x}_T \\ \dot{y}_T \\ \dot{z}_T \\ \omega_{x_T} \\ \omega_{y_T} \\ \omega_{z_T} \end{bmatrix}
$$

$$
= \begin{bmatrix} \frac{m_v}{s_{xv}} & 0 & 0 & 0 & \frac{m_v}{s_{xv}} Z_T & -\frac{m_v}{s_{xv}} Y_T \\ 0 & \frac{m_v}{s_{yv}} & 0 & -\frac{m_v}{s_{yv}} Z_T & 0 & \frac{m_v}{s_{yv}} X_T \\ \frac{m_h}{s_{xh}} & 0 & 0 & 0 & -\frac{m_h}{s_{xh}} Z_T & \frac{m_h}{s_{xh}} Y_T \\ 0 & 0 & \frac{m_h}{s_{yh}} & -\frac{m_h}{s_{yh}} Y_T & \frac{m_h}{s_{yh}} X_T & 0 \end{bmatrix} \cdot \begin{bmatrix} \dot{x}_T \\ \dot{y}_T \\ \dot{z}_T \\ \omega_{x_T} \\ \omega_{y_T} \\ \omega_{z_T} \end{bmatrix} \tag{13.11}
$$

式中：m_v 和 m_h 分别为垂直光路和水平光路的显微光学放大倍数；s_{xv}、s_{yv}、s_{xh} 和 s_{yh} 分别为垂直光路和水平光路 CCD 在水平和垂直方向的像元尺寸。

针对微操作机械手在垂直显微图像平面和水平显微图像平面的位置特征变化 $\dot{f}_v$ 和 $\dot{f}_h$，以及操作手在任务空间的运动速度 $\dot{r}$，双光路显微图像雅可比矩阵 $\boldsymbol{J}_v$

给出了它们之间映射关系的一致性描述。当双光路的视觉参数发生改变时，雅可比矩阵也相应得到改变，通过 IBVS 显微视觉控制保证了图像特征变化的一致性。

由式(13.10)和式(13.11)可知显微图像雅可比矩阵与光学放大倍数 m、CCD 参数 s_x 和 s_y 以及机械手末端点 P 在任务空间中的当前位置${}^{T}P(X_T, Y_T, Z_T)$有关，因此通过计算 $\boldsymbol{J}_v$ 完成微操作机械手的 IBVS 控制需要精确已知上述参数的先验知识；另外，上述显微图像雅可比矩阵是在没有考虑摄像机径向畸变等非线性因素推导出来的理想线性模型，如果考虑成像畸变采用 Tsai 等标定方法对 $\boldsymbol{J}_v$ 进行离线标定[286]，这种静态标定结果只能保证在一定范围内有效，难以满足机械手工作环境动态变化的应用场合。因此有必要研究显微图像雅可比矩阵的在线辨识技术，实现微操作机械手的无标定视觉伺服控制。

13.3 图像雅可比矩阵的卡尔曼估计

13.3.1 图像雅可比矩阵的卡尔曼辨识模型

考虑式(13.2)描述的图像雅可比矩阵模型，在离散状态下，式(13.1)可以近似表示为

$$f(k+1)=f(k)+J_v(k)\cdot\Delta r(k) \tag{13.12}$$

构造下述离散线性系统：

$$x(k+1)=\boldsymbol{A}x(k)+w(k) \tag{13.13}$$

$$z(k)=\boldsymbol{H}(k)\cdot x(k)+v(k) \tag{13.14}$$

式中，$\boldsymbol{A}$ 为 $mn\times mn$ 单位阵，即 $\boldsymbol{A}=\boldsymbol{I}_{mn\times mn}$，$x$ 为 $mn\times 1$ 维状态向量：

$$x=\left[\frac{\partial f_1}{\partial r}\quad\frac{\partial f_2}{\partial r}\quad\cdots\quad\frac{\partial f_n}{\partial r}\right]^{\mathrm{T}} \tag{13.15}$$

式中

$$\frac{\partial f_i}{\partial r}=\left[\frac{\partial f_i}{\partial r_1}\quad\frac{\partial f_i}{\partial r_2}\quad\cdots\quad\frac{\partial f_i}{\partial r_m}\right],\quad i=1,\cdots,n \tag{13.16}$$

定义系统输出向量$\boldsymbol{z}(k)$为

$$z(k)=f(k+1)-f(k) \tag{13.17}$$

$\boldsymbol{H}(k)$为 $n\times mn$ 维系统观测矩阵：

$$\boldsymbol{H}(k)=\begin{bmatrix}\Delta r^{\mathrm{T}}(k) & & 0\\ & \ddots & \\ 0 & & \Delta r^{\mathrm{T}}(k)\end{bmatrix}_{n\times mn} \tag{13.18}$$

$w(k)$ 和 $v(k)$ 代表系统的过程噪声和量测噪声，分别为 mn 维和 n 维互不相关的零均值高斯白噪声序列，具有以下统计特性：

$$\begin{cases}E[w(k)]=0,\mathrm{cov}[w(k),w(i)]=E[w(k)w^{\mathrm{T}}(i)]=Q(k)\cdot\delta(ki)\\ E[v(k)]=0,\mathrm{cov}[v(k),v(i)]=E[v(k)v^{\mathrm{T}}(i)]=R(k)\cdot\delta(ki)\\ \mathrm{cov}[w(k),v(i)]=E[w(k)v^{\mathrm{T}}(i)]=0\end{cases} \tag{13.19}$$

式中：$\boldsymbol{Q}(k)$ 为 $mn\times mn$ 维正定协方差阵；$\boldsymbol{R}(k)$ 为 $n\times n$ 维正定协方差阵；δ_{kj} 为 Kronecker δ 函数。

将图像雅可比矩阵元素定义为系统状态 $x(k)\in\Re^{mn}$，基于离散卡尔曼滤波算法建立如下对状态变量的递推估计[287]：

时间更新方程(Time Update Equations,TUE)：

$$\begin{cases}\hat{x}^{-}(k+1)=\boldsymbol{A}\,\hat{x}(k)\\ \boldsymbol{P}^{-}(k+1)=\boldsymbol{AP}(k)\boldsymbol{A}^{\mathrm{T}}+Q(k)\end{cases} \tag{13.20}$$

测量更新方程(Measurement Update Equations,MUE)：

$$\begin{cases}\boldsymbol{K}(k)=\boldsymbol{P}^{-}(k)\boldsymbol{H}^{\mathrm{T}}(k)[\boldsymbol{H}(k)\boldsymbol{P}^{-}(k)\boldsymbol{H}^{\mathrm{T}}(k)+R(k)]^{-1}\\ \hat{x}(k)=\hat{x}^{-}(k)+\boldsymbol{K}(k)[z(k)-\boldsymbol{H}(k)\hat{x}^{-}(k)]\\ \boldsymbol{P}(k)=[I-K(k)\boldsymbol{H}(k)]\boldsymbol{P}^{-}(k)\end{cases} \tag{13.21}$$

式中：$\hat{x}(k)$ 是雅可比矩阵元素 $\{J_v(i),i=1,\cdots,mn\}$ 的估计量；$\hat{x}^{-}(k)$ 为一步最优估计值；$\boldsymbol{P}(k)$ 为最优估计协方差阵；$\boldsymbol{K}(k)$ 是卡尔曼增益矩阵。

在卡尔曼递推计算中，一个重要的滤波数据即新息 $v(k)$。新息(Innovation)被定义为观测输出与一步最优估计输出之间的差值，它反映了动态系统模型的扰动程度：

$$v(k)=z(k)-\boldsymbol{H}(k)\hat{x}^{-}(k) \tag{13.22}$$

在理想状态下，新息 $v(k)$ 应为零均值的高斯白噪声序列，即

$$E[v(k)]=0 \tag{13.23}$$

新息序列的理论协方差值 $C_v(k)$ 可由卡尔曼公式推导得

$$C_v(k)=E[v(k)v^{\mathrm{T}}(k)]=\boldsymbol{H}(k)\boldsymbol{P}^{-}(k)\boldsymbol{H}^{\mathrm{T}}(k)+R(k)$$
$$=\boldsymbol{H}(k)[\boldsymbol{AP}(k-1)\boldsymbol{A}^{\mathrm{T}}+Q(k-1)]\boldsymbol{H}^{\mathrm{T}}(k)+R(k) \quad (13.24)$$

卡尔曼滤波器是一种依据线性最小方差原则设计的最优估计算法,相对于其他最优估计方法(如最小二乘估计、极大验后估计、贝叶斯估计、极大似然估计等),它具有以下优点[288]:

(1) 算法是递推的,且用状态空间法在时域内设计滤波器,所以卡尔曼滤波适用于对多维随机过程的估计。

(2) 采用动力学方程即状态方程描述被估计量的动态变化规律,被估计量的动态统计新息由激励白噪声的统计信息和动力学方程确定。由于激励白噪声是平稳过程,动力学方程已知,所以被估计量既可以是平稳的,也可以是非平稳的,即卡尔曼滤波也适用于非平稳过程。

(3) 卡尔曼滤波具有连续型和离散型两类算法,递推离散型算法易于在计算机上直接实现。

正因为如此,卡尔曼滤波一经提出就受到了工程界的高度重视,其早期最著名的应用实例即阿波罗登月飞行控制和 C-5A“银河”运输机的飞行导航系统设计。

13.3.2 卡尔曼估计的稳定性和收敛性判定

卡尔曼滤波稳定与否,是能否正确实现图像雅可比矩阵辨识的前提。如果随着滤波时间的增长,状态估计$\hat{x}(k)$和估计误差方差阵$\boldsymbol{P}(k)$各自都逐渐不受其初值的影响,则滤波器是滤波稳定的;如果滤波器不是稳定的,则状态估计是有偏的,估计均方误差也不是最小的。卡尔曼滤波稳定性指的是系统平衡状态稳定性,即李亚普诺夫意义下的稳定性。判定离散系统滤波稳定有如下充分条件[289]:

定理 13.1:针对如式(13.13)和式(13.14)所示的离散系统,如果系统一致完全随机可控和一致完全随机可观测,并且$Q(k)$和$R(k)$都是正定的,则卡尔曼滤波是一致渐近稳定的。

离散系统一致完全随机可控有

$$\boldsymbol{\Lambda}(k,k-N+1)=\sum_{i=k-N+1}^{k}\boldsymbol{A}(k,i)\boldsymbol{Q}^{\mathrm{T}}(i-1)\boldsymbol{A}^{\mathrm{T}}(k,i)>0 \quad (13.25)$$

式中:$\boldsymbol{\Lambda}(k,k-N+1)$为离散型随机可控阵;$N$为与$k$无关的正整数。

离散系统一致完全随机可观测有

$$\boldsymbol{M}(k,k-N+1)=\sum_{i=k-N+1}^{k}\boldsymbol{A}^{\mathrm{T}}(k,i)\boldsymbol{H}^{\mathrm{T}}(i)\boldsymbol{R}^{-1}(i)\boldsymbol{H}(i)\boldsymbol{A}(k,i)>0$$
$$(13.26)$$

式中：$\boldsymbol{M}(k,k-N+1)$为离散型随机可观测阵；N为与k无关的正整数。

在图像雅可比矩阵卡尔曼辨识模型中，$\boldsymbol{A}(k,i)$为单位阵，$\boldsymbol{H}(i)$为近似对角分布的长方阵。在噪声协方差阵$\boldsymbol{Q}(k)$和$\boldsymbol{R}(k)$正定的前提下，可保证系统一致完全随机可控和一致完全随机可观测，因此基于卡尔曼模型的雅可比元素估计是一致渐近稳定的。

值得注意的是，定理 13.1 只是判定卡尔曼滤波稳定众多充分条件中的一个，即满足定理 13.1 滤波是稳定的，不满足则滤波未必是不稳定的。因此利用这些充分条件判断卡尔曼滤波稳定有其局限性。

实际应用表明，卡尔曼滤波器的理论稳定性并不能保证滤波器算法具有收敛性，进而不能保证实际滤波的有效性。这是因为李亚普诺夫意义下的滤波稳定性分析仅考虑了系统模型内部结构的稳定性，即在假设系统模型正确的条件下，根据系统状态和量测方程，确定系统是否可以采用卡尔曼滤波器进行计算的问题。但是当滤波计算存在误差或者系统模型和噪声统计特性不能正确反映真实物理系统时，滤波实际过程很可能是发散的。当观测值个数k不断增大，按模型计算的滤波误差阵可能趋于零或某一稳态值，而滤波的实际误差可能远远超过滤波误差的允许范围甚至趋向无穷大，使得滤波器失去作用，我们把这种现象称为滤波发散。

在卡尔曼计算中，由于系统模型和噪声统计特性的不精确性造成的滤波发散，称为真实发散。为了有效克服真实发散，有许多改进的卡尔曼滤波方法，如衰减记忆法[290]、限定记忆法[291]等自适应滤波方法；另外，由于计算机字长限制，递推计算中舍入误差和截断误差的累积、传递会使估计协方差阵逐渐失去对称正定性导致滤波发散，我们把这种发散称为数值发散。为了避免数值发散提高计算稳定性，出现了各种因式分解滤波，如平方根协方差滤波[292]、U－D 分解滤波[293]和奇异值滤波[294]等。

对滤波发散现象进行有效判定是选取各种自适应算法抑制发散的基础。在很多文献中，采用下列新息不等式作为发散判据[295]：

$$v(k)v^{\mathrm{T}}(k) \leqslant \gamma \cdot \operatorname{tr}\{E[v(k)v^{\mathrm{T}}(k)]\} = \gamma \cdot \operatorname{tr}\{\boldsymbol{H}(k)\boldsymbol{P}^{-}(k)\boldsymbol{H}^{\mathrm{T}}(k) + \boldsymbol{R}(k)\} \tag{13.27}$$

式中：γ为储备系数，$\gamma>1$；tr 为矩阵求迹符号；$v(k)$为滤波新息。

但用新息不等式进行滤波发散判定存在明显的局限性：①它要求任何时刻的所有测量都是正确的，实际情况很难满足；②没有考虑到实际量测可能在某个点或几点或某个区域出现较大的偏差甚至野值，而在整个滤波过程量测却是基本正确的情况，不等式判据可能将实际收敛判为发散；③在滤波方差阵$\boldsymbol{P}(k)$本身不具有结构的内部稳定性或还没有收敛到某一区域时，采用不等式判据是多余或有害的，因为如果系统模型参数变化不在满足滤波的结构稳定性时，$\boldsymbol{P}(k)$可能已经发散，但不等式判据反而可能将已经发散的滤波判为稳定；④当采用某些滤波发散抑制措施时，不等式判据可能无法对这些抑制方法的有效性进行判断。因此文献[296]提出将量测估计误差 $v(k)$（即新息）序列收敛作为卡尔曼滤波发散的一个判定条件。

定理 13.2：卡尔曼滤波是有效的，即卡尔曼滤波过程是输出稳定的，滤波没有发散，且系统模型能够正确反映真实的物理系统，即系统模型是基本正确的或采取的滤波抑制措施是基本正确的，如果满足以下任一条件：

（1）如果存在 M，当 $k \geqslant M$，存在可接受的 $v_{\min}$，在剔除测量异常值后，使得量测估计误差 $v(k), v(k+1), \cdots, v(k+n), \cdots$ 均小于 $v_{\min}$，即 $\| v(k+i) \| \leqslant \| v_{\min} \|$ 恒成立。

（2）如果存在 M，当 $k \geqslant M$，存在可接受的 $\hat{C}_{v\min}$，使得量测估计误差协方差 $\hat{C}_v(k), \hat{C}_v(k+1), \cdots, \hat{C}_v(k+n), \cdots$ 均小于 $\hat{C}_{v\min}$，即 $\| \hat{C}_v(k+i) \| \leqslant \| \hat{C}_{v\min} \|$ 恒成立。

（3）记 $C_v(k)$ 为根据卡尔曼滤波方程推导出的量测估计误差理论方差，并记新息协方差误差 $D_v(k) = C_v(k) - \hat{C}_v(k)$；如果存在 M，当 $k \geqslant M$，存在可接受的 $D_{v\min}$，使得 $D_v(k), D_v(k+1), \cdots, D_v(k+n), \cdots$ 均小于 $D_{v\min}$，即 $\| D_v(k+i) \| \leqslant \| D_{v\min} \|$ 恒成立。

（4）记 $L(k) = \mathrm{tr}\, \hat{C}_v(k)$（$M(k) = \mathrm{tr} D_v(k)$），若存在 N，当 $k \geqslant N$，存在可接受的 L_c，使得量测估计误差协方差 $L(k), L(k+1), \cdots, L(k+n), \cdots$ 均小于 L_c，即 $\| L(k+i) \| \leqslant \| L_c \|$ 恒成立；或存在 N，当 $k \geqslant N$，存在可接受的 M_c，使得量测估计误差协方差 $M(k), M(k+1), \cdots, M(k+n), \cdots$ 均小于 M_c，即 $\| M(k+i) \| \leqslant \| M_c \|$ 恒成立。

条件（1）~（4）分别要求新息序列 $\{v(k)\}$、新息估计方差序列 $\{\hat{C}_v(k)\}$、新息方差误差序列 $\{D_v(k)\}$ 以及 $\hat{C}_v(k)$ 和 $D_v(k)$ 的迹序列 $L(k)$、$M(k)$ 为稳定收敛序列，随着滤波时间的增加，它们应趋于零或稳定值。在满足上述任一条件的前提下，可以判定卡尔曼滤波收敛。

利用卡尔曼滤波器进行显微图像雅可比矩阵模型的在线辨识需要雅可比模型及噪声特性的精确知识，然而在一些动态的机器人应用场合，这种先验知识的获取是非常困难甚至是不可能的。此外，如果改变成像参数从而图像雅可比模型动态变化，这些都会导致卡尔曼滤波发散、J_v 在线估计失败。基于新息的自适应滤波技术,可以抑制卡尔曼滤波发散,提高图像雅可比矩阵卡尔曼辨识模型适应未知动态环境的能力。

13.3.3　基于模糊自适应卡尔曼滤波的显微图像雅可比矩阵辨识

基于模糊自适应卡尔曼滤波的显微图像雅可比矩阵辨识流程如图13.4所示。

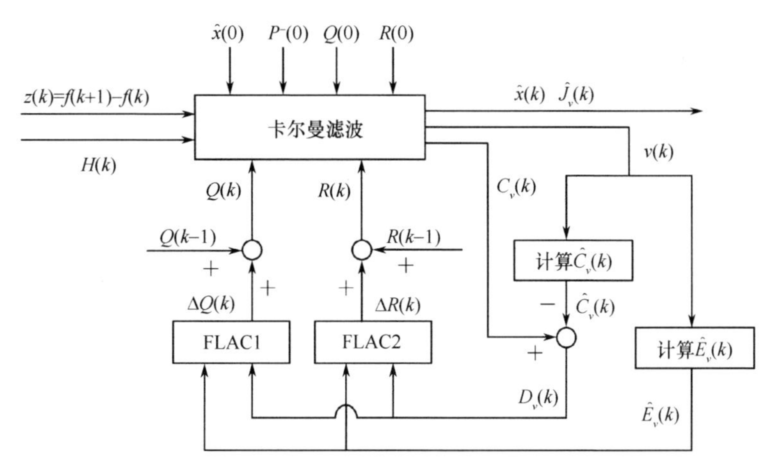

图13.4　基于模糊自适应卡尔曼滤波的图像雅可比矩阵辨识流程图

在雅可比矩阵参数和卡尔曼滤波参数未知的情况下,任意给定滤波初值$\hat{x}(0)$、$P^{-}(0)$、$Q(0)$和$R(0)$,将机械手当前时刻的图像特征变化量$\Delta f(k)$和位置变化量$\Delta r(k)$作为系统的量测向量$\boldsymbol{z}(k)$和量测矩阵$\boldsymbol{H}(k)$输入卡尔曼滤波器,得到对系统状态向量,即图像雅可比矩阵元素$\{\boldsymbol{J}_v(i), i=1,\cdots,mn\}$的实时估计,并在线计算当前的新息变量$v(k)$。设计两个FLAC模糊逻辑控制器,通过在线监测卡尔曼滤波新息估计均值$\hat{E}_v(k)$和协方差误差$\hat{C}_v(k)$的变化,根据第12章介绍的模糊自适应卡尔曼滤波方法对系统噪声参数$Q(k)$和$R(k)$分别进行调整,调节过程中注意$Q(k)$和$R(k)$均要求正定。

13.4　显微图像雅可比矩阵辨识实验

显微图像雅可比矩阵辨识实验平台是华中科技大学智能与控制工程研究所研制的微装配机器人系统,如图13.5所示[297]。

该系统具有两个四自由度($X-Y-Z-R$)主操作机械手(左右手)和一个三自由度($X-Y-Z$)辅操作机械手(中手),其中主操作手的三维平移运动范围为

50mm×50mm×50mm,定位精度2.5μm;姿态调整关节 R 的旋转范围为0°~360°,分辨率0.01°。显微图像采集大小400×300像素;系统控制主机配置为P4 2.8G CPU,512M内存;图像雅可比矩阵辨识运算采用VC++和Matlab混合编程方式,前台VC程序实现图像特征提取和机器手运动控制,后台Matlab计算引擎完成Fuzzy-Kalman的辨识计算。

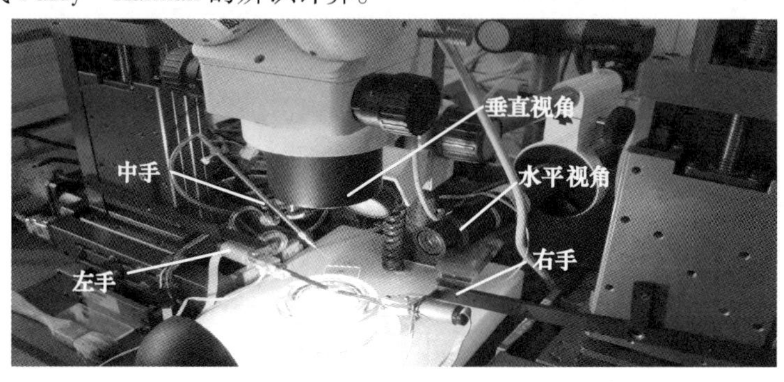

图13.5 显微图像雅可比矩阵辨识的实验平台

实验过程中锁住旋转关节 R,控制主机械手在任务空间做 XYZ 三维平动。定义机械手在任务空间$\{T\}$中的位置坐标为 $r=[x_T \quad y_T \quad z_T]^{\mathrm{T}}$。机械手末端在垂直显微图像平面的位置特征分别为 $f_v=[x_{vi} \quad y_{vi}]^{\mathrm{T}}$。参考式(13.3),建立如下图像雅可比映射关系:

$$\begin{bmatrix}\dot{x}_{vi}\\ \dot{y}_{vi}\end{bmatrix}=J_v\cdot\begin{bmatrix}\dot{x}_T\\ \dot{y}_T\\ \dot{z}_T\end{bmatrix}=\begin{bmatrix}J_{11} & J_{12} & 0\\ J_{21} & J_{22} & 0\end{bmatrix}\cdot\begin{bmatrix}\dot{x}_T\\ \dot{y}_T\\ \dot{z}_T\end{bmatrix} \tag{13.28}$$

在实际应用中,考虑到CCD平面和任务空间的 X 和 Y 轴未必能够完全配准,因此,式(13.28)中 $J_{12}\neq0$,$J_{21}\neq0$;运用Fuzzy-Kalman辨识方法对四个雅可比元素 J_{ij} 分别进行辨识。

任意给定机械手初始运动位置,机械手参数和视觉系统参数未知,控制机械手做二维 XY 随机连续运动,运动步长为10μm。为验证Fuzzy-Kalman辨识模型在动态成像环境下的自适应性,机械手运动过程中改变垂直显微视觉光学放大倍数(1倍→2倍和2倍→3倍,如图13.6中 A、B 两处),运用本章介绍的方法进行动态图像雅可比矩阵的在线辨识。卡尔曼滤波的相关参数:状态估计初值 $\hat{x}(0)$(即雅可比矩阵初值 $\hat{J}_v(0)$)、状态估计误差协方差阵初值 $P^-(0)$、过程噪声协方差阵初值 $Q(0)$ 和量测噪声协方差阵 $R(0)$ 均为任意给定,其中 $Q(0)$ 和

$R(0)$均为正定。滤波周期为 0.2s。为对比本方法性能,同时采用定参数的卡尔曼估计算法进行辨识。

两种估计算法的显微图像雅可比矩阵元素 J_{11} 辨识结果(单位:像素/10μm)如图 13.6 所示,在机器人参数和滤波参数未知的情况下,图 13.6(a)是传统定参数卡尔曼辨识结果,当图像雅可比模型发生改变时(如图中 A、B 两处),卡尔曼辨识无法很好的跟踪模型参数的变化,加剧了辨识的振荡,难以得到稳定的辨识结果。图 13.6(b)是采用 Fuzzy - Kalman 辨识模型的结果,通过 FLAC 控制器对系统噪声参数 Q 和 R 进行调节,能够实现稳定的雅可比矩阵元素辨识,而且辨识结果很好跟随了成像模型的动态变化。

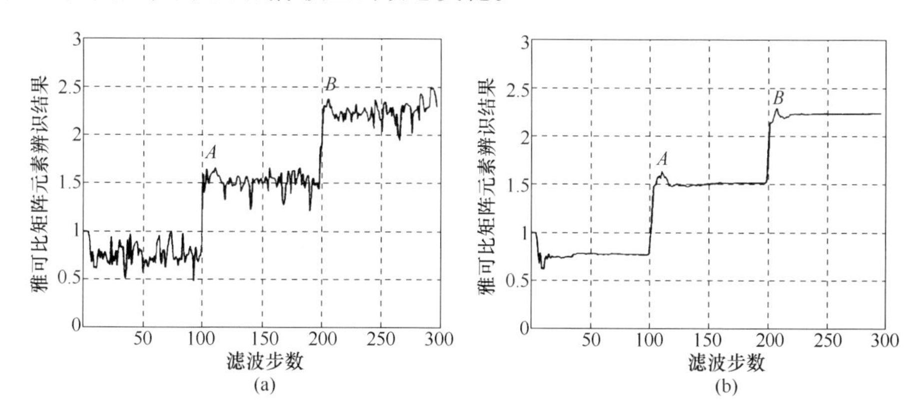

图 13.6　显微图像雅可比矩阵元素 J_{11} 辨识结果

(a) 卡尔曼辨识;(b) Fuzzy - Kalman 辨识。

图 13.7 为卡尔曼状态估计协方差范数 $\|P(k)\|$ (pixel²/100μm²),传统卡尔曼辨识的 $\|P(k)\|$ 剧烈振荡,而 Fuzzy - Kalman 辨识除了在辨识初期和系统模型发生改变时产生跳变外,其他时刻均能得到稳定收敛。

根据 13.3.2 节介绍的基于新息的卡尔曼滤波收敛判定,分别计算两种算法的滤波新息范数 $\|v(k)\|$ (pixel)和新息协方差误差范数 $\|D_v(k)\|$ (pixel²),其计算结果如图 13.8 和图 13.9 所示,Fuzzy - Kalman 算法的滤波收敛性能要明显优于传统卡尔曼方法。

通常当新息协方差误差范数 $\|D_v(k)\| < 2.5$ 时,Fuzzy - Kalman 辨识是稳定收敛的,由此可得到在显微光学放大倍数为 1 倍、2 倍和 3 倍的情况下,图像雅可比矩阵的估计值 $\hat{J}_{vk}$ 分别为

$$\hat{\boldsymbol{J}}_{v1} = \begin{bmatrix} 0.7799 & -0.0463 & 0 \\ -0.0364 & 0.7241 & 0 \end{bmatrix} \tag{13.29}$$

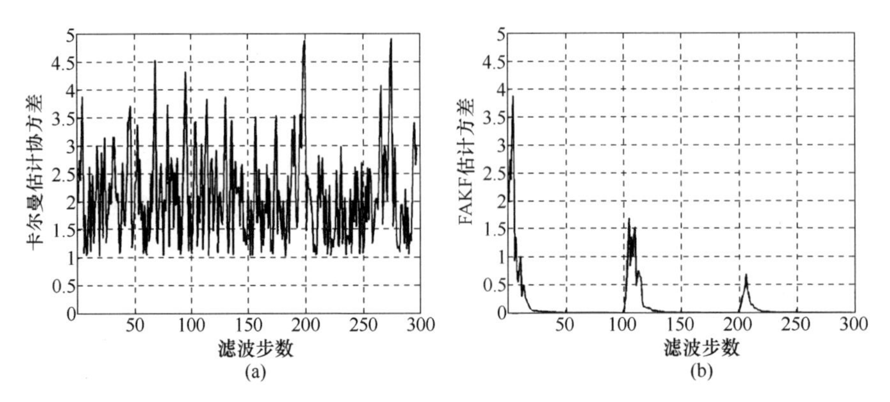

图 13.7　卡尔曼估计协方差范数 $\| P(k) \|$

（a）卡尔曼辨识；（b）Fuzzy – Kalman 辨识。

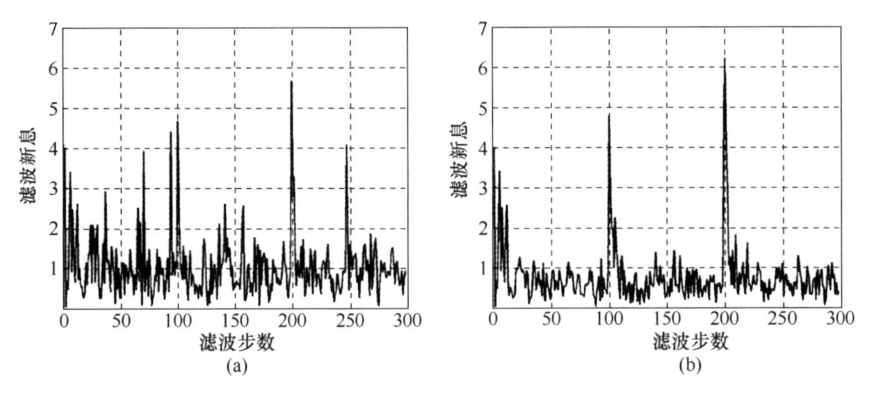

图 13.8　卡尔曼滤波新息范数 $\| v(k) \|$

（a）卡尔曼辨识；（b）Fuzzy – Kalman 辨识。

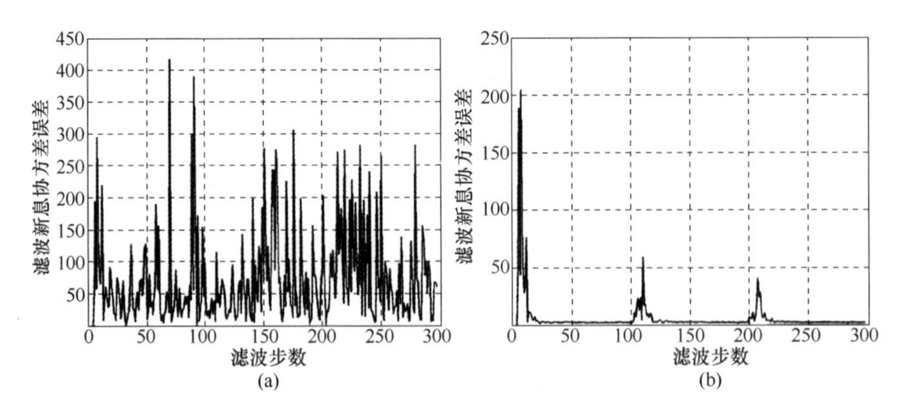

图 13.9　卡尔曼滤波新息协方差误差范数 $\| D_v(k) \|$

（a）卡尔曼辨识；（b）Fuzzy – Kalman 辨识。

$$\hat{\boldsymbol{J}}_{v2}=\begin{bmatrix}1.5171 & -0.0549 & 0\\ -0.0473 & 1.6392 & 0\end{bmatrix} \tag{13.30}$$

$$\hat{\boldsymbol{J}}_{v3}=\begin{bmatrix}2.2384 & -0.1112 & 0\\ -0.0435 & 2.3789 & 0\end{bmatrix} \tag{13.31}$$

图 13.7－13.9 中，Fuzzy－Kalman 滤波实验结果在 A、B 两处均产生较大跳变，说明算法对被辨识模型的变化保持了足够的灵敏性，同时通过噪声的自适应调节两者又可以得到快速收敛。值得注意的是上述新息相关变量的跳变幅度与 FLAC 变量的模糊隶属度函数参数选取有关，改变隶属度参数可减小跳变幅值，但辨识收敛所需的时间也相应增长。

矩阵条件数（Matrix Condition Number，MCN）是衡量矩阵性能好坏的一个重要参数。针对 $\boldsymbol{A}x=b$ 形式的线性方程组，条件数给出了由于采集和计算误差而引起的摄动 δA 和 δb 对影响方程组解 x 的相对误差 δx 的灵敏度度量，其定义如下：

假设 $\boldsymbol{A}$ 是可逆矩阵，称

$$K_p(\boldsymbol{A})=\|\boldsymbol{A}\|_p\cdot\|\boldsymbol{A}^{-1}\|_p \tag{13.32}$$

是矩阵 $\boldsymbol{A}$ 相对矩阵范数 $\|\boldsymbol{A}\|_p$ 的条件数。如果 $K_p(\boldsymbol{A})$ 越大，则解的相对误差对小摄动越灵敏，此时称矩阵 $\boldsymbol{A}$ 是病态的。

在显微图像雅可比模型中，$\boldsymbol{J}_v\cdot\Delta r=\Delta f$，因此研究雅可比矩阵 $\boldsymbol{J}_v$ 的条件数对于计算伺服输出 Δr 提高控制精度是非常有意义的。两类算法估计的雅可比矩阵条件数结果如图 13.10 所示，比较图中两者条件数可知 Fuzzy－Kalman 辨识矩阵的性能要明显优于传统的卡尔曼辨识方法。

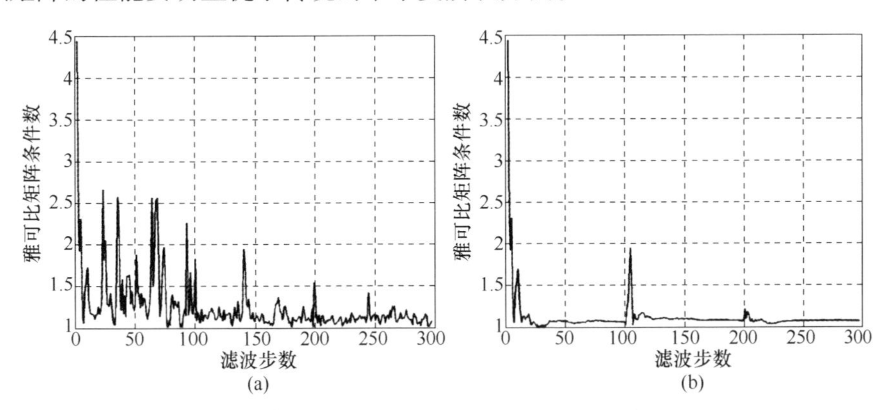

图 13.10　显微图像雅可比矩阵条件数

（a）卡尔曼辨识；（b）Fuzzy－Kalman 辨识。

13.5 本章小结

图像雅可比矩阵的自适应辨识是实现无标定显微视觉伺服的基础。本章首先推导了显微图像雅可比矩阵模型,分析了图像雅可比卡尔曼辨识模型的原理及卡尔曼估计的稳定性和收敛性判定。为了抑制在动态场合下由于雅可比矩阵模型和噪声统计特性等先验知识不精确而引起的滤波发散问题,采用基于新息的模糊自适应卡尔曼滤波方法进行显微图像雅可比矩阵辨识,在估计过程中由模糊控制器对噪声方差阵 $\boldsymbol{Q}$ 和 $\boldsymbol{R}$ 进行调节。动态显微成像环境下进行微操作机械手辨识实验,并与传统卡尔曼辨识方法进行了比较,验证了本章方法的有效性和优越性。

第 14 章　无标定显微视觉伺服

14.1　引言

显微视觉系统由于无接触测量、信息完整等优点，成为微装配机器人系统的重要组成部分。现有的大多数微操作和微装配系统的操作方式是由操作者根据显微监视系统输出的图像采用遥控或手动方式控制微操作机器人的运动，由于人的主观因素的存在，其操作精度无法保证。同时，微装备系统的装配部件尺寸大多在几微米到几百微米之间，一般装配精度要求为亚微米级，这个精度要求已经超出了一般工业应用的开环精密装配系统的标定精度。在机器人、视觉系统和工作环境中还存在着很多不确定因素，这些因素很难在系统模型中反映出来。因此，运用实时视觉反馈，构成闭环精确定位的视觉伺服系统是实现自动装配的基本要求和技术基础。

视觉伺服是用视觉传感器获得的图像作为反馈信息，实现对机器人的闭环控制。在过去的 10 多年中，显微视觉伺服已在微操作机器人控制中得到广泛应用，实现目标跟踪、定位、抓取和组装等微操作和微装配作业。视觉伺服涉及图像处理、控制以及实时计算等关键技术。为了提高显微视觉伺服系统的性能，针对微操作的特点研究人员在图像处理、特征提取、跟踪算法和伺服控制策略等方面做了大量的研究。而由视觉图像采集、计算和控制带来的时延问题的研究则相对较少。

目前微装配机器人显微视觉伺服系统大多采用动态观察 - 运动(Dynamic Look - and - Move,DLM)视觉伺服结构，它根据机械手的显微图像特征变化直接建立反馈控制律，引导机械手完成视觉伺服运动。但在实际系统中，由于图像采集传输、特征提取、多目标识别等运算的存在，显微视觉伺服不可避免地存在时间延迟问题，如果忽略时延对系统的影响，视觉伺服系统很可能达不到所需的控制精度。

在视觉伺服系统中，当前时刻的控制信号是在上一时刻采集到的图像特征信息，视觉延迟通常会使当前时刻的控制信号滞后 1 ~2 个采样周期，这样的控制信号会使机器人在开始跟踪时就产生偏差。由于视觉伺服一般是跟踪目标上的一些特征点，为了提高跟踪速度，并不要求对整幅图像进行处理，而只要对包含特征点的一个小区域进行处理。这就要求对特征点的图像未来位置进行预测,以便设置图像处理窗口。目前补偿视觉伺服时延的技术途径主要有两种,即基于 Smith 预估器的补偿方法和基于滤波器预测目标运动的补偿方法[298]。Smith 预估器是一种针对大迟延系统的有效控制算法,其基本思想是预先估计被控对象在基本扰动下的动态响应,然后由预估器进行补偿,试图使被延迟的控制量超前反馈到控制器,使控制器提前动作从而改善控制系统的品质。基于滤波器预测目标运动的补偿方法是将被跟踪目标的运动参数进行滤波预测,缩小搜索区间,达到提高系统的实时性和跟踪精度要求。

本章针对微装配和显微视觉的特点,介绍微装配空间运动的无标定显微视觉伺服(Uncalibrated Microscopic Visual Servo,UMVS)方法,包括显微视觉伺服系统的时延分析和建立具有普适性的分时模型,设计合适的三维无标定显微视觉伺服结构与视觉伺服控制律等,从而满足机械手在任务空间的定点运动与动态轨迹跟踪的稳定性和精度要求。

14.2 显微视觉伺服运动路径分析

在微装配机器人系统中,由于显微视觉有别于一般的宏观视觉,如何设计合理的运动路径构成有效的全局显微图像特征反馈,是实现微操作机械手显微视觉伺服控制的关键。通常规划机械手运动路径要综合考虑其运动学约束、控制能量约束、环境约束以及装配空间中障碍物分布等因素。因此要在显微视觉系统中实现机械手在装配空间的精确位置伺服,在规划机械手运动路径时要充分考虑到景深、视野约束和图像雅可比矩阵辨识等问题。

(1) 景深浅是显微视觉伺服的首要问题,由于显微光学成像系统的景深很小,这使得机械手沿显微光轴方向大范围运动的清晰成像难以得到有效保证,模糊的机械手运动图像不利于准确提取机械手位置图像特征。

(2) 视野小是显微视觉的突出特点,显微视觉的观测范围与光学放大倍数成反比,要提高视觉伺服精度很大程度上依赖于增大显微物镜倍数提高图像特征分辨率,但同时也导致显微视场的急剧减小。较小的显微视野限定了视觉伺服控制机械手的有效路径范围。

(3) 无标定显微视觉伺服的控制性能在很大程度上取决于图像雅可比矩阵在线辨识的品质好坏。图像雅可比矩阵估计一方面与辨识算法有关,另一方面也依赖于机械手图像特征的抽取精度。例如,从深度方向散焦显微图像中提取的机械手平面位置特征含有大量不确定性噪声,利用这些特征不利于进行较精确的雅可比矩阵辨识。因此,在规划机械手运动路径时,要考虑运动过程中机械手的显微成像品质,从而保证雅可比矩阵的辨识精度提高视觉伺服性能。

由于显微视觉的特殊性，微装配机器人视觉伺服的具体结构要参考微操作机械手所规划的运动路径，而运动路径的选取与显微视觉的成像特性和视场构成有关。如图 14.1 所示的正交双光路立体显微视觉，具有由垂直光路和水平光路构成的正交式立体显微视场。垂直光路二维成像平面的大小为 $h_1 * w_1$，其在 Z_T 方向的景深为 d_1，因此垂直光路在任务空间 $\{T\}$ 中可清晰观测的立体区域为 $\{\Omega_1: h_1 * w_1 * d_1\}$；同理，水平光路在任务空间 $\{T\}$ 中清晰成像的区域大小为 $\{\Omega_2: h_2 * w_2 * d_2\}$。由于显微光路的景深值 d 往往要比 CCD 靶面的成像尺寸 w、h 小很多（例如 2 倍光学显微视觉系统，其景深约为 8.33μm），因此 Ω_1 和 Ω_2 在三维微装配空间中存在一狭小相交域 $\{\Omega_3: l * d_2 * d_1\}$，微操作机械手仅在 Ω_3 内运动可以同时在水平和垂直两路显微光路内得到清晰成像。

图 14.1 装配视场 Ω_3 中存在某一装配点 B，机械手起始位置为点 A，点 A 位于区域 Ω_1 和 Ω_2 之外，A 仅通过垂直显微光路在 CCD1 图像平面中成模糊图像。如图 14.2 所示，要控制机械手由点 A 运动到点 B，在任务空间中存在三种典型的运动路径：$A \to B$，$A \to D \to B$ 和 $A \to C \to B$。下面分析这三种路径实施显微视觉伺服的可行性。

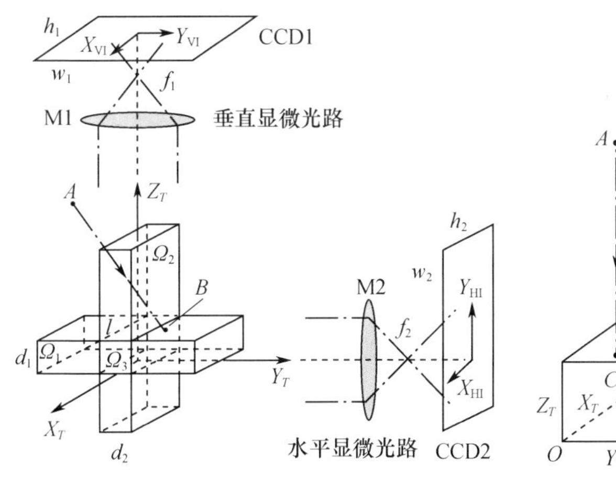

图 14.1　正交双光路立体显微视觉的视场

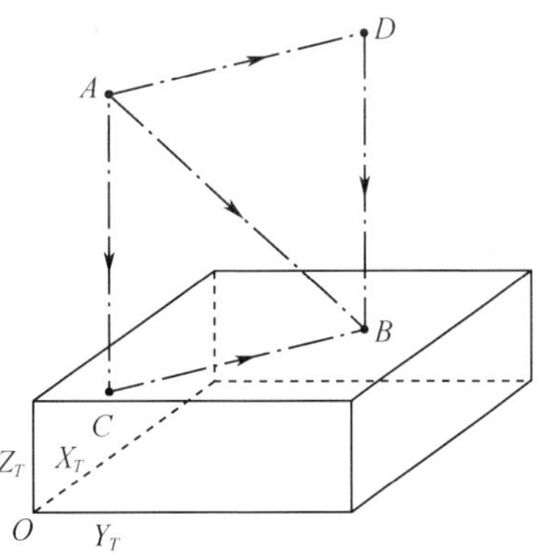

图 14.2　机械手视觉伺服运动路径

（1）路径 1：$A \to B$。这是任务空间内从起始点到目标点最短的一条三维运动路径，当机械手 XYZ 三自由度运动在显微视场可以构成准确的显微图像位置反馈时，此条路径无疑是视觉伺服的最佳选择。然而由于显微视觉的成像视野和景深约束，构成三维清晰图像反馈的视场 Ω_3 是十分有限的，因此若机械手从视场外点 A 直接运动到视场内点 B，其运动过程中无法保证全程清晰的位置图像特征反馈，视觉伺服误差较大。此外，依据第 5 章讨论的融合散焦图像特征和水平图像直接观测的机械手深度 Z_T 提取方法,散焦特征作为一种全局化图像算子,其取值与机械手在二维 XY 图像平面的位置、大小有关,如果在执行深度计算的同时进行 XY 平面运动,必然会导致机械手深度信息提取失败。因此在正交双光路显微视觉中,依据两路图像反馈直接实现 $A \to B$ 三维路径的视觉伺服运动是难以实现的。

(2) 路径 2:$A \to D \to B$。机械手先执行二维运动,由点 A 运动到点 B 在垂直光路 CCD1 图像平面内的投影位置 D,然后再执行深度运动到 B。在 $A \to D$ 运动过程中,由于机械手不处于垂直光路清晰成像视场 Ω_1 内,此时机械手在 CCD1 平面 X_TOY_T 内成像模糊,不利于对其精确定位,从而降低了二维图像雅可比矩阵的在线辨识品质,带来较大显微视觉伺服误差。

(3) 路径 3:$A \to C \to B$。该路径将 $A \to B$ 三维运动分解为 $A \to C$ 的一维深度聚焦运动和 $C \to B$ 的二维平面位置运动。机械手首先利用第 5 章介绍的粗 - 精两级微操作深度信息执行 Z 方向的聚焦深度视觉伺服,控制机械手运动到视场 Ω_1 内点 C(C 与 B 的深度位置 Z_T 大致相同,均在视场 Ω_1 内),然后依据机械手在 X_TOY_T 平面垂直光路的清晰位置图像特征执行无标定二维 XY 显微视觉伺服,由 C 运动到 B。清晰视场内的 C 到 B 运动可以进行一般意义下的路径规划,控制机械手进行直线、曲线等轨迹运动。在有限的显微视野和景深区域内,该方案既容许机械手较大的装配运动范围,又保证了视觉伺服精度,在控制结构上也易于实现。因此路径 3 是一条比较合理可行的机械手运动路径。

14.3 三维无标定显微视觉伺服结构

根据前面对显微视觉伺服运动路径的分析,将微操作机械手在微装配空间的三维位置运动分解为一维聚焦深度运动和二维平面运动,由此设计的三维无标定显微视觉伺服结构如图 14.3 所示[299]。

定义目标点 B 在任务空间中的位置为 ${}^TB(X_T, Y_T, Z_T)$(B 可以是静态目标,也可以是机械手实时跟踪的动态目标),B 位于正交立体显微视觉的清晰视场 Ω_3 内,它在垂直光路和水平光路显微图像平面的坐标分别为 $[x_{vi}^d \quad y_{vi}^d]^T$ 和 $[x_{hi}^d \quad y_{hi}^d]^T$,其中坐标 y_{hi}^d 代表目标点在水平显微视场中的期望深度位置,因此机械手显微视觉控制的参考输入向量为 $[x_{vi}^d \quad y_{vi}^d \quad y_{hi}^d]^T$。将三维无标定显微视觉伺服分解为 Z 方向深度视觉伺服和 XY 平面视觉伺服,首先由深度视觉伺服引导机械手运动到期望深度位置 y_{hi}^d,然后切换到 XY 平面视觉伺服,采用基于图像特征的 IBVS 控制实现机械手在二维图像平面内的定点运动与动态目标跟踪。深度方向显微视觉伺服采用融合散焦特征计算与水平图像观测的粗 - 精两级微

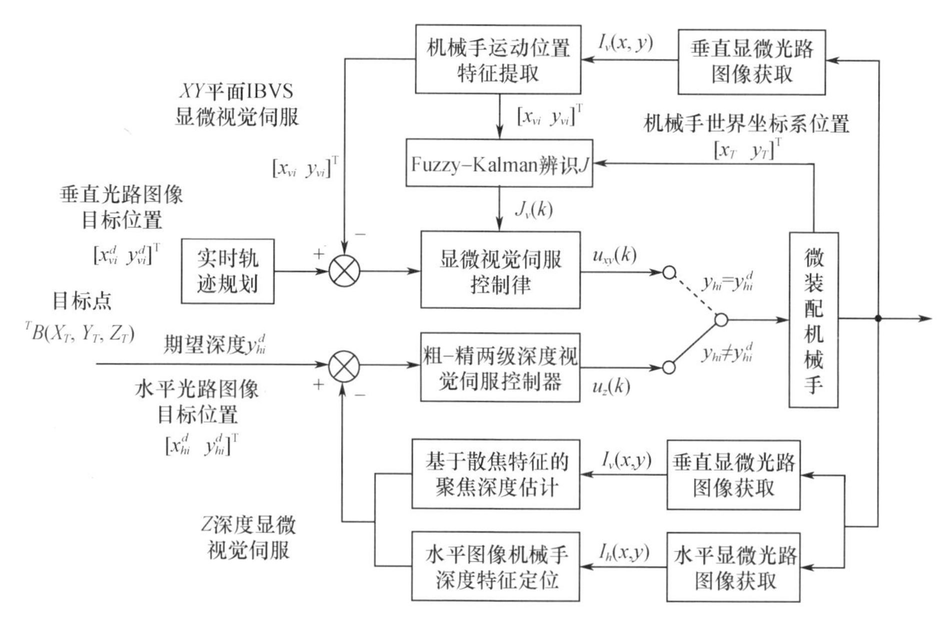

图 14.3　三维无标定显微视觉伺服结构

操作深度运动视觉反馈机制，其伺服结构和控制策略已在第 9.5 节进行了详细介绍，本章就不再赘述。

机械手运动图像特征的提取是实现 IBVS 视觉伺服的基础，在显微视觉系统采集的运动序列图像中运用第 11 章介绍的基于动态主动轮廓模型的轨迹跟踪方法实现图像检测，以保证特征提取的实时性和准确性。在 *XY* 平面有时需要机械手执行特定的轨迹运动来完成定位或者动态目标跟踪，平面显微视觉伺服中的实时轨迹规划模块根据目标特征向量对机械手运动位置、速度或者加速度等进行规划，并将规划特征作为参考向量输入到显微视觉控制器中。

基于图像雅可比矩阵实现机械手 *XY* 平面无标定 IBVS 显微视觉伺服，其控制的关键在于对显微图像雅可比矩阵 $\boldsymbol{J}$ 进行实时在线更新，运用第 13 章介绍的图像雅可比矩阵自适应辨识技术和基于新息的模糊自适应卡尔曼滤波方法对其进行在线估计，可以在系统参数未知的动态环境下得到稳定收敛的雅可比矩阵元素辨识结果。

14.4　基于图像雅可比矩阵的无标定平面显微视觉伺服

14.4.1　无标定 IBVS 平面视觉伺服稳定性分析

稳定性分析是设计视觉伺服控制系统的基础。Kelly 于 1996 年对两自由度机械手的视觉伺服稳定性问题进行了讨论[300]，分析了摄像机光学畸变和安装方位角误差对于伺服稳定性的影响，2000 年他还讨论了手眼系统(Camera - In - Hand，CIH)的视觉伺服稳定性问题[301]；Cheah 证明了在机械手关节雅可比矩阵存在估计误差时视觉伺服的渐近稳定性[302]；Moreno 运用李雅普诺夫定理对机械手三维视觉伺服的稳定性进行了分析[303]；Yu 利用 RBF 神经网络对视觉建模误差进行补偿，并证明了视觉伺服系统的李雅普诺夫稳定性[304]；Deng 对 PBVS 和 IBVS 两类视觉伺服系统的稳定性和鲁棒性进行了比较[305]；Liu 对机械手利用视觉伺服动态跟踪运动物体的渐近稳定性问题进行了介绍[306]；Malis 分析了摄像机标定误差对二维半(2D 1/2)视觉伺服稳定性的影响[307]。

对于一个 n 连杆的刚性机械手，在不考虑摩擦和外界干扰的情况下，其动力学方程为[308]

$$\boldsymbol{M}(\boldsymbol{q})\ddot{\boldsymbol{q}} + \boldsymbol{C}(\boldsymbol{q},\dot{\boldsymbol{q}})\dot{\boldsymbol{q}} + \boldsymbol{g}(\boldsymbol{q}) = \boldsymbol{\tau} \tag{14.1}$$

式中：$\boldsymbol{q}$ 为 $n\times 1$ 维机械手关节位移向量；$\boldsymbol{\tau}$ 为 $n\times 1$ 维关节控制力矩；$\boldsymbol{M}(\boldsymbol{q})$ 为 $n\times n$维机械手惯量矩阵；$\boldsymbol{C}(\boldsymbol{q},\dot{\boldsymbol{q}})\dot{\boldsymbol{q}}$为 $n\times 1$ 维离心力矩和哥氏力矩；$\boldsymbol{g}(\boldsymbol{q})$ 为 $n\times 1$ 维重力矩。并且$\dot{\boldsymbol{M}}(\boldsymbol{q})$ 和 $\boldsymbol{C}(\boldsymbol{q},\dot{\boldsymbol{q}})$ 满足下列关系：

$$\dot{\boldsymbol{q}}^{\mathrm{T}}\left[\frac{1}{2}\dot{\boldsymbol{M}}(\boldsymbol{q}) - \boldsymbol{C}(\boldsymbol{q},\dot{\boldsymbol{q}})\right]\dot{\boldsymbol{q}} = 0,\quad \forall \boldsymbol{q},\dot{\boldsymbol{q}} \in \Re^{n} \tag{14.2}$$

定义机械手在任务空间$\{T\}$的三维位置向量为 $\boldsymbol{r} = [x_T \quad y_T \quad z_T]^{\mathrm{T}}$，且$\dot{\boldsymbol{r}}$与关节变量$\dot{q} \in \Re^{n}$ 之间存在下列雅可比映射关系 $\Re^{n} \to \Re^{3}$：

$$\dot{\boldsymbol{r}} = \boldsymbol{J}_r(\boldsymbol{q}) \cdot \dot{\boldsymbol{q}} \tag{14.3}$$

式中：$\boldsymbol{J}_r(\boldsymbol{q}) \in \Re^{3\times n}$为机械手关节雅可比矩阵。

定义机械手在二维图像平面的位置特征为 $\boldsymbol{\xi} = [x_s \quad y_s]^{\mathrm{T}} \in \Re^{2}$，机械手成像关系为 $\boldsymbol{\xi} = K_v(\boldsymbol{r}) \cdot \boldsymbol{r}$，$\dot{\boldsymbol{\xi}}$与位置向量$\dot{\boldsymbol{r}} \in \Re^{3}$ 之间存在下列雅可比映射 $\Re^{3} \to \Re^{2}$：

$$\dot{\boldsymbol{\xi}} = \boldsymbol{J}_v(r) \cdot \dot{\boldsymbol{r}} \tag{14.4}$$

式中：$\boldsymbol{J}_v(\boldsymbol{r}) \in \Re^{2\times 3}$为机械手图像雅可比矩阵。

联立式(14.3)、式(14.4)可得关节变量与图像特征向量之间的映射关系：

$$\dot{\boldsymbol{\xi}} = J(\boldsymbol{\xi},\boldsymbol{q}) \cdot \dot{\boldsymbol{q}} = \boldsymbol{J}_v \cdot \boldsymbol{J}_r \cdot \dot{\boldsymbol{q}} \tag{14.5}$$

式中：$J(\boldsymbol{\xi},\boldsymbol{q}) = \boldsymbol{J}_v\boldsymbol{J}_r \in \Re^{2\times n}$。

针对笛卡儿坐标系设置的 XY 两自由度机械手平面显微视觉伺服，$n = 2$，$J(\boldsymbol{\xi},\boldsymbol{q}) \in \Re^{2\times 2}$，并假设 $\boldsymbol{J}_v$ 和 $\boldsymbol{J}_r$ 均可逆。IBVS 视觉伺服的期望图像特征为 $\boldsymbol{\xi}^{*} = [x_s^{*} \quad y_s^{*}]^{\mathrm{T}} \in \Re^{2}$，$\xi^{*}$ 对应目标在任务空间$\{T\}$中期望坐标为 $\boldsymbol{r}^{*} = [x_T^{*} \quad y_T^{*}]^{\mathrm{T}}$，

并且假设存在某关节变量 $\boldsymbol{q}^*$ 使得方程 $\boldsymbol{r}^* = \boldsymbol{r}(\boldsymbol{q})$ 存在唯一解，即 $\boldsymbol{r}^* = \boldsymbol{r}(\boldsymbol{q}^*)$，进而 $\boldsymbol{\xi}^* = \boldsymbol{\xi}(\boldsymbol{q}^*)$；定义机械手在任务空间的位置误差向量 $\tilde{\boldsymbol{r}} = \boldsymbol{r}^* - \boldsymbol{r} = [x_T^* - x_T \quad y_T^* - y_T]^{\mathrm{T}}$；定义图像特征误差向量 $\tilde{\boldsymbol{\xi}} = \boldsymbol{\xi}^* - \boldsymbol{\xi}$，那么 IBVS 平面视觉伺服的控制目标为

$$\lim_{t\to\infty}\tilde{\boldsymbol{\xi}}(t) = 0 \in \Re^2 \tag{14.6}$$

根据机械手在任务空间的位置误差 $\tilde{r}$ 设计机械手 XY 平面运动关节控制律如下：

$$\boldsymbol{\tau} = \boldsymbol{J}^{\mathrm{T}}\boldsymbol{K}_p\boldsymbol{K}_v\,\tilde{r} - \boldsymbol{K}_q\,\dot{\boldsymbol{q}} + \boldsymbol{g}(\boldsymbol{q}) \tag{14.7}$$

式中：$\boldsymbol{K}_p \in \Re^{2\times2}$，$\boldsymbol{K}_v \in \Re^{2\times2}$ 为对称正定矩阵。联立式(14.1)和式(14.7)可得

$$M(\boldsymbol{q})\,\ddot{\boldsymbol{q}} + \boldsymbol{C}(\boldsymbol{q},\dot{\boldsymbol{q}})\,\dot{\boldsymbol{q}} = \boldsymbol{J}^{\mathrm{T}}\boldsymbol{K}_p\boldsymbol{K}_v\,\tilde{r} - \boldsymbol{K}_q\,\dot{\boldsymbol{q}} \tag{14.8}$$

定义状态变量 $[\boldsymbol{q}^{\mathrm{T}} \quad \dot{\boldsymbol{q}}^{\mathrm{T}}]^{\mathrm{T}} \in \Re^4$，由式(14.8)构造下述线性系统状态方程：

$$\frac{\mathrm{d}}{\mathrm{d}t}\begin{bmatrix}\boldsymbol{q}\\ \dot{\boldsymbol{q}}\end{bmatrix} = \begin{bmatrix}\dot{q}\\ \boldsymbol{M}(\boldsymbol{q})^{-1}[\boldsymbol{J}^{\mathrm{T}}\boldsymbol{K}_p\boldsymbol{K}_v\,\tilde{r} - \boldsymbol{K}_q\,\dot{\boldsymbol{q}} - \boldsymbol{C}(\boldsymbol{q},\dot{\boldsymbol{q}})\dot{\boldsymbol{q}}]\end{bmatrix} \tag{14.9}$$

根据假设 $\boldsymbol{r}^* = \boldsymbol{r}(\boldsymbol{q}^*)$ 即 $\tilde{\boldsymbol{r}}(\boldsymbol{q}^*) = 0$，可知 $[\boldsymbol{q}^{\mathrm{T}} \quad \dot{\boldsymbol{q}}^{\mathrm{T}}]^{\mathrm{T}} = [\boldsymbol{q}^{*\mathrm{T}} \quad 0]^{\mathrm{T}} \in R^4$ 为上述系统的平衡态。可以证明 $\boldsymbol{q} = \boldsymbol{q}^*$ 是方程 $\boldsymbol{J}^{\mathrm{T}}\boldsymbol{K}_p[\boldsymbol{r}^* - \boldsymbol{r}(\boldsymbol{q})] = 0$ 的唯一解[302]，所以 $[\boldsymbol{q}^{\mathrm{T}} \quad \dot{\boldsymbol{q}}^{\mathrm{T}}]^{\mathrm{T}} = [\boldsymbol{q}^{*\mathrm{T}} \quad 0]^{\mathrm{T}} \in R^4$ 是系统(14.9)的唯一平衡态。

根据李雅普诺夫直接法分析系统稳定性，设计下述正定李雅普诺夫函数 $V(\boldsymbol{q},\dot{\boldsymbol{q}})$：

$$\begin{aligned}V(\boldsymbol{q},\dot{\boldsymbol{q}}) &= \frac{1}{2}\dot{\boldsymbol{q}}^{\mathrm{T}}\boldsymbol{M}(\boldsymbol{q})\dot{\boldsymbol{q}} + \frac{1}{2}\tilde{\boldsymbol{\xi}}^{\mathrm{T}}\boldsymbol{K}_p\,\tilde{\boldsymbol{\xi}}\\ &= \frac{1}{2}\dot{\boldsymbol{q}}^{\mathrm{T}}\boldsymbol{M}(\boldsymbol{q})\dot{\boldsymbol{q}} + \frac{1}{2}[\boldsymbol{\xi}(\boldsymbol{q}^*) - \boldsymbol{\xi}(\boldsymbol{q})]^{\mathrm{T}}\boldsymbol{K}_p[\boldsymbol{\xi}(\boldsymbol{q}^*) - \boldsymbol{\xi}(\boldsymbol{q})]\end{aligned} \tag{14.10}$$

对上式求导得到

$$\dot{V}(\boldsymbol{q},\dot{\boldsymbol{q}}) = \dot{\boldsymbol{q}}^{\mathrm{T}}\boldsymbol{M}(\boldsymbol{q})\,\ddot{\boldsymbol{q}} + \frac{1}{2}\,\dot{\boldsymbol{q}}^{\mathrm{T}}\,\dot{\boldsymbol{M}}(\boldsymbol{q})\,\dot{\boldsymbol{q}} - \tilde{\boldsymbol{\xi}}^{\mathrm{T}}\boldsymbol{K}_p\,\dot{\boldsymbol{\xi}}(\boldsymbol{q}) \tag{14.11}$$

结合式(14.2)、式(14.5)、式(14.8)可得

$$\dot{V}(\boldsymbol{q},\dot{\boldsymbol{q}}) = \dot{\boldsymbol{q}}^{\mathrm{T}}[\boldsymbol{J}^{\mathrm{T}}\boldsymbol{K}_p\boldsymbol{K}_v[\boldsymbol{r}^* - \boldsymbol{r}] - \boldsymbol{K}_q\dot{\boldsymbol{q}} - C(\boldsymbol{q},\dot{\boldsymbol{q}})\dot{\boldsymbol{q}}] + \frac{1}{2}\dot{\boldsymbol{q}}^{\mathrm{T}}\dot{\boldsymbol{M}}(\boldsymbol{q})\dot{\boldsymbol{q}} - [\boldsymbol{\xi}^* - \boldsymbol{\xi}]^{\mathrm{T}}\boldsymbol{K}_p\boldsymbol{J}_v\dot{\boldsymbol{r}}$$
$$= \dot{\boldsymbol{r}}^{\mathrm{T}}\boldsymbol{J}_v^{\mathrm{T}}\boldsymbol{K}_p\boldsymbol{K}_v[\boldsymbol{r}^* - \boldsymbol{r}] - \dot{\boldsymbol{q}}^{\mathrm{T}}\boldsymbol{K}_q\dot{\boldsymbol{q}} - [\boldsymbol{\xi}^* - \boldsymbol{\xi}]^{\mathrm{T}}\boldsymbol{K}_p\boldsymbol{J}_v\dot{\boldsymbol{r}} \tag{14.12}$$

根据成像关系 $\boldsymbol{\xi} = \boldsymbol{K}_v\boldsymbol{r}$,式(14.12)即为

$$\dot{V}(\boldsymbol{q},\dot{\boldsymbol{q}}) = -\dot{\boldsymbol{q}}^{\mathrm{T}}\boldsymbol{K}_q\dot{\boldsymbol{q}} \leqslant 0 \tag{14.13}$$

$V(\boldsymbol{q},\dot{\boldsymbol{q}})$ 不恒等于零,且当 $\boldsymbol{q}\to\infty$,$\dot{\boldsymbol{q}}\to\infty$ 时,有 $V(\boldsymbol{q},\dot{\boldsymbol{q}})\to\infty$。因此根据式(14.9)给出的李雅普诺夫直接法,可以判定基于图像雅可比矩阵模型的机械手 IBVS 闭环系统在平衡态 $[\boldsymbol{q}^{\mathrm{T}} \quad \dot{\boldsymbol{q}}^{\mathrm{T}}]^{\mathrm{T}} = [\boldsymbol{q}^{*\mathrm{T}} \quad 0]^{\mathrm{T}} \in R^4$ 附近是大范围渐近稳定的。

式(14.13)是建立在精确标定机械手成像映射关系 $\boldsymbol{\xi} = \boldsymbol{K}_v\boldsymbol{r}$ 的基础上得到的稳定性判决。在无标定显微视觉伺服中,需要对机械手显微成像模型进行在线辨识,辨识结果 $\hat{\boldsymbol{J}}_v(\hat{\boldsymbol{K}}_v)$ 不可避免的含有各种误差,导致 $\boldsymbol{\xi} \neq \hat{\boldsymbol{K}}_v\boldsymbol{r}$。此时有必要对无标定 IBVS 平面视觉伺服的稳定性做进一步的讨论。

根据式(8.10)给出的理想状态下的显微成像模型,XY 两自由度平面视觉伺服的显微图像雅可比矩阵构造如下:

$$\boldsymbol{J}_v = \boldsymbol{K}_v = \begin{bmatrix} m/s_x & 0 \\ 0 & m/s_y \end{bmatrix} \tag{14.14}$$

采用雅可比矩阵辨识技术对其进行在线估计,辨识结果如下:

$$\hat{\boldsymbol{J}}_v = \hat{\boldsymbol{K}}_v = \begin{bmatrix} \hat{J}_{11} & \hat{J}_{12} \\ \hat{J}_{21} & \hat{J}_{22} \end{bmatrix} \tag{14.15}$$

由式(14.15)可得 $\hat{\boldsymbol{J}} = \hat{\boldsymbol{J}}_v\boldsymbol{J}_r$,将辨识值 $\hat{\boldsymbol{J}}_v(\hat{\boldsymbol{K}}_v)$ 代入式(14.11)中计算会导致下述误差:

$$\boldsymbol{E} = \begin{bmatrix} e_x \\ e_y \end{bmatrix} = \boldsymbol{\xi} - \hat{\boldsymbol{K}}_v \cdot \boldsymbol{r} \tag{14.16}$$

式(14.12)即为

$$\dot{V}(\boldsymbol{q},\dot{\boldsymbol{q}}) = -\dot{\boldsymbol{q}}^{\mathrm{T}}\boldsymbol{K}_q\dot{\boldsymbol{q}} - \dot{\boldsymbol{r}}^{\mathrm{T}}\hat{\boldsymbol{J}}_v^{\mathrm{T}}\boldsymbol{K}_p\boldsymbol{E} = -\dot{\boldsymbol{q}}^{\mathrm{T}}\boldsymbol{K}_q\dot{\boldsymbol{q}} + \dot{\boldsymbol{q}}^{\mathrm{T}}\hat{\boldsymbol{J}}^{\mathrm{T}}\boldsymbol{K}_p\boldsymbol{E} \tag{14.17}$$

假设式(14.16)中的误差 $\boldsymbol{E}$ 存在下述有界约束:

$$\boldsymbol{E}^{\mathrm{T}}\boldsymbol{K}_p^{\mathrm{T}}\boldsymbol{\Lambda}\boldsymbol{K}_p\boldsymbol{E} \leqslant \overline{\boldsymbol{E}} \tag{14.18}$$

式中：$\boldsymbol{\Lambda}$ 为一正定阵。

根据矩阵不等式：

$$2\boldsymbol{X}^{\mathrm{T}}\boldsymbol{Y} \leqslant \boldsymbol{X}^{\mathrm{T}}\boldsymbol{\Lambda}\boldsymbol{X} + \boldsymbol{Y}^{\mathrm{T}}\boldsymbol{\Lambda}^{-1}\boldsymbol{Y} \tag{14.19}$$

存在下述关系：

$$\dot{\boldsymbol{q}}^{\mathrm{T}}\hat{\boldsymbol{J}}^{\mathrm{T}}\boldsymbol{K}_p\boldsymbol{E} \leqslant \frac{1}{2}(\dot{\boldsymbol{q}}^{\mathrm{T}}\hat{\boldsymbol{J}}^{\mathrm{T}}\boldsymbol{\Lambda}^{-1}\hat{\boldsymbol{J}}\dot{\boldsymbol{q}} + \boldsymbol{E}^{\mathrm{T}}\boldsymbol{K}_P^{\mathrm{T}}\boldsymbol{\Lambda}\boldsymbol{K}_P\boldsymbol{E}) \leqslant \frac{1}{2}(\dot{\boldsymbol{q}}^{\mathrm{T}}\hat{\boldsymbol{J}}^{\mathrm{T}}\boldsymbol{\Lambda}^{-1}\hat{\boldsymbol{J}}\dot{\boldsymbol{q}} + \overline{\boldsymbol{E}}) \tag{14.20}$$

将上式代入式(14.17)可得

$$\begin{aligned}\dot{V}(\boldsymbol{q},\dot{\boldsymbol{q}}) &= -\dot{\boldsymbol{q}}^{\mathrm{T}}\boldsymbol{K}_q\dot{\boldsymbol{q}} + \dot{\boldsymbol{q}}^{\mathrm{T}}\hat{\boldsymbol{J}}^{\mathrm{T}}\boldsymbol{K}_p\boldsymbol{E} \leqslant -\dot{\boldsymbol{q}}^{\mathrm{T}}\boldsymbol{K}_q\dot{\boldsymbol{q}} + \frac{1}{2}(\dot{\boldsymbol{q}}^{\mathrm{T}}\hat{\boldsymbol{J}}^{\mathrm{T}}\boldsymbol{\Lambda}^{-1}\hat{\boldsymbol{J}}\dot{\boldsymbol{q}} + \boldsymbol{E}^{\mathrm{T}}\boldsymbol{K}_P^{\mathrm{T}}\boldsymbol{\Lambda}\boldsymbol{K}_P\boldsymbol{E}) \\ &\leqslant -\dot{\boldsymbol{q}}^{\mathrm{T}}\boldsymbol{K}_q\dot{\boldsymbol{q}} + \frac{1}{2}(\dot{\boldsymbol{q}}^{\mathrm{T}}\hat{\boldsymbol{J}}^{\mathrm{T}}\boldsymbol{\Lambda}^{-1}\hat{\boldsymbol{J}}\dot{\boldsymbol{q}} + \overline{\boldsymbol{E}}) \leqslant -\dot{\boldsymbol{q}}^{\mathrm{T}}\boldsymbol{Q}\dot{\boldsymbol{q}} + \frac{\overline{\boldsymbol{E}}}{2}\end{aligned} \tag{14.21}$$

式中 $\boldsymbol{Q} = \boldsymbol{K}_q - \frac{1}{2}\hat{\boldsymbol{J}}^{\mathrm{T}}\boldsymbol{\Lambda}^{-1}\hat{\boldsymbol{J}}$，定义 $\lambda_{\min}(\boldsymbol{Q})$ 表示矩阵 $\boldsymbol{Q}$ 的最小特征值。

（1）如果 $\|\dot{\boldsymbol{q}}\|^2 > \lambda_{\min}^{-1}(\boldsymbol{Q})\overline{\boldsymbol{E}}/2$，则

$$\dot{V}(\boldsymbol{q},\dot{\boldsymbol{q}}) \leqslant -\dot{\boldsymbol{q}}^{\mathrm{T}}\boldsymbol{Q}\dot{\boldsymbol{q}} + \frac{\overline{\boldsymbol{E}}}{2} \leqslant -\lambda_{\min}(\boldsymbol{Q})\|\dot{\boldsymbol{q}}\|^2 + \frac{\overline{\boldsymbol{E}}}{2} < 0 \tag{14.22}$$

此时运用式(14.7)进行关节控制，机械手 IBVS 闭环系统(14.9)是稳定的。

（2）如果 $\|\dot{\boldsymbol{q}}\|^2 \leqslant \lambda_{\min}^{-1}(\boldsymbol{Q})\overline{\boldsymbol{E}}/2$，说明 $\frac{1}{2}\dot{\boldsymbol{q}}^{\mathrm{T}}\boldsymbol{M}\dot{\boldsymbol{q}}$ 是有界的，若停止机械手伺服控制，图像特征误差 $\tilde{\xi}(t)$ 为一常数，进而依据式(14.10)可知此时李雅普诺夫函数 $V(\boldsymbol{q},\dot{\boldsymbol{q}})$ 是保持有界的。

14.4.2　IBVS 视觉伺服时延性分析

由视觉图像采集、计算和控制带来的时延问题是机器人视觉伺服过程中必须考虑的另一个重要问题。特别是在机械手动态目标跟踪中，较大的视觉时延会严重影响系统的控制性能，甚至导致系统的不稳定。Corke 提出了一类典型的离散视觉伺服采样系统，如图 14.4 所示。

图 14.4 中 $V(z_v)$ 为视觉采样及处理系统的离散传递函数，$D(z_v)$ 代表视觉控制器的离散传递函数，$R(z_r)$ 代表机械手关节控制器传递函数，$G_{\mathrm{struct}}(z_r)$ 为机械手本身的动态特性传递函数。期望目标图像特征 ξ^* 作为系统的扰动输入变量，T_v 和 T_r 分别是机器人视觉采样周期和关节伺服周期。

K_{lens} 代表机械手从任务空间到摄像机图像空间的比例映射关系，$1/z_v^n$ 代表

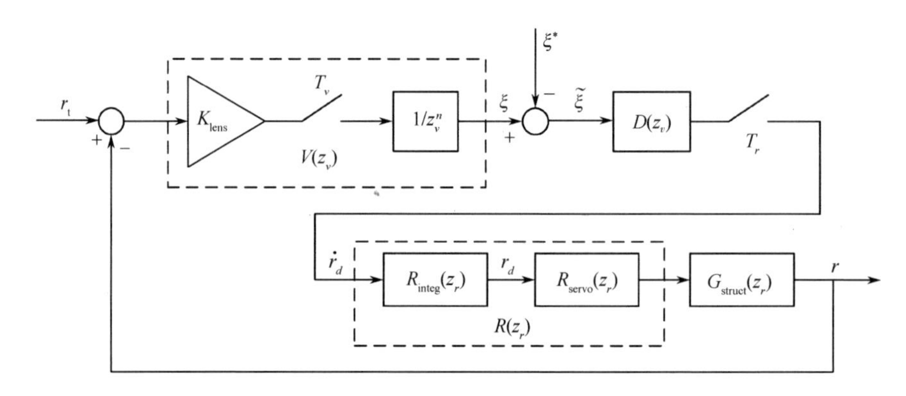

图 14.4　离散视觉伺服采样系统

视觉采样与处理带来的时延,那么视觉系统的离散传递函数 $V(z_v)$ 为

$$V(z_v)=\frac{K_{lens}}{z_v^n} \tag{14.23}$$

$R_{integ}(z_r)$ 为积分环节,它将视觉控制器输出的速度信号 $\dot{r}_d$ 转换为位置信号 r_d:

$$R_{integ}(z_r)=\frac{z_r}{z_r-1} \tag{14.24}$$

$R_{servo}(z_r)$ 为假设由机械手关节伺服计算和信号传输带来的一个纯时延环节:

$$R_{servo}(z_r)=\frac{1}{z_r} \tag{14.25}$$

如果假设视觉采样周期和关节伺服采样周期接近,$T_v\approx T_r$,此时可近似计算离散视觉伺服系统的传递函数为[310]

$$G(z)=\frac{r(z)}{r_t(z)}=\frac{K_{lens}D(z)G_{struct}(z)}{z^{n+1}-z^n+K_{lens}D(z)G_{struct}(z)} \tag{14.26}$$

针对机器人视觉计算与控制系统表现出的时延特性,可以在视觉控制器 $D(z_v)$ 的设计中给予补偿。目前补偿视觉伺服时延的技术途径主要有两种[62],即基于 Smith 预估器的补偿方法和基于滤波器预测目标运动的补偿方法。Smith 预估器是一种针对大迟延系统的有效控制算法,其基本思想是预先估计被控对象在基本扰动下的动态响应,然后由预估器进行补偿,试图使被延迟的控制量超前反馈到控制器,使控制器提前动作从而改善控制系统的品质。Iwazaki 等人在 PBVS 视觉伺服中考虑图像处理延时,采用 Smith 方法补偿时滞改善了系统的控制性能增强了稳定性[310];谢晖等人提出了一种基于改进 Smith 预估器的显微视

觉伺服方法,控制机械手完成了点到点、微齿轮跟踪抓取和抗外部干扰实验[98]。另一种更为常用的处理方法是采用滤波器对机械手的轨迹运动图像特征提前进行预测,常用的预测方法包括卡尔曼滤波[311]、$\alpha-\beta-\gamma$ 滤波[247]、AR 模型[312]、BP 神经网络预测器[313]等。

无论是 Smith 预估器补偿法还是轨迹预测器补偿法,都需要对视觉伺服建立精确的分时模型(Timing Model,TM)[314],即分析视觉时延系统的动态性质,对视觉信号采集、处理、控制和关节伺服等各个环节进行合理的规划调度,以实现可靠、高效的机械手控制。式(14.26)是在假设视觉采样周期与关节伺服采样周期一致、视觉信号单速率(Single - Rate,SR)同步采集的分时模型下得到的简化离散系统传函,实际应用中绝大部分机器人伺服系统的视觉时延特性和分时模型要比上述模型复杂得多,而且很难保证视觉采样周期和机械手关节伺服周期保持一致。

目前机械手视觉伺服过程中的主要时延因素包括:

(1) 视觉图像信号采集时间 t_{ac}:工业级 PAL/NTSC 制式的图像采集系统其采集频率通常为 30Hz 或 40Hz,因此其时延分别为 33.3ms 或 25ms。目前市场上已有一些采样频率可达 100Hz 甚至 1kHz 的高速 CCD 摄像机,但是其价格通常较为昂贵。

(2) 图像处理时间 t_p:图像处理时间与采集图像大小、图像质量、处理与识别算法的难易程度等因素有关,t_p 通常为 10 ~ 500ms。

(3) 视觉控制时间 t_c:视觉控制完成从图像特征误差信号到任务空间机械手运动控制信号的生成、转换。在机械手无标定视觉伺服中,t_c 还包括图像雅可比矩阵的自适应辨识时间,由于无标定视觉伺服需要对图像雅可比模型进行在线估计更新,因此势必会导致一定的控制时延。t_c 的大小与控制算法和系统主机的计算能力有关,通常为 1 ~ 10ms。

(4) 机械手关节伺服时间 t_s:t_s 为控制器计算和生成机械手关节运动信号所需的时间,其大小与控制器的性能有关,通常为 0.1 ~ 1ms。

(5) 机械手关节运动时间 t_m:t_m 为机械手各关节从接收到控制指令到完成运动所需时间,它与机械手运动速度、运动范围有关,通常为 20 ~ 500ms。

把顺序执行视觉图像采集、处理、控制、关节伺服和运动的机器人视觉伺服系统称为先观察后运动(Look Then Move,LTM)系统,伺服周期为上述各个子步骤所耗时间之和,其值最小约为 60ms,最大时延超过 1s。与 LTM 系统相对应的是同时观察和运动(Look and Move,LAM)系统,LAM 系统的特征在于上述各个子环节执行周期之间存在相互重叠,因此其视觉伺服时延小于顺序执行系统。Vincze 按照各个子环节执行顺序的差异,将视觉伺服分时模型归纳为 4 种[269],

即 on – the – fly、serial、parallel 和 pipeline。其中 on – the – fly 模型的执行效率最高，但是只适用于图像处理十分简单的系统。后三种模型适合图像处理较为复杂的系统，实际应用较为广泛。

微操作机械手显微视觉系统可采用图 14.5 所示的基于双缓存区(Double – Buffering, DB)的并行视觉伺服处理结构[314]。为了提高运算效率，在视觉控制程序中开辟两个独立的内存缓冲区轮番交替采集存储图像。通常图像采集时间要小于计算处理时间 $t_{ac} < t_p$，因此在计算缓存 1 图像的过程中，启用缓存 2 采集新一帧的视觉信号，这样尽管处理单帧图像的视觉时延($t_{ac} + t_p$)并没有减少，但是增加了单位时间内采集与处理图像的数量，提高了视觉控制效率。

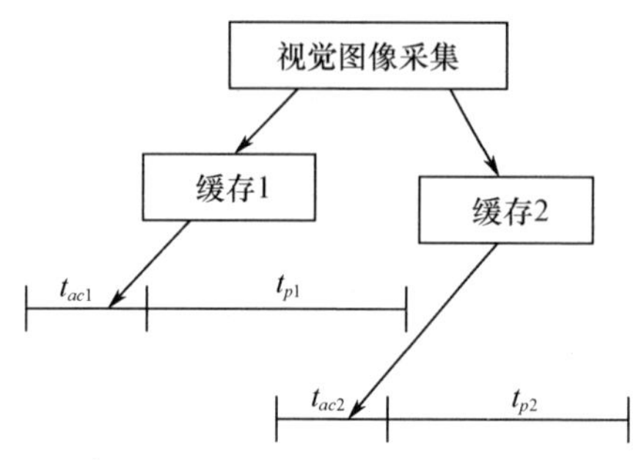

图 14.5 显微视觉采集与计算双缓存区并行结构

将由视觉信号采集、处理与控制带来的时延归纳为视觉时延($t_{ac} + t_p + t_c$)，由机械手关节伺服和运动带来的时延归纳为运动时延($t_s + t_m$)。基于上述双缓存区并行结构建立的显微视觉伺服分时模型如图 11.6 所示。

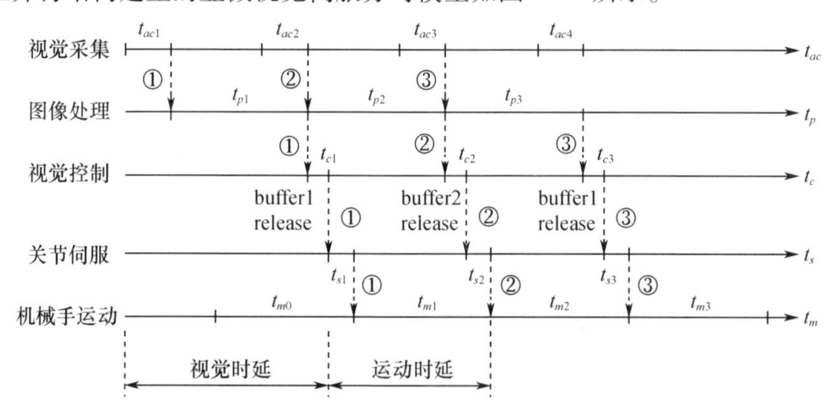

图 14.6 显微视觉伺服分时模型

图 14.6 中从上至下分别表示视觉采集、图像处理、视觉控制、关节伺服和机械手运动 5 个视觉伺服子线程，横轴为时间轴，序号①、②、③分别代表三个连续的视觉伺服进程。由于采用了双缓存区交替存储处理结构，系统的计算效率大为提高：$t_{aci}(i=1,2,3)$、$t_{ci}(i=1,2,3)$、$t_{si}(i=1,2,3)$分别为第 i 个视觉伺服进程中的视觉采样时间、视觉控制时间和关节伺服时间，三个参数在实际系统中与系统硬件性能相关，均为常数。图像处理时间 $t_{pi}(i=1,2,3)$和机械手运动时间 t_{mi}

$(i=1,2,3)$为视觉伺服系统中的主要延迟因子，t_{pi}与图像处理算法的复杂程度、被处理图像的大小有关，而t_{mi}取决于机械手的运动范围、速度以及本身的机械动态响应时间。

分析图 14.6 可知，如果$t_{pi}=t_{mi}$，则各个线程的运行时间得到精确分配，图像处理线程$t_{pi}(i=1,2,3)$内部和机械手运动线程$t_{mi}(i=1,2,3)$内部均可以依次连续运行，不存在时延。根据上述两线程的实际执行时间取两者的最大值$t_{\max}$，并在系统控制程序中人工设定$t_{pi}=t_{mi}=t_{\max}$，则此时整个显微视觉伺服系统的伺服周期为$t_{\max}$，频率为$1/t_{\max}$Hz。因此，相对于顺序运行的串行 LTM 视觉伺服分时模型(其视觉伺服周期为$t_{ac}+t_p+t_c+t_s+t_m$)，基于双缓存区的并行 LAM 视觉伺服分时模型拥有更高的运算速度和执行效率。

注意到，在并行处理机制下，由于视觉时延和运动时延，第二个视觉采样t_{ac2}开始时只能观测到机械手在t_{m0}时间段内的运动，而第三个视觉采样t_{ac3}开始时只能观测到机械手在t_{m1}时间段内的运动，依此类推。因此某视觉采样周期内采集到的机械手图像特征并不能真实反映该视觉伺服进程开始时所对应的机械手起始位置。同理，针对机械手动态跟踪目标的情形，视觉采样时刻捕获到的目标运动位置与视觉伺服周期结束时的目标位置之间也存在较大的延迟。因此，为了保证机械手视觉控制的有效性，有必要结合视觉伺服分时模型、机械手和目标的轨迹运动特点，对控制周期内两者的运动位置加以预测。

假设某视觉伺服进程开始时显微视觉采集到的机械手位置和期望目标位置分别为$\xi(t_0)$和$\xi^*(t_0)$，根据图 14.6 中的视觉伺服分时模型，对应上次伺服进程结束时的机械手位置图像特征应为$\hat{\xi}(t_0+\Delta t_1)$$(\Delta t_1=t_{ac}+t_c+t_s+t_m)$，本次视觉伺服进程的期望目标位置应为$\hat{\xi}^*(t_0+\Delta t_2)$$(\Delta t_2=t_{ac}+t_c+t_s+2t_m)$，其中$\Delta t_1$和$\Delta t_2$分别代表机械手运动和目标运动的时延因子，并对$\hat{\xi}(t_0+\Delta t_1)$和$\hat{\xi}^*(t_0+\Delta t_2)$进行预测。

常用的实时预估模型包括 Wiener 滤波估计、卡尔曼滤波估计和最小二乘估计等。最小二乘估计是工程实践中广泛使用的参数最优估计方法，实际应用中又包括限定记忆型、增长记忆型和渐消记忆型等多种类型[315]。增长记忆型算法需要保存全部历史数据，对于不平稳序列会对现实信息产生干扰，同时随着时间的推移，计算量逐步增大，不利于实时预测；渐消记忆型算法存在确定加权系数和遗忘因子的难点。针对机械手的运动轨迹特点和视觉计算的实时性要求，可考虑采用基于多项式拟合(Polynomial Fitting, PF)的限定记忆型最小二乘估计，即利用多项式模型去逐次逼近固定长度的采样轨迹点序列，由最小二乘法计算得到的模型参数去外推下一个时刻机械手轨迹点的位置。

假设从当前 t_0 时刻起过去 k 个视觉采样周期采集到的机械手轨迹位置为 $\xi(t_i)(t_i=t_0-i\cdot\Delta T, i=0,1,\cdots,k-1)$，式中 ΔT 为视觉采样间隔，在图 14.6 显微视觉分时模型中 $\Delta T=t_p$。机械手运动轨迹由下述 m 阶多项式模型近似：

$$f(t) = a_0 + a_1 t + a_2 t^2 + \cdots + a_m t^m = \sum_{j=0}^{m} a_j t^m, \quad m < k-1 \tag{14.27}$$

则存在下述关系：

$$\begin{cases} a_0 + a_1 t_0 + a_2 t_0^2 + \cdots + a_m t_0^m - \xi(t_0) = \varepsilon_0 \\ a_0 + a_1 t_1 + a_2 t_1^2 + \cdots + a_m t_1^m - \xi(t_1) = \varepsilon_1 \\ \vdots \\ a_0 + a_1 t_{k-1} + a_2 t_{k-1}^2 + \cdots + a_m t_{k-1}^m - \xi(t_{k-1}) = \varepsilon_{k-1} \end{cases} \tag{14.28}$$

式中，$\varepsilon_i(i=0,1,k-1)$ 代表 k 个轨迹点的多项式拟合误差。取最小二乘逼近，即对 k 点估计的误差平方和求最小值：

$$\|\varepsilon\|_2^2 = \sum_{i=0}^{k-1} \varepsilon_i^2 = \sum_{i=0}^{k-1} \left(\sum_{j=0}^{m} a_j^* t_i^j - \xi_i \right)^2 = \min \sum_{i=0}^{k-1} \left(\sum_{j=0}^{m} a_j t_i^j - \xi_i \right)^2 \tag{14.29}$$

可得 m 阶多项式轨迹模型的最小二乘解为

$$f^*(t) = a_0^* + a_1^* t + a_2^* t^2 + \cdots + a_m^* t^m = \sum_{j=0}^{m} a_j^* t^m, \quad m < k-1 \tag{14.30}$$

为了计算简便通常选取二次曲线作为轨迹拟合函数 $f(t) = a_0 + a_1 t + a_2 t^2$。根据上述原理可求得二次曲线系数的最小二乘解为

$$\begin{bmatrix} a_0^* \\ a_1^* \\ a_2^* \end{bmatrix} = \frac{1}{|A|} \begin{bmatrix} c_{11} \sum_{i=0}^{k-1} f(t_i) + c_{21} \sum_{i=0}^{k-1} f(t_i) t_i + c_{31} \sum_{i=0}^{k-1} f(t_i) t_i^2 \\ c_{12} \sum_{i=0}^{k-1} f(t_i) + c_{22} \sum_{i=0}^{k-1} f(t_i) t_i + c_{32} \sum_{i=0}^{k-1} f(t_i) t_i^2 \\ c_{13} \sum_{i=0}^{k-1} f(t_i) + c_{23} \sum_{i=0}^{k-1} f(t_i) t_i + c_{33} \sum_{i=0}^{k-1} f(t_i) t_i^2 \end{bmatrix} \tag{14.31}$$

式中，$c_{mn}(m,n=1,2,3)$ 是行列式 $|A|$ 的代数余子式。

$$A = \begin{bmatrix} K & \sum_{i=0}^{K-1} t_i & \sum_{i=0}^{K-1} t_i^2 \\ \sum_{i=0}^{K-1} t_i & \sum_{i=0}^{K-1} t_i^2 & \sum_{i=0}^{K-1} t_i^3 \\ \sum_{i=0}^{K-1} t_i^2 & \sum_{i=0}^{K-1} t_i^3 & \sum_{i=0}^{K-1} t_i^4 \end{bmatrix} \tag{14.32}$$

给定 k 个时刻的机械手轨迹位置 $\xi(t_i)(t_i=t_0-i\cdot\Delta T, i=0,1,\cdots,k-1)$ 或者目标轨迹位置 $\xi^*(t_i)(t_i=t_0-i\cdot\Delta T, i=0,1,\cdots,k-1)$，联立式(14.27)、式(14.31)和式(14.32)可以实现对 $\hat{\xi}(t_0+\Delta t_1)$ 或 $\hat{\xi}^*(t_0+\Delta t_2)$ 的估计。

上述计算中，轨迹拟合点数 k 的选取与被预测目标的运动速度有关。当目标运动较慢时，可选择较多的拟合点，此时拟合出的轨迹较光滑，同时也使得估计值对于目标运动的变化不大敏感。若选取 k 较小，虽然能使预测数据较好地跟踪目标运动的变化，但是轨迹估计误差会随着外推时间的增加而增大。

14.4.3　IBVS 显微视觉伺服控制律设计

14.3.1 节结合机械手的动力学特性和李雅普诺夫定理分析了基于图像雅可比模型的二维无标定视觉伺服稳定性问题。然而在实际应用中，大多数视觉伺服系统采用的是间接视觉伺服(Indirect Visual Servo，IVS)的双闭环控制结构，即包括基于图像特征误差的视觉控制环和基于位置误差的机械手关节控制环。这种伺服结构的优点在于：暂不考虑机器人本身的动力学特性，将其看作一个理想的笛卡儿空间运动装置，从而降低了视觉控制器的设计难度，避免了控制过程中出现运动奇异点。而综合机器人和视觉的动态特性直接设计关节力矩控制律的视觉伺服系统目前并不多见。因此本节介绍接显微视觉伺服中外环视觉控制器的设计问题。

早期的 IBVS 视觉控制器依据机械手在图像特征空间的误差向量 $\tilde{\xi}$ 直接生成任务空间的控制输入 $u=K\cdot\boldsymbol{J}_v^{-1}(r)\cdot\tilde{\xi}$，式中 K 为比例系数，这实质上是一种比例控制，也被一些文献称为解运动速度控制[59](Resolved - Rate Control，RRC)。目前视觉控制器主要有以下几种类型：

(1) PID 控制器[60,95]：这是一种应用最为广泛和成熟的控制器，在大多数场合下拥有良好的控制性能，其控制律如下：

$$u=\boldsymbol{J}_v^{-1}\cdot u'=\boldsymbol{J}_v^{-1}\cdot\left[K_P\tilde{\xi}(k)+K_I\sum_{j=0}^{k}\tilde{\xi}(j)T+K_D\frac{\tilde{\xi}(k)-\tilde{\xi}(k-1)}{T}\right] \tag{14.33}$$

式中：K_p、K_I、K_D 分别为控制器比例、积分和微分常数；T 为采样周期，并假设 $\boldsymbol{J}_v$ 可逆。PID 控制器首先计算图像特征空间的特征输出 u'，再经过逆图像雅可比矩阵 $\boldsymbol{J}_v^{-1}$ 变换后得到机器人在任务空间的控制量 u。在常规 PID 算法的基础上，又出现各种改进 PID 算法[196]，如抗积分饱和 PID 算法、模糊自适应整定 PID 算法、神经网络自整定 PID 算法等。

（2）状态空间最优控制器[285,316]。基于状态空间模型的现代控制方法可以更加有效进行IBVS视觉伺服的稳定性分析和实现最优控制。根据机械手图像雅可比映射关系建立如下状态方程：

$$\boldsymbol{\xi}(k+1)=\boldsymbol{\xi}(k)+\boldsymbol{B}(k)\boldsymbol{u}(k) \tag{14.34}$$

式中：$\boldsymbol{\xi}(k)\in\Re^{2M}$代表机械手在图像空间的特征向量，$M$为图像抽取的特征点数，$\boldsymbol{B}(k)=T\boldsymbol{J}_v(k)$，$T$为视觉系统采样周期，$\boldsymbol{J}_v(k)$代表实时估计的图像雅可比矩阵，$\boldsymbol{u}(k)$为机械手在任务空间的控制输入。用$\boldsymbol{\xi}^*(k)$代表IBVS视觉伺服期望的图像特征，定义下述目标函数：

$$\boldsymbol{F}(k+1)=[\boldsymbol{\xi}(k+1)-\boldsymbol{\xi}^*(k+1)]^{\mathrm{T}}\boldsymbol{Q}[\boldsymbol{\xi}(k+1)-\boldsymbol{\xi}^*(k+1)]+\boldsymbol{u}(k)^{\mathrm{T}}\boldsymbol{R}\boldsymbol{u}(k) \tag{14.35}$$

式中：$\boldsymbol{Q}$、$\boldsymbol{R}$为对角阵，分别调节图像特征误差$\tilde{\boldsymbol{\xi}}(k+1)$和控制输入$\boldsymbol{u}(k)$在目标函数中所占的权重，$\boldsymbol{Q}$、$\boldsymbol{R}$矩阵的选取将会对伺服系统的输出响应和稳定性能产生直接影响，其选取原则可参见文献[316]。将式(14.34)代入式(14.35)可得

$$\begin{aligned}\boldsymbol{F}(k+1)=&[\boldsymbol{\xi}(k)+\boldsymbol{B}(k)\boldsymbol{u}(k)-\boldsymbol{\xi}^*(k+1)]^{\mathrm{T}}\boldsymbol{Q}[\boldsymbol{\xi}(k)+\\&\boldsymbol{B}(k)\boldsymbol{u}(k)-\boldsymbol{\xi}^*(k+1)]+\boldsymbol{u}(k)^{\mathrm{T}}\boldsymbol{R}\boldsymbol{u}(k)\end{aligned} \tag{14.36}$$

对上式$u(k)$求导可得

$$\frac{\partial\boldsymbol{F}(k+1)}{\partial\boldsymbol{u}(k)}=2\boldsymbol{B}^{\mathrm{T}}(k)\boldsymbol{Q}[\boldsymbol{\xi}(k)+\boldsymbol{B}(k)\boldsymbol{u}(k)-\boldsymbol{\xi}^*(k+1)]+2\boldsymbol{R}\boldsymbol{u}(k) \tag{14.37}$$

令目标函数最优，$\partial\boldsymbol{F}(k+1)/\partial\boldsymbol{u}(k)=0$，可解得控制量$\boldsymbol{u}(k)$：

$$\boldsymbol{u}(k)=-[\boldsymbol{B}^{\mathrm{T}}(k)\boldsymbol{Q}\boldsymbol{B}(k)+\boldsymbol{R}]^{-1}\boldsymbol{B}^{\mathrm{T}}(k)\boldsymbol{Q}[\boldsymbol{\xi}(k)-\boldsymbol{\xi}^*(k+1)] \tag{14.38}$$

式(14.38)是在没有考虑系统时延的情况下计算的IBVS伺服输出。然而对于机器人视觉系统，由图像采集、处理、特征计算以及图像雅可比矩阵实时辨识导致的时延，会成为制约机器人视觉伺服性能的主要因素[62]。考虑式(14.34)的带时延模型：

$$\boldsymbol{\xi}(k)=\boldsymbol{\xi}(k-1)+\boldsymbol{B}(k-d)\boldsymbol{u}(k-d) \tag{14.39}$$

式中，$d\in\{1,2,3,\cdots\}$代表时延因子。将式(14.39)代入目标函数(14.35)中，按照上述$\boldsymbol{u}(k)$求解方法可得

$$\begin{aligned}\boldsymbol{u}(k)=&-[\boldsymbol{B}^{\mathrm{T}}(k)\boldsymbol{Q}\boldsymbol{B}(k)+\boldsymbol{R}]^{-1}\boldsymbol{B}^{\mathrm{T}}(k)\boldsymbol{Q}[\boldsymbol{\xi}(k)-\\&\boldsymbol{\xi}^*(k+d)+\sum_{m=1}^{d-1}\boldsymbol{B}(k-m)\boldsymbol{u}(k-m)]\end{aligned} \tag{14.40}$$

为考虑输入变化对控制的影响,在时延模型(14.39)的基础上引入积分项,目标函数可改写为

$$\boldsymbol{F}(k+d)=[\boldsymbol{\xi}(k+d)-\boldsymbol{\xi}^*(k+d)]^{\mathrm{T}}\boldsymbol{Q}[\boldsymbol{\xi}(k+d)-\boldsymbol{\xi}^*(k+d)]+\boldsymbol{u}(k)^{\mathrm{T}}\boldsymbol{R}\boldsymbol{u}(k)+\Delta\boldsymbol{u}(k)^{\mathrm{T}}\boldsymbol{R}_D\Delta\boldsymbol{u}(k) \tag{14.41}$$

并求得此时的最优控制解 $\boldsymbol{u}(k)$ 为

$$\boldsymbol{u}(k)=-[\boldsymbol{B}^{\mathrm{T}}(k)\boldsymbol{Q}\boldsymbol{B}(k)+\boldsymbol{R}+\boldsymbol{R}_D]^{-1}\{\boldsymbol{B}^{\mathrm{T}}(k)\boldsymbol{Q}[(d+1)\boldsymbol{\xi}(k)-\boldsymbol{\xi}^*(k+d)-d\boldsymbol{x}(k-1)-d\boldsymbol{B}(k-d)\boldsymbol{u}(k-d)+\sum_{m=1}^{d-1}\boldsymbol{B}(k-m)\boldsymbol{u}(k-m)]-\boldsymbol{R}_D\boldsymbol{u}(k-1)\} \tag{14.42}$$

(3) 智能控制器:随着人工智能理论的发展,越来越多的人工智能方法如神经网络、模糊推理等与机器人视觉伺服技术紧密的结合在一起。人工智能在视觉伺服中的应用主要分为两类:一类是利用智能技术实现对机器人视觉空间到基坐标空间非线性映射关系的估计,如采用人工神经网络代替线性图像雅可比模型实现无标定视觉伺服[282-283],在13.3.3节介绍的基于模糊自适应卡尔曼滤波的显微图像雅可比矩阵辨识等。另一类采用智能控制方法代替传统的PID控制和状态空间最优控制来设计视觉伺服控制器,如用模糊控制器实现工业机械手的三个旋转关节视觉伺服控制[317],用模糊神经决策网络代替图像雅可比模型[318],根据图像空间特征误差直接控制机械手在世界坐标系中的运动量,用基于图像特征的开环模糊逻辑控制器引导机械手完成工件的自动识别与抓取操作[319],基于Takagi-Sugeno(T-S)模糊逻辑模型的视觉伺服控制方法[320],对机械手视觉小孔成像模型中的不确定性和时变性问题进行自适应控制,以及利用三层前向神经网络控制器对手眼协调过程中非线性影响进行补偿[321]等。

第13章已对显微图像雅可比矩阵的自适应辨识进行了详细讨论,实验表明微操作机械手IBVS视觉伺服性能的优劣主要取决于雅可比矩阵元素在线辨识的好坏。由于显微视觉成像关系相对固定、机械手运动范围受限,因此采用PID算法通常可以满足微装配视场中机械手两自由度定点运动与动态轨迹跟踪的视觉控制要求。结合14.3.2节对显微视觉伺服分时模型和机械手运动特征预测的讨论,定义某视觉伺服进程 t 在图像特征空间内的控制变量 $\tilde{\boldsymbol{\xi}}(t)$ 为机械手运动估计量 $\hat{\boldsymbol{\xi}}(t+\Delta t_1)$ 和目标运动估计量 $\hat{\boldsymbol{\xi}}^*(t+\Delta t_2)$ 之差:

$$\tilde{\boldsymbol{\xi}}(t)=\hat{\boldsymbol{\xi}}^*(t+\Delta t_2)-\hat{\boldsymbol{\xi}}(t+\Delta t_1) \tag{14.43}$$

式中,$\Delta t_1=t_{ac}+t_c+t_s+t_m$,$\Delta t_2=t_{ac}+t_c+t_s+2t_m$。由于显微视觉的视野有

限,为避免积分饱和使系统产生较大的控制输出从而导致机械手运动脱离视觉监测范围,采用积分分离 PID 控制律设计微操作机械手两自由度平面视觉控制器:

$$
\begin{aligned}
\boldsymbol{u}(t) &= \hat{\boldsymbol{J}}_v^{-1}(t) \cdot \boldsymbol{u}'(t) \\
&= \hat{\boldsymbol{J}}_v^{-1}(t) \cdot \left[\boldsymbol{K}_P \tilde{\boldsymbol{\xi}}(t) + \beta K_I \sum_{j=0}^{t} \tilde{\boldsymbol{\xi}}(j) T + K_D \frac{\tilde{\boldsymbol{\xi}}(t) - \tilde{\boldsymbol{\xi}}(t-1)}{T} \right]
\end{aligned}
\tag{14.44}
$$

式中:$\boldsymbol{u}(t)$ 为控制器在机械手任务空间的控制输出;$\hat{\boldsymbol{J}}_v(t)$ 为利用模糊自适应卡尔曼滤波技术实时辨识的显微图像雅可比矩阵。在 XY 平面视觉伺服中 $\hat{\boldsymbol{J}}_v^{-1}(t)$ 存在,误差积分项的开关系数 β 为

$$
\beta = \begin{cases} 1, & |\tilde{\boldsymbol{\xi}}(t)| \leqslant \varepsilon \\ 0, & |\tilde{\boldsymbol{\xi}}(t)| > \varepsilon \end{cases}
\tag{14.45}
$$

式中,ε 为积分分离的误差阈值。

14.5 实验结果与分析

按照上述讨论的显微视觉伺服方法,首先引导机械手在垂直显微光路 XY 图像平面内分别执行二维定点运动、直线轨迹跟踪和圆周轨迹跟踪。设定视觉伺服周期为 100ms(即 $t_p = 100\text{ms}$),视觉图像计算与控制由系统主机控制软件完成,采用 VC++和 Matlab 混合编程方式,前台 VC 程序实现显微图像预处理、机械手图像特征提取和运动控制,后台 Matlab 计算引擎完成显微图像雅可比矩阵的自适应辨识、机械手运动轨迹预测和视觉控制计算。

控制机械手在 2 倍和 4 倍显微光学放大倍数下执行平面定点运动,起始位置任意给定,期望目标位置在坐标(200,300)处。根据显微测微尺标定结果,2 倍物镜下的显微图像分辨率 μ_x、μ_y 分别为 5.784μm/像素和 5.621μm/像素,4 倍物镜对应为 2.887μm/像素和 2.805μm/像素,因此设定机械手在 2 倍和 4 倍光学放大倍数下的运动步长分别为 5μm 和 2.5μm,速度为 1.25mm/s。机械手视觉伺服定位结果如图 14.7 所示,X、Y 两方向的最终定位误差均在 1 个像素以内。

假设被跟踪目标在 XY 图像平面内做匀速直线运动,期望运动轨迹为 $y = 5(x-100)/3+120$,目标运动方程由下式描述:

$$
\begin{bmatrix} x \\ y \end{bmatrix} = \begin{bmatrix} 30 \\ 50 \end{bmatrix} \cdot t + \begin{bmatrix} 100 \\ 120 \end{bmatrix}
\tag{14.46}
$$

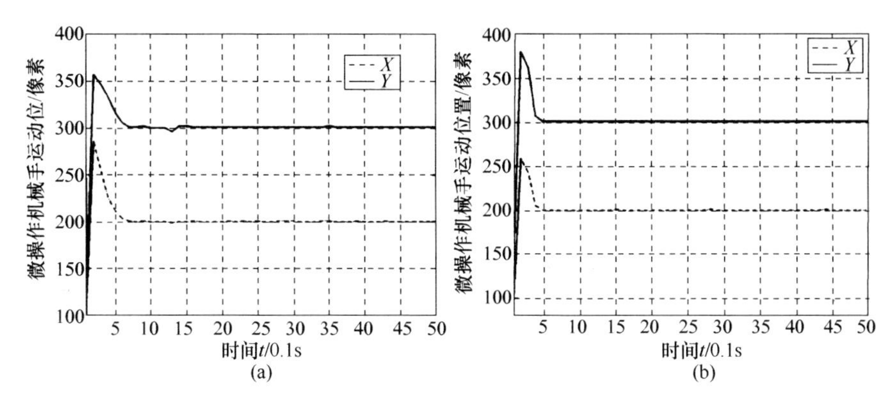

图 14.7　微操作机械手 XY 平面定点运动

(a) 2 倍物镜；(b) 4 倍物镜。

控制机械手在 XY 平面内执行直线轨迹跟踪运动，视觉光学放大倍数设定为 2 倍，运动步长 5μm，速度为 1.25mm/s，机械手起始位置为点 A(181,225)，目标终止位置为点 B(190,270)。机械手视觉伺服结果如图 14.8 所示，图 14.8(a)为

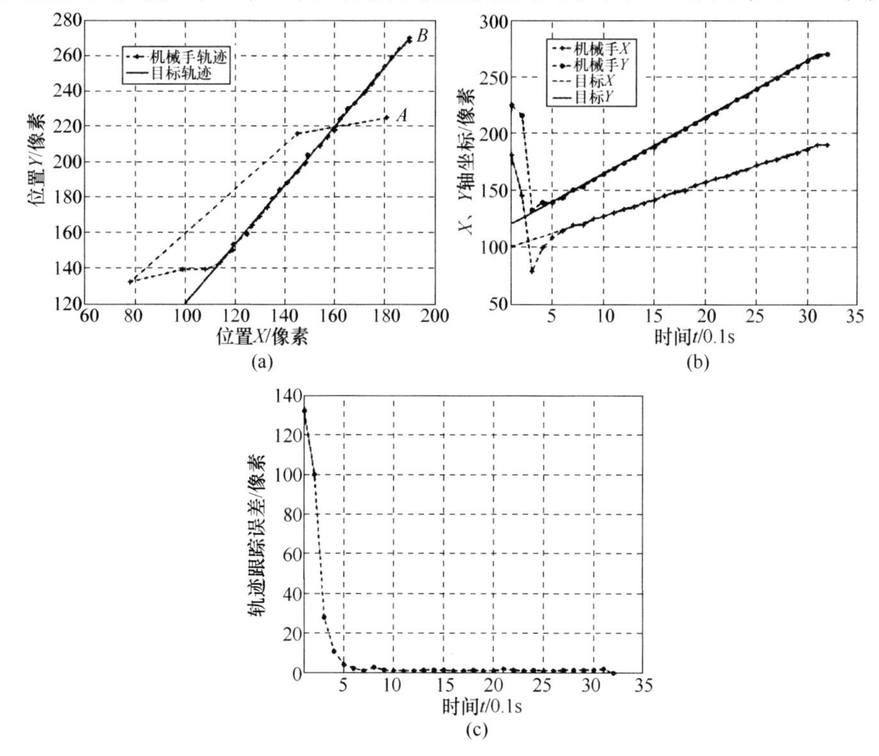

图 14.8　微操作机械手直线轨迹跟踪

(a) XY 平面跟踪轨迹；(b) 机械手位置坐标跟踪；(c) 直线轨迹跟踪误差。

机械手和被跟踪目标的平面运动轨迹；图14.8(b)为机械手XY位置坐标伺服跟踪结果；图14.8(c)为机械手直线轨迹跟踪误差。机械手在经历9个伺服周期(0.9s)后实现稳定的直线轨迹跟踪，跟踪误差$\|\tilde{\xi}\|$小于等于2个像素。

控制机械手在XY平面内跟踪圆周轨迹，目标运动方程由下式描述：

$$\begin{cases} x = 200 + 100 \cdot \cos(\pi t/3) \\ x = 200 + 100 \cdot \sin(\pi t/3) \end{cases} \tag{14.47}$$

视觉光学放大倍数设定为2倍，机械手运动步长仍为5μm，速度为1.25mm/s，机械手起始位置为点$A(179,208)$，目标终止位置为点$B(250,250)$。实验结果如图14.9所示，图14.9(a)为机械手平面运动轨迹；图14.9(b)为机械手XY位置坐标伺服跟踪结果；图14.9(c)为机械手圆周轨迹跟踪误差，机械手在经历21个伺服周期(2.1s)后可以实现稳定的圆周轨迹跟踪，跟踪误差$\|\tilde{\xi}\|$小于等于4个像素。

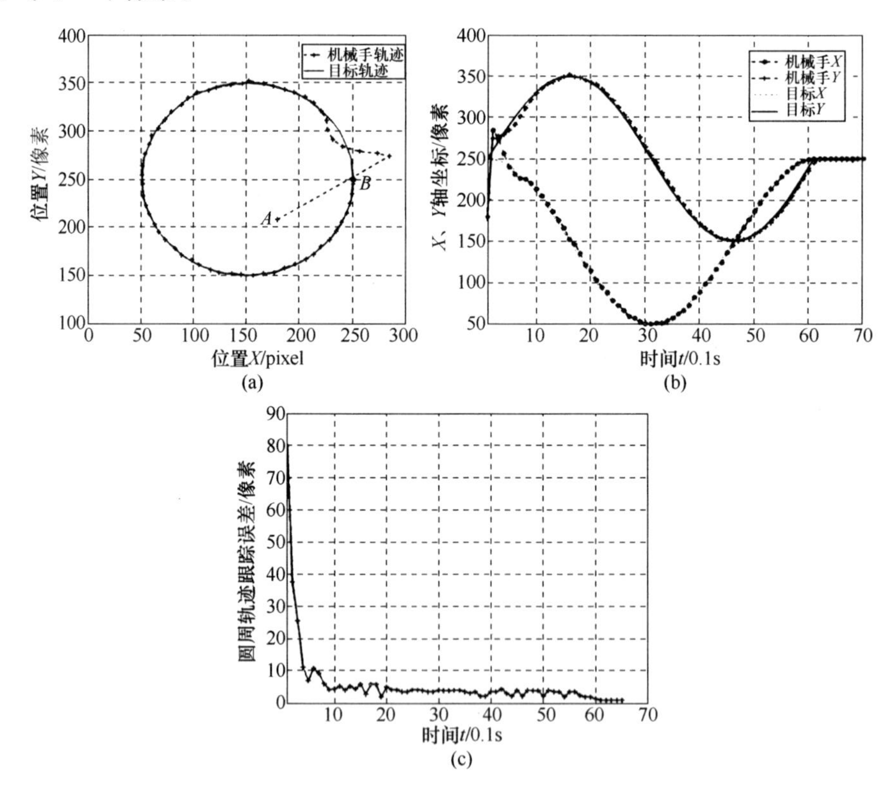

图14.9　微操作机械手圆周轨迹跟踪

(a) XY平面跟踪轨迹；(b) 机械手位置坐标跟踪；(c) 圆周轨迹跟踪误差。

根据微装配作业特点和显微光学成像性质,将微操作机械手三维微装配运动分解成一维显微聚焦深度运动和二维 IBVS 平面视觉伺服运动,因此机械手三维无标定显微视觉伺服的实验结果和控制精度取决于上述两个子运动的执行效果。例如,微装配工艺要求机械手在柱形微零件的圆周端面执行三维涂胶运动,如图 14.10 所示,机械手先由粗 - 精两级微装配深度视觉伺服方法引导其运动到零件端面所在的深度位置,再根据零件圆心位置、半径大小等参数执行 *XY* 平面圆周轨迹伺服跟踪,机械手三维运动的实验结果如图 14.11 所示[216]。

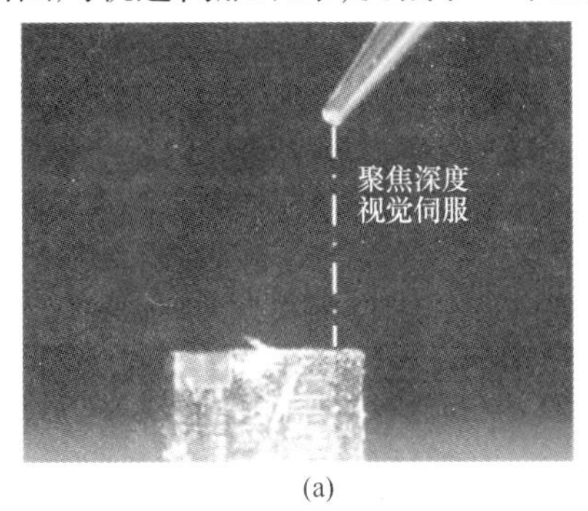

(a)

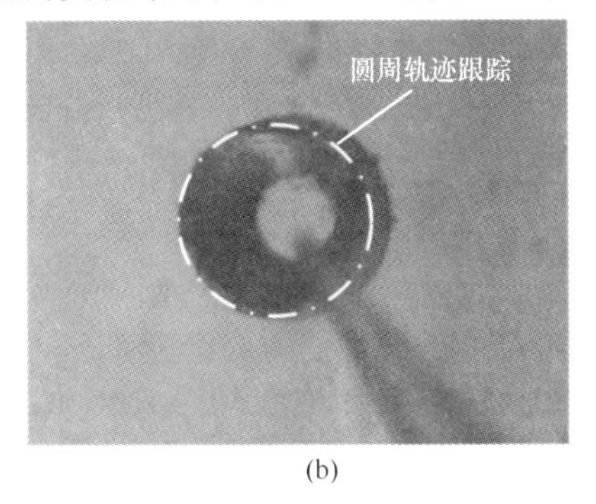

(b)

图 14.10　微零件端面涂胶作业

(a) 水平显微图像;(b) 垂直显微图像。

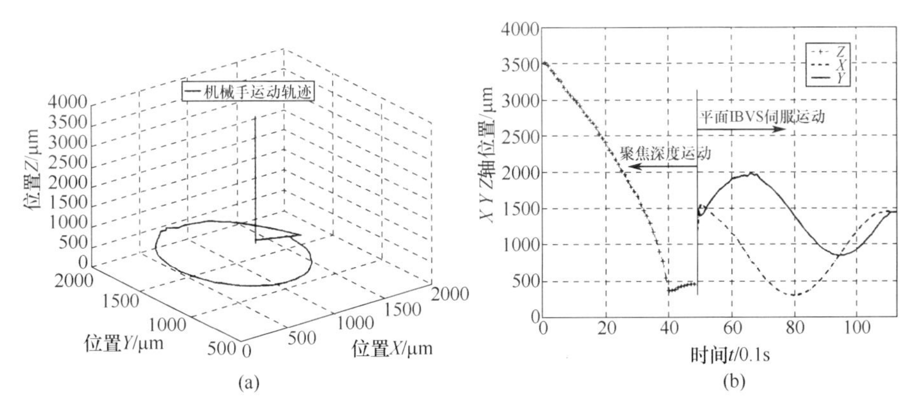

(a)　　(b)

图 14.11　三维涂胶运动视觉伺服实验

(a) 微装配空间三维运动轨迹;(b) 机械手 *XYZ* 位置坐标。

对比分析上述二维平面定点、直线轨迹跟踪、圆周轨迹跟踪和三维涂胶运动的实验结果可知,影响机械手无标定显微视觉伺服误差的主要因素源于以下几个方面:

(1) 显微图像雅可比矩阵的自适应辨识。雅可比矩阵在线估计精确与否是影响显微视觉伺服的决定性因素。在上述实验结果中,视觉伺服开始初期机械手

位置均出现较大偏差，这主要是由于雅可比矩阵实时辨识结果$\hat{\boldsymbol{J}}_v(t)$没有得到很好的收敛而造成。为避免发散的辨识结果给机械手伺服控制造成不可预计的干扰，控制过程中需要借助模糊自适应 Kalman 滤波的新息协方差误差范数$\|D_v(k)\|$对辨识状态进行实时判断。

（2）视觉伺服时延补偿预测模型。为了补偿视觉时延和运动时延对机械手运动控制的影响，视觉控制器中采用轨迹预测量进行控制，因此机械手位置伺服的结果与轨迹预测模型的精度有关。在双缓冲区并行分时模型的基础上，采用基于多项式拟合的最小二乘估计对机械手运动和目标运动进行预测，该方法在机械手和目标运动较慢、轨迹光滑的前提下可以得到比较好的预测结果。但是在应用中，有必要研究更具普适性的机械手运动预测模型，提高位置预测精度。

（3）视觉图像计算与特征提取。视觉伺服以显微图像特征构成误差反馈，因此视觉控制器的控制精度与图像特征的分辨率有关，例如在 2 倍物镜下图像 x 方向的控制精度最高也只能达到$\mu_x = 5.784\mu m$/像素。通过增大显微视觉的光学放大倍数可以提高视觉分辨率，但是显微观测视野也相应缩小，这是宏－微装配中的一对典型矛盾。此外，微装配视场中目标成像质量与环境照明条件也有很大的关系。这些问题的解决有赖于对显微视觉光路结构的改进与完善。

14.6　本章小结

显微视觉伺服是目前实现机器人化微装配的主要控制手段。本章根据微装配作业特点和显微光学成像性质，介绍了适用于正交双光路立体显微视觉结构的微操作机械手三维无标定视觉伺服方法。对基于图像雅可比模型的 IBVS 显微视觉伺服稳定性问题进行了讨论，分析了机械手视觉伺服控制中的时延因素，建立了一种双缓冲区并行视觉伺服分时模型，并在此基础上采用基于多项式拟合的最小二乘估计对机械手和目标运动轨迹进行预测，利用预测量设计机械手 PID 视觉控制器。根据上述方法进行了机械手二维平面定点、直线轨迹跟踪、圆周轨迹跟踪和三维涂胶运动实验，给出了实验结果，同时分析了导致视觉伺服误差的主要因素和需要进一步改进的方向。

参 考 文 献

[1] 黄心汉. 智能机器人:21 世纪科技皇冠上的璀璨明珠[J]. 科技导报,2015, 21:9 - 15.

[2] 比尔·盖茨. 家家都有机器人[J]. 环球科学,2007 年第 2 期封面文章.

[3] FEYNMAN R P. There is plenty of room at the bottom [J]. Journal of Microelectromechanical Systems, 1992, 1(1): 60 - 66.

[4] YANG G, GAINES J A, NELSON B J. A supervisory wafer - level 3D microassembly system for hybrid MEMS fabrication [J]. Journal of Intelligent and Robotic Systems, 2003, 37(4): 43 - 68.

[5] FEDDEMA T, SIMON R W. Visual servoing and CAD - driven microassembly [J]. IEEE Robotics and Automation Magazine, 1998, 5(4): 18 - 24.

[6] YANG G. Scale - based integrated microscopic computer vision techniques for micromanipulation and microassembly [D]. Minnesota: University of Minnesota, 2004.

[7] 宗光华, 孙明磊, 毕树生等. 宏 - 微操作结合的自动微装配系统[J]. 中国机械工程, 2005, 16(23): 2125 - 2130.

[8] NELSON B J, ZHOU Y, VIKRAMADITYA B. Sensor - based microassembly of hybrid MEMS devices [J]. IEEE Control Systems, 1998, 18(6): 35 - 45.

[9] HATAMURA Y, MORISHITA H. Direct coupling system between nanometer world and human world[C]. Proc. of IEEE Micro Electro Mechanical System, 1990. Napa Vallay, USA. 203 - 208.

[10] MORISHITA H, HATAMURA Y. Development of ultra micro manipulator system under stereo SEM observation[C]. Proc. of IEEE/RSJ Int. Conf. Intelligent Robots and Systems, 1993. Yokohama, Japan. 1717 - 1721.

[11] SATO T, KOYANO K, NAKAO M, HATAMURA Y. Novel manipulator for micro object handling as interface between micro and human worlds[C]. Proc. of IEEE/RSJ Int. Conf. Intelligent Robots and Systems, 1993. Yokohama, Japan. 1674 - 1681.

[12] KOYANO K, SATO T. Micro object handling system with concentrated visual fields and new handling skills [C]. Proc. of IEEE Int. Conf. Robotics and Automation, 1996. Minnesota, USA. 2541 - 2548.

[13] ADITYA N DAS, RAKESH MURTHY, DAN O POPA et al. A Multiscale Assembly and Packaging System for Manufacturing of Complex Micro - Nano Devices [J]. IEEE Transactions on automa tion science and engineering, 2012, 9(1): 160 - 170.

[14] BO CHANG, MIRVA JÄÄSKELÄINEN, QUAN ZHOU. Hybrid Micro Assembly of Microchips on Segmented Patterns[C]. IEEE Conference on Automation Science and Engineering, August 21 - 24, 2010. Toronto, Ontario, Canada. 15 - 20.

[15] FUKUDA T, FUJIYOSHI M, KOSUGE K, et al. Design and dextrous control of micromanipulator with 6 DOF[C]. Proc. of 1991 IEEE Int. Conf. on Robotics and Automation, 1991. Sacramento, USA. 1628 - 1633.

[16] JOHANSSON S. Hybrid techniques in microrobotics[C]. Proc. of 1st IARP Workshop on micro robotics and systems, 1993. Karsruhe, Germany. 72 - 83.

[17] CODOUREY A,ZESCH W,BUCHI R,SIEGWART R. A robot system for automated handling in micro - world[C]. Proc. of IEEE/RSJ Int. Conf. Intelligent Robots and Systems, 1995. Pittsburgh, USA. 185 - 190.

[18] CODOUREY A,ROGRIGUEZ M,PAPPAS I. A task - oriented teleoperation system for assembly in the microworld[C]. Proc. of IEEE Int. Conf. Advanced Robotics, 1997. Monterey, USA. 235 - 240.

[19] FATIKOW S,SEYFRIED J,FAHLBUSCH S, et al. A flexible microrobot - based microassembly station [J]. Journal of Intelligent & Robotic System, 2000, 27: 135 - 169.

[20] SCHMOECKEL F,FATIKOW S. Smart flexible microrobots for SEM applications [J]. Journal of Intelligent Material Systems and Structures, 2000, 11(3): 191 - 198.

[21] SCHMOECKEL F,FAHLBUSCH S,SEYFRIED J, et al. Development of a microrobot - based micromanipulation cell in an SEM[C]. Proc. of SPIE Int. Symposium on Intelligent Systems, 2000. Boston, USA. 129 - 140.

[22] YU S,NELSON B J. Microrobotic cell injection[C]. Proc. of IEEE Int. Conf. Robotics and Automation, 2001. Seoul, Korea. 620 - 625.

[23] SUN Y,POTASEK D P,PIYABONGKARN D, et al. Actively servoed multi - axis microforce sensors[C]. Proc. of IEEE Int. Conf. Robotics and Automation, 2003. Taipei, Taiwan. 294 - 299.

[24] YESIN K B,NELSON B J. Robust CAD model based visual tracking for 3D microassembly using image space potentials[C]. Proc. of IEEE Int. Conf. Robotics and Automation. 2004. New Orieans, USA. 1868 - 1873.

[25] VIKRAMADITYA B,LORD J. G,NELSON B J. Visually servoed micropositioning for assembly of hybrid MEMS: theory and experiments[C]. Proc. 36th Int. Conf. on Decision and Control, 1997. San Diego, USA. 96 - 101.

[26] RICHARD C MONTESANTI. Lessons from Building Fusion Ignition Targets with the Precision[R]. Presentation to19th Target Fabrication Meeting, February 22, 2010. LLNL - PRES - 423 - 637.

[27] 毕树生，宗光华，赵玮，张建勋. 生物工程中的微操作机器人系统[J]. 高技术通讯，1998，8(11)：53 - 57.

[28] 卢桂章，张建勋，赵新. 面向生物工程实验的微操作机器人[J]. 南开大学学报(自然科学)，1999，32(3)：42 - 46.

[29] 李银妹，楼立人，操传顺，王浩威等. 细胞激光微操作系统[J]. 细胞生物学杂志，1999，21(2)：67 - 70.

[30] 赵玮，于靖军，毕树生，宗光华. 串并联微操作机器人系统的研究[J]. 北京航空航天大学学报，2001，27(6)：623 - 627.

[31] 毕树生，宗光华. 微操作机器人系统的研究开发[J]. 中国机械工程，1999，10(9)：1024 - 1027.

[32] 孙立宁，孙绍云，荣伟彬，蔡鹤皋. 基于 PZT 的宏/微驱动机器人研究[J]. 哈尔滨工业大学学报，2004，36(1)：16 - 19.

[33] 孙立宁，王振华，曲东升，王建国等. 六自由度压电驱动并联微动机构设计与分析[J]. 压电与声光，2003，25(4)：277 - 286.

[34] 孙立宁，董为，杜志江. 宏/微双重驱动机器人系统的研究现状与关键技术[J]. 中国机械工程，

2005, 16(1): 89 – 93.
[35] TIAN X J, LIU L Q, JIAO N D, et al. 3D nano forces sensing for an AFM based nanomanipulator[C]. Proc. of IEEE Int. Conf. Information Acquisition, 2004. Hefei, China. 208 – 212.
[36] TIAN X J, LIU L Q, JIAO N D, et al. A nanomanipulation system based on sample – scanning AFM[C]. Proc. of IEEE Int. Conf. Robotics and Biomimetrics, 2004. Shenyang, China. 589 – 594.
[37] HUANG X H, LV X D, WANG M. Development of a robot microassembly system with multi – manipulator cooperation[C]. Proc. IEEE Int. Conf. on Mechatronics and Automation, 2006. Luoyang, China. 1197 – 1201.
[38] YANG G, GAINES J A, NELSON B J. A flexible experimental workcell for efficient and reliable wafer – level 3D microassembly[C]. Proc. of IEEE Int. Conf. Robotics and Automation, 2001. Seoul, Korea. 133 – 138.
[39] MEHREGANY M, BART S F, TAVROW L S. A study of three microfabricated variable capacitance motors [J]. Sensors and Actuators, 1990, 21(23): 173 – 179.
[40] 李海军，杨拥军. 大位移低电压驱动 MEMS 静电梳齿驱动器的设计与研究[J]. 微纳米电子技术, 2002, 39(7): 27 – 30.
[41] GUCKEL H, CHRISTENSON T R, Skrobis K J, et al. A first functional current excited planar rotational magnetic micromotor[C]. Proc. of IEEE MEMS Workshop, 1993. Fort Lauderdale, USA. 7 – 11.
[42] YE X Y, HUANG Y, ZHOU Z Y, et al. A magnetic levitation actuator for micro – assembly[C]. Proc. of Int. Conf. Solid – State Sensors and Actuators, 1997. Chicago, USA. 797 – 799.
[43] GOLDFARB M, CELANOVIC N. Modeling piezoelectric stack actuators for control of micromanipulation [J]. IEEE Control System Magazine, 1997, 17(3): 69 – 79.
[44] FATIKOW S, SANTA K, ZOLLNER J, et al. Flexible piezoelectric micromanipulation robots for a microassembly desktop system[C]. Proc. of IEEE Int. Conf. Robotics and Automation, 1997. Monterey, USA. 242 – 246.
[45] IKUTA K. Micro/miniature shape memory alloy actuator[C]. Proc. of IEEE Int. Conf. Robotics and Automation, 1990. Los Alamitos, USA. 2156 – 2161.
[46] 李明东，马培荪，储金荻. 适用于有限空间的微型形状记忆合金丝驱动器[J]. 上海交通大学学报, 2000, 34(3): 366 – 369.
[47] KOZUKA T, TUZIUTI T, MITOME H, et al. Three – dimensional acoustic micromanipulation using four ultrasonic transducers[C]. Proc. of IEEE Int. Sym. Micromechatronics and Human Science, 2000. Nagoya, Japan. 201 – 206.
[48] 毕树生，宗光华，张体娟. 并联微操作机构的研究与应用[J]. 高技术通讯, 2001, 11(2): 107 – 110.
[49] 毕树生，宗光华. 柔性铰链微操作机构的误差源分析[J]. 机械科学与技术, 2003, 22(4): 591 – 594.
[50] TANIKAWA T, ARAI T. Development of a micro – manipulation system having a two – fingered micro – hand [J]. IEEE Trans. Robotics and Automation, 1999, 15(1): 152 – 162.
[51] LEE S H, LEE K C, LEE S S, et al. Fabrication of an electrothermally actuated electrostatic microgripper [C]. Proc. of 12th Int. Conf. Transducers, Solid – state Sensors, Actuators and Microsystems, 2003. Boston, USA. 552 – 555.

[52] MENCIASSI A,HANNAFORD B,CARROZZA M C, et al. 4 - axis electromagnetic microgripper[C]. Proc. of IEEE Int. Conf. Robotics and Automation, 1999. Detroit, USA. 2899 - 2904.

[53] ZHANG H,BELLOUARD Y,BURDET E, et al. Shaper memory alloy microgripper for robotic microassembly of tissue engineering scaffolds[C]. Proc. of IEEE Int. Conf. Robotics and Automation, 2004. New Orieans, USA. 4918 - 4924.

[54] HADDAB Y,CHAILLET N,BOURJAULT A. A microgripper using smart piezoelectric actuators[C]. Proc. of IEEE/RSJ Int. Conf. Intelligent Robots and Systems, 2000. Takamastu, Japan. 659 - 664.

[55] ARAI F,ANDOU D,NONNODA Y,FUKUDA T, et al. Integrated microendeffector for micromanipulation [J]. IEEE Trans. on Mechatronics, 1998, 3(1): 17 - 23.

[56] HUANG X H,CAI J H,WANG M,LV X D. A piezoelectric bimorh microgripper with micro - force sensing [C]. Proc. of IEEE Int. Conf. on Information Acquisition, 2005. Hong Kong, China. 145 - 149.

[57] ZESCH W,BRUNNER M,WEBER A. Vacuum tool for handling microobjects with a nanorobot[C]. Proc. of IEEE Int. Conf. Robotics and Automation, Albuquerque, 1997. New Mexico, USA. 1761 - 1766.

[58] 黄心汉, 刘畅, 王敏. 一种全自动真空吸附式微夹持器[J]. 智能技术学报,2011(2): 36 - 43.

[59] HUTCHINSON S,HAGER G D,CORKE P I. A tutorial on visual servo control [J]. IEEE Trans. on Robotics and Automation, 1996, 12(5): 651 - 670.

[60] 林靖, 陈辉堂, 王月娟. 机器人视觉伺服系统的研究[J]. 控制理论与应用, 2000, 17(2): 476 - 481.

[61] 赵清杰, 连广宇, 孙增圻. 机器人视觉伺服综述[J]. 控制与决策, 2001, 16(6): 849 - 853.

[62] 王麟昆, 徐德, 谭民. 机器人视觉伺服研究进展[J]. 机器人, 2004, 26(3): 277 - 282.

[63] HILL J,PARK W T. Real time control of a robot with a mobile camera[C]. Proc. 9th Int. Symposium on Industrial Robots, 1979. Washington, USA. 233 ~ 246.

[64] WEISS L E. Dynamic visual servo control of robots: an adaptive image - based approach [D]. Pittsburgh: Carnegie - Mellon University, 1984.

[65] 钟金明, 徐刚, 张海波. 机器人视觉伺服系统的研究与发展[J]. 现代制造工程, 2005, 10(8): 7 - 10.

[66] HOLLINGHURST N,CIPOLLA R. Uncalibrated stereo hand eye coordination [J]. Image and Vision Computing, 1994, 12(3): 187 - 192.

[67] ESPIAU B,CHAUMETTE F,RIVES P. A new approach to visual servoing in robotics [J]. IEEE Trans. Robot Automat, 1992, 8(3): 313 - 326.

[68] WIJESOMA S,WOLFE D,RICHARDS R. Eye - to - hand coordination for vision - guided robot control applications [J]. International Journal of Robotics Research, 1993, 12(1): 65 - 78.

[69] WEISS L E,ANDERSON A C,NEUMAN C P. Dynamic sensor based control of robotics with visual feedback [J]. IEEE Trans. on Robotics and Automation, 1987, 3(5): 404 ~ 417.

[70] PAPANIKOLOPOULOS N P,KHOSLA P K. Adaptive robot visual tracking: theory and experiments [J]. IEEE Trans. on Automat. Contr. , 1993, 38(3): 429 - 445.

[71] PAPANIKOLOPOULOS N P,KHOSLA P K,KANADE T. Visual tracking of a moving target by a camera on a robot: a combination of vision and control [J]. IEEE Trans. on Robot Automat, 1993, 9(1): 14 - 35.

[72] MALIS E,CHAUMETTE F,BOUDET F. 2 - 1/2 - D visual serving [J]. IEEE Trans. on Robotics and Automation, 1999, 15(2): 238 - 250.

[73] MALIS E,CHAUMETTE F. Theoretical improvements in the stability analysis of a new class of model – free visual servoing methods [J]. IEEE Trans. on Robot Automat, 2002, 18(2): 176 –186.

[74] SATO T,KAMEYA T,MIYAZAKI H, et al. Hand – eye system in nano manipulation world[C]. Proc. of IEEE Int. Conf. Robotics and Automation, 1995. Nagoya, Japan. 59 –66.

[75] PAPPAS I,CODOUREY A. Visual control of a microrobot operating under a microscope[C]. Proc. of IEEE/RSJ Int. Conf. on Intelligent Robot and Systems, 1996. Osaka, Japan. 993 –1000.

[76] RODRIGUEZ M,CODOUREY A,PAPPAS I. Field experiences on the implementation of a graphical user interface in microrobotics[C]. Proc. of SPIE Conf. on Microrobotics: Components and Applications, 1996. Boston, USA. 196 –201.

[77] RODRIGUEZ M,CODOUREY A. Graphical user interface to manipulate objects in the micro world with a high precision robot[C]. Proc. of IEEE Int. Conf. Robotics and Automation, 1997. Albuquerque, USA. 3031 –3036.

[78] SULZMAN A,BREGUET H M, Jacot J. Microvision system (MVS): a 3D computer graphic – based microrobot telemanipulation and position feedback by vision[C]. Proc. of SPIE Conf. on Microrobotics and Microassembly, 1995. Philadelphia, USA. 38 –49.

[79] SULZMAN A,BREGUET H M,JACOT J. Micromotor assembly using high accurate optical vision feedback for microrobot relative 3D displacement in submicron range[C]. Proc. of Int. Conf. on Solid – State Sensors and Actuators, 1997. Chicago, USA. 279 –282.

[80] FATIKOW S,BUERKLE A,SEYFRIED F. Automatic control system of a microrobot – based microassembly station using computer vision[C]. Proc. of SPIE Int. Symposium on Intelligent Systems and Advanced Manufacturing, 1999. Boston, USA. 11 –22.

[81] PARVIN B CALLAHAN D E,JOHNSTON W, et al. Visual servoing for micro – manipulation[C]. Proc. of IEEE Int. Conf. Pattern Recognition, 1996. Vienna, Austria. 341 –345.

[82] FEDDEMA J T,SIMON R W. CAD – Driven Microassembly and Visual Servoing[C]. Proc. of IEEE Int. Conf. on Robotics and Automation, 1998. Leuven, Belgium. 1212 –1219.

[83] FERREIRA A,CASSIER C ,HIRAI S. Automatic microassembly system assisted by vision servoing and virtual reality [J]. IEEE Trans. on Mechatronics, 2004, 9(2): 321 –333.

[84] VIKRAMADITYA B,NELSON B J. Visually guided microassembly using optical microscopes and active vision techniques[C]. Proc. of IEEE Int. Conf. on Robot Automat, 1997. Albuquerque, USA. 850 –860.

[85] ZHOU Y,NELSON B J. Calibration of a parametric model of an optical microscope [J]. Optical Engineering, 1999, 38(12): 1988 –1995.

[86] ZHOU Y,NELSON B J, Vikramaditya B. Fusing force and vision feedback for micromanipulation[C]. Proc. of IEEE Int. Conf. on Robotics and Automation, 1998. Leuven, Belgium. 1220 –1225.

[87] RALIS S J, NELSON B J, VIKRAMADITYA B. Micropositioning of a weakly calibrated microassembly sytem using coarse – to – fine visual servoing strategies [J]. IEEE Trans. on Electronics Packaging Manufacturing, 2000, 23(2): 123 ~131.

[88] MUKUNDAKRISHNAN B,NELSON B J. Micropart feature design for visually servoed microassembly[C]. Proc. of IEEE Int. Conf. on Robotics and Automation, 2000. San Francisco, USA. 965 –970.

[89] YANG G,GAINES J A,NELSON B J. Optomechatronic design of microassembly systems for manufacturing hybrid Microsystems [J]. IEEE Trans. on Industrial Electronics, 2005, 52(4): 1013 –1023.

[90] YANG G, NELSON B J. Wavelet – based autofocusing and unsupervised segmentation of microscopic images[C]. Proc. of IEEE/RSJ Int. Conf. on Intelligent Robots and Systems, 2003. Las Vegas, USA. 2143 – 2148.

[91] YANG G, NELSON B J. Micromanipualtion contact transition control by selective focusing and microforce control[C]. Proc. of IEEE Int. Conf. Robotic and Automation, 2003. Taipei. Taiwan. 3200 – 3206.

[92] YESIN K B, NELSON B J. A CAD model based tracking system for visually guided microassembly [J]. Robotica, 2005, 23(4): 409 – 418.

[93] GREMINGER M A, NELSON B J. Modeling elastic objects with neural networks for vision – based force measurement[C]. Proc. of IEEE/RSJ Int. Conf. on Intelligent Robots and Systems, 2003. Las Vegas, USA. 1278 – 1283.

[94] GREMINGER M A, NELSON B J. Vision – based force measurement [J]. IEEE Trans. Pattern Analysis and Machine Intelligence, 2005, 26(3): 290 – 298.

[95] 赵玮，宗光华，毕树生. 微操作机器人的视觉伺服控制[J]. 机器人，2001，23(2)：146 – 151.

[96] HUANG XINHAN, MAO SHANGQIN, WANG MIN. A Novel Visual Servoing Microassembly System[C]. Proc. of 2012 IEEE 2nd International Conference on Cloud Computing and Intelligence Systems, Volume Ⅱ, 2012. Hangzhou, China. 966 – 970.

[97] HUANG XINHAN, ZENG XIANGJIN, WANG MIN. The Uncalibrated Microscope Visual Servoing for Micromanipulation Robotic System [M]. Chapter 3 of Visual Servoing Edited by Rong – Fong Fung, Published by Intech, Printed in India, April 2010: 53 – 76.

[98] 谢晖，孙立宁，荣伟彬. 基于改进 Smith 预估器的显微视觉伺服[J]. 光学精密工程，2006，14(2)：287 – 290.

[99] 席文明，朱剑英. 基于分层神经网络的微装配全局 – 局部视觉伺服研究[J]. 机械工程学报，2002，38(10)：139 – 143.

[100] 黄心汉. 微装配机器人系统研究与实现[J]. 华中科技大学学报，2011，39(增刊Ⅱ)：418 – 422.

[101] STEWART D. A Plat form with Six Degrees of Freedom[C]. Proc. of Inst. Mech. Eng., 1965. 371 – 3860.

[102] HUNT K H. Structural kinematics of in – parallel – actuated robot arms [J]. Trans. ASME J. of Mech. Trans. and Auto. In Design, 1983, 105: 705 – 712.

[103] 毕树生，宗光华，张体娟. 并联微操作机构的研究与应用[J]. 高技术通讯，2001，11(2)：107 – 110.

[104] KHATIB O. Inertial Properties in Robotic Manipulation: An Object – Level Framework [J]. International Journal of Robotics Research, 1995, 14(1): 19 – 36.

[105] YAMAGATA Y, YUTAKA, HIGUCHI T. A micro positioning device for precision automatic assembly using impact force of piezoelectric elements[C]. Proc. of the IEEE Int. Conf. on Robotics and Automation, 1995. IEEE: 1(5): 666 – 671.

[106] MORITA T, YOSHIDA R, OKAMOTO Y et al. A smooth impact rotation motor using a multi – layered torsional piezoelectric actuator [J]. IEEE Trans. on Ultrasonics, Ferroelectrics and Frequency Control, 1999, 46(6): 1439 – 1445.

[107] PAPPAS I, Codourey A. Visual control of a microrobot operating under a microscope[C]. Proc. of IEEE/RSJ Int. Conf. on Intelligent Robot and Systems, 1996. Osaka, Japan. 993 – 1000.

[108] YAMAMOTO H,SANO T. Study of micromanipulation using stereoscopic microscope [J]. IEEE Trans. on Instrumentation and Measurement, 2002, 51(2): 182 - 187.

[109] PETL B R. Advanced conception device input for 3D display [J]. Three - dimensional Imaging and Remote Sensing Imaging, 1998, 9(2):59 - 63.

[110] 黄心汉, 王敏, 彭刚, 等. 面向靶装配的微操作机器人研究[J]. 计算机科学, 2002, 29(10): 133 - 136.

[111] 吕遐东, 黄心汉. 一种面向微装配机器人的显微视觉伺服控制结构[J]. 智能技术,2006, 1(3): 45 - 48.

[112] 杨坤,黄心汉,毛尚勤. 基于四层架构的微装配机器人控制软件设计[J]. 华中科技大学学报, 2013, 41(Sup. Ⅰ): 55 - 57.

[113] HUANG XINHAN,ZENG XIANGJIN,WU ZUYU, et al. Visual Servoing - based Autonomous 3 - D Micro - Manipulation of Micro - parts[C]. Proceedings of the Sino - European Workshop on Intelligent Robots and Systems, December 11 - 13, 2008. Chongqing, China. 50 - 56.

[114] BANERJEE S,PATHAK N,HALDER A. An improved average filtering technique based on statistical trust model[C]. Proc. of the 2010 3rd IEEE International Conference on Computer Science and Information Technology, July 9 - 11, 2010. Chengdu, China. 373 - 377.

[115] 冈萨雷斯. 数字图像处理 [M]. 北京:电子工业出版社, 2007.

[116] TOMASI C,MANDUCHI R. Bilateral Filtering for gray and color images[C]. IEEE Proc. of Sixth International Conference on Computer Vision, Jan.4 - 7, 1998. Bombay, India. 839 - 846.

[117] 段瑞玲, 李庆祥, 李玉和. 图像边缘检测方法研究综述[J]. 光学技术, 2005, 31(3): 415 - 419.

[118] LI CHAORONG,LI JIANPING,HUANG MINGQING. Alumina ceramic surface defect detection: Combining canny edge detector and contour - let transformation [J]. International Journal of Advancements in Computing Technology, 2012, 4(5): 131 - 140.

[119] XI JING,ZHANG JIZHONG. Edge detection from remote sensing images based on Canny operator and Hough transform [J]. Advances in Intelligent and Soft Computing, 2012, 141: 807 - 814.

[120] CANNY J. A computational approach to edge detection [J]. IEEE Trans. on Pattern Analysis and Machine Intelligence, 1986, 8(6): 679 - 698.

[121] CHATZIS V,PITAS I. A Generalized Fuzzy Mathematical Morphology and its Application in Robust 2D and 3D Object Representation [J]. IEEE Trans. on Image Processing, 2000, 9(10): 1798 - 1810.

[122] 邹柏贤, 林京壤. 图像轮廓提取方法研究[J]. 计算机工程与应用, 2008, 44(25):161 - 165.

[123] SEZGIN M,SANKUR B. Survey over image thresholding techniques and quantitative performance evaluation [J]. Journal of Electronic Imaging, 2004, 13(1):146 - 156.

[124] XIAO JINGZHONG,XIAO LI. Analysis and Improvement for K - Means Algorithm [J]. Applied Mechanics and Materials, 2011, 52 - 54: 176 - 180.

[125] LONG CHEN, C L Philip Chen. Gradient pre - shaped fuzzy C - means algorithm (Grad PFCM) for transparent membership function generation[C]. Proc. of IEEE 16th International Conference on Fuzzy Systems, June 1 - 6, 2008. Hong Kong, china. 428 - 433.

[126] HU M K. Visual Pattern recognition by moment invariants [J]. IEEE Trans. on Information Theory, 1962, 2(8): 170 - 179.

[127] FLUSSER J,SUK T. Pattern Recognition by Affine Moment Invariants [J]. Pattern Recognition, 1993,

26(1):167 - 174.

[128] RUBLEE E, RABAUD V, KONOLIGE K, et al. ORB: an efficient alternative to SIFT or SURF[C]. Proc. of 2011 IEEE International Conference on Computer Vision, November 6 - 13, 2011. Barcenola, Spain. 2564 - 2571.

[129] LOWE D G. Distinctive Image Features from Scale - Invariant Keypoints [J]. International Journal of Computer Vision, 2004, 60(2):91 - 110.

[130] HERBERT Bay, Andreas Ess, Tinne Tuytelaars, et al. Speeded - Up Robust Features (SURF) [J]. Computer Vision and Image Understanding, 2008, 110: 346 - 359.

[131] CORINNA CORTES, VLADIMIR VAPNIK. Support - vector networks [J]. Machine Learning, 1995, 20 (3): 273 - 297.

[132] HINTON G E, Osindero S and the Y. A fast learning algorithm for deep belief nets [J]. Neural Computation, 2006, 18: 1527 - 1554.

[133] HUBEL D H, WIESEL T N. Receptive fields and functional architecture of monkey striate cortex [J]. The Journal of Physiology, 1968, 195 (1): 215 - 243.

[134] FUKUSHIMA K, MIYAKE S, ITO T. Neocognitron: a neural network model for a mechanism of visual pattern recognition [M]. Neurocomputing: foundations of research, MIT Press, 1988: 826 - 834.

[135] LECUN Y, BOTTOU L, BENGIO Y, et al. Gradient - based learning applied to document recognition [J]. Proceedings of the IEEE, 1998, 86(11): 2278 - 2324.

[136] CIRESAN DAN, MEIER UELI, SCHMIDHUBER JÜRGEN. Multi - column deep neural networks for image classification[C]. Proc. of the IEEE Conference on Computer Vision and Pattern Recognition, June 2012. New York, USA. 3642 - 3649.

[137] KRIZHEVSKY A, SUTSKEVER I, HINTON G E. Image net classification with deep convolutional neural networks [J]. Neural Information Processing Systems, 2012, 25(2): 1097 - 1105.

[138] GIRSHICK R, DONAHUE J, DARRELL T, MALIK J. Rich feature hierarchies for accurate object detection and semantic segmentation[C]. Proc. of the IEEE conference on computer vision and pattern recognition, 2014. Columbus, USA. 580 - 587.

[139] HE K M, ZHANG X Y, REN S Q, SUN J. Spatial pyramid pooling in deep convolutional networks for visual recognition [J]. IEEE Trans. on Pattern Analysis and Machine Intelligence, 2015, 37(9):1904 - 1916.

[140] GIRSHICK, R. FAST R - CNN[C]. Proc. of the 2015 IEEE International Conference on Computer Vision, 2015. Santiago, Chile. 1440 - 1448.

[141] REN S, He K, GIRSHICK R, SUN J. Faster R - CNN: Towards real - time object detection with region proposal networks[C]. Proc. of Advances in neural information processing systems, 2015. Montreal, Canada. 91 - 99.

[142] REDMON J, DIVVALA S, GIRSHICK R, et al. You Only Look Once [J]. Unified Real - Time Object Detection, 2016: 779 - 788.

[143] MCCONNELL R K. Method of and apparatus for pattern recognition. US4567610 [P]. 1986.

[144] HE D C, WANG L. Texture unit texture spectrum and texture analysis [J]. IEEE Trans. on Geoscience and Remote Sensing, 1990, 28(4): 509 - 512.

[145] VIOLA P, JONES M. Rapid object detection using a boosted cascade of simple features[C]. Proc. of

Computer Vision and Pattern Recognition, December 8 - 14, 2001. Kauai, USA. 511 - 518.

[146] LOWE D G. Method and apparatus for identifying scale invariant features in an image and use of same for locating an object in an image. US6711293 [P]. 2004.

[147] SZEGEDY C, LIU W, JIA Y, et al. Going deeper with convolutions[C]. Proc. of the IEEE Conference - on Computer Vision and Pattern Recognition, 2015. Boston, USA. 1 - 9.

[148] FORSYTH D. Object Detection with Discriminatively Trained Part - Based Models [J]. IEEE Trans. on Pattern Analysis & Machine Intelligence, 2010, 32(9):1627 - 1645.

[149] LECUN Y, et al. Backpropagation applied to handwritten zip code recognition [J]. Neural computation, 1989, 1(4):541 - 551.

[150] 毛尚勤. 微操作系统的机器视觉与无标定视觉伺服研究[D]. 武汉：华中科技大学, 2013.

[151] DING S F, JIA W K, SU C Y, SHI Z Z. Research of Pattern Feature Extraction and Selection[C]. Proc. of Seventh International Conference on Machine Learning and Cybernetics, July 2008. Kunming, China. 466 - 471.

[152] ZEILER M D, FERGUS R. Visualizing and understanding convolutional networks [M]. New York: Springer International Publishing, 2014: 818 - 833.

[153] SIMONYAN K, ZISSERMAN A. Very Deep Convolutional Networks for Large - Scale Image Recognition [J]. arXiv preprint, arXiv, 2014:1409 - 1556.

[154] 于旭, 杨静, 谢志强. 虚拟样本生成技术研究[J]. 计算机科学, 2011(3):16 - 19.

[155] DAI W, YANG Q, XUE GR, et al. Boosting for transfer learning [J]. ICML, 2007, 238(6):1855 - 1862.

[156] LING X, DAI W, XUE GR, et al. Spectral domain - transfer learning[C]. Proc. of 14th ACM SIGKDD International Conference on Knowledge Discovery and Data Mining, August 2008. ACM Press, Las Vegas, Nevada. 488 - 496.

[157] DAI J, HE K, SUN J. Instance - aware Semantic Segmentation via Multi - task Network Cascades[C]. Proc. of the IEEE Conference on Computer Vision and Pattern Recognition, Jun 26 - Jul 1 2016. Las Vegas, NV, United States. 3150 - 3158

[158] 曾祥进, 黄心汉, 王敏. 不变矩的改进支持向量机在显微目标识别中的应用研究[J]. 机器人, 2009, 31(2): 118 - 123.

[159] 苏进. 基于神经网络的显微视觉多目标识别[D]. 武汉：华中科技大学, 2013.

[160] SU JIN, HUANG XINHAN, WANG MIN. Pose detection of partly covered target in micro - vision system [C]. Proc. of the 10th World Congress on Intelligent Control and Automation, July 6 - 8, 2012. Beijing, China. 4721 - 4725.

[161] 苏豪. 基于卷积神经网络的微装配系统多目标识别和姿态检测[D]. 武汉：华中科技大学, 2017.

[162] 祝宏, 曾祥进. Zernike 矩和最小二乘椭圆拟合的亚像素边缘提取[J]. 计算机工程与应用, 2011, 47(17):148 - 150.

[163] YOSINSKI J, CLUNE J, NGUYEN A, et al. Understanding Neural Networks Through Deep Visualization [J]. arXiv preprint arXiv, 2015:1506 - 06579.

[164] GLOROT X, BENGIO Y. Understanding the difficulty of training deep feedforward neural networks [J]. Journal of Machine Learning Research, 2010(9): 249 - 256.

[165] HUANG XINHAN, LIU CHANG AND WANG MING. An Automatic Vacuum Microgripper[C]. Proc. of

the 8th World Congress on Intelligent Control and Automation, July 6 -9, 2010, Jinan, China. 5528 - 5532.

[166] GRINSPAN A S, GNANAMOORTHY R. Impact force of low velocity liquid droplets measured using piezoelectric PVDF film [J]. Colloids and Surfaces A: Physicochemical and Engineering Aspects, 2010, 356 (1 -3): 162 -168.

[167] HAN HIRO, NAKAGAWA YUUSAKU, TAKAI YASUYUKI, et al. PVDF film micro fabrication for the robotics skin sensor having flexibility and high sensitivity[C]. Proc. of the 5th International Conference on Sensing Technology, Nov. 28 - Dec. 1, 2011. Palmerston, New Zealand. 603 -606.

[168] 蔡建华，黄心汉，吕遐东，王敏. 一种集成微力检测的压电式微夹钳[J]. 机器人, 2006, 28(1): 59 -64.

[169] LIU CHANG, HUANG XINHAN AND WANG MIN. Research on PZT Bimorph Microgripper System[C]. Proc. of the 8th World Congress on Intelligent Control and Automation, July 6 -9, 2010. Jinan, China. 5498 -5502.

[170] PENTLAND A P. A new sense for depth of field [J]. IEEE Trans. on Pattern Analysis and Machine Intelligence, 1987, 9(7): 523 -531.

[171] ENS J, LAWRENCE P. An investigation of methods for determining depth from focus [J]. IEEE Trans. on Pattern Analysis and Machine Intelligence, 1993, 15(2): 97 -107.

[172] HWANG T, CLARK J J, YUILLE A C. A depth recovery algorithm using defocus information[C]. In: Proc. of IEEE Conf. of Computer Vision and Pattern Recognition, June 1989. San Diego, USA. 561 - 566.

[173] RAYALA J, GUPTA S, MULLICK S K. Estimation of depth from defocus as polynomial system identification [J]. IEE Proc. - Vis. Image Signal Process, 2001, 148(5): 356 -362.

[174] ZIOU D, WANG S, VAILLANCOURT J. Depth from defocus using the hermite transform[C]. Proc. of IEEE Conf. on Image Processing, October 4 -7, 1998. Chicago, Illinois. 958 -962.

[175] RAJAGOPALAN A N, CHAUDHURI S. An MRF model - based approach to simultaneous recovery of depth and restoration from defocused images [J]. IEEE Trans. on Pattern Analysis and Machine Intelligence, 1999, 21(7): 577 -589.

[176] 吕遐东，黄心汉，王敏. 基于跟踪 - 微分器的微装配机器人深度运动散焦特征提取[J]. 哈尔滨工业大学学报, 2006, 38 (Sup): 1300 -1302.

[177] HORN B K P. Robot Vision [M]. New york: McGraw - Hill Book Company, 1986: 43 -55.

[178] TENENBAUM J M. Accommodation in computer vision [D]. Stanford: Stanford University, 1970.

[179] MULLER R A, BUFFINGTON A. Real - time correction of atmospherically degraded telescope images through image sharpening [J]. J. Opt. Soc. America, 1974, 64(9): 1200 -1210.

[180] JARVIS R A. Focus optimization criteria for computer image processing [J], Microscope, 1976, 24(2): 163 -180.

[181] 张建勋，薛大庆，卢桂章，等. 通过显微图像特征抽取获得微操作目标纵向信息[J]. 机器人, 2001, 23(1): 73 -77.

[182] 谢少荣，彭商贤，赵新，等. 基于虚拟显微镜技术的微操作工具 Z 方向定位方法研究[J]. 高技术通讯, 2001, 11(9): 72 -75.

[183] 赵新，余斌，李敏，等. 基于系统辨识的显微镜点扩散参数提取方法及应用[J]. 计算机学报,

2004, 27(1): 140 - 144.

[184] LV XIADONG, HUANG XINHAN, WANG MIN. Coarse - to - Fine Depth Estimation in Microassembly [C]. Proc. of 2003 CAS Symposium on Information Acquisition, Jun 26 - 27, 2003. Hefei, China. 267 - 273.

[185] 吕遐东, 黄心汉, 王敏. 基于散焦图像特征的微装配机器人深度运动显微视觉伺服[J]. 机器人, 2007, 29(4): 357 - 362.

[186] 董玮. 面向数控系统的智能伺服运动控制技术研究[D]. 武汉: 华中科技大学, 2003.

[187] HOSSAIN S A, HUSAIN I. Outer loop controller design of a switched reluctance motor driven system[C]. IEEE Conf. on Industry Applications, 2003, IEEE: 1 (1): 486 - 491.

[188] HO SEONG LEE, TOMIZUKA M. Robust motion controller design for high - accuracy positioning systems [J]. IEEE Trans. on Industrial Electronics, 1996, 43(1): 48 - 55.

[189] TUNG E D, TOMZIUKA M, URUSHISAKI Y. High - speed end miling using a feedforward control architecture [J], Trans ASME J. of Manufacturing Science and Engineering, 1996, 118(2): 178 - 187.

[190] ZHUANG M X, ATHERTON D P. Automation tuning of optimum PID controllers [J]. IEE Proceedings - D, 1993, 140(3): 216 - 224.

[191] RAHMAN M A, HOQUE M A. On - line adaptive artificial neural network based vector control of permanent magnet synchronous motors [J]. IEEE Trans. on Energy Conversion, 1998, 13(4): 311 - 318.

[192] SENJYU T, MIYAZATO H, YOKODA S, et al. Speed control of ultrasonic motors using neural network [J]. IEEE Trans. on Power Electronics, 1998, 13(3): 381 - 387.

[193] RUBAAI A, KOTARU R. Online identification and control of a DC motor using learning adaptation of neural networks [J]. IEEE Trans. on Industry Applications, 2000, 36(3): 935 - 942.

[194] GOU - JEN WANG, CHUAN - TZUENG FONG, CHANG K J. Neural - network - based self - tuning PI controller for precise motion control of PMAC motors [J]. IEEE Trans. on Industrial Electronics, 2001, 48(2): 408 - 415.

[195] 刘金琨. 先进 PID 控制及其 MATLAB 仿真[M]. 北京: 电子工业出版社, 2003.

[196] JAMES C, GUANRONG CHEN, HALUK O. Fuzzy PID controller: Design, performance evaluation, and stability analysis [J]. Information Sciences, 2000, 123(2): 249 - 270.

[197] SANEIFARD S, PRASAD N R, SMOLLECK H A, et al, Fuzzy - logic - based speed control of a shunt DC motor [J], IEEE Trans. on Education, 1998, 41(2): 159 - 164.

[198] UEZATO K. Position control of ultrasonic motors using MRAC and dead - zone compensation with fuzzy inference [J]. IEEE Trans. on Power Electronics, 2002, 17(2): 265 - 272.

[199] 陈国良. 微操作机器人关键技术研究[D]. 武汉: 华中科技大学, 2005.

[200] HORN B K, SCHUNCK B G. Determining optical flow [J]. Artificial Intelligence, 1981, 17(1 - 3): 185 - 203.

[201] HORN B K, SCHUNCK B G. The image flow constraint equation [J]. Computer Vision, Graphics and Image Processing, 1986, 35(3): 26 - 31.

[202] NAGEL H H. Displacement vectors derived from second order intensity variantions in image sequences [J]. Computer Vision, Graphics and Image Processing, 1983, 21(2): 85 - 117.

[203] LAI S H, VEMURI B C. Robust and efficient algorithms for optical flow computation[C]. Proc. of IEEE Int. Conf. Computer Vision, 1995. Cambridge, USA. 455 - 460.

[204] ADELSON E H, BERGEN J R. Spatiotemporal energy models for the perception of motion [J]. Journal of the Optical Society of America, 1985, 2(2): 284 - 299.

[205] SANGI P, HEIKKILA J, SILVEN O. Motion analysis using frame differences with spatial gradient measures [C]. Proc. of the 17th IEEE Int. Conf. on Pattern Recognition, August 2004. Cambridge, USA. 733 - 736.

[206] PICCARDI M. Background subtraction techniques: a review[C]. Proc. of 2004 IEEE Int. Conf. on Systems, Man and Cybernetics, 2004. Hague, Netherland. 3099 - 3104.

[207] WREN C R, AZARBAYEJANI A, Darrell T, et al. Pfinder: real - time tracking of the human body [J]. IEEE Trans. on Pattern Anal and Machine Intelligence, 1997, 19(7): 780 - 785.

[208] STAUFFER C, GRIMSON W E L. Adaptive background mixture models for real - time tracking[C]. Proc. of 1999 IEEE Int. Conf. Computer Vision and Pattern Recognition, June 23 - 25, 1999. Collins, USA. 246 - 252.

[209] CUCCHIARA R, GRANA G, PICCARDI M, PRATI A. Detecting moving objects, ghosts, and shadows in video streams [J]. IEEE Trans. on Pattern Ananlysis and Machine Intelligence, 2003, 25(10): 1337 - 1442.

[210] COMANICIU D, MEER P. Mean shift: a robust approach toward feature space analysis [J]. IEEE Trans. on Pattern Ananlysis and Machine Intelligence, 2002, 24(5): 603 - 619.

[211] STENGER B, RAMESH V, PARAGIOS N, et al. Topology free hidden markov models: application to background modeling[C]. Proc. of 2001 IEEE Int. Conf. on Computer Vision, 2001. Vancouver, Canada. 294 - 301.

[212] KASS M, WITKIN A, TERZOPOULOUS D. Snakes: active contour models [J]. International Journal of Computer Vision, 1987, 1(4): 321 - 331.

[213] 李培华, 张田文. 主动轮廓线模型(蛇模型)综述[J]. 软件学报, 2000, 11(6): 751 - 757.

[214] TERZOPOULOUS D, SZELISKI R. Tracking with Kalman snakes, Active Vision [M]. MA: MIT Press, 1992: 3 - 20.

[215] HA J, ALVINO C, PRYOR G, et al. Active contours and optical flow for automatic tracking of flying vehicles[C]. Proc. of American Control Conference, 2004. Boston, USA. 3441 - 3446.

[216] 吕遐东, 黄心汉. 基于动态 Snake 模型的机械手运动轨迹视觉跟踪[J]. 控制与决策,2006, 21(10): 1143 - 1147.

[217] SEO K H, CHOI T Y, LEE J J. Adaptive color snake model for real - time object tracking[C]. Proc. of IEEE Int. Conf. on Robotics and Automation, 2004. New Orleans, USA. 122 - 127.

[218] NIETHAMMER M, TANNENBAUM A. Dynamic geodesic snakes for visual tracking[C]. Proc. of IEEE Conf. on Computer Vision and Pattern Recognition, 2004. Washington, USA. 660 - 667.

[219] PERRIN D, KADIOGLU E, STOETER S, et al. Grasping and tracking using constant curvature dynamic contours [J]. International Journal of Robotics Research, 2003, 22(10 - 11): 855 - 871.

[220] PERRIN D, KADIOGLU E, STOETER S, et al. Localization of miniature mobile robots using constant curvature dynamic contours[C]. Proc. of IEEE Int. Conf. on Robotics and Automation, 2002. Washington, USA. 702 - 707.

[221] COHEN L D. On active contour models and balloons [J]. Comput Vision Graphics Image Processing, Image Understanding, 1991, 53(3): 211 - 218.

[222] AMINI A A,TEHRANI S,WEYMOUTH T E. Using dynamic programming for minimizing the energy of active contours in the presence of hard constraints[C]. Proc. of Int. Conf. on Computer Vision, 1988. Bombay, India. 95 -99.

[223] WILLIAMS D J,SHAB M. A fast algorithm for active contours and curvature estimation [J]. Comput Vision Graphics Image Processing, Image Understanding, 1992, 55(1): 14 -26.

[224] 杨杨, 张田文. 一种新的主动轮廓线跟踪算法[J]. 计算机学报, 1998, 21(Sup.): 297 -302.

[225] LAI K F,CHIN R T. Deformable contours: modeling and extraction [J]. IEEE Trans. on Pattern Analysis and Machine Intelligence, 1995, 17(11): 1084 -1090.

[226] XU C,PRINCE J L. Snakes, shapes, and gradient vector flow [J]. IEEE Trans. on Image Processing, 1998, 7(3): 359 -369.

[227] 杨宜禾, 周维真. 成像跟踪技术导论[M]. 西安: 西安电子科技大学出版社, 1991: 129 -134.

[228] ALLEN P K,TIMECENKO A,YOSHIMI B, et al. Automated tracking and grasping of a moving object with robotic hand - eye system [J]. IEEE Trans. on Robotics and Automation, 1993, 9(2): 152 -165.

[229] PAPANIKOLOPOULOS N,KHOSLA P K,KANADE T. Visual Tracking of a Moving Target by a Camera Mounted on a Robot: A Combination of Control and Vision [J]. IEEE Trans. on Robotics and Automation, 1993, 9(1): 14 -33.

[230] GARCIA - ARACIL NICOLAS,PEREZ - VIDAL CARLOS,MARIA SABATER JOSE. Robust and Cooperative Image - Based Visual Servoing System Using a Redundant Architecture [J]. Sensors, 2011, 11 (12): 11885 -11900.

[231] JANABI - SHARIFI FARROKH,DENG LINGFENG,WILSON WILLIAM J. Comparison of Basic Visual Servoing Methods [J]. IEEE - ASME Trans. on Mechatronics, 2011, 16(5): 967 -983.

[232] MAHONY ROBERT,VON BRASCH ARVED,CORKE PETER. Adaptive depth estimation in image based visual servo control of dynamic systems[C]. Proc. of 44th IEEE Conference on Decision and Control, Dec. 12 -15, 2005. Seville, Spain. 5372 -5378.

[233] ZHANG JIE,LIU DING. Online Estimation of Image Jacobian Matrix Based on Robust Information Filter [J]. Journal of Xi'an University of Technology, 2011, 27(2): 133 -138.

[234] KOSMOPOULOS D I. Robust Jacobian matrix estimation for image - based visual servoing [J]. Robotics and Computer - Integrated Manufacturing, 2011, 27(1): 82 -87.

[235] 孙立宁, 孙绍云, 荣伟彬, 蔡鹤皋, 微操作机器人的发展现状[J]. 机器人, 2002,24(2):184 -187.

[236] 席文明, 罗翔, 朱剑英. 基于约束卡尔曼滤波器预测的视觉跟踪研究[J]. 南京航空航天大学学报, 2002, 34(6): 540 -543.

[237] BAI QIUCHAN,JIN CHUNXIA,YANG DINGLI,WANG MAHUA. The target motion detection algorithm based on gauss mixture model [J]. Advanced Materials Research, 2012, 468 -471: 1421 -1425.

[238] LI X R, JILKOV V P. Survey of maneuvering target tracking. Part II: motion models of ballistic and space targets [J]. IEEE Trans. on Aerospace and Electronic Systems, 2010, 46(1): 96 -119.

[239] LI HUIFENG,LI CHAO. Missile - borne radar data filtering algorithm based on the "current" statistical model [J]. Advanced Materials Research, 2012, 433 -440: 6965 -6973.

[240] VASUHI S,VAIDEHI V,RINCY T. IMM estimator for maneuvering target tracking with improved current statistical model[C]. Proc. of International Conference on Recent Trends in Information Technology,

2011. 286 – 290.

[241] KONG BO, XIU JIANJUAN, XIU JIANHUA. Passive Locating of Maneuvering Target Based on Singer Tracking Model [J]. Electronics Optics and Control, 2011, 18(5): 14 – 18.

[242] ZHOU FEI, HE WEI – JUN, FAN XIN – YUE. Tracking application about singer model based on marginalized particle filter [J]. Journal of China Universities of Posts and Telecommunications, 2010, 17(4): 47 – 51.

[243] WU JIANFENG, LI GANG, MA FUZHOU. Research on Target Tracking Algorithm Using Improved Current Statistical Model[C]. Proc. of International Conference on Electrical and Control Engineering, Sep. 16 – 18, 2011. Yichang, China. 2515 – 2517.

[244] LIU YA – LEI, GU XIAO – HUI. Current statistical model tracking algorithm based on improved auxiliary particle filter [J]. Systems Engineering and Electronics, 2010, 32(6): 1206 – 1209.

[245] WU JIE, WANG DONG, SHENG HUAN – YE. Object tracking and tracing: Hidden semi – markov model based probabilistic location determination [J]. Journal of Shanghai Jiaotong University (Science), 2011, 16(4): 466 – 473.

[246] YU SHUN – ZHENG, KOBAYASHI HISASHI. A hidden semi – Markov model with missing data and multiple observation sequences for mobility tracking [J]. Signal Processing, 2003, 83(2): 235 – 250.

[247] 黄鹤，王小旭，潘泉，孙强，闫学斌. 基于参数辨识 $\alpha - \beta - \gamma$ 滤波的自适应调整跟踪窗算法[J]. 中国惯性技术学报，2011，19(6)：733 – 738.

[248] 黄鹤，张会生，黄莺，惠晓滨，许家栋. 基于新息正交性抗野值的自适应的 $\alpha - \beta - \gamma$ 滤波跟踪器[J]. 系统仿真学报，2010，22(4)：971 – 973.

[249] GAO WEI – GUANG, YANG YUAN – XI, ZHANG SHUANG – CHENG. Adaptive robust Kalman filtering based on the current statistical model [J]. Cehui Xuebao/Acta Geodaetica at Cartographica Sinica, 2006, 35(1): 15 – 18, 29.

[250] MONGOUÉ – TCHOKOTÉ SOLANGE, KIM JONG – SUNG. New statistical software for the proportional hazards model with current status data [J]. Computational Statistics and Data Analysis, 2008, 52(9): 4272 – 4286.

[251] LI BINBIN, WANG ZHAOYING. An improved target tracking algorithm based on the "current" statistical model [J]. Journal of Projectiles, Rockets, Missiles and Guidance, 2008, 28(2): 81 – 83.

[252] 周宏仁，敬忠良，王培德. 机动目标跟踪[M]. 北京：国防工业出版社，1991.

[253] WU JIANFENG, LI GANG, MA FUZHOU. An Improved Interacting Current Statistical Model Algorithm [J]. Electronics Optics and Control, 2011, 18(4): 21 – 25.

[254] 龙凤，薛冬林，陈桂明，杨庆. 基于粒子滤波与线性自回归的故障预测算法[J]. 计算机技术与发展，2011，21(11)：133 – 136.

[255] YANG XU, CHANG YILIN, LI BINGBING, et al. Adaptive Wiener Filter based Chrominance Up – Sampling Enhancement Method for Video Coding [J]. IEEE Trans. on Consumer Electronics, 2011, 57(4): 1851 – 1856.

[256] ZHONG KE, LEI XIA, LI SHAOQIAN. Wiener Filter for Basis Expansion Model Based Channel Estimation[J]. IEEE Communications Letters, 2011, 15(8): 813 – 815.

[257] WANG QIANG, WANG XIAOWEI, PAN XIANG. Adaptive sonar beamformer based on inverse QR decomposition and recursive least squares filter for underwater target detection [J]. International Journal of

Remote Sensing, 2012, 33(13): 3987 - 3998.

[258] HYUNGJOO YOON, BATEMAN B E. AGRAWAL B. N. Laser beam jitter control using recursive - least - squares adaptive filters [J]. Journal of Dynamic Systems, Measurement and Control, 2011, 133(4): 041001 - 041009.

[259] PODLADCHIKOVA T, VAN DER LINDEN R. A Kalman Filter Technique for Improving Medium - Term Predictions of the Sunspot Number [J]. Solar Physics, 2012, 277(2): 397 - 416.

[260] DORAISWAMI R, CHEDED L. Kalman filter for parametric fault detection: an internal model principle - based approach [J]. IET Control Theory and Applications, 2012, 6(5): 715 - 725.

[261] ROUJOL SEBASTIEN, DE SENNEVILLE BAUDOUIN DENIS, HEY SILKE. Robust Adaptive Extended Kalman Filtering for Real Time MR - Thermometry Guided HIFU Interventions [J]. IEEE Trans. on Medical Imaging, 2012, 31(3): 533 - 542.

[262] BRANICKI M, GERSHGORIN B, MAJDA A J. Filtering skill for turbulent signals for a suite of nonlinear and linear extended Kalman filters [J]. Journal of Computational Physics, 2012, 231(4): 1462 - 1498.

[263] CHO JEONG A, NA HANBYEUL, KIM SUNWOO, AHN CHUNSOO. Moving - target tracking based on particle filter with TDOA/FDOA measurements [J]. ETRI Journal, 2012, 34(2): 260 - 263.

[264] MEHRA R K. On the Identification of Variances and Adaptive Kalman Filtering [J]. IEEE Trans. on Automatic Control, 1970, AC - 15(2): 175 - 183.

[265] ESCAMILLA - AMBROSIO P J AND MORT N. Adaptive Kalman filtering through fuzzy logic[C]. Proc. of the 7th UK Workshop on Fuzzy System, Recent Advances and Practical Applications of Fuzzy, Nero - Fuzzy, and Genetic Algorithm - Based Fuzzy Systems, 2000. 67 - 73.

[266] SHANG SONGTIAN, GAO WENSHAO. Application of adaptive kalman filter technique in initial alignment of single - axial rotation strap - down inertial navigation system [J]. Intelligent System and Applied Material, 2012, 466 - 467: 617 - 621.

[267] KARASALO M, XIAOMING Hu. An optimization approach to adaptive Kalman filtering [J]. Automatica, 2011, 47(8): 1785 - 1793.

[268] 李辉, 沈莹, 张安. 机动目标跟踪中一种新的自适应滤波算法[J], 西北工业大学学报, 2006, 24(3): 354 - 357.

[269] VINCZE M. Dynamics and System Performance of Visual Servoing[C]. Proc. of 2th IEEE International Conference on Robotics and Automation, 2000. San Francisco, USA. IEEE Press. 644 - 649.

[270] BAI LINFENG, CHEN FUGUI, ZENG XIANGJIN. Fuzzy adaptive proportional integral and differential with modified smith predictor for micro assembly visual servoing [J]. Information Technology Journal, 2009, 8(2): 195 - 201.

[271] 刘畅. 微操作机器人关键技术研究[D]. 武汉: 华中科技大学, 2012.

[272] YOSHIMI B H, ALLEN P K. Alignment using an uncalibrated camera system [J]. IEEE Trans. on Robotics and Automation, 1995, 11(4): 516 - 521.

[273] HOSODA K, ASADA M. Versatile visual servoing without knowledge of true Jacobian[C]. Proc. of IEEE/RSJ Int. Conf. on Intelligent Robots and Systems, 1994. Munich, Germany. 186 - 193.

[274] PIEPMEIER J A, MCMURRAY G V, LIPKIN H. A dynamic Jacobian estmation method for uncalibrated visual servoing[C]. Proc. of IEEE/ASME Int. Conf. on Advanced Intellgient Mechatronics, 1999. Altanta, USA. 944 - 949.

[275] JAGERSAND M, FUENTES O, NELSON R. Experimental evaluation of uncalibrated visual servoing for precision manipulation[C]. Proc. of IEEE Int. Conf. on Robotics and Automation. Albuquerque, 1997. New Mexico, UAS. 2874 - 2880.

[276] PAPANIKOLOPOULOS N P, NELSON B J, KHOSLA P K. Six degree - of - freedom hand/eye visual tracking with uncertain parameters [J]. IEEE Trans. on Robotics and Automation, 1995, 11(5): 725 - 732.

[277] PIEPMEIER J A, MCMURRAY G V, LIPKIN H. Uncalibrated dynamic visual servoing [J]. IEEE Trans. on Robotics and Automation, 2004, 20(1): 143 - 147.

[278] MALIS E. Visual servoing invariant to changes in camer - intrisic papameters [J]. IEEE Trans. on Robotics and Automation, 2004, 20(1): 72 - 81.

[279] SU J, MA H, QIU W, et al. Task - independent robotic uncalibrated hand - eye coordination based on the extended state observer [J]. IEEE Trans. on Systems, Man, and Cybernetics (Part. B), 2004, 34(4): 1917 - 1922.

[280] CHEN J, DAWSON D M, DIXON W E, BEHAL A. Adaptive homography - based visual servo tracking [C]. Proc. of IEEE Int. Conf. on Intelligent Robots and System, 2003. Las Vegas, USA. 230 - 235.

[281] 曾祥进，黄心汉，王敏. 基于 Broyden 在线图像雅可比矩阵辨识的视觉伺服[J]. 华中科技大学学报,2008, 36(9): 17 - 20.

[282] HASHIMOTO H, KUBOTA K, SATO M, et al. Visual Control of Robotics Manipulator Based on Neural Networks [J]. IEEE Trans. on Industrial Electronics, 1992, 39(6): 490 - 496.

[283] SU J, XI Y, HANEBECK U, SCHMIDT G. Nonlinear visual mapping model for 3 - D visual tracking with uncalibrated eye - in - hand robotic system [J]. IEEE Trans. on Systems, Man, and Cybernetics (Part. B), 2004, 34(1): 652 - 659.

[284] QIAN J, SU J. Online estimation of image Jacobian matrix by Kalman - bucy filter for uncalibrated stereo vision feedback[C]. Proc. of IEEE Conf. on Robotics and Automation, 2002. Washington, USA. 562 - 567.

[285] NELSON B J, PAPANIKOLOPOULOS N P, KHOSLA P K. Robotic visual servoing and robotic assembly tasks [J]. IEEE Robotics and Automation Magazine, 1996, 3(2): 23 - 31.

[286] LI G, XI N. Calibration of a micromanipulation system[C]. Proc. of IEEE/RSJ Int. Conf. on Intelligent Robots and Systems, 2002. Lausanne, Switzerland. 1742 - 1747.

[287] GREWAL M S, ANDREWS A P. Kalman Filtering: Theory and Practice Using MATLAB [M]. New York, NY: John Wiley & Sons, 2001: 5 - 47.

[288] 秦永元，张洪钺，汪叔华. 卡尔曼滤波与组合导航原理[M]. 西安：西北工业大学出版社，1998：33 - 34.

[289] 史忠科. 最优估计的计算方法[M]. 北京：科学出版社，2001：31 - 32.

[290] XIA Q, RAO M, YING Y, et al. Adaptive fading Kalman filter with an application [J]. Automatica, 1994, 30(12): 1333 - 1338.

[291] MYERS K A, TAPLEY B D. Adaptive sequential estimation with unknown noise statistics [J]. IEEE Trans. on Automatic Control, 1976, 21(18): 520 - 523.

[292] ANDREWS A. A square root formulation of the Kalman covariance equation [J]. J. AIAA, 1968, 6(6): 1165 - 1166.

[293] THORNTON C L, BIERMAN G J. Gram - Schmidt algorithms for covariance propagation [J]. Int. J. Contr. 1977, 25(2): 243 - 260.

[294] OSHMAN Y, BAR - ITZHACK I Y. Square root filtering via covariance and information eigenvectors [J]. Automatica, 1986, 22(5): 599 - 604.

[295] SRIYANANDA H A. Simple method for the control of divergence in Kalman filter algorithms [J]. Int. J. Control, 1972, 16(6): 1101 - 1106.

[296] 邱恺，黄国荣，陈天如，杨亚莉. 基于滤波过程的卡尔曼滤波发散判定方法[J]. 系统工程与电子技术，2005，27(2)：229 - 231.

[297] 吕遐东，黄心汉，王敏. 基于模糊自适应 Kalman 滤波的机械手动态图像雅可比矩阵辨识[J]. 高技术通讯,2007 - 17(3)：262 - 267.

[298] ABE N, YAMANAKA K. Smith predictor control and internal model control - a tutorial[C]. SICE 2003 Annual Conference, Aug. 4 - 6, 2003. Fukui, Japan. IEEE: 2:1383 - 1387.

[299] LV XIADONG, HUANG XINHAN. Fuzzy Adaptive Kalman Filtering based Estimation of Image Jacobian for Uncalibrated Visual Servoing[C]. Proc. of 2006 IEEE Int. Conf. on Intelligent Robot and Systems (IROS), Oct. 9 - 15, 2006. Beijing, China. 2167 - 2172.

[300] KELLY R. Robust asymptotically stable visual servoing of planar robots [J]. IEEE Trans. on Robotics and Automation, 1996, 12(5): 759 - 766.

[301] KELLY R, CARELLI R, NASISI O, et al. Stable visual servoing of camera - in - hand robotics systems [J]. IEEE/ASME Trans. on Mechatronics, 2000, 5(1): 39 - 48.

[302] CHEAH C C, LEE K, KAWAMURA S, et al. Asymptotic stability of robot control with approximate Jacobian matrix and its application to visual servoing[C]. Proc. of the 39th IEEE Conf. on Decision and Control, 2000. Sydney, Australia. 3939 - 3944.

[303] MORENO M A, YU W, POZNYAK A S. Stable 3 - D visual servoing: an experimental comparison[C]. Proc. of IEEE Int. Conf. on Control Applications, 2001. Mexico City, Mexico. 218 - 223.

[304] YU W. Stability analysis of visual servoing with sliding - mode estimation and neural compensation [J]. Int. Journal of Control, Automation and Systems, 2006, 4(5): 545 - 558.

[305] DENG L, JANABI - SHARIFI F, NELSON W J. Stability and robustness of visual servoing methods[C]. Proc. of IEEE Int. Conf. Robotics and Automation, 2002. Washington, USA. 1604 - 1609.

[306] LIU H, RAMON C R, PAULO L S A. Stable adaptive visual servoing for moving targets[C]. Proc. of the American Control Conference, 2000. Chicago, USA. 2008 - 2012.

[307] MALIS E, CHAUMETTE F, BOUDET S. 2D 1/2 visual servoing stability analysis with respect to camera calibration errors[C]. Proc. of IEEE/RSJ Int. Conf. on Intelligent Robots and Systems, 1998. Victoria, Canada. 691 - 697.

[308] SPONG M, VIDYASAGAR M. Robot dynamic and control [M]. New York: Wiley Press, 1989:75 - 81.

[309] CORKE P I. Visual control of robots: high performance visual serving [M]. New York: Research Studies Press (John Wiley), 1996: 91 - 98.

[310] IWAZAKI Y, MURAKAMI T, OHNISHI K. Approach of visual servoing control considering compensation of time delay[C]. Proc. of IEEE Int. Symp. On Industrial Electronics, 1997. Guimaraes, Portugal. 723 - 728.

[311] WILSON W J. Visual servo control of robots using Kalman filter estimation[C]. Proc. of 12th IFAC World

Congress, 1993. Sidney, Australia. 399 - 404.

[312] KOIVO A J ,HOUSHANGI N. Real - time vision feedback for servoing robotic manipulator with self - tuning controller [J]. IEEE Trans. on System, Man, and Cybernetics, 1991, 21(1): 134 - 142.

[313] LI F, XIE H, He X. Uncalibrated direct visual servoing based on state estimation[C]. Proc. of the 2006 IEEE Int. Conf. on Mechatronics and Automation, 2006. Luoyang, China. 1521 - 1525.

[314] LIU Y,HOOVER A W ,WALKER I D. A timing model for vision - based control of industrial robot manipulators [J]. IEEE Trans. on Robotics, 2004, 20(5): 891 - 898.

[315] 张尚剑, 刘永智. 用滑动窗多项式拟合法实时预测运动目标轨迹[J]. 光电工程, 2003, 30(4): 24 - 27.

[316] PAPANIKOLOPOULOS N P,NELSON B J,KHOSLA P K. Full 3 - D tracking using the controlled active vision paradigm[C]. Proc. of 1992 IEEE Int. Sym. On Intelligent Control, 1992. Glasgow, UK. 267 - 274.

[317] MORENO - ARMENDARIZ M A, Yu W. A new fuzzy visual servoing with application to robot manipulator[C]. Proc. of American Control Conference, 2005. Portland, USA. 3688 - 3693.

[318] WU Q M,JONANTHAN,STANLEY K. Modular neural - visual servoing using a neural - fuzzy decision network[C]. Proc. of the 1997 IEEE Int. Conf. on Robotics and Automation, 1997. Albuquerque, New Mexico. 3238 - 3243.

[319] GIUSEPPE R DE,TAURISANO F,DISTANTE C,ANGLANI A. Visual servoing of a robotic manipulator based on fuzzy logic control[C]. Proc. of the 1999 IEEE Int. Conf. on Robotics and Automation, 1999. Detroit, USA. 1487 - 1494.

[320] KADMIRY B,BERGSTEN P. Robuts fuzzy gain scheduled visual - servoing with sampling time uncertainties[C]. Proc. of the 2004 IEEE Int. Sym. on Intelligent Control, 2004. Taipei, Taiwan. 239 - 245.

[321] CUPERTINO F,GIORDANO V,NASO D, Turchiano B. A neural visual servoing in uncalibrated environments for robotic manipulators[C]. Proc. of IEEE Int. Con. on Systems, Man and Cybernetics, 2004. Huge, Netherlands. 5362 - 5367.

内容简介

本书全面系统介绍微装配机器人的基本原理、设计方法和控制技术，主要内容包括微装配机器人的工作原理、系统结构，显微视觉与视觉伺服，显微图像预处理，显微图像特征提取，多目标识别与检测，微夹持器原理与设计，深度运动显微视觉伺服，微装配机器人运动控制，运动检测与视觉跟踪，运动轨迹的预测，显微图像雅可比矩阵的自适应辨识，无标定显微视觉伺服等。本书除介绍微装配机器人的基本理论和基本方法外，还给出了相关系统装置设计和应用的实例和实验结果。

本书对从事机器人领域以及微机电系统研究和学习的读者有重要参考价值和指导意义，可作为从事机器人研究和教学的参考书，也可供从事微操作与微装配机器人系统设计和应用的科技工作者、工程技术人员和高等院校师生阅读和参考。

This book comprehensively and systematically introduces the basic principle, design method and control technology of micro assembly robot. The main contents include the working principle of micro assembly robot, system structure, microscopic vision and visual servo, microscopic image preprocessing, microscopic image feature extraction, multi – target recognition and detection, principle and design of microgripper, depth motion microscopic visual servo, micro – assembly robot motion control, motion detection and visual tracking, motion track prediction, adaptive identification of Jacobian matrix, uncalibrated microscopic visual servo, etc. In addition to the introduction of the basic theory and methods of micro – assembly robot, the design and application of the related system device and experimental results are also given.

This book has important reference value and guiding significance for readers engaged in the research and study of robot and MEMS, and can be used a reference book for robot research and teaching. It can also be used a reference for scientific and technical workers, engineers, teachers and students in the design and application of micromanipulators and micro assembly robots.